新商务系列之发现规则⑦

互联网思想十讲
北大讲义

段永朝 著

商务印书馆
创于1897　The Commercial Press

图书在版编目(CIP)数据

互联网思想十讲：北大讲义/段永朝著. 一北京：商务
印书馆，2014（2024.4重印）
（新商务系列之发现规则）
ISBN 978-7-100-10748-8

Ⅰ.①互… Ⅱ.①段… Ⅲ.①互联网络－研究
Ⅳ.①TP393.4

中国版本图书馆 CIP 数据核字（2014）第 223108 号

互联网思想十讲
——北大讲义
段永朝 著

商 务 印 书 馆 出 版
（北京王府井大街36号　邮政编码100710）
商 务 印 书 馆 发 行
北京虎彩文化传播有限公司印刷
ISBN 978 - 7 - 100 - 10748 - 8

2014年10月第1版　　开本787×1092　1/16
2024年4月北京第5次印刷　印张28¾

定价：99.00元

新商务系列丛书

主　　编：汪丁丁

执行主编：姜奇平　方兴东

编　　委：胡　泳　吴伯凡　段永朝　梁春晓（排名不分先后）

策划统筹：范海燕

学术秘书：王　敏

商务印书馆历来重视用人类创造的全部知识财富来丰富自己的头脑。其中一个重要取向，是不断用人类新的知识，更新国人旧的头脑。在上一个社会转型时期，通过对工业文明智慧渊源及思想果实的系统引进，为推动中国从农业社会向工业社会转型，提供了有力的智力支持；在下一个社会转型时期，必将通过对信息文明智慧渊源及思想果实的系统挖掘，为推动中国从工业社会向信息社会的转型再次提供智力支持。从这个意义上可以说，新商务，既是商务印书馆的历史，也是商务印书馆的未来。

我们推出这套"新商务"系列丛书的目的，就是继承商务印书馆的启蒙传统，抓住工业文明向信息文明转型的历史机遇，用下一代经济的先进理念，进行新商务启蒙，为迎接互联网带来的新商业文明浪潮，提供值得追随的智慧。

早在上世纪80年代，托夫勒就预言人类将从单一品种大规模制造，转向小批量多品种的生产方式。以计算机和互联网为代表的先进生产力，有力推动了这一发展方式的转变。这是继农业生产方式转变为工业生产方式之后，人类发展方式又一次深刻的历史转变。从此，人依靠机器生产转变为机器围绕人生产成为可能，个性化制造和规模化协同创新有机结合将成为重要的生产方式。

人类上一次生产方式转变引发的世界范围的经济、社会、文化变化，包括欧美梦幻般的崛起，人们有目共睹；而对这一次意义更为深远的生产方式的转变，包括中国将对人类做出何种贡献，人们没有理由熟视无睹。

"新商务"系列丛书建立在对"下一代经济"核心理念的发现力之上，通过追踪生产方式转变的历史渊源、现实进展以及未来走向，从中发现新的经典，发现新的规则，发现新的方法。为此，丛书开辟"发现经典"、"发现规则"、"发现方法"三个子系列。

　　"发现经典"系列，主要定位于从世界范围信息革命中发现驱动国家转型的力量。通过系统翻译和重新发现世界知名学者的新经济思想和经典著作，为人们探索下一代经济的元逻辑，提供思考线索。"发现规则"系列，主要定位于从中国信息革命的实践中发现具有普遍意义的游戏规则。通过汇集中国学者对新商务实践的总结，为提炼新商务规则提供进一步研究的基础。"发现方法"系列，定位于指导新商务实践。侧重对国内外新商务概念的归纳、对前沿商业模式及其本地化的阐释，以期推动理论与实践的良性循环与可持续发展。

　　与工业革命"新商务"思想成果的引进不同，除了具有共同特点外，"新商务"系列丛书具有一些特殊性，一是信息革命正在发生，有待成熟，经典、规则与方法都是相对的，在探索中难免失误，恳请读者以批判态度、宽容心态对待；二是中国与世界同步走上信息高速公路，相对以往，中国学者有了更多产生原创发现的机会和条件，我们将以开放心态力推新人，也希望读者与我们共同前行、共同提高。

　　春江水暖，先下水者当做先知；继往开来，新商务中敢为人先。让我们共勉。

目　录

第一讲

思想的尺度

1 共在的思想

　　同学们好。这门课程的题目，叫作《互联网前沿思想》。说它是一门课程，不如说是一连串的讲座更恰当。互联网是一个快速发展的领域，新概念、新应用、新知识层出不穷。要把这么多纷繁复杂的内容整合成一门课程，还需要做大量艰苦细致的努力；而且，我自身理论素养和积累都很有限，内心虽希望尽一丝绵薄之力，还是觉得力有不逮。另一方面，互联网又是一个充满活力和激情的领域，到处洋溢着创新的勃勃生机，我所观察与思考的，只能说是"取一瓢饮"而已。我热切地期望与各位同学一道，领略它无尽的魅力，咀嚼它深邃的思想，汲取它富足的养分。

　　作为讲座呢，相对自由、宽松一些，可以按照自己的喜好、理解来组织素材，把一些表面看上去距离甚远的材料放置在一起，呈现出某种"共在[1]"的样貌

1　参见赵汀阳《共在存在论：人际与心际》（《哲学研究》，2009年第8期）一文中的阐述：事的世界需要一个与"一般存在论"（ontology of being）在基本问题和原则上都非常不同的"共在存在论"（ontology of coexistence）。共在存在论以"共在"（coexistence）而不以"存在"（existence）作为存在论的基本问题，因此展开了与一般存在论完全不同的问题。在共在存在论中，存在不构成问题，共在才是问题。共在是可选择的未定状况，是创造性的动态互动关系，所以是需要解决的问题。共在存在论的基本原则是：共在先于存在。这意味着，任何事都必定形成一个共在状态，在共在状态中的存在才是有意义的存在，共在状态所确定的在场状态才是存在的有效面目。当某物尚未进入某事时，它的存在是尚未在场状态；物只有在事中与他物形成共在关系，才能确定其在场的存在性质。选择

和旨趣，并以此为框架，理解和领悟"文本间性[1]"的妙处。这"一连串讲座"大约需要花费30个学时，我把它编排成三个部分，希望能在同学心目中留下一个较为完整的框架。

请允许我先来"破题"。

为什么课程名称起作"互联网前沿思想"？一说"前沿"，可能有同学觉得会不会"很技术"。我现在就告诉你，不会。但我会在课程里提到一些技术名词，解释一些技术原理，目的是把握这个技术术语之后，你才可能"越过"它，看到它携带的"思想"。比如说，最近"大数据"、"数据挖掘"很火爆，你需要了解其基本概念，更需要从"根子上"知晓这项技术火爆的"缘由"。再比如说，社会网络分析时下很热门，我们未必需要去探究"社团识别[2]"的算法本身（你有兴趣深究当然好了），但你需要明白为啥"结构和动力学问题"在社会网络分析中如此重要？

我还想说明的是，这个框架里有大量的历史素材，但也不是纯历史性的，并非按照严格的发生史、编年史、创生过程的脉络，叙述互联网孕育、发生、演化、变迁的历程。描绘互联网创生的故事，在过去几十年里，已经有大量不同类型的读本存在。我的预期是，当我们穿行在不同史料间的时候，特别需要的是把这些史料放回到彼时彼刻的社会文化背景，以获得特定情境给予的独特启示，这

一种事就是选择一种关系，选择一种关系就是选择一种共在方式；只有选择了共在方式，存在才具有在世意义，所以说，共在先于存在。

1　文本间性，又称"互文性"或"文本互涉"（intertextuality），意在强调任何一个单独的文本都不是自足的，其文本的意义是在与其他文本交互参照、交互指涉的过程中产生的。1969年，法国后结构主义批评家朱莉娅·克里斯蒂娃在《符号学》一书中首先提出这一术语。作为一个重要批评概念，文本间性（互文性）随即成为后现代、后结构批评的标识性术语。

2　"社团识别"是复杂网络研究的前沿课题之一。参见美国物理学会《混沌》（Chaos）杂志2011年专刊"导论：复杂网络的中尺度问题"（"Introduction to Focus Issue: Mesoscales in Complex Networks"，American Institute of Physics，Chaos 21, 016101, 2011；中文版可参考陆君安教授的译稿 http://blog.sciencenet.cn/blog-211414-451363.html）。

样来把握历史事件的关联与内涵。

课程题目如此，所以破题的话，就索性直接说说题目里的这三个关键词：互联网、思想、前沿。

先说互联网。

与互联网相关的记忆，铭刻在我脑海里的，有两件事情难以忘怀。

第一件事还是在大学里读书的时候。1984年春夏之际，正在紧张准备毕业答辩的间隙，偶然的一个机会，看到学校图书馆布告栏里的一纸通知，说有一个专题片，题目叫作《信息时代》，后来才知道，这个片子的编导很牛，叫阿尔文·托夫勒[1]。

现在回想起来，走出放映室时心潮澎湃的样子，仿佛就在昨天。我记住了片子里，托夫勒讲的这样一句话：穷国和富国，从此站在了同一起跑线上。这个"同一起跑线"不是指别的，就是"信息时代"。这一年，互联网这个名词在中国还没有出现；在美国，互联网也只是刚刚从阿帕网[2]摇身转变而来，与军方脱钩，但远未进入公众视野。

不过，硅谷、微电子技术、硅芯片这些新鲜的名词，伴随着北京中关村临街一间一间电脑、元器件公司的开张，渐渐汇聚成一股席卷全国的巨大热潮。

第二件事是在2000年，我在北京感受了那次美国高科技股市纳斯达克（NASDAQ）[3]的暴跌。彼时，我正供职于一家新加坡网络公司，该公司开发生产

1　阿尔文·托夫勒（Alvin Toffler，1928—　），未来学大师，世界著名未来学家，当今最具影响力的社会思想家之一。其代表作是被称作未来三部曲的《未来的冲击》（1970）、《第三次浪潮》（1980）、《权力的转移》（1990）。托夫勒的妻子海蒂也是知名的未来学者，两人多次合作著述，2006年5月，两人的最新作品《财富的革命》全球同步出版。

2　阿帕网，互联网早期的称谓。1958年1月7日，美国政府为冷战需要，拨款5.2亿美元，并设立20亿美元预算基金，在美国国防部下设高级研究计划署（简称ARPA，音译为"阿帕"）。阿帕旋即启动一项研究，旨在建立高灵活性的指挥体系，后来发展为阿帕网。

3　纳斯达克（NASDAQ），国家证券业者自动报价系统协会（National Association of

专用服务器，试图在这股全球 .com 的淘金狂潮中，扮演"卖水人"的角色。第二轮融资正赶上美国纳斯达克从5,000点高位飞流直下，短短半年时间，互联网公司可谓"尸横遍野"。不过，换个角度说，这恐怕是全世界范围内对"互联网"的一次出乎意料的"公众宣传"。2000年的时候，中国的网民只有6,200万，世界网民也不过2亿。这一时点，距离互联网从军方解禁的1983年，不过17年，距离时任美国副总统的戈尔提出国家信息高速公路[1]（1993年），也不过7年。这一年，百度公司刚刚设立，新浪、腾讯、阿里巴巴公司成立才2年，谷歌公司也才成立2年。

这一年，乔布斯在被清退出苹果公司董事会15年之后，重新担任了苹果公司的 CEO；创造社交网络奇迹的脸谱（facebook）公司，直到4年后才创立。同样，后来被新闻集团收购的聚友（myspace），也还没有出生。不过，正是这些人物和公司，缔造了纳斯达克暴跌之后新一轮汹涌澎湃的互联网浪潮。

对互联网，在座的各位并不陌生。你们的学习与生活已经离不开互联网。你选课、查阅资料、传输文件、讨论问题，会用到互联网；你购物、聊天、吐槽、娱乐，离不开互联网。我们对互联网已经"依赖"到什么程度了呢？我打个比方说，就是到了没有 Wi-Fi、没有手机，你的生活就会手足无措的地步。

但是，在这个意义上说，互联网于你我而言，还只是纯粹的工具。我们对

Securities Dealers Automated Quotations）的简称，是美国全国证券交易商协会为规范混乱的场外交易和为小企业提供融资平台，于1968年2月8日创建的。现已成为全球第二大的证券交易市场。现有上市公司总计5,400多家，是全世界第一个采用电子交易并面向全球的股市，它在55个国家和地区设有26万多个计算机销售终端。

[1] 1992年，当时的参议员、前任美国副总统阿尔·戈尔提出美国信息高速公路法案。1993年9月，美国政府宣布实施一项新的高科技计划"国家信息基础设施"（National Information Infrastructure，简称NII），旨在以"因特网"为雏形，兴建信息时代的高速公路——"信息高速公路"，使美国人方便地共享海量的信息资源。需要说明的是，20世纪90年代国内媒体和学术界对 Internet 的译名并不统一，音译"因特网"和意译"互联网"两种译法并存；进入21世纪之后，译名逐渐统一为"互联网"。本书在说明早期互联网的状况时，也会援引旧称"因特网"的说法。

互联网的观察不能就此止步。我们承认，互联网正以惊人的速度、广度和深度改变着我们的工作、学习和生活；我们想知道，它还会在哪些方面颠覆和改造我们所熟知的一切？我们更想知道，这些令人气喘吁吁的变化，到底意味着什么？这是我们审视互联网的内在冲动。（编辑这段话的时候，我意识到需要做一个补记："我们想知道"、"我们观察"、"我们思考"这些术语的本意需要警惕。我们不得已会使用到一些名词、术语、概念，需要警惕的是，这些名词、术语、概念其实已经遭受"污染"。污染源，则是我们熟悉的工业时代的思维模式，以及刻画在脑海深部的认知结构。当然，用"污染"一语，也并非是将工业思维一竿子打翻——这显然不是互联网的本意。）

第二个关键词是"思想"。

谈到"思想"，我脑子里总会浮现出一幅画面，就是文艺复兴早期意大利伟大的艺术家罗丹[1]的《思想者》雕像：一位俯身坐姿的男人，全身赤裸，右手支撑着下巴，凝眉沉思。思想固然是深邃的，令人肃然起敬的；但另一面，很多人也会觉得，思想有空洞、飘渺、玄虚的一面，仿佛横空出世，从天而降。我们课程中大量内容与"思想"有关。我希望大家能透过具象的材料和情境，领略到"思想"的美妙之处。我希望在讲课中，努力做到这一点。

帕斯卡尔[2]说，"思想成就人的伟大"，人的全部尊严就在于思想。人应当成

1　奥古斯特·罗丹（Auguste Rodin, 1840—1917），法国雕塑家。1875年游意大利，深受米开朗琪罗作品的启发，从而确定现实主义的创作方法为他早期作品的风格。奥古斯特·罗丹的作品多以纹理和造型加以表现，倾注了全部心血，被认为是19世纪和20世纪初最伟大的现实主义雕塑艺术家。罗丹在欧洲雕塑史上的地位，正如诗人但丁在欧洲文学史上的地位。罗丹同他的两个学生马约尔和布德尔，被誉为欧洲雕塑的"三大支柱"。

2　布莱兹·帕斯卡尔（Blaise Pascal, 1623—1662），法国神学家、宗教哲学家、数学家、物理学家、化学家、音乐家、教育家、气象学家。帕斯卡尔早期进行自然和应用科学的研究，对机械计算器的制造和流体的研究做出了重要贡献，扩展了托里切利的工作，澄清了压强和真空的概念。1654年末在一次信仰上的神秘经历后，他离开数学和物理学，专注于沉思和神学与哲学写作。其人文思想大受蒙田影响。

为能思考的"苇草"。无论东西方文化发展到哪个时期，思想从来都是文化繁育的原动力。不过，大家细想一想就会发现，西方传统在文艺复兴之后，人们对思想的理解，除了"史诗般的激情"之外，还有一个强烈的动因，就是试图获得横扫一切的能量。特别在启蒙运动前后，数学、物理学、化学、考古学、社会学等多种学科迅速建立起现代学科的模样，思想，逐渐成为理性的代名词。神话、宗教、情绪、意识，似乎都被甩到了思想的边界之外。同时，思想也成为了逻辑的代名词，是论辩、举证、推理、说服的修辞手法。

文艺复兴之后，思想在两个层面变得清晰起来。一个是，思想日益凝结于知识当中，并日益借由学科分立、专业分工"蛰伏"在日益庞杂的学科体系之下。另一个层面，思想日益成为批判、反思和焦灼的表征，成为人文学者、艺术家们表达情感的武器。比如前面提到罗丹的《思想者》雕像，巴尔扎克[1]的《人间喜剧》，贝多芬[2]的交响乐，尼采[3]、叔本华[4]等人痛苦的呐喊。思想在这里，与苦难、

1　奥诺雷·德·巴尔扎克（Honoré de Balzac，1799—1850），法国19世纪著名作家。他创作的《人间喜剧》（La Comédie Humaine）共91部小说，写了两千四百多个人物，是人类文学史上罕见的丰碑，被称为法国社会的"百科全书"。

2　路德维希·范·贝多芬（Ludwig van Beethoven，1770—1827），集古典主义大成的德意志作曲家、钢琴演奏家。他一共创作了9首编号交响曲、35首钢琴奏鸣曲（其中后32首带有编号）、10部小提琴奏鸣曲、16首弦乐四重奏、1部歌剧、2部弥撒等。由于这些作品对音乐发展的深远影响，贝多芬被尊称为"乐圣"。

3　尼采（Friedrich Wilhelm Nietzsche，1844—1900），德国著名哲学家。西方现代哲学的开创者，同时也是卓越的诗人和散文家。他最早开始批判西方现代社会，然而他的学说在他的时代却没有引起人们的重视，直到20世纪，才激起深远的调门各异的回声。后来的生命哲学、存在主义、弗洛伊德主义、后现代主义，都以各自的形式回应尼采的哲学思想。

4　叔本华（Arthur Schopenhauer，1788—1860），德国哲学家。他继承了康德对于现象和物自体之间的区分。不同于他同代的费希特、谢林、黑格尔等取消物自体的做法，他坚持物自体，并认为它可以通过直观而被认识，将其确定为意志。意志独立于时间、空间，所有理性、知识都从属于它。人们只有在审美的沉思时逃离其中。叔本华将他著名的极端悲观主义和此学说联系在一起，认为意志的支配最终只能导致虚无和痛苦。他对心灵屈从于器官、欲望和冲动的压抑、扭曲的理解预言了精神分析学和心理学。

焦灼有关，与生死有关，与恐惧有关。这大约是学者们讨论的，文艺复兴以来"科学精神与人文主义的分离"[1]。这是一个很厚重的话题，我们会反复与此遭遇。

思想的"蛰伏"与"凸显"，显示了文化的某种"断裂"。随着机器的轰鸣、技艺的专门化，日常社会生活中我们所遭遇的各类"思想"，在制度化的科学技术、商业体系中，以"格式化"的模样蛰伏于内；而在光怪陆离的文化景观中，思想则成为凸显人与自然、人与人紧张关系的土壤和母体，以花样翻新的"某某主义"横行于市。

这门课贯穿始终的一个企图，就是试图努力发掘、揭示出互联网萌生、爆发、兴盛的思想根由，努力辨识出这些思想根由中，哪些缘自工业化滚滚洪流的延长线，哪些缘自对工业思想的反叛，还有哪些缘自辽远历史情怀的唤醒、思想遗迹的重生。

事实上，很多思想的火花、痕迹，仿佛化石一样深深嵌入在人类文明的历史长河中。它的变化极其缓慢。举一个大家比较熟悉的例子。"地球村"，是麦克卢汉[2]20世纪60年代提出的一个语汇。他将现代传媒包裹下的社会空间，形象地描绘为一个小小村落。虽然麦克卢汉没赶上互联网时代，但这个词汇却令后人在解说互联网时，倍感贴切。麦克卢汉将思想的坐标投射到遥远的"部落时代"。这一思想的隐喻，至今散放着充足的活力，激发人们思考互联网到底在何种程度上改变了社会结构、交往形态和组织方式。

再举一个多少技术性强一点的例子。巴拉巴西[3]是时下网络科学领域炙手可

---

1 参见英国学者 C.P. 斯诺（Snow）著，纪树立译，《两种文化》，三联书店，1994年版。

2 麦克卢汉（Marshall McLuhan，1911—1980），著名传播思想家，加拿大多伦多大学教授。被誉为"电子时代的代言人"、"变革思想的先知"。在1964年出版的《理解媒介》中写道："电子媒介是中枢神经系统的延伸。媒介使人自恋和麻木。我们正在回到重新部落化的世界。"

3 艾伯特-拉斯洛·巴拉巴西（Albert-László Barabás，1967— ），网络科学研究者，"无标度网络"模型创立者；美国物理学会荣誉会员，匈牙利科学院外籍院士，欧洲科学院院士；美国东北大学教授，网络科学研究中心创始人兼主任。他2006年荣获匈牙利计算机学会颁发的冯·诺依曼金质奖章；2008年获得美国国家科学院颁发的科扎雷利（Cozzarelli）

热的学术大明星。他1999年在《自然》杂志发表论文，提出了"互联网是无标度网络"的思想，彻底纠正了人们长期以来对互联网结构的错误假设。从数学角度研究网络，始自18世纪伟大的数学家欧拉[1]。欧拉通过研究哥尼斯堡"七孔桥"问题[2]，创造了"图论"这一崭新的学科。图论是现代网络科学的一个重要支撑（另一个重要支撑来自统计物理学）。

欧拉到巴拉巴西的200年间，人们认为很多网络结构要么是随机网络，要么是规则网络。比如流行病传播网络、交友网络、信息扩散网络等。互联网诞生后的头30年里，人们也不假思索地这么看，直到巴拉巴西改变了这个假设。巴拉巴西发现，很多网络从结构上说，既不是随机的，也不是规则的，而是服从所谓"幂律分布"。幂律分布本身并不是什么新知识，比如19世纪意大利经济学家帕雷托[3]描述的个人收入分布模式，就服从幂律。通俗地说，就是20%的人拥有80%的收入。1932年哈佛大学语言学家齐普夫[4]，从词频统计的角度发现，英语文

奖章；2011年荣获拉格朗日奖。他是网络科学界被引述最多的科学家。

1　莱昂哈德·欧拉（Leonhard Euler，1707—1783），瑞士数学家和物理学家，近代数学先驱之一，一生大部分时间在俄国和普鲁士度过。欧拉在数学的多个领域，包括微积分和图论，做出过重大发现。他引进的许多数学术语和书写格式，例如函数的记法"f（x）"一直沿用至今。此外，他还在力学、光学和天文学等学科有突出的贡献。欧拉也是一位多产的数学家，其学术著作约有60—80册。法国数学家皮埃尔－西蒙·拉普拉斯曾这样评价欧拉对于数学的贡献："读欧拉的著作吧，在任何意义上，他都是我们的大师。"

2　18世纪著名古典数学问题之一。在普鲁士的哥尼斯堡（现名为俄罗斯加里宁格勒）的一个公园里，有七座桥将普雷格尔河中两个岛及岛与河岸连接起来，问是否可能从这四块陆地中任意一块出发，恰好通过每座桥一次，再回到起点？欧拉于1736年研究并解决了此问题，他把问题归结为"一笔画"问题，证明上述走法是不可能的。

3　帕累托（Vilfredo Pareto，1848—1923），意大利经济学家、社会学家，洛桑学派的主要代表之一。他生于巴黎，是瑞士洛桑大学教授。帕累托因对意大利20%的人口拥有80%的财产的观察而著名，这一观察后来被约瑟夫·朱兰和其他人概括为帕累托法则（20/80法则），后来进一步被概括为帕累托分布的概念。

4　齐普夫（George Kingsley Zipf，1902—1950），出生于德裔家庭。1924年，他以优异成绩毕业于哈佛大学。1932年，齐普夫在研究英文单词出现的频率时，发现如果把单词出现

本的词频统计服从幂律。可以说，巴拉巴西的贡献只不过是在互联网研究中，再次激活了幂律思想而已。巴拉巴西的发现我们后面还要提到，到时候我会介绍更多的细节。

思想真是个无形的东西，它在日常生活中的辨识度很低，还可能长期寂寂无名。倘若某种思想被摆放在耀眼的位置，占据权威的教科书，或者成为八股文章中的套话，这一定可以断定为思想的"格式化"版本，或者毋宁说是思想的桎梏。比如用今天的眼光看，"理性思想"就是如此。文艺复兴最伟大的成就，莫过于奠定了理性的崇高地位。这一思想迄今是主流话语的标准版本。然而，最近100年来，越来越多的暗流涌动，将批判的锋芒指向理性思想本身。从公元500年到公元1700年，在西方流传千年之久的炼金术[1]，在哺育了现代化学、医学和药剂学之后，随着文艺复兴的"理性之光"，被归入"民间方术"、"旁门左道"之流，斥为伪科学而束之高阁。精神分析学家荣格[2]，在接触到伟大的阿拉伯炼金著作，以及中国的《太乙金华宗旨》[3]之后，惊叹于中世纪学者以及东方智慧对个体、心

的频率按由大到小的顺序排列，则每个单词出现的频率与它的排名的常数次幂存在简单的反比关系，这种分布就称为齐普夫定律。

1　炼金术是中世纪的一种化学哲学的思想和始祖，是当代化学的雏形。其目标是通过化学方法将一些基本金属转变为黄金，制造万灵药及制备长生不老药。直到19世纪之前，炼金术尚未被科学证据所否定。包括艾萨克·牛顿在内的一些著名科学家都曾进行过炼金术尝试。现代化学的出现才使人们对炼金术的可能性产生了怀疑。炼金术的存在在一个复杂网络下跨越至少2,500年，曾存在于美索不达米亚、古埃及、波斯、印度、中国、日本、朝鲜、古希腊和罗马，以及穆斯林文明，并且直到19世纪都活跃在欧洲。

2　荣格（Carl Gustav Jung，1875—1961），瑞士心理学家、精神科医生，分析心理学的创始者。早年曾与弗洛伊德合作，曾被弗洛伊德任命为第一届国际精神分析学会主席，后来由于两人观点不同而分裂。与弗洛伊德相比，荣格更强调人的精神有崇高的抱负，反对弗洛伊德的自然主义倾向。

3　《太乙金华宗旨》一书是道家内丹修炼的经典，一向秘传，近代才由一个叫卫礼贤（Richard Wilhelm，1873—1930）的德国人传到欧洲。1899年，作为基督教传教士的卫礼贤来到中国，在全真道家龙门派的祖庭胜地崂山接触到了正宗的全真道教。卫礼贤在中国学习道家全真派的正宗修炼方法21年后，回到德国。他将《太乙金华宗旨》译成德文，

灵之洞察。他试着从炼金术的著作中汲取养分,构筑其心理治疗的方法论体系。时至今日,荣格精神分析已成为现代心灵与心理治疗的重要方法。

举一个近一点的例子,1945年美国学者范尼佛·布什[1]就提出了"米麦克斯(MEMEX)存储器"的概念,这一概念假设了文本之间的超链接。超链接,这是互联网发展中至关重要的一个概念,由时任欧洲核子实验室的计算机科学家蒂姆·伯纳斯 – 李[2]整合到互联网文本架构中,从而提出了万维网的概念。20世纪70年代出现的超文本文学游戏,在芬兰学者考斯基马(Raine Koskima)的《数字文学》(广西师范大学出版社,2011年出版)一书中有大量的描述。这些思想都经历了"再发现"的过程。

一般的教科书体系,会谈到大量互联网发展史中的事件、人物、典故。在这里,我们不只关注其发展史。发展史并非是技术编年史、商业创富史,而是思想发酵、碰撞、升华的历史。

在我所亲历和见证的互联网历史中,总有一个疑惑如鲠在喉。1998年受邀参加"数字论坛"[3]创始会议的时候,我是唯一从外地赶来北京的人。在发言中,

---

取名为《金花的秘密》("The Secret of Golden Flower")。卫礼贤是著名心理学家卡尔·荣格的好友,荣格为德文版的《金花的秘密》作序(中文版2011年由黄山出版社出版)。

1 范尼佛·布什(Vannevar Bush,1890—1974),二战时期美国最伟大的科学家和工程师之一,"曼哈顿计划"的提出者和执行人,信息论创始人香农(Shannon)的老师。1945年在一篇名为"As We May Think?"的文章中,提出米麦克斯存储器(MEMEX,存储扩展器"Memory-Extender"的缩写)的概念,米麦克斯是一种基于微缩胶卷存储的"个人图书馆",可以根据"交叉引用"来播放图书和影片,同时它还提供在资料之间建立关联的功能。

2 蒂姆·伯纳斯 – 李(Tim Berners-Lee,1955—)爵士,万维网的发明者,互联网之父;英国皇家学会会员,英国皇家工程师学会会员,美国国家科学院院士。他1989年3月正式提出万维网的设想;1990年12月25日,他在位于日内瓦的欧洲核子实验室里开发出了世界上第一个网页浏览器。

3 "数字论坛"成立于1998年,是中国网络文化启蒙、倡导和推动的重要群体之一。十多年来,数字论坛成员以专栏、图书、主编杂志、论坛、活动、学术研究、海外联络等各种方式促进中国网络社会的进程。主要成员包括王俊秀、胡泳、姜奇平、方兴东、段永朝、吴伯凡、郭良、刘韧等人,以及众多支持和参与活动的各领域专家学者。

我提出了一个萦绕心头已久的问题：对这个时代（即信息时代），我们凭什么"这么说"？我们何以真切地确信，所言不差？我们或许可以从文本中接受来自大洋彼岸的信息，从眼花缭乱的数码产品中领略强劲的科技旋风；但我们却总是"聆听者"、"接受者"、"赞叹者"的身份。久之，我们虽然也能学会同样的话语，使用同样的文本，但似乎总摆不脱"舶来的思想"的隔膜。

在那之后不久，我与数字论坛创始成员之一的姜奇平，在首都体育馆北面的一个宾馆里，讨论到深夜。他信心满满地跟我讲信息时代启蒙的伟大意义；我则满腹狐疑，认为"启蒙的资格"其实是个问题，甚至"启蒙本身"就十分可疑。十多年下来，我逐渐明白了，我的焦虑其实是对互联网思想的焦虑。

在课堂上面对大家的时候，我希望我不是在"讲述"思想，而是跟大家一起沉浸在思想的焦灼、起伏、游移和彷徨中，体验和捕捉思想带来的酣畅的快感，以及尖锐的刺痛感。没有答案，只有思考。

第三个关键词是"前沿"。一说前沿，脑子里浮出的首先是"尖端"、"领先"、"未来趋势"等。这一词汇总是与敏锐的洞察有关，似乎也总是与少数登高远望的精英人士有关。对前沿的深刻领悟，似乎是某些头脑睿智、见识广泛、融会贯通的优秀分子的"专利"。当然，他们的真知灼见值得聆听和咀嚼。我这里想对大家（也对这些思想家）说的，多少有点"解构"的意味。

社会中的精英分子古已有之。远古时代这群人叫作巫师和祭司，他们是能够聆听上帝声音的超能的人。巫师和祭司也是知识分子的远祖，宗教上称之为先知；卜筮中叫作星占大师；后来被称作哲学家、思想家、文学艺术家。在现代性话语中，这些人又被称作政治家、企业家、教育家、未来学家。

在工业社会里，"前沿"意味着占据优位，引领风气，代表意识形态主流，象征竞争优势和道德高地；还意味着它属于小众，即将风行于世。然而，在互联网中，"前沿"的意味却大不同。前沿，只是一种状态，一种"共时存在"的状态。我们彼此关联，文本和事物也彼此关联，我们每个人都被裹挟其中，我们其实都身处前沿。

气象学大气环流有一个"前锋"的术语。这个术语并非表达这一环流截面"优越于"其他的截面。只是说这一截面在共时性中画出了一个梯度曲线，如同地形学等位线的性质一样。

前沿，指某种共在的状态。用荣格超自然、超因果的解释，这种共在是"有意义的巧合"[1]。

这显然是一种全新的存在状态。当然，说"全新"并非指从来没有过，而是指这种状态其实被遮蔽已久。借用韦伯[2]的术语，是"祛魅"（disenchantment）[3]。比如在哥白尼[4]发现太阳位于中心之前，托勒密[5]的地心说，统治了欧洲将近1,500年。再比如说"意识"这一语汇，过去30年成为认知心理学研究的热词。有神

1　荣格超越了弗洛伊德注重个体经验的研究范式，用"共时态"（synchronicity）统合超因果、超自然和超历史的神秘现象。载于《论共时性》（1951年发表的演讲稿；参见《荣格文集·第四卷：心理结构与心理动力学》，国际文化出版公司，2011年5月，第355页）。

2　韦伯（Max Weber，1864—1920），德国社会学家、政治学家、哲学家和组织理论家。马克斯·韦伯与卡尔·马克思和埃米尔·涂尔干被并称为现代社会学的三大奠基人。韦伯在宗教社会学上的研究始于名为《新教伦理与资本主义精神》的论文。韦伯也是公认的现代社会学和公共行政学最重要的创始人之一，被后世称为"组织理论之父"。

3　祛魅，韦伯批判现代性的一个词语。"我们这个时代，因为它所独有的理性化和理智化，最主要的是因为世界已被祛魅，它的命运便是，那些终结的、最高贵的价值，已从公共生活中销声匿迹，它们或者遁入神秘生活的超验领域，或者走进了个人之间直接的私人交往的友爱之中。"（参见《学术与政治》，三联出版社，1998年，第193页）

4　尼古拉·哥白尼（Mikolaj Kopernik，1473—1543），波兰天文学家、数学家、教会法博士、牧师。40岁时，哥白尼提出了日心说，罗马天主教廷认为日心说违反圣经。哥白尼经过长年的观察和计算完成了伟大著作《天体运行论》，此书在哥白尼临终之际出版。他自始至终都是一个虔诚的天主教徒。

5　克罗狄斯·托勒密（拉丁语：Claudius Ptolemaeus，约90—168），古希腊天文学家、地理学家和光学家，"地心说"的集大成者。相传他生于古埃及的一个希腊化城市赫勒热斯蒂克，父母都是希腊人。公元127年，年轻的托勒密被送到亚历山大去求学，并且学会了天文测量和大地测量。他长期住在亚历山大城，直到151年。重要著作有《天文学大成》（13卷）、《地理学指南》（8卷）。

经心理学家小心翼翼地说，这竟然是人类第一次将"意识"这个耳熟能详的语汇，放在"探究"的焦点下审视。

"感知前沿"，在很多像你们在座的年轻人心目中，仿佛是"功成名就"之后的事，是某种长久历练、修习之后获得的超凡能力。通过这门课程，我希望大家破除这个迷思。感知前沿不仅是一种能力，更是一种生存的状态。羚羊的听觉能辨识出数千米之外猎豹的移动；鹰隼的眼睛可以在数千米高空，看到匍匐行进的地鼠。这种灵敏的感知能力，是大千世界诸多物种生存本领的必须。唯独在人这里，感知前沿仿佛成为一个漫长的修为、习得的过程；启愚发蒙成为一个人成长历程之必须，且时间跨度长得惊人。有学者指出，大概唯独人这种动物，其哺乳期之长、成长期之长，位列各种动物之首，这其实是很怪异的事。

互联网之后，感知前沿将成为一种生存状态，甚至是与生俱来的生存状态。孩子们从小就透过电子界面了解另一个虚拟世界的游戏，熟悉其游戏规则。如此一来，前沿将不再深奥、神秘，将变得稀松平常了。

好了，以上算是对《互联网前沿思想》这门课的一个解释。刚才提到的一些思想者，一些名词术语，在接下来的内容中，你还会一再碰到。

2 大尺度看互联网：人的重启

　　看待互联网可以有不同的时间尺度。对中国来说，互联网进入公众视野的初始时点，当属1993年美国政府提出的"国家信息基础设施"（NII）。其后两年时间，发生的三件事都与此有关。一件是24岁的斯坦福大学肄业生安德森[1]登上美国《时代》杂志封面。他是第一款商用浏览器马赛克（Mosaic）的发明人，也是网景（Netscape）公司的创办人。1995年，这家成立不足16个月，尚未赢利的公司登陆美国纳斯达克市场，创造亿万富翁的神话。第二件事是美籍华人杨致远[2]创办雅虎，成为互联网服务领域耀眼的明星。他的华人面孔让中国人极为兴奋。第三件事是1995年年底，微软公司针对网景公司发起猛烈反击，将网络探索者（IE, Internet Explorer）浏览器免费捆绑在新推出的操作系统视窗95（Win95）上出售，对抗网景浏览器99美元的策略，从而导致美国司法部对微软的反垄断调查。

　　如果以1993年作为互联网商业化的起点来算，到2013年的20年间，互联网可以划分为三个阶段（叫作"三个时代"略显夸张，但这三个阶段的确浓缩了某种"范

1　安德森（Marc Andreessen，1971—　）出生在爱荷华州一个小镇的普通家庭，9岁开始接触计算机，在图书馆自学 BASIC 语言。1992年下半年安德森已经熟悉因特网，1993年他同吉姆·克拉克一起苦干六星期，开发出 UNIX 版的马赛克浏览器。1994年更名为导航者（Navigator）浏览器。1995年公司上市，创造互联网的一个奇迹。

2　杨致远，1968年生于中国台湾，全球知名互联网公司雅虎（Yahoo!）的创始人，原首席执行官。1994年与戴维·费罗创办全球第一门户网站雅虎，被称为"世纪网络第一人"，开启人类的网络时代。2012年1月18日，杨致远辞去雅虎公司董事和所有其他职务。

式转换"）。第一阶段，叫作"堆"时代。用尼葛洛庞帝[1]的话说，是从原子到比特（从A到B）的时代。这一阶段涌现了大量的门户网站，比如美国在线（AOL）[2]、雅虎、亚马逊。互联网用户数迅速增长。大量新闻资讯、图片、电子邮件服务、电子商务网站出现。在中国出现了搜狐、网易、腾讯和新浪四大门户。第二阶段以1998年谷歌创立为标志，可以称作"搜"时代，"信息过载"、"注意力经济"是关键词。第三阶段以2004年出现的Web 2.0为标志，"交互"、"个性化"、"用户生成内容"（UGC）、"社会化推荐"是热点词汇。这一年，诞生了著名的社交网站脸谱。

这三个阶段的"变"与"不变"，集中在这样两个方面：其一是信息生产、传递、存储、呈现的方式产生了巨大的变化。这个变化远未终结，甚至还在更深的层面发展，比如通过脑机接口[3]，实现外部电信号和脑波信号的转换；再比如通过虚拟现实技术，实现虚拟实境下的人机交互。

另一方面，过去的20年，互联网依然表现出强劲的"技术引领"特色。虽然，越来越多的思想者指出，人与机器的关系将发生重大变化，但这一变化的价值着陆点无疑还是传统意义的"人"。

2011年2月，国际商业机器公司（IBM，以下简称IBM）推出的智能超级电脑沃森（Watson），战胜了当时美国最受人欢迎的电视智力问答节目《危险边缘》中的两位"常胜将军"，引起舆论哗然。智能机器是否像《黑客帝国》预言的那样，接管人类？这个话题一再刺激着人们的神经。社交网络的兴起，触发了人们更加宽广的想象力：让电脑与人联手，将会迸发出怎样的智慧能量？

1　尼葛洛庞帝（Nicholas Negroponte，1943—　），美国计算机科学家，麻省理工学院媒体实验室的创办人兼执行总监。1995年出版畅销书《数字化生存》（*Being Digital*），被翻译成二十多种语言。

2　AOL（American OnLine），美国在线，美国著名的互联网内容提供商。1991年由史蒂夫·凯斯（Steve Case）创办。2000年与时代 – 华纳集团合并，10年后分离，重新定位在内容网站。

3　美国杜克大学神经生理学教授米格尔·尼科莱利斯，提出心智融合（mind meld）概念，致力于研究脑机接口；这是脑网络（BrainNet）的重要一环。

2011年，美国国防部高级研究计划署（DARPA），为纪念互联网诞生40周年，举行了一次全美娱乐活动：在全美部署10个红色气球，能最快定位这10个红气球的个人或者团队，将赢得5万美元奖金。按照传统的做法，要想参与这一活动并取得领先，要么你就得借助人海战术，要么你就借助先进装备比如飞机搜索。但不管哪个办法，都注定是耗时费力的。最终的竞赛结果意味深长：麻省理工学院的一个团队，借助社交网络，仅用了6个小时就获得了全部10个红气球的定位结果。这就是互联网的魅力。

陌生人之间的信任与合作，以及众包[1]、群体智慧[2]，这些新鲜的概念迅速成为互联网诞生以来最为深刻的思想。众多技术天才和商家，在努力辨识和挖掘这里蕴含的商业机会，比如校验码、维基百科、众包地图应用等。但对这一现象到底意味着什么，仍然众说纷纭。

典型的主张有三种：一个是凯文·凯利[3]的人机共同体，即人的机器化和机器的生命化，是一个同步展开的历史进程；一个是托夫勒的产消合一，即Prosumer，生产者同时是消费者，消费者同时也是生产者；还有一个则是公共空间的重构，即阿伦特[4]所说的新的"行动的公共空间"。我们暂且不展开阐述这三

1　众包（Crowdsourcing），指的是一个公司或机构把过去由员工执行的工作任务，以自由自愿的形式外包给非特定的（而且通常是大型的）大众网络的做法。美国《连线》(Wired)杂志2006年的6月刊上，记者杰夫·豪（Jeff Howe）首次提出了众包的概念。

2　很多学者提出这一概念。如法国博物学家皮埃尔·列维（Pierre Lévy）提出群体智慧（Collective Intelligence）；昆虫学家威廉·莫顿·惠勒（William Morton Wheeler）研究蚂蚁群体，提出超有机体（1911）；法国社会学家涂尔干指出："社会组成了更高的智能，它在一定程度上超越了个体。"（1912）

3　凯文·凯利（Kevin Kelly, 1952—　），常被昵称为KK，《连线》杂志的创始主编。之前是《全球概览》杂志(The Whole Earth Catalog，乔布斯最喜欢的杂志)的编辑和出版人。1984年，他发起了第一届黑客大会（Hackers Conference）。凯文·凯利被看作是"赛博文化"（Cyberculture）的发言人和观察者，也有人称之为"游侠"（maverick）。

4　汉娜·阿伦特（Hannah Arendt, 1906—1975），原籍德国，20世纪最伟大、最具原创性的思想家、政治理论家之一。著有《极权主义的起源》。早年在马堡和弗莱堡大学攻读哲

种主张，后面有机会大篇幅来讲。

这三个主张都触及到一个核心问题：如何看待脱胎于工业革命之母体的信息时代？传统工业时代形成的"人本主义"在互联网冲击下，发生了哪些根本性的变化？"人的自由的联合"透过机器的媒介，将发生何种重大的变化？回答这些问题，需要更大的时间尺度，需要从上溯60年的技术史，到100年的经济史，甚至300年的文化史和千年文明史的跨度来看问题。

"更大的尺度"有三个问题值得关注：一个是达尔文奠定的人类中心论；另一个是哥白尼挑战的地球中心论；还有一个是尼采、弗洛伊德[1]的意识中心论。阿尔都塞[2]在其《弗洛伊德与拉康[3]》一书中指出，由于哥白尼，地球不再是宇宙的中心；由于弗洛伊德，意识不再是我们的中心；由于结构主义，主体不再是我们的中心。各类"中心论"的嬗变，展现出一幅思考人与人、人与自然关系，以及人在宇宙中地位的宏伟画卷。互联网是消解一切中心的。在中心与消解中心的对垒中，思想发生了何种变化？这是值得深入探究的。

千禧年[4]之前，有一系列"终结"论的著作在流行。比如福山[5]的《历史的终结

学、神学和古希腊语，后转至海德堡大学雅斯贝尔斯的门下，获哲学博士学位。1933年纳粹上台后流亡巴黎，1941年到了美国。

1 西格蒙德·弗洛伊德（Sigmund Freud，1856—1939），犹太人，奥地利精神病医生及精神分析学家，精神分析学派的创始人。他认为被压抑的欲望绝大部分是与性有关，性的扰乱是精神病的根本原因。著有《性学三论》、《释梦》、《图腾与禁忌》、《精神分析引论》等。

2 阿尔都塞（Louis Pierre Althusser，1918—1990），马克思主义哲学家。出生于阿尔及利亚。在阿尔都塞的所有理论中，影响最大、争议最多的部分就是其著名的意识形态理论。

3 雅克·拉康（Jacques Lacan，1901—1981），法国结构主义精神分析学家、哲学家。第二次世界大战后最具独立见解而又最有争议的精神分析学家，被称为"法国的弗洛伊德"。

4 千禧年又名千福年，其概念源于基督教教义。最早的含义可延伸至犹太人对来世的期待。千禧年的教义载于《新约》中《启示录》的第20章：千禧年是基督再度降临，撒旦被打入地狱，而殉道者复活并与基督共同统治千年的许诺，而到了千年的末期，撒旦会再度作乱，但最终归于失败，并接受最后的审判。千禧年已从宗教含义扩展为全人类的庆典活动，原本隐含的末世意味也被跨世纪的喜悦和期待所取代。

5 弗朗西斯·福山（Francis Fukuyama，1952— ），美国作家及政治经济学人。就读康奈

与最后一人》、霍根[1]的《科学的终结》。美国硅谷的创富者们，在快速消费工业时代思想的同时，毫不犹豫地将工业时代的种种法则抛到了脑后。这可谓2000年前后第一波互联网狂潮的典型特征。我在《比特的碎屑》[2]一书中对此有较多的剖析。

这无疑是一个"兴奋"与"落寞"并存的时代。对进步凯歌的信仰，与对传统理念的不屑交织在一起，互联网从业者认为自己已经挣脱了传统的束缚，已经摧毁了金字塔组织模式，碾平了生产的边际成本，极大释放了知识的分享能量，认为新世界的曙光就在眼前，只要你把它放在网上。

这是一个充满后现代色彩的大事件（指互联网），正如美国后现代建筑理论家詹克斯[3]指出的那样：资讯时代是一个后现代的典型样本。能被摧毁的一切，都可以打上"拆"字标签。确定性丧失了，边界丧失了，权威丧失了，意义也丧失了。马克思和恩格斯在《共产党宣言》中的一句话，成为刻画这种变化绝佳的脚注，这句话是"一切坚固的东西都烟消云散了。"[4]

尔大学，并获得文学士（主修古典文献与政治），并于哈佛大学获得政治学博士，师从塞缪尔·P. 亨廷顿。《历史的终结与最后一人》（远方出版社，1998年7月）一书的作者，他在该书中认为人类历史的前进与意识形态之间的斗争正走向"终结"，随着冷战的结束，"自由民主"和资本主义被定于一尊，是谓"资本阵营"的胜利。

1　霍根（John Horgan，1953—　），著名美国科学作家，《科学美国人》、《国家地理》、《时代》等撰稿人。

2　段永朝著，北京大学出版社，2004年1月。

3　查尔斯·詹克斯（Charles Jencks，1939—　），是第一个将后现代主义引入设计领域的美国建筑评论家。他还定位了晚期现代主义和新现代主义这两个概念，使之成为公认的衡量后现代建筑之外的主流建筑现象的主要概念。最近，他又提出了"宇源建筑"，借用了当代科学最前沿部分——复杂性科学的概念，对当代主流建筑现象进行了新一轮的全面评估。在詹克斯的后现代观中充满了积极的乐观的情绪。他推崇创造，鼓励多元，倡导关爱人类和世界。

4　转引自美国学者伯曼（Marshall Berman，1940—　）的书《一切坚固的东西都烟消云散了》（商务印书馆，2003年）。作者引用了马克思《共产党宣言》中的一句话，完整的句子是：一切坚固的东西都烟消云散了，一切神圣的东西都被亵渎了，人们终于不得不冷静地直面他们生活的真实状况和他们的相互关系。

　　人类毫无疑问进入了完全意义上的"人造世界"。问题的焦点只是，如何为这个人造的世界重新赋予价值和意义？当然，"赋予"这个词还嫌太"工业化"了，不如退一步说，这个世界的价值和意义，是如何"涌现"出来的？

　　所以说，我们需要面对的是"互联网到底启动了何种进程"？这不只是简单意义上的知识的堆叠、生产力的进步，也不是对工业伦理、财富观、进步主义的修修补补，而是自文艺复兴以来，科学与人文的分离之后的一次重逢、一次交叠。这是"人的重启"。

　　这注定是一次影响深远的重启。

3 谁是互联网思想家？

谈论"互联网思想"，我们很自然会问，谁是互联网思想家？这个问题其实很难回答。作为一个"改变人类物种"的大事件，可以说有无数的思想者在不同的领域，以直接或者间接的方式，对互联网思想做出了各自的贡献。

比方我们举两个人的例子：万维网之父伯纳斯－李定义了互联网的域名解析系统[1]，他极力倡导互联网是一个开放的空间，并主张"网络中立"原则，迄今为止这一原则仍然是互联网产业政策和国家战略中最富争议的原则。美国自由软件基金会（FSF）创始人斯托尔曼[2]确立了"Copyleft"版权规则，巧妙地在现行版权体系 Copyright 之上，构筑了开放分享的新型版权体系，他坚守自由开放的精神，被视为自由软件狂人。与伯纳斯－李、斯托尔曼相比，更加务实的互联网思想者如莱斯格（Lessig）、莱纳斯·托瓦兹（Linus Torvalds）、雷蒙德[3]，强调自由

---

1 DNS，域名解析，是把域名指向网站空间的 IP 地址，让人们通过注册的域名可以方便地访问到网站的一种服务。域名解析也叫域名指向、服务器设置、域名配置以及反向 IP 登记等。由 DNS 服务器完成。

2 斯托尔曼（Richard Stallman, 1953— ），自由软件基金会（FSF）的创始人，自由软件精神领袖。1984 年创造性地提出自由软件的 GNU 计划，倡导 Copyleft 的"版权"理念，认为软件应当自由分享、不应该有"所有者"。

3 雷蒙德（Eric Steven Raymond, 1957— ），著名的计算机程序员，开发源代码软件运动的旗手。他是 INTERCAL 编程语言的主要创作者之一，曾经为 EMACS 编辑器做出贡献。他的名言是："足够多的眼睛，就可让所有问题浮现。"1997 年以后，雷蒙德成了开放源代

软件与商业软件并非水火不容，是可以兼得的。

再比如，物理学家瓦茨、斯托加茨和巴拉巴西、艾伯特，分别在1998年和1999年，发表了《小世界网络的群体动力学》《随机网络的标度涌现》的论文[1]，从此将互联网的结构复杂性研究带入了新的高地。复杂性科学、网络科学和社会网络分析从此有了一个全新的交叉地带。2004年之后，系统生物学、人工社会、人工生命、脑神经网络、认知科学等新兴学科（或者说重新焕发青春的老学科）加入其中。一时间，传播学者、社会学者、心理学家、生物学家、脑科学和神经生理学家，甚至哲学家，都纷纷涌入这一宽广的论域，为"互联网思想"添砖加瓦。

在这一讲绪论里，我只列举其中的五位，作为观察这个问题的一个侧面，请各位同学感受一下互联网思想的魅力。

第一位是丹尼尔·贝尔[2]。丹尼尔·贝尔上世纪四五十年代从事新闻工作，

码运动的主要理论家，以及开放源代码促进会（Open Source Initiative）的主要创办人之一。他是一名优秀的演说家，并曾经到过六大洲的15个国家进行演说。他的话经常被主流媒体所引用，并是所有黑客中曝光率最高的。大多数黑客和主流观察家也同意，正是雷蒙德将开放源代码的理念成功地带到了华尔街。雷蒙德的核心著作被业界称为"五部曲"：《黑客道简史》（*A Brief History of Hackerdom*）、《大教堂和大集市》（*The Cathedral and the Bazaar*）、《如何成为一名黑客》（*How to Become A Hacker*）、《开拓智域》（*Homesteading the Noosphere*）、《魔法大锅炉》（*The Magic Cauldron*）。其中最著名的是《大教堂和大集市》。

1 1998年，美国康奈尔大学的博士生邓肯·瓦茨（Duncan Watts）和他的导师斯蒂文·斯托加茨（Steven Strogatz）在《自然》杂志发表了一篇名为"小世界网络的群体动力学（Collective dynamics of the 'Small World' networks）"的论文，该论文称作瓦茨 – 斯托加茨模型（WS 模型），这也是最典型的小世界网络模型。1999年，美国东北大学教授、复杂网络研究中心主任巴拉巴西（Albert-László Barabási）与其博士研究生艾伯特（Réka Albert）在《科学》杂志发表了名为"随机网络的标度涌现（Emergence of scaling in random networks）"的论文，提出了无标度网络（scale-free network）的模型，开启了网络结构研究的新阶段。

2 贝尔（Daniel Bell, 1919—2011），当代美国批判社会学和文化保守主义思潮的代表人物。

七十年代从事教学工作。他是美国哥伦比亚大学、哈佛大学教授。他的《后工业社会的来临——对社会预测的一项探索》这部书，为众多研究者所引用，"后工业时代"也成为反思工业社会、现代性的一个重要名词。丹尼尔·贝尔指出，资本主义文化矛盾是技术—经济领域与文化领域的断裂和冲突。在技术—经济领域，由于崇尚节俭勤奋的清教伦理，演化到现代意义的消费社会（消费社会是一个重要概念，我们在第三讲着重展开），使得工作失去了宗教意义上的号召力，工作伦理发生了变化，工作不再是证明自己德行操守的拯救阶梯，而是世俗意义上的生存之道。社会的阶层化和世俗权力的合法化，导致宗教意义上的社会凝聚力遭遇瓦解。从文化领域看，大众传播导致的电子传媒革命，消除了阶级隔阂，宣扬喧嚣的、表层的大众文化消费形态，制造繁华的景观、新奇的渴望、流行的元素，追求轰动效应成为大众文化的主体特征。

宗教生活的崇高感、价值观逐渐为现代生活方式和价值观所取代：电视成为窥视的窗口和娱乐的道具；自我奋斗与成功人士成为榜样，颓废与呻吟是白日梦的避难所。在贝尔所称的"后工业社会"，视觉文化替代了印刷文化，将印刷文化所保留的难得的静默、反思空间涤荡一空。一切震惊、感动、揪心，都会伴随频道的切换一闪而过，生活本身被戏剧化、情绪化，人们久居其间而不觉其味。

很多工商界人士引用丹尼尔·贝尔，都将其作为现代服务业的思想鼻祖，比如他指出"后工业社会的五大特征"是：从制造经济到服务经济；专业人员取代企业主居主导地位；理论知识处于中心地位；技术发展是有节制的；决策制定依靠新的智能技术——从刻板的正面解读来看，这五大特征无疑重复着进步主义的腔调，试图刻画一个未来生活的图样。但不幸的是，这一图样往往只与"增长"、"竞争优势"、"财富"相关，而与"幸福"、"宁静"毫无瓜葛。这五大特征的核心要旨其实是：超验的幻象被快感文化所代替，情欲崇拜将替代金钱崇拜，如同

作为一名"介入型"学者，贝尔密切关注并深入分析了当代社会政治、经济、文化各个领域的现象和问题，撰写了一系列颇具影响的著作。主要著作有《意识形态的终结》、《后工业社会的来临》和《资本主义文化矛盾》等。

《花花公子》杂志勾勒的生活图景一样。这是丹尼尔·贝尔话语无法克服的局限性——这不能怪他，因为"批判"已经不是主流。后现代学者内心明白，苍白的批判话语永远都是"漂浮的能指"（拉康、德里达[1]的用语），文本的意义并非凝结在文本之中，而是被话语的受众共同消解掉。

第二位是凯文·凯利。2011年，凯文·凯利来到北京，推荐他的大部头著作《失控——机器、社会与经济的新生物学》。两年多过去了，这本书在营销上大获成功。很多人声称读过此书，但坚持读完这部700页著作的人却寥寥无几。其实这本书比尼葛洛庞帝的《数字化生存》还要早一年，英文版是1994年出版的。在布洛克曼[2]1996年出版的《数字英雄》一书中，凯文·凯利被描绘成赛博文化的发言人和观察者、游侠。作为美国著名的赛博文化思想者，凯文·凯利的《失控》中文版一推出就吸引了众多眼球。1999年，沃卓斯基姐弟（当年的沃卓斯基兄弟之一，变性为女性）拍摄《黑客帝国》时，曾将此书作为剧组人员指定阅读的书之一。

凯文·凯利是个"科技怪人"，他自己从来不用手机（也没有手机），远离绝大多数电子产品（除了电脑），但对科技产品对人的影响颇有见解。除了《失控》，他还有两本书出了中文版，一本是《科技想要什么》，另一本是《技术元素》。这三本书贯穿的一个思想是：透过人与机器的关系，可以洞悉人与自然、

---

1 德里达（Jacques Derrida，1930—2004），当代法国哲学家、符号学家、文艺理论家和美学家，解构主义思潮创始人。主要著作有：《人文科学话语中的结构、符号和游戏》、《论文字学》、《言语和现象》、《文字与差异》、《论散播》、《有限的内涵：ABC》、《署名活动的语境》、《类型的法则》等。德里达以其"去中心"观念，反对西方哲学史上自柏拉图以来的"逻各斯中心主义"传统，认为文本（作品）是分延的，永远在撒播。德里达的批判矛头直指结构主义语言学理论。德里达继承了拉康"滑动的能指"的概念，指出能指与所指的关系不是固定不变的，"漂浮的能指"，打破了能指和所指的二元结构，使得能指可以建构所指，从而赋予能指新的意义。

2 布洛克曼（John Brockman，1941—　），美国当代最富有思想的IT、互联网前沿学者之一，创办了"边缘（Edge）"网站，主要著作有《未来英雄》(1996)、《第三种文化》(1999)。

人与人的关系。在他看来，机器的使用贯穿人类发展的整个历史。机器已经成为嵌入人类生活的"技术元素（technium）"，已经成为透入骨髓的、人的组成部分。讨论未来的智能机器是否战胜人是毫无意义的。值得思考的未来场景，恰恰是新的人机共同体。这意味着什么？对于对科技持谨慎的乐观主义态度的凯文·凯利来说，他不觉得人的价值会有丝毫的贬损；但值得提醒的是，在未来的"人机共同体"中，嵌入技术元素的"新人"，将彻底告别工业时代的世界观，告别对确定性世界的迷恋，步入"不确定性主宰的时代"。

将电脑、数码科技和互联网新玩意，与工业时代放在一起，审视其脱胎于工业文明的合理性之余，将批判的锋芒指向工业时代日益荒诞的人与自然相背离的景象，凯文·凯利并不是第一人。从波德莱尔[1]反思现代性开始，150多年来，不停地有思想家对咆哮的工业怪兽提出批评。但凯文·凯利是为数不多的秉持乐观主义精神的思想家之一。他的乐观主义的可贵之处还在于，他敢于将人造的机器摆在与人同等尊贵的位置，但又不让这种机器过于占据优位。人的机器化和机器的生命化是同步展开的两个彼此缠绕、交叉的进程。前者让人本主义者感到焦虑，后者让技术狂人感到兴奋。凯文·凯利认为，这两个进程彼此融合，才是最有可能的未来图景。

2012年年初，在腾讯创始人马化腾对话凯文·凯利的一次座谈会间，我曾询问凯文·凯利这样一个问题：如果用性别打比方的话，互联网是男性的，还是女性的？他认真地回复了这个问题。他认为是两种性别气质的平衡。他早年曾讲过这么一句话："在女性扮演更重要角色之前，Internet不可能更文明。"工业文明流露出太多的"男性气质"，这其实是个大问题。控制、占有、理性、思辨、权力等字眼，在思考互联网时，已经处处显露出种种不适。凯文·凯利的思想值得深入

1　波德莱尔（Charles Pierre Baudelaire，1821—1867），法国19世纪最著名的现代派诗人，象征派诗歌先驱，代表作有《恶之花》。从1843年起，波德莱尔开始陆续创作后来收入《恶之花》的诗歌，诗集出版后不久，因"有碍公共道德及风化"等罪名受到轻罪法庭的判罚。1861年，波德莱尔被提名为法兰西院士候选人，波德莱尔于次年2月拒绝。

研究。

第三位思想者叫作尼尔·波兹曼[1]，他曾任纽约大学文化传播系主任。1968年，波兹曼在"英语教师全国委员会"年会提出媒介生态学（国内翻译成媒介环境论），倡导将"媒介作为环境的研究"。作为著名的媒介文化批评者、研究者，波兹曼在国内新闻与传播界非常有名，他的三部曲《娱乐至死》、《童年的消逝》、《技术垄断》是课堂推荐的必读书。波兹曼主要针对工业社会从生产型向消费型转变的过程中，"媒介充当了何种角色"、"发挥了什么作用"、"造成了什么后果"等问题穷追不舍，进行了深入细致的分析。

比如，波兹曼认为童年是社会化的产物。在古希腊，童年和成人世界是有区别的。柏拉图认为，城邦其实就是一个教育机构，"最大的问题就是青年的教育问题"。训练有素、身体强健、身心健康的青年是城邦社会公民的候选人。波兹曼认为，童年的发现是"文艺复兴的伟大发明之一"，学校的建立和教育体制的逐步确立就是明证。印刷术大行其道之后，书写文化成为社会的主要形态，具备书写阅读能力才能进入成人社会，了解成人社会的秘密。然而，波兹曼看到，随着高技术带来的高接触和高渗透，童年或许将再次消逝。在这个过程中，媒介充当了重要的角色。

在1979年发表的《教学是一种保存性行为》一文中，波兹曼比较了电视与传统学校的抗争，"赚取眼球"战胜了文化教育的连贯性。电视袒露了成人向儿童保密的东西，成人世界向儿童开放。1985年，波兹曼的名著《娱乐至死》出版。在他看来，媒介即隐喻。媒介用一种隐蔽但有利的暗示来定义世界，塑造文化。

1　波兹曼（Neil Postman，1931—2003），世界著名的媒体文化研究者和批评家，生前一直在纽约大学任教。他在纽约大学首创了媒体生态学专业。直到2003年，他一直是纽约大学文化传播系的系主任。2003年10月波兹曼去世后，美国各大媒体发表多篇评论，高度评价波兹曼对后现代工业社会的深刻预见和尖锐批评及对媒介文化深刻的洞察。主要著作有《娱乐至死》（*Amusing Ourselves to Death*）、《童年的消逝》（*The Disapearance of Childhood*）、《技术垄断》（*Technopoly*）等。

"媒介并非一种通过所处文化来处理自身事务的不偏不倚的工具。它是价值的塑造者，感觉的疗理者，意识形态的鼓吹者，社会结构的严格的组织者。"

电视为我们提供传媒喻说（media metaphor），我们用这些喻说来辨认世界，并将之感知为文化。由于电视如此深刻地影响人们对现实的辨认和感知，它已经事实上左右了我们的意识和社会制度。没有一个理念不被放进电视里，没有一个判断不带有电视偏见的烙印。波兹曼一针见血地指出，图像令人的思维幼稚化、蜕化。更进一步地，感性的图像思维令批判精神弱化、公共思想蜕化。波兹曼是一以贯之的批判学者，始终认为文字比电视优越。

波兹曼的电视批评有两个着眼点：一是认为电视把公共话语当作消遣，限制和弱化了人们的认知，不利于独立思想；二是公共话语自身的萎缩。他指出，"我们的政治，宗教，新闻，体育和商品都已经变成为与娱乐行业同类的附属品……后果是，我们成为已经处在娱乐至死边缘的民族"，"我们的文化，它的信息、思想和知识特征都来自电视而不再是印刷文字"。

这是一种令人沮丧的发现。20世纪70年代，有人将波兹曼所批评的这种电视文化下的受众，比喻为"无助的猴子"。

波兹曼批判的深度让人惊醒，令人叫好，但需要看到的是，他的批判话语虽然成为消费社会文化货柜上的"行货"，迎合了一部分人的叛逆心理，同时也被受批判者和受批判的文本所"吸收"，成为化解批判锋芒、将批判话语转为"消费对象"的点缀。值得反思的是，经过现代性和后现代双重打磨下的文化批评，可能已经陷入某种解构、再造、重构的循环，成为陈陈相因、环环相报的因缘际会。用现代医学的术语说，抗药性已经与病痛一起，成为治疗对象的一部分。世界的运转，理解这种运转的方式，解读和传播这种运转的方式，其实依然固若金汤。文化批评仿佛不自觉地融入了游戏之中，被消解为一次洗牌动作。游戏本身并无变化。

虽然有众多的学者和文化研究者，以及青年学子们对波兹曼的批判叫好，但仍然存在这样一种潜藏的风险，即波兹曼的批判将自我中心主义推向更高的阶段，即自我中心主义的2.0版。在微博、微信、客户端成为新媒体标配的今天，新旧媒体之争就典型如此。当话语文本停留在"内容为王"、"渠道为王"、"体验为王"、"模式为王"的争执之下时，思想的桎梏就远未打开。媒介从业者参与论辩的激情，源自对"饭碗"的忧虑，对"无冕之王"桂冠的深度依恋，对话语权力和秩序的向往——所有这些情怀本身，就已经躲避到互联网之外，寻求安身之地了。我们在第九讲会再度回到这个话题。

与凯文·凯利不同，波兹曼对技术的批判是毫不留情的，彻底的，也是充满忧虑，甚至绝望的。在他的《技术垄断》中，波兹曼认为是技术造就了现代传媒帝国的霸权，"技术垄断是文化的一种存在方式，同时也是思想的一种存在方式。它存在于技术的神化，也就是说文化要在技术中寻求认可和满足，它们听命于技术"。毋庸置疑，技术当然带来了便利，也改善了健康，创造着富足、快乐的生活。然而，需要看到的是技术不但干着它擅长干的一切，还为旧世界的习俗、传统和信仰提供了替代品：青霉素代替了祷告；电视（讲述）代替了阅读；娱乐代替了思考。

媒介生态学根本的关注点是技术，尤其是媒介技术对人类文化的影响和塑造，以及交流技术如何控制信息的形式、数量、速度、分类及方向。由此，这样的信息构造或者偏见，如何影响到了人们的观点、价值判断和生活态度。它有这样一个公式：technopoly = technology + monopoly。

波兹曼将文化发展划分为三个阶段：第一阶段是17世纪之前使用工具的文化，这一阶段工具是感官的延伸，人们使用工具是为了扩大感知范围，遵从自然，为信仰服务。钟表、印刷机、望远镜等，正是这一阶段的象征。

第二阶段是技术的专业化，主要包括动力的使用。启蒙运动之后，科学技术狂飙突进，理性主义大行其道，大规模化生产、现代组织分工、城市的快速崛起，营造了欣欣向荣的繁荣景象。科学彻底解除了宗教的思想武装，人由此成为"大写的人"。

第三阶段是波兹曼着力批判的、走向反面的技术的垄断。与法兰克福学派[1]

1　法兰克福学派，1923年由霍克海默、阿多诺等人创立，当时是法兰克福大学社会研究所。

的思想者一致，波兹曼洞悉到一个令人忧虑的幽灵，已经从魔瓶中升腾而起。奥维尔[1]在《1984》中称之为"老大哥"，赫胥黎[2]则书写了《美丽新世界》，用福特帝国指称这一令人颤栗的未来景象。

波兹曼是一位充满忧思的批评家、思想家，他指出，技术垄断通过信息过载、文化艾滋（AIDS）兴盛于世，"我们受控制的原因是，我们自己欢迎并心甘情愿地接受压迫我们的东西。"

我们知道，停留在波兹曼的语境下，是无法有足够的勇气面对互联网的。这并非是一场"非此即彼"的对决，也不是简单的"接受和拒绝"的选择。波兹曼的思想具有清醒剂的价值，但在我们日益被裹挟进互联网的时候，我们需要找到新的思想"底座"。

第四位互联网思想家是我个人比较偏爱的，叫作约斯·德·穆尔（Jos de Mul, 1956— ），是荷兰鹿特丹伊拉斯姆斯（Erasmus）大学人类与文化哲学教授，信

主要成员包括霍克海默、阿多诺、马尔库塞、本雅明、弗洛姆、哈贝马斯等。致力于发展马克思主义，批判资本主义，认为理性已堕为奴役而非解放的力量。

1 乔治·奥威尔（George Orwell, 1903—1950），英国左翼作家、新闻记者和社会评论家。《动物庄园》和《1984》为奥威尔的传世作品。当中，奥威尔以敏锐的洞察力，批判以斯大林时代的苏联为首、被掩盖在社会主义名义下的极权主义；以辛辣的笔触讽刺泯灭人性的极权主义社会和追逐权力者；小说中对极权主义政权的预言在之后的五十年中不断地为历史所印证，这两部作品堪称世界文坛政治讽喻小说的经典之作。他在小说中创造的"老大哥"、"新话"、"双重思想"等词汇，皆已收入英语词典；而由他的名字衍生出的"奥威尔主义"、"奥威尔式的"等新词，甚至成为日常通用语汇。

2 赫胥黎（Aldous Leonard Huxley, 1894—1963），著名的生物学家 T. 赫胥黎（Thomas Henry Huxley, 1825—1895）之孙，他1932年创作的《美丽新世界》让他名垂青史。该小说是20世纪最经典的反乌托邦文学之一，与乔治·奥威尔的《1984》、扎米亚京的《我们》并称为"反乌托邦"三书，在国内外思想界影响深远。书中引用了广博的生物学、心理学知识，描绘了虚构的福特纪元632年即公元2532年的社会。这是一个人从出生到死亡都受着控制的社会。在这个"美丽新世界"里，由于社会与生物控制技术的发展，人类已经沦为垄断基因公司和政治人物手中的玩偶。这种统治甚至从基因和胎儿阶段就开始了。

息与交流技术哲学研究所所长。其实说偏爱也不是很准确，应该说我觉得他很有新意。穆尔教授打动我的是这样一句话，"精神分裂症的春天到了"。

穆尔有一本书，叫作《赛博空间的奥德赛——走向虚拟本体论与人类学》，2007年出版。这本书研究的是赛博空间。赛博空间这个词很多人在用，但把它作为一个富含思想的词汇来阐述，我认为穆尔教授击中了要害。空间，一直以来就是西方哲学的一个"元术语"。德谟克利特[1]的原子论中，就认为物质的广延性是物质的基本属性。从亚里士多德到牛顿，近2,000年的物理学思想，甚至哲学思想中，空间只是一个"处所"，是"连通性"的表征。16—18世纪的物理学致力于解释空间的实体特征，人们实在无法理解一个"空无一物"的存在，于是就接受古希腊哲学家阿那克萨戈拉[2]创造的"以太"的概念，直至1887年迈克尔逊-莫雷实验[3]，证明以太并不存在。

英国学者厄里[4]指出，西方哲学史其实是"凸显时间贬抑空间的历史"[5]。作为

---

1 德谟克利特（约公元前460—公元前370或公元前356），古希腊阿布德拉人，唯物主义哲学家，原子论创始人之一。古希腊哲学家留基伯（Leucippus 或 Leukippos，约公元前500—约公元前440）是他的导师。

2 阿那克萨戈拉（Anaxagoras，约公元前500—前428），出生于爱奥尼亚的克拉佐美尼。米利都学派哲学家阿那克西美尼的学生。在雅典人战胜了波斯人之后，他被老师带到了雅典。他是第一个把哲学介绍给雅典人的。由于他否认天体是神圣的，因此被控亵渎神圣，幸亏伯里克利的调解才得活命。

3 迈克尔逊-莫雷实验，是1887年迈克尔逊和莫雷在德国做的用迈克尔逊干涉仪测量两垂直光的光速差值的一项著名的物理实验。结果证明光速在不同惯性系和不同方向上都是相同的，由此确定了光速不变原理，从而动摇了经典物理学基础，成为近代物理学的一个发端，在物理学发展史上占有十分重要的地位。

4 厄里（John Urry，1946— ），英国社会学家，兰卡斯特（Lancaster）大学教授。

5 二十世纪六七十年代，人文地理学汲取女性主义影响，出现了一个叫作"空间转向"（spatial turn）的过程。空间不再是"被反映"、"被安置"、"被塑造"的容器和处所。这一转向有许多学者从各自不同的角度，不约而同地提出来，值得深思。比如法国哲学家亨利·列夫斐尔的"空间的生产"；爱德华·索佳的"第三空间"；詹明信的"后现代空间理论"；福柯的"异托邦"等。

容器、处所，空间的丰富性远不及时间。时间给出了世界秩序构建的方向，解释了宇宙存在的生灭历程，甚至暗合基督教拯救论的路径。空间作为事物彼此关联的所在，它自身却毫无"存在"的征兆，这一点令古往今来的思想者们困顿不已。空间呢？空间没有形态（或者说无法摹状），也毫无属性（或者说承载一切属性），它不区隔（却可以任意区隔），也不显现。这真是一个索然无味却又捉摸不定的东西。

在莱布尼茨[1]、康德[2]、黑格尔[3]、胡塞尔[4]等的哲学里，空间只是画布，是背景，顶多是"承载物"。空间不参与（也可以说无处不参与）事物的存在和变化，但空间自身却无法像任何其他实体一样，"拎出来"看个究竟。

赛博空间摆在这里之后，问题一下子变得有趣多了。赛博空间，是美国—加拿大科幻作家吉布森[5]在1984年创造的一个词汇，业已成为互联网充满思想趣味的一个术语。1996年，电子边疆基金会（EFF）的创立者之一，著名互联网

---

1 莱布尼茨（Gottfried Wilhelm Leibniz，1646—1716），德国哲学家、数学家。涉足的领域包括数学、法学、力学、光学、语言学等40多个范畴，被誉为"17世纪的亚里士多德"。和牛顿先后独立发明了微积分。

2 康德（Immanuel Kant，1724—1804），出生于柯尼斯堡，德国哲学家，德国古典哲学创始人。他被认为是对现代欧洲最具影响力的思想家之一，也是启蒙运动最后一位主要哲学家。其一生深居简出，终身未娶，过着单调刻板的学者生活，直到1804年去世为止，从未踏出过出生地半步。著有传世之作——三大批判：《纯粹理性批判》（阐述自然之真）、《实践理性批判》（阐述伦理之善）、《判断力批判》（阐述艺术之美）。

3 黑格尔（Georg Wilhelm Friedrich Hegel，1770—1831）是德国哲学中由康德起始的唯心主义哲学的顶峰；对后世哲学流派，如存在主义和马克思的历史唯物主义都产生了深远影响。黑格尔的影响不仅限于德国，19世纪末，在美国和英国，一流的学院哲学家大多都是黑格尔派。

4 胡塞尔（E.Edmund Husserl，1859—1938），德国哲学家，现象学哲学的创始人。1913年出版重要的著作《纯粹现象学和现象学哲学的观念》。

5 威廉·吉布森（William Ford Gibson，1948—　），美国—加拿大作家，科幻文学的创派宗师与代表人物。1984年，于英属哥伦比亚大学（UBC）攻读英国文学学位时，完成了处女作《神经漫游者》（Neuromancer），创造了赛博空间（cyberspace）这一概念。

思想家巴洛[1]在瑞士达沃斯世界经济论坛上发表了《赛博空间的独立宣言（"A Declaration of the Independence of Cyberspace"）》，富有激情地宣布了这是一个与工业化实体空间，与现代性所代表的政治空间截然不同的"所在"。一开篇，巴洛就以张扬的气魄宣告："工业世界的政府，你们这些肉体和钢铁的巨人，令人厌倦，我来自赛博空间，思维的新家园。以未来的名义，我要求属于过去的你们，不要干涉我们的自由。我们不欢迎你们，我们聚集的地方，你们不享有主权。"

虽然，赛博空间由控制论（cybernetics）和空间（space）两个词组合而成，但日益饱满的思想内涵，使得这一"处所"不再是被动地"充盈着"、"占据着"的传统空间，而是不断创生和湮灭的空间。巴洛指出："在我们的世界里，所有人的情感和表达，不管是值得谴责的，还是像天使一般美好的，都属于一个无缝的整体——比特的全球交谈。我们不能把窒息鸟的空气和鸟的翅膀拍打的空气分开。"在这里，到处是彼此交织、依存、缠绕，没有什么"好与坏"、"对与错"、"善与恶"的交锋和对决，也没有什么"占有"、"胜利"、"成就"的炫耀和奖赏，这里是自由的呼吸、自由的流动和无所不在的变化。"我们将在赛博空间创造一种思维的文明，这种文明将比你们这些政府此前所创造的更为人道和公平。"——这是宣言的最后一句。

穆尔用"奥德赛"来思考赛博空间，我认为一下子抓住了问题的要害。在希腊神话传说里，"奥德赛"象征着漂泊与回归。在古希腊盲人诗人荷马的史诗中，《伊利亚特》是战争史诗，《奥德赛》则是英雄史诗。它描绘了公元前11世纪—前9世纪，迈锡尼文明时期的特洛伊战争。史诗描写伊萨卡（Ithaca）的国王奥

---

1 巴洛（John Perry Barlow，1947— ），美国诗人、随笔作家，组建于1964年的美国最早的迷幻摇滚乐队"感恩而死（Grateful Dead）"的鼓手兼词作者。1990年，与卡普尔（Mitch Kapor，Lotus 公司创始人）和吉尔默（John Gilmore，Sun 公司早期雇员）一起创办了旨在维护黑客权益的"电子边疆基金会（EFF，Electronic Frontier Foundation）"，目前 EFF 的业务主要分六个方面：言论自由（Free Speech）、创新（Innovation）、知识产权（Intellectual Property）、国际问题（International）、隐私问题（Privacy）和透明性（Transparency）。

德修斯在攻破特洛伊城之后，经历了10年的漂泊生活，历经艰险返回家园的旅程中，最后40天的生活。其间，最为惊心动魄的挑战，是与海神波塞冬的较量。同学们可以参考有关的书籍了解这一典故。

"赛博空间的奥德赛"，指出了一种注定要遭遇劫难的命运。这种劫难不是困难，而是困境。困难是可以付诸努力去克服的，比如高山大河的阻隔、惊涛骇浪的冲击、屡战屡败的挫折。困境则不然。困境也许就发生在风平浪静之时，但却将人推入左右为难的境地，如同莎士比亚[1]的哈姆雷特，又如同卡夫卡[2]的变色龙。

生命在赛博空间里，不再呈现为清晰的个体，一切有形的边界都消弭于无形。川流不息的存在，彼此缠绕、嵌入，又脱离、消逝。主体被遮蔽而进入了后生命的状态，这种状态，并非生命沿着生与死的时间箭头抗争着、奋斗着，将最后的审判一再延宕；而是生命的存在随时随地遭遇破碎、分解、重构和游移。局部，不再静候和盼望整合的到来；片段，也不再试图拼接出更大的版图，方能绽放风采。用老眼光和老套路来看，这个世界原本四处清晰的道路、标线、扶手，已经消逝得无影无踪且无法重现。然而，另一方面却是，意义转瞬即逝，存在日新月异。赫拉克里特的名言，"人不能两次踏入同一条河流"已经不是表达时间的流失，而是表达主体的变迁。在这样一个充满变异性、异质性、流动性，缺乏方向感、目的性的赛博世界里，穆尔大胆地预言，"精神分裂症的春天到了。"

在启蒙运动者那里，精神分裂症被列入心理的某种疾患，与伤风感冒同为病症。然而，在原始宗教的世界里，疯癫、错乱却是通灵者的自然状态。难怪在福柯的分析中，疯人院与监狱、学校、营房一样，是禁锢身体、规训

1　莎士比亚（William Shakespeare，1564—1616），英国文艺复兴时期的伟大剧作家、诗人。

2　卡夫卡（Franz Kafka，1883—1924），20世纪奥地利德语小说家，犹太人。西方现代派文学的宗师和探险者，是表现主义作家中创作上最有成就者。他生活和创作的主要时期是在一战前后，对社会的陌生感、孤独感与恐惧感，成了他创作的永恒主题。他的作品文笔明净而想象奇诡，常采用寓言体，背后的寓意见仁见智。1915年出版《变形记》。美国诗人奥登评价卡夫卡时说："卡夫卡对我们至关重要，因为他的困境就是现代人的困境。"

思想的场所，进而融合在工业资本主义的庞大文化机器上，成为权力制度的组成部分。

穆尔的观点我觉得值得认真对待。他的思想喊出了一个潜藏在心灵深处的声音：对"人是什么"的追问与回答，是否已经远离了问题本身？

与约斯·德·穆尔的思想相仿，令我受到震撼的还有德勒兹的思想。德勒兹和瓜塔里[1]，用两部著作的篇幅（一部是《反俄狄浦斯》，另一部是《千高原》）论证资本主义，是如何将笛卡尔[2]的哲学思想固化进精神分析的底层的。这两部书有一个共同的主题，就是通过剖析弗洛伊德的精神分析，作者反对将"欲望"假定为负面的、消耗性的，将精神分析直接改换为"精神分裂分析"。"精神分裂"是必须直接面对的状态，而不是需要极力回避、克服、治愈的状态。

为了分析欲望、看待精神分裂，德勒兹把空间划分为两类，即光滑空间与条纹空间。光滑空间代表开放、单元、交流、互动，充满潜在的无限可能；条纹空间则象征科层化、等级制、固定、精致、封闭、僵死。在德勒兹看来，空间不再是塑造行为的"地方"，空间也不再是展现、呈现的地方，不再只是地理学概念，而是行为和互动交互的指令系统。这里完全是一个开放、交织、盘根错节的"块茎"世界。德勒兹的欲望哲学是原生态的，我自己也还只是浅尝而已。但我直觉到，德勒兹富有个性化的语言，或许正是"祛魅"与"返魅"对话所需要的新玩意呢。

1　德勒兹（Gilles Louis René Deleuze, 1925—1995）和瓜塔里（Pierre-Félix Guattari, 1930—1992），法国后现代哲学家。六十年代以来法国复兴尼采运动中的关键人物，德勒兹和瓜塔里正是通过激活尼采而引发了对欲望哲学的法兰西式的热情。如今，德勒兹的影响遍布人文科学的各个角落；他们合著的《反俄狄浦斯》和《千高原》业已取得世界性的声誉。

2　笛卡尔（René Descartes, 1596—1650），法国伟大的哲学家、物理学家、数学家、生理学家，也是解析几何的创始人。笛卡尔是欧洲近代资产阶级哲学的奠基人之一，黑格尔称他为"现代哲学之父"。

第五位思想者，我们来谈谈马克·波斯特[1]，1968年纽约大学历史学博士。1990年，波斯特出版了一本著作《信息方式》，提出"信息是一种生产方式"。这句话的字面含义，我觉得现在人们接受起来已经不困难了。我感兴趣的是，"信息方式"所蕴含的丰富思想。

波斯特认为，马克思的生产方式是一个历史范畴，是生产手段与生产关系的组合。波斯特说："我引入信息方式这一概念，以此标示电子媒介交流的非同质性簇群。特别是电视广告、数据库和电脑书写等符号模式，也可以说是交流方式，他们要求人们以基于语言的理论，探讨他们的运作、他们的阐发方式，他们引发的支配行事以及他们作为解放规划带来的前景。"简单说，所谓信息方式，即把主体置于交流模式之中，看信息方式如何引起主体的变化。

主体问题是经典哲学的核心问题之一。波斯特认为，主体的自我构成是一个历史地不断建构的过程，不同的传播方式对应着不同的自我构成。信息方式的改变，将影响受众群体的文化心理塑造，而不同的信息方式使主体随着语境的不确定性而被相应地一再重新建构。

波斯特的文本比较干涩，貌似继承了传统哲学的文本风范。但波斯特还是提出了一个至关重要的问题，即主体并非坚固的、清晰的存在，比如像经典物理的"粒子"那样。主体像量子。这么看的话，波斯特的核心思想就是：媒介对主体的重塑，并非强化为粒子，而是弥散为波。他认为，"电子媒介及其所产生的社会影响正日益成为变革的中心问题。"

这里要提请注意的是，本课在讲述中所使用、引用和借用的概念，如果是"旧概念"，比如"主体"、"存在"、"生产"等，你都需要保持警惕。它的含义可能会发生变化。但为了指称某个概念，为了把叙述继续下去，我们不得不使用这些词语。在主体塑造的命题下，有两条路可走：一条是马克思主义的，即"人

---

1 马克·波斯特（Mark Poster, 1941—　），1968年获得纽约大学历史学博士学位。美国加州大学历史学系和电影与传播学系教授，批判理论研究所所长。著名的西方马克思主义批判理论家。主要著作有《第二媒介时代》（1995）、《信息方式》（1990）等。

的主体性的塑造"——马克思主义认为信息是物质的力量。另一条是后结构主义的。对后结构主义来说，"表达方式变得与生产方式一样处于批判理论的中心位置。哈贝马斯[1]的理想化言语情境与鲍德里亚[2]的符号交换，成了革命理论的新基础。生产方式的转型问题，必须与意义、文化和语言的转型问题一样受到批评的关注。"

与麦克卢汉类似，波斯特把信息方式划分为三个阶段：第一阶段是面对面的口头媒介交换。所谓口头媒介，即自我被包嵌在面对面关系的总体性中，语音是交流媒介的核心。认知主体、活动主体、行为主体通过语音表达统合在一起，但主体（即表述者）的身份却飘忽不定。这是无中心的媒介状态。

第二阶段是印刷书写方式的媒介交换。印刷过程将自我构建成为一个行为者，处于理性／想象的自律性中心；理性与自我并不同步，处于分离的状态。人的身体与话语行为的分离，使得书写者可以构造另一个主体化身，即他的语言形象。可以说，书写令自我的反思、反省、自察，有了一个充足的缓冲空间，从而为作者这一身份的确立，甚至为威权的确立，留下可能。书写的立言功能，使得不朽成为可能。这是理性中心主义独特的存在方式。

第三阶段即电子媒介交换、信息模拟阶段。流动的信息，持续的不稳定性使自我去中心化、分散化和多元化。电子媒介能够映照出虚构的自我，想象的自

1　哈贝马斯（Jürgen Habermas，1929—　　），德国哲学家，当代最重要的哲学家之一。历任海德堡大学教授、法兰克福大学教授、法兰克福大学社会研究所所长以及德国马普协会生活世界研究所所长。1994年荣誉退休。他同时也是西方马克思主义中法兰克福学派第二代的中坚人物。由于思想庞杂而深刻，体系宏大而完备，哈贝马斯被公认是"当代最有影响力的思想家"，威尔比把他称作"当代的黑格尔"和"后工业革命的最伟大的哲学家"，在西方学术界占有举足轻重的地位。1961年出版由其博士论文改编而成的重要著作《公共领域的结构转型》。

2　鲍德里亚（Jean Baudrillard，1929—2007），法国哲学家，现代社会思想大师，知识的"恐怖主义者"。他在"消费社会理论"和"后现代性的命运"方面卓有建树，在20世纪80年代这个被叫作"后现代"的年代，鲍德里亚在某些特定的圈子里，作为最先进的媒介和社会理论家，一直被推崇为"新的麦克卢汉"。

我。时空在电子媒介中进一步分离，语言与实体也进一步分离。比如匿名性。匿名使得身体与主体在电子空间中多维度地扩散、破碎、流动起来。这是多重主体得以诞生的新的空间。

波斯特所说的信息方式的变化，意指生产者与消费者关系的变化。法兰克福学派所批判的资本主义文化工业，将文化作为符号和客体，按照理性的方式予以构建，形成单维的、独白式的文化中心，其实是文化霸权。在波斯特所说的信息方式中，符号交流居于中心，日益成为日常生活中最活跃、最重要的方面，甚至成为生产过程本身最重要的组成部分。

波斯特的思想有一条传承主线：从传播学者英尼斯[1]（把传播技术与社会变迁、文明演化联系起来）到麦克卢汉（研究媒介技术），再到波斯特（研究信息方式，对符号互动在语言学层面的深度解码）。实际上，我认为托夫勒所提出的prosumer，也属于这个范畴。尽管托夫勒更多是从产业革命的角度看待技术对未来的冲击与构建，并从生产 – 消费者角色变迁提出了产消合一的思想，但正是这一思想，击中了工业化的实质。

波斯特对丹尼尔·贝尔的不满是，信息绝不仅仅是经济现象，信息也不仅仅是经济要素，与物质、能量比肩。作为生产要素，信息事关生产关系的变革，更事关主体的破碎，以及多重主体的诞生。在波斯特看来，"后工业社会"话语只有经济学范畴，没有语言学范畴。波斯特的主题则是，信息方式将颠覆资本主义的秩序——这最终会涉及主体的重构。

传统的主体观是这样的：主体置身于力场，嵌入分子式，在相互作用中交换着某些东西比如物质、能量和信息，并以个体为基本单元。这一个体是清晰的、可辨识的最小单元，这一个体是健全的、理性的、自私的，每个个体上都贴满了

---

1 英尼斯（Harold Adams Innis，1894—1952），加拿大多伦多大学政治学教授，经济史学家，多伦多学派的鼻祖，也是麦克卢汉的老师。他一生的事业可以从1940年分为两个截然不同的时期。早期的他是声名卓著的经济史学家和经济理论家，后期的他则沉浸在从古到今的经济与传播关系的研究之中。他提出的主要理论为：媒介偏向理论。

标签，且与生活体验高度一致。借力于法兰克福学派、后现代思潮对现代性思潮的解构和批判——虽然波斯特也使用大量老套的旧术语，比如主体——信息方式最为重要的思考对象，恰恰就是"主体"本身。

波斯特还有一本著名的书，叫作《第二媒介时代》。作为北大新闻与传播学院的学生，大家应该有所了解。波斯特所谓的第一媒介，指以印刷媒介为代表的大众媒介；第二媒介则指电子媒介，可以涵盖今天的互联网。第一媒介和第二媒介的特征有鲜明的差别，前者是线性/有序/稳定/单向的，后者则是非线性/无序/不稳定/双向的。我认为波斯特的概括，抓住了新媒体的重要特征。在后面课程的展开中，我们需要细细咀嚼、品味。

对于今天热闹非凡的新媒体来说，事情变化的伟大之处，并不在于又获得一次重新命名的机会，而在于深切认识到这种命名已毫无价值，或者说它已经不是最基本的东西了。本体坚固的外壳既然可以掀开，那就索性痛痛快快看看"下面"是什么东西吧！

以上我们概要介绍了五位互联网思想者。虽然丹尼尔·贝尔、波兹曼、波斯特都不是互联网领域的"在场学者"，但他们的思想穿越了历史，富有养分，我认为互联网思想的行列中应该包括他们几位。毋庸置疑，为互联网思想提供养分的思想家有很多很多，这个名单很长。至少在本课中你可以反复听到这样一些学者的名字：技术思想家伯纳斯-李，超文本概念的提出者布什，计算机科学家图灵[1]、冯·诺伊曼，控制论创立者维纳，赛博空间提出者吉布森，自由软件坚定的支持者和倡导者斯托尔曼，Linux 的发明者莱纳斯·托瓦兹，共享版权（Creative Commons）的倡导者莱斯格，传媒学者麦克卢汉、英尼斯、卡斯特，社会学家米尔格拉姆、格兰诺维特，网络科学家瓦茨、巴拉巴西，后现代学者福柯[2]、德里

1　阿兰·图灵（A.M. Turing, 1912—1954），英国数学家、计算机科学家，通用计算机模型的提出者。1936年发表重要的论文《论可计算数及其在判定问题中的应用》。

2　福柯（Michel Foucault, 1926—1984），后现代学者。通过对权力的深刻分析，他认为未

达、利奥塔[1]、鲍德里亚，社会学家鲍曼[2]、戈夫曼[3]，哲学家海德格尔[4]、胡塞尔、哈贝马斯、阿伦特等。

可以说，技术学者、科学家、社会学家、心理学家、经济学家、传播学者和哲学家们，都从各自的领域不约而同地思考"未来与工业社会迥然不同的社会"是什么样子。我认为，来自不同学科的跨学科思想，构成了互联网前沿思想的总体景观。这门课程，其实就是在这样一处景观之间穿行、徜徉，汲取思想家的睿智与卓见，形成同学们对互联网思想渊源的深刻认识。

来的世界是"同时性和并置性"的世界，预言"空间时代的到来"。

1　利奥塔（Jean-Francocio Lyotard，1924—1998），当代法国著名哲学家、后现代思潮理论家，解构主义哲学的杰出代表。主要著作有《现象学》、《力比多经济》、《后现代状态》、《政治性文字》等。

2　鲍曼（Zygmunt Bauman，1925—　），波兰裔美国哲学家。区分了"重现代性"和"轻现代性"；前者以占有领土、征服为特征，后者以分类、交往为特征。

3　戈夫曼（Erving Goffman，1922—1982），主要著作有《日常生活的自我呈现》（1956）、《污名》（1963）、《互动仪式链》（1964）。

4　海德格尔（Martin Heidegger，1889—1976），德国哲学家。1927年出版重要著作《存在与时间》。

4 课程概述：领略思想的丰度

上面对各路思想家的简略罗列，或许给人杂芜之感。如果用最简单的一句话，透过这些思想家交织、重叠、折射、冲突的思想空间，能洞见到的互联网思想，在总体上有什么特征的话，我想说这样一句话：在互联网思想的呈现中——大家需要注意这么一个问题——隐喻无所不在。

法国符号学者克里斯蒂娃[1]在《符号学》提出一个术语，叫作"互文性"（又称文本间性），我很喜欢这个词。互文性，可作为理解隐喻的一把钥匙。隐喻就是两种文本间的对话。明文之意与暗喻之意，透过同一套符号系统予以表征，一个文本两层含义同时在场，既突破了文本背后的逻各斯[2]建构之图谋，又避免字面文本蜕化为纯粹的载体。隐喻所折射的那个"未表征的文本"，上升为主角。

1　朱丽娅·克里斯蒂娃（Julia Kristeva, 1941—　），原籍保加利亚，1966年移居法国，现为巴黎第七大学教授。其知识横跨哲学、语言学、符号学、结构主义、精神分析、女性主义、文化批评、文学理论和文学创作等多个领域，成为后现代主义的一代思想宗师。罗兰·巴特概括其特点说："朱丽娅·克里斯蒂娃总是摧毁那些我们以为我们能够从中感到慰藉、我们可以引为自豪的最新的偏见。"

2　逻各斯（Logos），是古希腊哲学及神学的术语，是西方哲学的核心概念。逻各斯的概念早见于波斯、古印度和古埃及，后引进自犹太教和基督教。一方面它代表了语言、演说、交谈、故事、原则等意涵，另一方面，它也代表了理性、思考、计算、关系、因果、类推等。逻各斯在哲学中常表示支配世界万物的规律性或原理，在神学则表示上帝的旨意或话语。在西方哲学史上，逻各斯是最早关于规律性的哲学范畴。

典型的隐喻如麦克卢汉的"地球村"的"返祖隐喻"。麦氏之地球村，字面上指技术突破了地理区隔的限制，将人类彼此间拉近为近在咫尺的小小村落；但引申之意却在于，工业社会带来的灵性之丧失、人性之吞噬，有赖于"返回"到原始部落的情状，方有可能重新找回失落的文明。

当然，返祖隐喻并非全然回归部落时代，既无必要也不可能。这里的隐喻，指的是被机器吞噬的"灵魂"，被机器"祛魅"的人的存在。这一隐喻指出未来社会建构的一个重要转换，即未来的赛博空间将由"主体间的共同体"所构成，而不是"主体的共同体"。追问一句，"主体间的共同体"和"主体的共同体"是什么差别？打个比方说，就是后者是主体的"物理变化"，前者是主体的"化学变化"。物理变化，意指主体独立性得以保全，共同体则只是主体间关系、连接、交换、交往的数量涨落。化学变化，意指主体呈开放状，其独立性、完整性是起伏不定的，"主体"这个语汇，不再有普适的意义；谈论主体之内、之外、之间，都只不过是权宜之计。勉强借用这些语汇，它指的是主体间彼此的互嵌、渗透、依存。从这个角度看，互联网给社会学带来最重要的转变，莫过于"关系"的重要性超越"个体"的重要性（顺便说，这一"关系"将不是"干巴巴的"，而是"湿乎乎的"）。"间性"，就是"关系"更具内涵的另种表达方式。

理解和把握互联网返祖隐喻，是理解互联网思想的重要基石。

这门课程的主干，由三部分构成。

一个是互联网思想的演进。如果从1991年伯纳斯 – 李提出万维网（WWW）架构起算，互联网发展至今（讲课时的2011年），只有短短的20年时间。20年间互联网的演进，经历了从"工具主义"到"结构主义"，再到"后结构主义"的转换。所谓工具主义，是将互联网当作加速产业变革、经济社会发展的强大引擎。这里典型的事例是1993年"信息高速公路"概念的提出。工具主义把互联网当作经济增长、社会发展的巨大动力，相信"去中心化"、"无磨擦经济"、"电子商务"可以极大改变世界的经济版图，成为高就业、高成长、低通胀这种"熨平经济周期"的有力武器。美国布什－克林顿政府主政时期，20世纪90年代全球第一波互联网热潮就是如此。

整个20世纪90年代，虽然也出现了很多"大词"，但并未穿透互联网思想的实质。"工具主义"依然将互联网当作整个经济的新的引擎，只强调"变革"，但实质依然是延续"更高、更快、更强"的工业时代的"速度革命"。从这个角度看，2000年美国纳斯达克股市的崩盘也就不难理解了。

然而，正如前面提到的，1998年、1999年分别在《自然》和《科学》上发表的那两篇重要的论文，在理论根基上指出了互联网的深层思想。这两篇论文分别是瓦茨和斯托加茨提出的"小世界模型"以及巴拉巴西和艾伯特提出的"无标度网络"。

这两篇论文都是研究互联网结构的。从技术上说，"小世界模型"印证了1968年美国哈佛大学社会学者米尔格拉姆做过的一个小实验，叫作"六度分割理论"：世界上任何两个人之间产生关联，只要经过六步就可以实现。这个理论以简洁、优美的方式，惊人地揭示了某种超级网状社会组织，彼此连接的紧密程度。与此相映成趣的，是"无标度网络"理论对网络中节点增长模式下，网络结构与行为之关系的洞察。

2000年，全球互联网网民数量突破5亿，接入主机超过5,000万，网页页面突破20亿。直觉上看，这些彼此连接的主机节点、网页超链接和网民访问行为，是杂乱无章、毫无规律可言的。巴拉巴西的研究表明，长期以来对网络结构（包括人际网络、页面超链接、互联网络等）"生成模式"的"随机假设"是站不住脚的。互联网络节点增长、相互连接的模式，遵从"幂律法则"，呈现出"无标度"的特征。这是一个重大的发现。简单说，这个发现的意义在于：网络规模（即尺度）对网络结构和行为几乎没有影响。

对网络结构、行为的研究，将连通着的网络资源（包括主机、页面、链接）纳入了某种"有机的框架"。这种观点很好地暗合了复杂系统研究、系统生物学和社会物理学的研究模式，对进一步发现扭结在一起的复杂网络，在结构、功能和行为动力学之间有何种内在联系，提供了丰富的思想源泉。

商业互联网的发展历程虽然只有短短的20余年，但日益迅猛的"卷入"能力，已使互联网的整体样貌，发生了巨大的变化。用前面的那个比方来说，是从"物理变化"走向"化学变化"甚至"生物变化"的过程。大致说来，商业互联网前10年的发展，是资讯堆积、信息过载、系统迁移、数字化、网络化的过程。这一阶段随处可见对传统产业的冲击，比如电子邮件取代邮政，门户网站挑战新闻业，即时通讯工具大幅度压缩传统电信业务，新型支付工具冲击银行卡，电子商务终结传统零售渠道等。但总体上说，这种冲击依然停留在"物理变化"的层面，即通过信息透明化，大大缩小了信息不对称的程度，加剧了信息扩散、分享带来的效率提升。互联网在这个阶段，只是让这个世界"转得更快"而已。

开源运动、博客、社交网络兴起之后，互联网进入了"化学变化"乃至"生物变化"的新领地。透过网络连接兴起的熟人和陌生人所共同组成的社群，拥有了更强的流动性和交互性。这种交互和流动，并非停留在"从一地转移到另一地"的物理空间的变化，而是出现了"盈余"。用克莱·舍基[1]的话说，这种知识盈余、时间盈余，让貌似无组织的个体和社群，在自组织层面形成全新的生产力。卷入互联网的个体不只是发生着频繁多样的信息交换，更充满了交往、商谈、协作的张力。个体行为和群体结构之间的相互影响，已经不是在消息层面和能量层面，而是在"种群形成"和"性格塑造"层面相互渗透。全新的物种诞生了。

充分理解互联网思想深层的这一变化，需要将作为技术的互联网和作为商业的互联网（简言之，就是工具性的互联网），纳入到更加宽广的历史背景中审视。作为脱胎于工业时代的产物，互联网思想中必然携带有工业时代的基因；但互联网基因中的"后工业时代元素"又使得它注定将扮演着颠覆和反叛的角色。此外，作为社会构建的重要力量，互联网如何深刻地影响着人与人、人与自然、人与社

---

1 克莱·舍基（Clay Shirky），哈佛肯尼迪政府学院客座讲师。主要著作有《未来是湿的》（2009年）、《认知盈余》（2011年）。"分享、对话、协作、集体行动"被称为"舍基原则"。

会、人与机器的关系，也是理解互联网思想的重要维度。

对西方人而言，这一历史进程深刻地镌刻在其文化母体中。1999年我在写作《电脑，穿越世纪的精灵》一书时，就深感纳入东西方语境的"电脑"一语，对西人而言是何等的活灵活现，而一旦作为一个机器盒子越过文化边界，落入东方土壤，竟成为毫无灵性的、死寂的东西了。理解互联网思想也是如此。假若不能将这个"精灵"放回到哺育它的土壤，恐怕怎么也无法领略互联网带来的生命之躁动、新生之喜悦、降世之窘迫，以及生存之忐忑。

为了理解这一互联网孕育之文化土壤和演进脉络，我会将思考的尺度放大到整个工业革命的历程，甚至不断地上溯至文艺复兴、启蒙运动，甚至中世纪、古希腊时期。同时，将社会之构建、消费社会之演进、后现代思潮对工业社会的反思与批判，也作为观察互联网思想源泉的重要观照。

第二部分内容，我们试图理解复杂性思想。讲复杂性思想其实也只是试图找到一根"主轴"，利用这根"主轴"来看看"科学思想"如何面对纷繁复杂的世界图景，以及"确定性的世界观"如何破产。

基于原子论、主客分离原则、还原论的传统科学思想，在19世纪末期与20世纪前半叶遭遇了极大的挑战。致力于通过切分物质世界、发现"基元"来揭示自然界"客观规律"的科学主义者，在面对诸如气象、湍流、量子跃迁、相变、可计算性等"高难度"课题时，在传统的方法论框架下走到了尽头。虽然，这些学科还在各自的领域内，苦苦寻求类似牛顿力学那样简洁、漂亮的方程式，并将此作为信仰"斯宾诺莎[1]上帝"的佐证；但日益显现的整体性、系统性思维模式，已经悄然改变了科学思想的模式。

1　斯宾诺莎（Baruch de Spinoza, 1632—1677），西方近代哲学史重要的理性主义者，与笛卡尔和莱布尼茨齐名。斯宾诺莎出生于阿姆斯特丹的一个从西班牙逃亡到荷兰的犹太家庭。他的思想通过通信方式传播到欧洲各地，赢得人们的尊重。主要著作有《笛卡尔哲学原理》、《神学政治论》、《伦理学》、《知性改进论》等。

对复杂性思想的审视，可以让我们从完全不同的角度，观察17世纪以来建构在数学原理、分析数学基础上的全部自然科学体系，是如何"杀死灵魂"的。长期以来，数学的简洁性已经不是某种要求，而是坚定的科学信仰。如法国大数学家拉普拉斯[1]宣称的那样："假如给我初始条件，我将推导出整个宇宙。"这种坚定的信仰，让科学家孜孜不倦地深入到事物的内部，肢解事物、定义基元、量化存在、解释现象。

然而，当科学家们试图把切得七零八落的世界，重新装配成完好如初的"活体"的时候，他们一而再地陷入窘境。工业主义的发展逻辑、基于还原论的科学思想，以及基于科学世界观的社会构建理论，在面对"活的有机体"、"呈现生命形态的组织结构"等问题之时，总是无法自圆其说。这到底是怎么回事？是还原主义的科学之刃还不够锋利，还是确定性思维的科学信仰本身就不够谦和？

进一步说，当互联网以摧枯拉朽之势冲击着传统社会的堤坝之时，所面对的复杂性到底是现象层面的，还是本征层面的？这是个巨大的问题。互联网不仅在改变着这个世界，重塑着这个世界；互联网更是在思想的"底部"，挑战着我们赖以生存、习以为常的科学观和世界观。这就是我们为什么要了解复杂性思想的缘由。

在复杂性这个大话题之下，我们会在课堂中了解三个层面的内容：一个是作为科学的复杂性思维；另一个是作为社会学的复杂网络；再一个我们讨论公共空间的构建与再构建。

课程的第三部分内容，我们尝试讨论互联网的未来思想。这部分内容我们主要以新媒体为主线，大家是北大新闻与传播学院的研究生，我们需要站在新闻传

---

1 拉普拉斯（Pierre-Simon Laplace，1749—1827），法国分析学家、概率论学家和物理学家，法国科学院院士，1817年任该院院长。1812年发表了重要的《概率分析理论》一书，总结了概率论的研究，论述了概率在选举审判调查、气象等方面的应用，导入"拉普拉斯变换"等。拉普拉斯曾任拿破仑的老师，所以和拿破仑结下不解之缘。

播领域变革的角度，来看看互联网的未来变化。

的确，互联网"长"得太像"媒体"了！从门户网站开始，互联网的"媒体"属性就一直伴随着它的成长。直到今天，互联网似乎也很难祛除这种消息"中介者"、"传递者"、"聚合者"的角色。大概是麦克卢汉对"电媒"的著名论断（"电光是纯粹的媒介"），让媒体始终处于互联网变革的风暴中心。探索所谓新媒体在未来社会中的地位、角色和功能，是媒体人当然的视角。但不止于此的是，新媒体孕育着更深的变化，这个变化有三个迹象：其一是传播者与受众的关系，我把它表述为"传受合一"；其二，是在"传受合一"状况下，媒介的价值与功能；或者说媒介的"立足之本"发生了什么变化；其三，是建立在新的人机共同体基础上，对未来媒体的想象。

用马尔库塞[1]的话说，大众受众这一概念完全是工业时代的产物，它把"心理无知"强加给了受众。与工业社会发明了"消费者"一样，受众完全成为信息的"击打"、"猎取"的对象，进而成为"教化"、"塑造"的对象。互联网彻底颠覆了这种媒介观。但是，目前我们所能观察到的种种思潮和表现，还停留在后现代色彩的拼贴、混搭、恶搞、戏谑的情境中。受众用这种态度和方式，表达对工业时代单向度传播的批判和不满，并通过互联网获得了解放力量，拥有了自主的选择权、发言权和表达权。

文本和作者之间的边界已经消弭，线性叙事为非线性叙事所取代，"灌装预制"式的意义生产方式土崩瓦解，意义拥有了"不确定性"。在这种情景下，所谓"客观如实"的报道立场和叙事过程能否从容展开？以及如此这般地展开的"旁观式"的报道到底有什么意义？这些都是威胁到媒体"立足之本"的严峻挑战。

短时期内，我认为回答这些深层次问题的时机还不够成熟。社会变革、文

1　赫伯特·马尔库塞（Herbert Marcuse, 1898—1979），生于柏林一个富裕的犹太人家庭，德裔美籍哲学家和社会理论家，法兰克福学派的一员。在西方有"新左派哲学家"之称。他一生在美国从事社会研究与教学工作。

化发展、科技的融合还处于襁褓之中。在看待这个问题的时候，需要对"未来还将发生什么"有足够的想象力和领悟力。在了解脑神经网络、情感计算、平行系统、人工智能、人工社会等未来科技融合的前景之后，我认为才有可能有足够的想象空间，回过头来看待"媒介的立足之本"会发生什么变化。所以，这部分的内容，我们会走得更远一些。

在课程讲授过程中，我们会安排两次研讨课。初步拟定的题目是"社会计算"和"隐私问题"两个主题。这是目前互联网领域火热异常的话题。"社会计算"是一个有争议的词汇。争议的主要方面在于，这个组合词哪个部分是重心[1]？到底是"利用计算技术进行社会学研究"，还是"借助社会网络资源，所进行的新型的群体计算"？我的理解是，前者指的还是传统社会学的范畴。其实早在19世纪初期，法国思想家孔德[2]借用经典物理的方法，将静力学、动力学导入社会学，提出"社会科学"这一说法的时候，运用统计方法、场力分析方法对社会现象进行"物理学式"的研究，一直是社会科学的主要方法。后者则完全不同。后者指的是，借助社会组织、群体、社群中个体的智慧，汇聚统合零散的、碎片化的资源和内容，从而得出的有借鉴、参考价值的计算结果。比如1999年，美国加州大学伯克利分校的空间科学实验室，启动了名为"在家搜寻外星生命（ Search for Extraterrestrial Intelligence at Home，简称 SETI@home ）"的项目，该项目将天文台射电望远镜捕捉到的外星空无线电信号，分发到全世界自愿参与该项目的志愿者电脑终端上，利用个人电脑的闲置计算时间（比如屏幕保护期间），为庞大的数据分析贡献计算能力。截止到2005年该项目关闭之前，全球有超过

---

1 这个问题之所以重要，还不是语义层面的辨析，而是思想层面的交锋。布热津斯基曾在1970年预言，"人类进入技术主宰的年代"。这种预言背后可能暗藏着深刻的世界观。技术至上主义者努力刻画这样一个未来世界的意图是什么？

2 孔德（ Isidore Marie Auguste François Xavier Comte，1798—1857 ），法国著名的哲学家，社会学、实证主义的创始人，正式提出"社会学"这一名称并建立起社会学的框架和构想。

500万人参与到分布式计算的行列中。[1]

1968年5月，美国天蝎号潜艇在北大西洋失踪，军方除了大概知道一个20英里宽的环形区域是可能的出事海域，其他一无所知。潜艇最后一次联络之后，又走了多远、向哪里开进，统统不清楚。这真的是大海捞针。当时，一位名叫约翰·克拉文的军官，提出了一个与众不同的主意：召集一群专家，让专家做"背对背"的分析。与一大堆专家在一起吵吵嚷嚷不同，克拉文召集到包括潜艇专家、救援工程师、数学家、海军军官的若干人之后，并未让他们彼此见面，而是请他们就潜艇在哪里遇到麻烦"下注"，奖品只是一瓶威士忌酒。

专家们分别标出自己认为最可能的潜艇遇事地点的坐标，然后开始竞猜游戏。《纽约客》杂志特约撰稿人詹姆斯·索罗维基（James Surowiecki）在这本名为《群体的智慧》的书中讲述了这个生动的故事。天蝎号消失5个月之后，一艘军舰发现了天蝎号沉没的地点，竟然与专家下注竞猜的最后结果只有220码的距离。

"群体智慧"的方法，已经在电子商务和社交网络中获得大量应用。比如大家十分熟悉的淘宝、当当、京东的购物体验中，就有大量推荐算法的影子。推荐算法，就是典型的社会计算模式。当你购买了一本书之后，你总会看到左边栏有一些提示：购买了这本书的人还买了什么什么；喜欢这本书的人还喜欢什么什么。这样的提示，一方面吸引你去继续探求可能感兴趣的书籍，另一方面也弥补自身视野不足的缺陷。

我们很享受这样的购物过程。它不再是"单打独斗"式的体验，而是"社群化"的体验。虽然你依然是独自一人浏览网页，但你所接触到的信息，却已经经历了千万人的筛选、排序、点评，你事实上与千万人的购书行为，交织在了一起。

我们会找机会深入讨论这个有趣的议题。社会计算会让人变得毫无主见吗？你会因为过度依赖外界的推荐，从而丧失自主选择的能力吗？到底什么是你的自主选择？这些问题都值得深入思考[2]。

---

1 参见"中国分布式计算总站"，www.equn.com 。

2 更深入的思考，需要进入语言学、心理学和行为科学领域。如牛津大学哲学家奥斯汀

　　另一个话题我们打算放在讨论课上说，就是隐私问题。互联网让人越来越成为"通体透明"的状态。人肉搜索让人惊叹于网络强大的能量，也会心生恐惧。这是我们面对隐私这个话题自然的反应。但是且慢，我们的"隐私观"是否也有什么值得检讨的地方？未来的隐私难道不会发生重大变化吗？如果有，那是什么？

　　好了，不多说了，更多的思想交锋，留在研讨课上我们再谈。

　　在课程的最后，我们试图概括一下互联网思想的总体模样。坦率说，这门课程，我的预期是"打开大脑"，而不是"构建大脑"。换句话说，我的想法是提供尽可能多的视角，将思考的框架放回到更大的尺度、更多样的背景中去，使同学们能领略到"思想的丰度"，我觉得这门课的目的就达到了。

（J. L. Austin）1962年出版的著作《如何以言行事》（中文版由商务印书馆2012年出版），将言语和行为关联起来；维特根斯坦的《语言游戏论》，阐述了从传统语言分析向"语言＋心理分析"的转变。

第二讲

互联网的思想土壤

上一讲我们概略介绍了这门课的框架，今天是第二讲，主要讲互联网思想演进的"技术部分"。这部分总结起来是这样一句话：从技术角度看，互联网是一个与主流时代背景格格不入的"另类幸运儿"。为什么这么说？后面我们会从冷战、后现代思潮这些角度切入。建议同学们的目光不要只盯在发生了什么重大的技术事件，有哪些重要的历史人物，更应该把目光盯在时代背景上。要问这么一个问题：为何互联网孕育、诞生于后现代主义思潮密集涌现的20世纪中叶的五十至七十年代？让技术回归到当时的社会、经济、政治和文化背景中去，这样方可领略互联网的诞生携带了何种文化基因。

一说到思想这个词，很多人会感觉高深莫测，或者说咽部干涩。为什么？我想大概是因为"思想"一语，在我们日常的语境里，早已和快感、痛楚、焦虑、涟漪、内心的颤动没有了关系。一说思想，我们脑海里出现的大多是刻板、教条、八股、空洞无物、煞有介事或者故弄玄虚。这不怪大家。

中国台湾的史学家许倬云[1]说，"思想即生平"。思想是有血有肉，有痛有泪的。一说到法国印象派诗人波德莱尔，脑海中出现的不只是《恶之花》的诗句，还有巴黎街头跟跟跄跄、东倒西歪的波德莱尔的影像。不了解其人身世，恐怕很难理解为何波德莱尔视女人为丑陋；不了解1850年的巴黎街头，恐怕很难想象为何现代都市诞生于这样一个臭气熏天的土壤（参见菲利普·李·拉尔夫等人所著的《世界文明史》）。

再比如海明威[2]。不了解上世纪前半叶，文明世界遭遇空前的战争浩劫以及背后盘根错节的利益动因，就很难理解有"文坛硬汉"之称的海明威，为何在俗世看来功成名就之时，选择以自杀来结束生命；也很难更加深刻地体悟，让海明威

1　许倬云，江苏无锡人，1949年赴台，就读于台南二中，完成高三最后半年学业，进入台大历史系，后获得美国芝加哥大学人文学科博士学位。先后被聘为香港中文大学历史系讲座教授、南京大学讲座教授、夏威夷大学讲座教授、杜克大学讲座教授、匹兹堡大学史学系退休名誉教授等职。代表作为《中国古代社会史论》、《汉代农业》、《西周史》、《万古江河》。

2　海明威（Ernest Miller Hemingway, 1899—1961），美国小说家，1954年度的诺贝尔文学奖获得者。1953年5月4日，美国作家海明威以作品《老人与海》获普利策奖。1961年7月2日，海明威自杀身亡。

引起共鸣的尼采的话："适时而死。死在幸福之峰巅者最光荣。"

任何思想，都不是摆在橱窗里的插花艺术。或者反过来说，任何散放着花瓣芬芳的所谓思想，都只是思想粗劣的装饰品，并非思想本身。领略真正的思想光芒，注定要越过很长一段泥泞的道路，在雷雨交加、虎狗撕咬、鲜血淋漓间，努力辨认和捕捉瞬息即逝的思想的灵光，以及附着在上面的焦灼与痛楚。

互联网思想也应做如是观。所幸的是，这一时代的开启立足于鲜活的现实土壤，它还没有冷却，它还没有燃尽，它还保持一定的温度，甚至保持一种沸腾的状态，它尚未被格式化——但面临被格式化的危险。在感知思想的进程中，你一定要做好充足的准备，没有那么惬意和舒适，更没有现成的所谓"思想的成品"摆放在你面前，听候你把玩、观赏、吞咽。在活生生的思想积淀中，你会发现很多彼此抵牾、矛盾的东西。这时候你要很谨慎，不要轻易地说什么是对什么是错，更要提防脑海深部已经嵌入的"思想的赝品"，堵塞了你的认知管道，阻碍了你感受思想色泽的能力。

上个礼拜（2011年9月10日）在杭州，听台湾科技大学管理学院的卢希鹏院长演讲，我觉得很有启发。他提到这样一个事例：比如说，地上有两张钞票，一张一百元，一张十元。请问你先捡哪张？（同学回答：都捡。）

"先捡哪个"的题目，大家回答得非常快：都捡。非常好。但你有没有意识到，这个问题的提法，其实故意给你设置一个"非此即彼"的选择：地上有两张钞票——让你产生某种错觉，是否有"该先捡哪一个"的考量？日常生活中，有大量类似真的或者假的"非此即彼"的问题，给你预设了思考方向。在更加复杂的思想中，这样的陷阱比比皆是。

在思想孕育、诞生、蔓延、交锋、修正、提炼、传播、印证的过程中，与思想的"可见部分"紧密相连的，其实是大量无法名状、纠缠不清的思想的"不可见部分"，它并非有一个清晰的边界，会直通通地告诉你什么是对的，什么又是不对的。真实的、鲜活的思想里面有大量这样的成分，它貌似会让你觉得"是不是一定有一个非此即彼的选择"？绝大多数情况不是这样的。所以你要小心，不要被表面的文本迷惑双眼，更不要被内设的思维定式束缚头脑。

1 夹缝中的阿帕网

谈到互联网的孕育、创生，很多文本就会提到冷战。有这么一句话，已经成了固定的台词，是说：热战催生了计算机，冷战哺育了阿帕网（互联网的前身）。我们也先顺着这个脉络来看，这到底是怎么回事。

史家所言的"冷战"，时间段指 1945 年到 1990 年，从二战结束到苏联解体，跨度 45 年，约半个世纪。纷繁复杂的 20 世纪中，很重要的一个历史进程就是冷战。关于冷战，大家都知道指的是美、苏两个超级大国之间意识形态的对垒，并由此引发长达半个世纪的封锁、反封锁，渗透、反渗透，竞赛、反竞赛，攻讦、反攻讦……等一大堆话。

但了解这些还不够，还要看到更多它背后的东西。这里有一条更深的背景线条。我们可以用三个关键词来粗略地看一看，到底阿帕网诞生于何种历史背景之中。

第一个关键词是"冷战"。

1945 年 2 月，二战结束前夕，世界三巨头罗斯福、斯大林、丘吉尔在雅尔塔召开秘密会议——大家都知道，这是一次分赃会议。在这次会议上，美国提出来一个"马歇尔计划"。马歇尔计划什么意思呢？简而言之一句话，就是欧洲的复兴，即战后欧洲重建计划。这个计划后来持续了很长一段时间。顺便说，马歇尔计划也是催生经合组织（OECD）的摇篮。当时提出马歇尔计划的时候，有这么个动因：英美等西方国家判定，土耳其、希腊这些国家有可能发生社会主义革命，于是美国政府、国会就提出一个动议，要资助土耳其和希腊8亿美金，培育所谓自由主义的政治意识形态，以阻止社会主义意识形态在这些国家的扩散。

这种情况下苏联的反应，就是针锋相对地提出了"莫洛托夫计划"。事实上谈判过程也非常有意思。就在三巨头雅尔塔会晤前后，苏联和英国、美国在外长级、部长级都有很多磋商。美国表示"马歇尔计划"是开放的，欢迎苏联加入；苏联当然认为美国不真诚，所以提出了自己的计划：组建围绕苏联的"卫星国"。也就是说，苏联准备拿出相当一部分国力支持周边国家形成共产主义阵营。这是冷战初期发生的政治交锋。

雅尔塔会议之后2个月，美国总统罗斯福因脑溢血病逝，副总统杜鲁门成为美国第33任总统。延续罗斯福的思想，杜鲁门在其后所采取的一系列政治主张以及政策手段，被称作"杜鲁门主义[1]"。杜鲁门主义堪称美国历史上对外政策的重大转折点，其重要性堪比1823年主张美国脱离欧洲殖民主义统治的"门罗主义[2]"。

杜鲁门主义的实质，就是要遏制共产主义，干涉别国内政，加紧通过军事、政治等手段达到控制别国目的的一揽子纲领和政策。1947年杜鲁门批准了马歇尔

1　杜鲁门主义（Truman Doctrine）是在美国总统杜鲁门任期内形成的美国对外政策，成为第二次世界大战后美国的对外政策核心。1947年3月12日杜鲁门发表国情咨文时，要求国会为援助土耳其和希腊政府，防止当地发生革命，拨款8亿美元。杜鲁门主义认为，在世界上任何地区发生社会主义革命，都会威胁到美国的安全。美国要担当"世界警察"的责任，防止共产主义在世界任何地方出现。因此美国实行"马歇尔计划"，援助西欧国家，解救他们战后的贫困，以防止发生革命。杜鲁门主义也是冷战的开始，彻底改变了罗斯福时代的美国对外政策，奠定了战后世界的基本格局。杜鲁门主义的出现标示美国对苏联的"大国合作，和平缓进"政策归于终结。

2　门罗主义（Monroe Doctrine）发表于1823年，表明美利坚合众国当时的观点，即欧洲列强不应再殖民美洲，或涉足美国与墨西哥等美洲国家之主权相关事务。而对于欧洲各国之间的争端，或各国与其美洲殖民地之间的战事，美国保持中立。相关战事若发生于美洲，美国将视为具敌意之行为。此观点由詹姆斯·门罗总统发表于第七次对国会演说的国情咨文中。这是美国涉外事务之转折点。

计划，并以此作为美国对外政策的基础，这标志着美、苏在二战中的同盟关系的结束及冷战的开始，也标志着美国作为战后第一大国的世界霸主地位的确立。可以说，杜鲁门主义在美国此后长达30年的时间内，一直作为美国对外政策的基本原则并起着支配性作用。

美国的基本国策是领导世界，这一基本国策至今未有重大变化。杜鲁门之后——杜鲁门大概在1953年，朝鲜战争到中期后下台，艾森豪威尔上台。艾森豪威尔提出了一个概念，叫美国的"军事工业联合体"。通过罗斯福当年奠定的"军事工业发展"道路，美国尝到了甜头。他们看到整个二战期间，美国是发达国家里面唯一一个战火没有燃烧到本土的国家，其基础设施、资源、人力资源都没有什么重创。所以艾森豪威尔提出了这么一个概念，强调了美国军事工业与大财团之间的关系。事实上，艾森豪威尔政府任职的工业界，财团人士之多，前所未有：比如洛克菲勒基金会主席约翰·福斯特·杜勒斯当了国务卿，杜邦通用汽车公司的总经理查尔斯·欧文·威尔逊、副总经理凯斯分别出任国防部长和副部长。

短暂的肯尼迪之后两年，1963年赴任的约翰逊总统，提出了"构建伟大社会"的口号。从约翰逊的"构建伟大社会"到里根总统1983年提出的"星球大战"计划[1]，乃至1993年美国副总统戈尔提出的"信息高速公路计划"，贯穿始终的一条主线，依然是清晰可辨的"杜鲁门主义"的延续。

从19世纪进步主义到20世纪的军事工业联合体，领导世界到伟大社会，总之我们可以看到美国人的自信心，包括美国社会整体的自信心在19世纪末到20世纪前半叶急速地膨胀，并成为支撑美国民众和社会的整体信仰。这一基于冷战思维的信仰体系，在"9·11"之后遭遇重创，并引导人们开始全面反思。不过

1　反弹道导弹防御系统之战略防御计划，简称"星球大战"计划（Strategic Defense Initiative, 亦称 Star Wars Program，简称 SDI）。1985年1月4日由美国政府立项开发，计划于1994年开始部署，于20世纪90年代宣布中止。该计划的核心是以各种手段攻击敌方的外太空洲际战略导弹和航天器，以防止敌对国家对美国及其盟国发动的核打击。

这是后话，这里放下不表。

从雅尔塔会议可以了解到冷战初期的意识形态分歧和对垒，但这并不能令人满意。我们还想问：为什么这样？为什么会出现如此水火难容的对峙？我们不妨再往前看一看，看看西方经济特别是美国经济，在20世纪前半叶到底发生了什么？

20世纪前半叶有两次世界大战，有1929年发端于美国的世界经济大萧条，随后就是美国的罗斯福新政[1]。罗斯福新政可以说为凯恩斯的国家干预主义做了一个漂亮的脚注。罗斯福上任三天，就宣布银行业整顿，要求银行纳入货币监管体系，采取黄金本位，直到1944年形成了全球范围的布雷顿森林体系[2]。如此行事逻辑的背后，是美国19世纪末期出现，并扩散和高涨起来的一种思潮，叫作"进步主义"。可以说，20世纪前半叶的世界大战、经济大萧条，似乎从反面为这种高昂的进步主义思潮做出脚注。

我们需要追问的是，这种进步主义思潮的根源是什么？

第一个是科学的乐观主义。我们在中学课本中就学到过，说在19世纪末期物理学界洋溢着一片兴奋的景象。英国物理学家开尔文勋爵讲，物理学界的定律已经全部发现完毕，剩下的只是打扫战场的事情。比方说把物理常数测定得更精确一些，把原子量测定得更精确一些而已。但是很不幸，放射性的发现为这种兴奋感添加了几片阴云。在物理学领域中发现了两种全新的现象：一是德国物理学家伦琴（Wilhelm Conrad Röntgen，1845—1923）在1895年11月发现了 X 射线；

1　罗斯福新政：救济（Relief），改革（Reform），恢复（Recovery）。

2　布雷顿森林体系（Bretton Woods system）是指战后以美元为中心的国际货币体系。关税总协定作为1944年布雷顿森林会议的补充，连同布雷顿森林会议通过的各项协定，统称为"布雷顿森林体系"，即以外汇自由化、资本自由化和贸易自由化为主要内容的多边经济制度，构成资本主义集团的核心内容，是按照美国制定的原则，实现美国经济霸权的体制。布雷顿森林体系的建立，促进了战后资本主义世界经济的恢复和发展。因美元危机与美国经济危机的频繁爆发，以及制度本身不可解脱的矛盾性，该体系于1973年宣告结束。

二是法国物理学家贝克勒尔（Antoine Henri Becquerel，1852—1908）在1896年2月发现了天然放射性。尽管放射性开启了原子物理全新的研究领域，后来从黑体辐射、光电效应催生了量子理论的诞生，引发物理学基础大厦的巨大震撼，但这丝毫没有影响到乐观主义、进步主义的情绪。

17—19世纪，发端于欧洲的启蒙运动，开启了近现代自由、民主精神传布世界的历程，也是科学大发展的一个时期。科学精神贯穿于考古发掘、化学实验、天文观测和机械设计等各个领域，并汇聚成一股强大的"构建现代化美好家园"的大合唱。"科学精神"是一个含义非常丰富的语汇。简单说应当包括理性、探索、求真、求证、批判、协作等层面。但是，有一个隐含的前提，随着文艺复兴以来"人的解放"进程的明朗化，被有意无意地忽略了。这个隐含的假设就是：科学（的思想和方法）是构筑世界观的合法途径，是靠得住的。

大家会觉得，这个隐含的假设现在看起来，还是没有任何问题呀！我说且慢。现代科学从方法论上说，其总体特征是还原论、本质主义的，这一点没什么争议。将物质归于越来越细分的基本粒子，或者坚信世界的本源可以用近现代的数学方程予以刻画、描写，这些科学的方法迄今是我们观察世界、认识世界的主流方法。这些方法产生了大量毋庸置疑的科学结论和技术成就。但是，世界的复杂性一再地提醒了这种方法论的局限性，比如量子、湍流和生命。简单地将还原论的科学观作为科学的基调，已经显示出其不适。我在《互联网：碎片化生存》一书里，将其归结为笛卡尔主义。这个问题很大，也很复杂，我只是提出来，请大家思考。在第三讲里，我们结合复杂性还会回到这里来。

第二个是作为现代性象征的城市的崛起。19世纪中期以降，在欧洲和美国，大量几十万人的小市镇，迅速膨胀演变为百万人口、几百万人口的超级大都市。大机器生产吸纳了一波又一波乡村青年奔赴城市，成为产业工人；到处是脚手架、建筑工地、高耸的烟囱和轰鸣的马达声。百货公司、便利店、公共交通网络、运输卡车、四处林立的广告牌和招贴画，成为电力工业照耀下城市的新景观。都市人的生活方式注入了时尚流行的元素，化学制剂和化学制成品迅速占据家庭主妇的消费清单，并成为主力。未来充满热切的期望和明媚的阳光。这样的乐观主义导致了一种进步主义的思潮，用美国第36任总统约翰逊的话来说，就是我们处在缔造"伟大社会"的幸福时刻。这种情怀的背后，总括起来就是：科学的魅力令人折服，科学可以用来解释一切、衡量一切。科学成为是非好恶乃至丑恶和美善的分水岭。在这个情况下我们知道，19世纪的主流思想都有这样一个单向度的形象：世界就是如此这般地向一个光明的未来奔进。

对这种景象的深刻剖析，可以从法兰克福学派的诸多思想家的著作中看到。比如马尔库塞《单向度的人》，阿多诺[1]的《启蒙辩证法》，海德格尔的《存在与时间》。也可以从韦伯对资本主义祛魅的反思，芒福德[2]的《技术与文明》的讨论，哈耶克[3]对资本主义奴役人性的分析中看到大量精辟的论证。

经历了一战、二战之后，科学、民主、进步的思想显然在极度膨胀的极权主义、横扫全球的反人类的军国主义中，遭遇了更大的挫折。战后兴起的后现代思潮，对主流文化的合法性、权力的真实面目、宏大叙事的虚饰和伪装、掩盖在技术文明背后的奴役人性的巨大力量，以及机器时代对大自然的榨取、剥夺和侵蚀，展开了全面的反思。发端于法国巴黎、席卷西方各大城市如伦敦、东京、纽约的"1968年5月风暴"，可以说是这种质疑的一次总爆发。

1968年5月，法国塞纳河左岸拉丁区，爆发了针对教育体制的学生运动，随即蔓延到对当时资本主义文化符号的全面清算。学生们罢课、游行，与警察展开街垒巷战，高举马克思、毛泽东、格瓦拉的画像，高呼"要做爱、不要作战"、"禁止一切禁止"的口号，对资本主义价值观展开攻击。需要看到的是，以"5月

1　阿多诺（Theodor Aadorno，1903—1969），德国哲学家、社会学家、音乐理论家，法兰克福学派第一代的主要代表人物，社会批判理论的理论奠基者。

2　刘易斯·芒福德（Lewis Mumford，1895—1990），美国著名城市规划理论家、历史学家。

3　哈耶克（Friedrich August Hayek，1899—1992），奥地利裔英国经济学家，新自由主义的代表人物。生于奥地利维也纳，先后获维也纳大学法学和政治科学博士学位。20世纪20年代留学美国。先后任维也纳大学讲师、奥地利经济周期研究所所长、英国伦敦经济学院教授、德国弗莱堡大学教授等。1938年加入英国籍。

风暴"为典型象征的反对资本主义文化符号的批判思潮，其实伴随着工业革命、资本主义兴盛的全过程。比如法国颓废诗人波德莱尔在《恶之花》里对现代都市丑陋的嘲讽；法兰克福学派阿多诺对文化艺术的辛辣批评；马尔库塞对单向度社会的揭露；哈贝马斯对资本主义公共空间衰落的分析等。

所以我们说，看冷战，不能只盯着二战结束后"美、苏两个超级大国"格局的形成，军备竞赛的全面展开。要看到支配其背后的一个延伸至工业革命、启蒙运动以来的"现代化"进程，以及伴随其左右的"后现代思潮"。在科学兴盛的17、18世纪，向往自由、理性、进步的社会思潮，后来孕育出截然不同的两种社会类型，一种是自由资本主义，而另一种是骨子里的极权主义，这不能不说是引人深思的大历史尺度。

这个"大历史尺度"，就是19世纪以来形成的进步主义、理性至上，在20世纪前半叶遭受重创的过程。这就是我们理解阿帕网，理解冷战的重要背景。

第二个关键词是"北美防御系统"的核心"赛奇"（SAGE，Semi-Automatic Ground Environment，半自动地面防空指挥系统）。

"赛奇"是冷战的产物。20世纪50年代，美国为应对当时苏联远程轰炸机和核武器的威胁，在北美地区部署了大量防空预警雷达系统，这一系统被命名为"赛奇"，并由此建立了"北美防御系统"。北美防御系统的导火索是1957年10月苏联第一颗人造卫星上天。闻得此讯，全美举国震惊。此前美国上下皆认为苏联科技整体落后于美国，美国是领先的，而美、苏两个超级大国军备竞赛的主战场在核武库。但是，当苏联把目光投向太空时，的确让美国人大惊失色。所以在1958年的时候，美国匆忙发射了自己的第一颗人造卫星。但是美国的这颗卫星尺寸很小，重量也不重，几十公斤而已。紧接着苏联就将一条狗送上了太空。可以说，1958年发射的人造卫星对美国来讲只是临时拼凑、仓皇应战的结果，当时主导的科学家是从德国挖来的设计 V2 火箭的科学家布劳恩[1]。为应对挑战，1958

1　沃纳·冯·布劳恩（Wernher von Braun，1912—1977），德裔火箭专家，20世纪航天事

年，美国政府成立了两个机构，一个就是著名的美国国家航空航天局（National Aeronautics and Space Administration，简称 NASA），另一个就是与加拿大政府共同组建的"北美防空防天司令部"（North American Aerospace Defense Command，简称 NORAD）。前者致力于发展太空航天，后者则进一步充实完善北美防御体系。同一年，美国国防部也成立了一个叫"阿帕"的下属机构——高级研究计划署（Advanced Research Projects Agency，简称 ARPA，中文简称"阿帕"）。这是后来被称为互联网前身的阿帕网的摇篮。大家都知道，阿帕是 1958 年成立的，但直到 1969 年，才出现所谓的"阿帕网"。这中间有十年的空档期。这十年，美国人都在干什么？

其实整个六十年代，美国最重要的工程是阿波罗登月工程。阿波罗计划是 1962 年开始的。在如此庞大的计划中，美国把几乎所有的精力都放在阿波罗上，投入了几乎三分之二的科学家，包括电脑编程人员。中间发生这样一个插曲：到底要太空，还是要核力量？这是一个政治抉择。当年美国提出的赛奇计划，目的是增强它的核防御力量（它是一个防御系统，防御苏联的核打击）。当时设想在北美加拿大建立 17 个防区，通过雷达监测的方式，大概能同时监测 400 架左右的飞机。建设这个防御体系据说一共花了 25 年，从 1945 年酝酿到 1970 年建成——这一年，恰好也是阿帕网诞生的后一年。阿波罗计划据说花了大概有 80 亿美元。这项浩大的工程当然离不了计算机。按照部署，每个防区至少有两台 IBM 的大型机。

从当时的资料看，大型计算机在结构上属于"主从结构"。也就是说，IBM 大型机担当着主机的角色，分散在其周边的，是一大堆的"哑终端"，说白了就

业的先驱之一。曾是著名的 V-1 和 V-2 火箭的总设计师。纳粹德国战败后，美国将他和他的设计小组带到美国。移居美国后任美国航空航天局空间研究开发项目的主设计师，主持设计了阿波罗 4 号的运载火箭土星 5 号。美国航空航天局用以下的话来形容冯·布劳恩："毋庸置疑，他是史上最伟大的火箭科学家。他最大的成就是在担任美国航空航天局马歇尔空间飞行中心总指挥时，主持土星 5 号的研发，成功地在 1969 年 7 月首次达成人类登陆月球的壮举。"

是纯粹的输入输出接口。你们可以想象，整个六十年代美国为了应对苏联的核武器和太空威胁，总体上的思路仍然属于这种"中央控制"的思路。虽然在1969年，阿帕网有了一个雏形，真正的互联网还没影呢，但为了应对苏联可能的核威慑，北美防御系统的本质依然是"集中式"的中央控制系统。

其实，真正在后来影响互联网思想的，并非是这个集中式的中央控制体系，而是六十年代美国大规模建造的高速公路体系。据说艾森豪威尔二战期间作为盟军最高司令，曾惊叹于德国四通八达的道路交通网络。德军正是仰仗四通八达的道路交通网络，才有可能最大限度发挥摩托化、坦克、机动部队的威力，发动闪电袭击。艾森豪威尔和约翰逊总统在任期间，都是高速公路的积极倡导者。据说，1955年，当时有一位叫艾伯特·戈尔的人，是美国田纳西州参议员，提出了"美国州际高速公路法案"，艾伯特·戈尔是克林顿政府期间美国副总统阿尔·戈尔的父亲，阿尔·戈尔则是1993年美国"信息高速公路"的倡导者，这是后话。

美国的高速公路网络是在六十年代发展起来的。高速公路网络的快速移动性，与阿帕网"分布式信息交换"模式有异曲同工之妙。但是，整个北美防御系统的思路仍然是集中式的中央控制体系。可以看出，中央控制、集权主义，实际上也是当时美国科技界的主导思想。所以说互联网在一定程度上是在一个较为宽松、不怎么引人注目、某种程度也不太受打压的环境下发展起来的。通观整个阿帕网的发生、发展和演化，我们或许可以这么说，发展互联网最初根本不是美国政府主导的或者某个机构主导的，它完全是民间的自发的，甚至一开始是在一种与巨人公司对抗的姿态下完成的。这里讲两个小故事。

第一个与IBM有关。在五六十年代，IBM是大型电子计算机的霸主。1964年IBM推出的IBM System/360（IBM S/360）机器，在短短的几周内就卖出了上千套。这种动辄数十万、上百万美元的庞然大物，在六十年代的买主不是政府就是军方，很少商用。商用机器基本都是租来用的，很少有买的，像IBM S/360这样的大家伙，它的月租金在2,000—50,000美金。一些大公司，比如美国电话电报公司（AT&T）都要租它的机器。在阿帕网试制的过程中，大概在1968年左右，麻省理工学院的计算科学家约瑟夫·立克里德[1]提出了分时操作的处理办法，能够较好地利用 IBM S/360 计算机，这种算法与 IBM 电脑默认的"批处理"方式相比，有很大的改进。批处理，就是你给它一大批的指令，它得按照顺序一个一个来执行，就好比有很多人买票，但只开一个窗口提供售票服务一样。科学家们提出的分时操作模式，把中央处理单元（CPU）的时间切分成若干个时间片，然后分配给不同的计算作业。这么一来，虽然中央处理单元依然是"顺次处理指令"，但对每一个终端作业者来说，看上去好像你在"独享"整个电脑的计算时间一样。据说，这个创意曾让 IBM 勃然大怒，曾经有一次甚至把学校里的机器给拆了，因为它觉得"分时操作"模式威胁到了它自己的体系架构。假若分时操作大行其道的话，买电脑或者租用计算时间的客户，一定会大大降低。当然，这是技术发展过程中公司的局限性。IBM 的老沃森不是曾放言：整个世界只要 5 台电脑就够用了。

第二个例子与美国电话电报公司有关。传统的电话通讯模式叫"线路交换"，说白了就是电话呼叫者需要通过"抢线"的方式获得通信线路。在通话过程中，通话者是独占整条线路的。老电影中经常可以看到老式的摇柄电话机，以及人工插转的电话接线员，这就是线路交换的原理。这种交换效率是十分低下的。阿帕网的研究者提出了"包交换"方式，这也是迄今依然使用的互联网 TCP/IP 协议[2]的核心内容之一。

1　1960 年，麻省理工学院教授约瑟夫·立克里德（J.Licklider）发表了著名的计算机研究论文《人机共生关系》，从而提出了分时操作系统的构想，并第一次实现了计算机网络的设想。

2　Transmission Control Protocol/Internet Protocol 的简写，中译名为传输控制协议/因特网互联协议，又名网络通讯协议，是 Internet 最基本的协议、Internet 国际互联网络的基础，由网络层的 IP 协议和传输层的 TCP 协议组成。TCP/IP 定义了电子设备如何连入因特网，以及数据如何在它们之间传输的标准。协议采用了 4 层的层级结构，每一层都呼叫它的下一层所提供的协议来完成自己的需求。通俗而言：TCP 负责发现传输的问题，一有问题就发出信号，要求重新传输，直到所有数据安全正确地传输到目的地。而 IP 是给因特网的每一台电脑规定一个地址。

所谓"包交换"（也叫"分组交换"）模式，就是把通话信息分割成小的信息包，每个信息包有一个包含目标地址和控制信息的"包头"。成千上万个信息包在发送端送出后，它们在线路上并非依次而行，而是根据分段线路的忙闲程度，选择不同的路径（这个过程叫"路由选择"）。不同的信息包可能走的是完全不同的通路。到达终点站之后，再重新拼装成完整的信息包。包交换的方式，好比一列士兵在突围时，采取"分散突围"的办法，每个人可以选择不同的路径，然后在一个指定的地点会合。

这种方式，大大提高了线路的利用率，但在当时的电信公司来看是大逆不道的。所以有一次，美国电话电报公司曾威胁阿帕的研究小组说不会继续给他们提供线路支持，也不会与之合作。所以逼着研究组想办法怎么在通讯上解决信息交换效率的问题。

第三个关键词是"军事工业联合体"。"军事工业联合体"是艾森豪威尔时期的基本国策。在战争期间，政府以军方的名义给工厂大笔订单，养活了工厂，以及大学的研究人员。二战之后，美国政府延续了这一做法。当时有三个领域吸引了大批军方的订单：一个是空军的预警防御体系；另一个是海军的航母系统；再一个就是用于自动武器装备的智能机器人、高速通信系统。如果你看一些文献，你会知道七八十年前，美国的军事工业联盟是非常厉害的，大量订单来自军方，而且一掷千金。像 IBM、通用电气（GE）、杜邦（DuPont）、洛克希德·马丁（Lockheed Martin）这样的公司，它们都大量从军方取得订单。

综合上述，冷战、北美防御系统、军事工业联合体这三个关键词，从一个侧面反映了这样一条线索：互联网早期的发展其实是和权威做斗争的过程。

冷战思维要求把控对世界的主宰权、控制权；北美防御系统是为了让这一威权体系保持有效；军事工业联合体则给予经济上的强大支持。然而，阿帕网的发展目标，虽然的确是为强化"主宰权、控制权"而起步的，但在学院派手里，不经意间将阿帕网引上了另一条开放、分享的道路。

研读阿帕网早期的"创世纪",需要把真实发生的故事放回到当时的政治、经济、技术和商业背景之中,不能简单地认为阿帕网是如此神奇的灵光一闪,也不能片面地认为阿帕网从一开始就拥有了正确的方向,并受到来自各方的大力支持和鼓励。虽然,阿帕网的初衷是要为美国领导世界的基本国策服务的,但微妙的是,阿帕网成长的环境充满了"集权主义"、"集中控制"、"命令—指挥"的思想。要在这样一种"金字塔"结构中,生长、繁衍出40年后今天的生气勃勃、活力四射的互联网,还有很长的路要走。这或许恰好是我们重读互联网发展史的要害所在。阿帕网的孕育,互联网的爆发式成长,其路径根本不是笔直的。它的确脱胎于工业时代"中央控制"的理念,但它从一开始就携带了宝贵的"反叛基因",这一反叛基因是我们理解互联网思想的重要标识。

其实,20世纪70年代微型计算机的诞生也是如此。当年颇具反叛精神的战后"婴儿潮一代",他们身穿牛仔服,酷爱摇滚音乐,披着长发,在老爸的汽车库里摆弄着半导体和电视机样的显示器,试图制造出可以跟 IBM、控制数据公司(Control Data Corporation,简称 CDC,成立于1957年)、雷明顿兰德公司(Remington Rand,成立于1927年,最著名的电脑产品是50年代供给美国人口调查局的电脑优尼瓦克 UNIVAC,UNIVersal Automatic Computer)电脑相媲美的个人计算机,他们的口号就是"把电脑搬回家"!在20世纪中期,大型计算机的体系结构和控制逻辑是"中央集权的",电脑就是权力的象征。掌握了电脑就掌握了控制权,所以可以想象,当热情奔放的年轻人,可以拥有一个自己做主、可以编程的电脑的时候,他们的内心深处会焕发多大的激情啊!电脑就是这样一个隐喻,它预示着将主宰权交还到你手中。

2　六十年代思潮

前面说到，阿帕这个机构是1959年设立的，阿帕网的雏形是1969年才出现的，横跨整个六十年代。"六十年代"现如今已经是一个学术研究的论域，也是当代史中非常重要的一个历史时期。六十年代在世界范围内发生的很多重大事件，如越战、马丁·路德·金[1]遇刺、法国红色的"5月风暴"、中国的"文化大革命"、非洲独立运动、日本崛起、拉美革命、结构主义思潮等，迄今仍有值得研究和反思的地方。尤其值得注意的是"反叛权威"的思潮。这个思潮是怎么发生、发展的呢？大家可以看一些相关书籍。

美国有一个叫道格拉斯·卡普兰的人，他把美国人分为几代：四十年代出生、二战中度过童年时光、六十年代正处于青春奔放年华的人，叫作"披头士（beatles）"，也叫作"垮掉的一代"、"婴儿潮一代"；战后出生、冷战中成长的电视一代，叫作"X一代"；越战中出生、中东石油危机中长大、赶上微电子革命和硅谷创业潮的"Y一代"。当然现在的分法还有很多种，比如从小与电脑为

---

[1] 马丁·路德·金（Martin Luther King, Jr., 1929—1968），著名的美国民权运动领袖。1948年大学毕业。1948年到1951年间，在美国东海岸的费城继续深造。1963年，马丁·路德·金晋见了肯尼迪总统，要求通过新的民权法，给黑人以平等的权利。1963年8月28日在林肯纪念堂前发表《我有一个梦想》的演说。1964年度诺贝尔和平奖获得者。1968年4月，马丁·路德·金前往孟菲斯市领导工人罢工被人刺杀，时年39岁。1986年起美国政府将每年1月的第三个星期一定为马丁·路德·金全国纪念日。

伍、崇拜黑客的新新人类，以及诞生在互联网时代的"数字化原住民"。

婴儿潮一代、X一代、Y一代中有很多是当今电脑、网络界的泰斗和领袖。比如英特尔公司创始人之一的格鲁夫（生于1936年），被称为C语言之父、UNIX之父的利奇（生于1941年），苹果公司联合创始人乔布斯（生于1955年），万维网发明人伯纳斯－李（生于1955年），微软公司创始人比尔·盖茨（生于1955年），位列世界十大黑客之首的米特尼克[1]（生于1963年），第一款浏览器马赛克的发明人安德森（生于1971年），雅虎公司创始人之一杨致远（生于1968年），谷歌公司创始人布林（生于1973年）、佩奇（生于1973年），脸谱创始人扎克伯格（生于1984年）……

翻阅20世纪60年代的历史文本我们会发现，政治家在青年中的形象一落千丈，政治的声誉跌落到了谷底。人们认为政治家出尔反尔，完全没有能力兑现过去许诺的美好社会。西方世界的青年们普遍有种厌倦、破灭感。这是其一。

其二，在技术上，19世纪进步主义许诺的机器可以很干净地带来幸福人生的愿望，远没有实现。环境破坏、生态灾难、人与自然的紧张关系，被少数无畏的记者、学者揭露给公众。1962年，美国学者雷切尔·卡尔逊[2]发表《寂静的春天》，震惊全球。瑞士化学家保罗·赫尔曼·米勒因发现滴滴涕（DDT，一种杀虫剂，也是一种农药）及其毒性，获1948年诺贝尔生理学或医学奖。但是应用滴滴涕这类杀虫剂，就像是与魔鬼做交易：它杀灭了蚊子和其他的害虫，也许还会使作物提高收益，但同时也杀灭了益虫。更可怕的是，在接受过滴滴涕喷洒后，许多种昆虫能迅速繁殖抗滴滴涕的种群；还有，由于滴滴涕会积累于昆虫的体内，这些昆虫成为其他动物的食物后，那些动物，尤其是鱼类、鸟类，则会中毒而被危

1　凯文·米特尼克（Kevin David Mitnick，1963年生于美国洛杉矶），第一个被美国联邦调查局通缉的黑客。有评论称他为世界上"头号电脑黑客"，曾成功入侵北美防空指挥系统，其传奇的黑客经历足以令全世界为之震惊。现职业是网络安全咨询师，出版过《欺骗的艺术》、《入侵的艺术》两本书。

2　雷切尔·卡尔逊（Rachel Carson，1907—1964），美国海洋生物学家，以她的作品《寂静的春天》（Silent Spring）引发了美国以至于全世界的环境保护事业。

害。所以喷洒滴滴涕就只是获得近期的利益，却牺牲了长远的利益。

其三，是所谓消费社会的崛起。社会上一些虚浮的过度消费，只注意包装不注意内容的享乐主义，日渐疏离的亲情，年轻人倡导的核心家庭，以及到处披露的离家出走……所有的现象，让大家有一个质疑，就是过去那个让我们非常坚定的社会信仰，或者说朴素的信念，比如血缘亲情、幸福生活，突然出现了崩塌。过度营销和过度消费紧密联系在一起，更好的生活就是更多地消费，更快地消费。颓废、悲观、无助、荒诞的感觉四处溢出。

1968年5月的法国版"文化大革命"，是这一思潮的一次集中爆发。这里大致讲一下这个故事。法国"5月风暴"的导火索，据说缘自1968年1月，时任法国政府青年和体育部长的弗朗索瓦·米索福，到巴黎大学南泰尔学院（巴黎第十大学）为新建成的游泳池剪彩。当时南泰尔学院社会学系22岁的德裔学生丹尼·科恩·邦迪向部长提问："为什么您从不谈论学生们在性方面的问题？"米索福傲慢地对邦迪说："你可以跳到水中去败败火。"米索福的回答，立刻引发大家的强烈不满。邦迪针锋相对地指出："这是法西斯官员对于学生们所能做出的唯一答复。"青年们的反抗由此开始。时势造英雄，一头红发、一脸叛逆的丹尼·科恩·邦迪无形中成为众望所归的学生领袖。大学生们认为，高高在上的官僚们，除了板起面孔训诫之外，对这个世界毫无体恤之心，毫无平等之姿，也毫无诚意。

塞纳河左岸的拉丁区沸腾了。同学们高举切·格瓦拉[1]、马克思和毛泽东的画像，走向街头，举行罢课、游行。这一行为很快席卷整个巴黎，并迅速蔓延到欧洲多座城市和美国本土。知识分子被卷入了，哲学家萨特[2]就走在游行队伍的前

---

1 切·格瓦拉，1928年6月14日出生于阿根廷的罗萨里奥，极富传奇色彩的拉丁美洲马克思主义革命家。他参加了菲德尔·卡斯特罗领导的古巴革命，推翻了亲美的巴蒂斯塔独裁政权。在古巴革命政府担任了一系列要职之后，格瓦拉于1965年离开古巴，到刚果（金）、玻利维亚等国试图发动共产主义革命。1967年10月8日，因内奸泄密，格瓦拉及游击队小分队在丛林中遭玻利维亚政府军伏击，格瓦拉受伤被捕。次日，格瓦拉被杀害。死后，他一直被视为国际共产主义运动的英雄和左翼人士的象征。

2 萨特（Jean-Paul Sartre，1905—1980），法国思想家、作家，存在主义哲学大师，其代

列。大家可以读一读美国著名的披头士诗人艾伦·金斯伯格[1]的长诗《嚎叫》，也可以看一看英国作家塔里克·阿里和苏珊·霍特金斯的一本书《1968年：反叛的年代》。这里我就不细说了。

1968年发端于法国巴黎拉丁区的"5月风暴"，其实只是西方思潮的一次社会运动，究其深层的原委，需要去看看后现代思潮的交织与涌动。后面的课程中我会略为展开谈这个问题。这里只想提出这样一个观点：了解互联网思想，后现代思潮是绕不过去的文化背景。我认为，与其说互联网脱胎于工业社会，不如说互联网脱胎于对工业社会的反思、反叛。如果不能在这个角度看待互联网，我们很可能简单地把互联网当作工业时代科技革命的自然延续，我们很难理解为何互联网发展40年来，日益显现出"席卷整个工业文明"的巨大能量。

这里我推荐一本小册子，我认为是写得比较好的，是英国学者约翰·斯特罗克的《结构主义以来》。书里虽然只写了5个人，列维－施特劳斯[2]、拉康、福柯、罗兰·巴特[3]和德里达，但全书以结构主义为主轴，充分解读了后现代思潮多个侧面的思想特征。我觉得写得非常棒。简单地说，从现象学到存在主义，再到结构主义，西方哲学思想完全颠覆了笛卡尔以来的"宏大叙事"，解构了那个脱离于人的存在的所谓"本体"，质疑了与工业文明板结在一起的笛卡尔、康德、黑格尔的哲学体系。

表作《存在与虚无》是存在主义的巅峰作品。

1　艾伦·金斯伯格（Allen Ginsberg，1926—1997），美国诗人，他的著名长诗《嚎叫》（"Howl"）（写于1954年，发表于1956年），确立了其在垮掉的一代中的领袖诗人地位。金斯伯格后来参与了20世纪60年代的"嬉皮士"运动，他一度宣扬使用毒品的自由。在越南战争期间，他是一名主要的反战激进分子。

2　列维－施特劳斯（Claude Lévi-Strauss，1908—2009），法国最著名的人类学家和思想家，结构主义人类学的创始人。

3　罗兰·巴特（Roland Barthes，1915—1980），法国文学批评家、文学家、社会学家、哲学家和符号学家，是当代法国思想界的先锋人物、著名文学理论家和评论家。其许多著作对于后现代主义思想发展有很大影响，包括结构主义、符号学、存在主义、马克思主义与后结构主义。

比方说结构主义的始作俑者之一的施特劳斯，完全颠覆了我们对人类发展历程的某种成见。我们从小学到大学，学到的社会进化是层次递进的，原始社会、封建社会、资本主义社会等，社会形态的变化有一个界限分明、层次递进的过程。施特劳斯认为这完全是"假象"。他通过研究南太平洋岛屿的原住民发现，社会形态的并行不悖才是它的实质，并不存在所谓的层次递进的过程。再比如拉康对弗洛伊德的研究；福柯对"权力"的深刻剖析。福柯是个医生，他通过研究临床医学、心理学、社会学、哲学，提出了权力来源的思想。他认为，社会的很多机构如学校、监狱、医院和兵营，其实都是为了禁锢人、规训人而设立的，也是为了权力而设立的。比如罗兰·巴特对文本和作者的研究，提出"作者之死"的观点。后现代思潮不是短时期内出现的，可以追溯到18世纪尼采、叔本华的哲学，可以从胡塞尔现象学找到踪影，也可以从法兰克福学派中找到大量思想的种子。这些思潮，现在人们统统把它们叫作后现代主义。

理解互联网思想，除了六十年代、后现代思潮值得关注之外，还有一个现象值得思考。为了比较清楚地提出这个问题，我先列举出四位学者，简略地谈谈消费社会的崛起。这部分内容在第三讲"理解消费社会"还会细谈。

二战之后的20年，是西方各种思潮异常活跃的20年，也是西方社会显露颓势的20年。丹尼尔·贝尔把这一时期称作美国的"后工业时期"（1973），詹明信[1]称之为"晚期资本主义"（1990），鲍德里亚称之为"消费社会"（1970），德波[2]则名之为"景观社会"（1967）。

---

1 詹明信（Fredric Jameson，1934— ），美国著名左翼批评家。擅长以马克思理论做文化评论，及研究资本主义下的后现代主义文化发展。著名作品有《后现代主义：晚期资本主义的文化逻辑》（1997年）。在《文化转向》（2000年）一书中指出，后现代社会是"视像文化盛行"和"空间优位"的时代。

2 居伊·德波（Guy-Ernest Debord，1931—1994），法国哲学家、马克思主义理论家、国际字母主义成员、国际情境主义（Situationist International, SI）创始者、电影导演。他也曾是左翼组织社会主义或野蛮（Socialisme ou Barbarie）的成员。居伊·德波于1967年出版的《景观社会》是他最有影响力的著作，对于之后的马克思主义、无政府主义等极后工业社会的一个核心特征，就是从工作伦理走向消费伦理，从生产走向享乐主义。表面上看人类已经步入所谓"丰裕社会"，但决定社会财富运转的已经不是生产，而是消费。詹明信笔下的晚期资本主义，强调了后现代思潮对工业革命单向度社会的侵蚀、历史感的消失和视觉文化的盛行。鲍德里亚的消费社会，则认为对物质的消费已经退居其次，符号消费占据优位，主体全面向符号化的客体投降。德波的景观社会认为，消费社会中的人际关系已蜕化为互为景观，媒介成功地营造了景观拜物教。人们生活在难以穿透的、厚厚的资本主义文化符号包裹的铠甲之中。

上述简略提到的四位文化学者对资本主义的批判与反思，一方面与后现代思潮接壤，另一方面与丰裕的消费社会毗邻。他们的陈述，带给人更多的是黏稠、滞重、压抑的感觉而无法挣脱，带给人难以名状的束缚感和无助感。但是，这毕竟是一次指向资本主义内核深处的反思。这样的反思并非在修修补补的层面上，并非只是为了增强资本主义的抗药性和耐受性，而是另有图谋。

这个图谋是什么呢？我很难一下子讲清楚。后现代思潮对现代性的反思，对资本主义的批判，绝非所表现出来的那样，充满了反讽、揶揄、不合作、黑色幽默、控诉的色泽。它们试图走得更远，试图"建构"什么。但，就好像澳大利亚原住民的"飞去来器"一样，抛出去的角型飞镖，在画出一条漂亮的弧线之后，又反转回来击中了自己的后脑勺。后现代思想者，在触及"建构"这一主题的时候，似乎都面临某种魔咒：你所建构的，可能正是你所着力反对的。

不过，与"六十年代"同步而行的另一股力量，让后现代的反思再次边缘化了，这股力量来自硅谷，来自微电子技术的兴起和互联网的商业化。

这就是刚才说的"值得思考的现象"——后现代思潮的边缘化，或者说后现代思潮的"退潮"。

时间进入八十年代之后，美国企业界、管理学界、科技界，似乎开始了对美国的反思，并重新找回了某种自信。这里有三个例子可以说。

左思想有着深远影响。1994年在刚度过63岁生日后几周，他自杀身亡。

一个例子是美国重新发现了管理学家戴明[1]。戴明是二战结束后，前往日本协助战后重建的管理学家，他在日本待了34年，被日本企业界誉为"日本管理之父"，戴明提出的"管理14条"被众多日本公司奉为圭臬。随着七十年代日本电子、汽车业的迅速崛起并大举打入欧美市场，美国的制造业感受到了来自这个太平洋岛国的巨大压力。第四次中东战争[2]导致石油价格大涨，客观上给省油、轻灵的日本车助推了一把。这时候，美国哥伦比亚广播公司（CBS）制作了一档节目，叫作"为什么日本能，我们不能？"正是通过这档节目，美国人才发现助力日本企业腾飞的大师是美国人。

第二个例子，是里根政府的星球大战计划。为了刺激美国经济，里根政府重拾"军事工业联合体"的国策，将苏联继续设为假想敌，批准耗资千亿美元的星球大战计划，将未来的战争空间定格在外太空。

第三个例子，是阿尔文·托夫勒《第三次浪潮》一书的出版，以及同名电视片的播出。

在经济疲弱、科技乏力的八十年代，亟待复兴的美国发现了帮助日本腾飞的美国大师，发现了硅芯片代表的新一波科技革命，发现了可以继续使用冷战思维。除了星球大战计划在1993年被上台的克林顿政府终止之外，前两个发现的确给美国人带来了崭新的精神面貌。

"后现代思潮？让这些阴郁的情绪见鬼去吧！"美国似乎重新恢复了信心，

1　戴明（W. Edwards Deming，1900—1993）博士是世界著名的质量管理专家，他因对世界质量管理发展做出的卓越贡献而享誉全球。以戴明命名的"戴明品质奖"，至今仍是日本品质管理的最高荣誉。作为质量管理的先驱者，戴明学说对国际质量管理理论和方法始终产生着异常重要的影响。他认为，"质量是一种以最经济的手段，制造出市场上最有用的产品。一旦改进了产品质量，生产率就会自动提高"。

2　第四次中东战争（又称赎罪日战争、斋月战争、十月战争）发生于1973年10月6日至10月26日。起源于埃及与叙利亚分别攻击六年前被以色列占领的西奈半岛和戈兰高地。由于第四次中东战争爆发，石油输出国组织（OPEC）为了打击对手以色列及支持以色列的国家，宣布石油禁运，暂停出口，造成油价上涨。当时原油价格曾从1973年的每桶不到3美元涨到超过13美元，是20世纪下半叶三大石油危机之一。

并且这一信心似乎随着时间的推移越发得到印证——1990年至1991年，柏林墙倒塌和苏联解体；克林顿主政期间，美国经济获得了持续10年之久的"高成长、高就业、低通胀"的繁荣；千禧年之交的美国高科技创业股纳斯达克股票指数，一度超过了惊人的5,000点，而传统产业代表的道琼斯指数，也达到了惊人的16,000点——美国上下，信心满满。

后现代思潮对互联网的早期影响，被飞速到来的互联网时代的热闹景象迅速替代。一切都显得不言而喻，甚至从理念、逻辑、事实上似乎证明了"美国道路"的正当性和合法性。不但美国以外的人这么认为，美国人也这么认为。

但是，假如没有纳斯达克的崩溃，没有发生在2001年的"9·11"惨剧，没有发生在2008年、由华尔街蔓延至全球的金融危机，"美国道路"和"美国逻辑"完全行走在一条笔直的、清晰的轨迹上。这条轨迹的基本要点就是：秉持自由资本主义精神，坚信理性的进步主义，崇尚创新。

这几个关键词听上去似乎不错，但是，毕竟刚才说到的几个"假如"都不存在。纳斯达克崩盘了，"9·11"发生了，金融风暴席卷全球至今尚未全面复苏——哪里出了问题？那条原本优美、顺畅的"第三次浪潮"的轨迹，似乎本应带领美国，乃至世界人民奔向千禧年之后的又一个繁荣的伟大时代，一如电力、石油、汽车、飞机，将这个世界带入工业文明一样——这个被称作"信息文明"的新时代，似乎手拿把攥地"尽在掌中"。

但是，深深的裂隙显现了。

讲这些，是为了给后面做这样一个铺垫：了解互联网思想，必须对六十年代、后现代思潮有足够的认识，这样方能较好地理解这样一些潜藏在繁华表面背后的深层问题：脱胎于工业时代的互联网，携带了哪些难以克服的工业文明的基因？又携带了哪些骨子里的反叛精神？释放创新能量的，到底是文化背景中哪些组成部分？如何理解信息文明与工业文明的继承关系和发展关系？

这里归根结底有一个思考题：六十年代的思想根源，到底有哪些特点呢？结合我前面提到的一些素材，我把它概括成这样四个方面。

第一个方面是关于现代性的思考。

大家知道，17世纪的启蒙运动给人们灌输的一个信念是：理性＝科学＝进步。启蒙运动带来了这么一个等式，并且它是以信仰的名义出现的。经历文艺复兴的洗礼，人们逐渐相信"人是理性的"这样一个命题。用启蒙运动的旗帜人物伏尔泰[1]的话说，就是"消灭这个东西"，这个东西是什么呢？就是宗教的褊狭和狂热。据说伏尔泰乐于在每一封书信的结尾写上这么一句话："Erasez l'infame"，意思就是"消灭臭名昭著的东西"。宗教不解决世俗的任何问题，唯有科学。比如康德就倡导人应该通过理性抵达真理。人是理性的人，不是工具。

启蒙运动开启了一个伟大时代的历史进程，这个时代被后世称为"现代化"。现代化，即利用现代科学技术的理念和方法，重新构建人与自然的关系，构建现代城市和现代生活。而现代性，则是对这一历史进程所蕴含的理念的概括，这一理念的核心内容就是：相信笛卡尔奠定的主客两分的世界观，确立人的主体地位，相信理性导向进步，科学技术是理性的最好证明。

那么后现代思潮是什么呢？字面看仿佛是"在现代之后"的意思，是现代的一个后续进程，其实不然。后现代是对现代性、现代主义的一次"袭击"，是一次反叛。为什么要清算现代性的思想？用韦伯的话说，就是它导致了对人的奴役。原本是解放人的理性力量，反过来演变成奴役人、异化人的枷锁。这是启蒙运动的倡导者始料未及的。电影《摩登时代》很形象地刻画了大规模生产、机器流水线的工业化，将人异化为螺丝钉，附着于机器的生活形态。

第二个方面是建筑和艺术的反思。

---

1 伏尔泰，原名弗朗索瓦－马里·阿鲁埃（François-Marie Arouet，1694—1778），伏尔泰是他的笔名。法国启蒙思想家、文学家、哲学家。伏尔泰是18世纪法国资产阶级启蒙运动的旗手，被誉为"法兰西思想之王"、"法兰西最优秀的诗人"、"欧洲的良心"。

对现代性的张扬和批判，很大程度上都来源于艺术，包括建筑艺术。比如法国蓬皮杜艺术中心[1]，整体结构完全由类似脚手架的钢管构成，很典型地宣示了工业时代的典型特征：电镀钢管构筑的庞然大物，错综弯曲的管网架构，象征人类对事物无所不能的掌控和把握。摩天大楼、四通八达的交通网络、轰鸣的马达声、高耸入云的烟囱和宽大的厂房，以及化肥、塑料、杀虫剂、精神药物……所有这些都被认为是人类伟大科技成果的杰作。

艺术方面，我们知道文艺复兴时期的米兰三杰[2]之一的达·芬奇，对艺术的一大贡献是透视法的使用和写实主义风格。用光学，也就是用真正的科学视角来绘画，来描绘外部世界，把科学之眼融入艺术创造当中，这是科学精神在艺术中的具体呈现。但是，在资本主义步入成熟期的19世纪70年代，艺术家发现了对光影的疑惑：当你面对画布，临摹写生的时候，比如你伫立在湖光潋滟的岸边，从上午10点钟，一直作画到下午4点钟，你会忽然省悟到，你所摹写的"物体"它不是静止的！那么请问，你画的每一笔，到底是哪个瞬间呢？

---

1 1969年时，法国总统乔治·蓬皮杜（Georges Pompidou）为纪念带领法国于第二次世界大战时击退希特勒的戴高乐总统，倡议兴建一座现代艺术馆。该中心1977年建成，坐落在巴黎拉丁区北侧、塞纳河右岸的博堡大街，当地人简称其为"博堡"。文化中心外部钢架林立、管道纵横，并根据不同功能分别漆上红、黄、蓝、绿、白等颜色。因这座现代化的建筑外观极像一座工厂，故又有"炼油厂"和"文化工厂"之称。

2 米兰三杰，意大利文艺复兴时期的三位杰出艺术家，因都曾在意大利米兰创作出伟大的传世之作，被后人称为"米兰三杰"。三杰，是指达·芬奇、米开朗琪罗、拉斐尔。列奥纳多·达·芬奇1452年出生在佛罗伦萨附近的一个小镇——芬奇镇。他是一位天才，他一面热衷于艺术创作和理论研究，研究如何用线条与立体造型去表现形体的各种问题；另一方面他也同时研究自然科学。《最后的晚餐》是他接受米兰圣马利亚·德烈·格拉契修道院的订制时的杰作。米开朗琪罗1475年生于佛罗伦萨，不仅是伟大的雕塑家、画家，还是一位了不起的建筑家、军事工程师和诗人。《大卫》是米开朗琪罗整个艺术中最重要的雕像之一。拉斐尔（1483—1520），意大利文艺复兴时期最伟大的画家之一。创作了大量的恬静、安详、完美的圣母像，代表了文艺复兴时期艺术家从事理想美的事业所能达到的最高峰。

印象派画家就是如此。在梵·高[1]时代，艺术就进入了这样一个拐点。印象派画家发现他们其实没有办法"客观如实地摹写自然"。这个发现让画家惶恐不安：没有办法——透视法也不行——描绘一个所谓客观的画面。还不止如此。19世纪后期出现的众多画派，立体主义、抽象派、野兽派，在常人难以读懂的涂鸦式的画作背后，涌动着难以名状的疑虑、惶惑和情愫，仿佛经历着撕裂的身体和分裂的精神一般。艺术家无法"进入"那个貌似外在的世界；艺术家也无法摹写出自己的心境，他们抓不住永恒流动的"瞬间"，他们难以"言说"充盈的胸臆，那感觉总是一刻不停地冒出来。

1917年，英国有个著名的艺术家叫杜尚[2]，有一次参加艺术展，他提供了一个名为"泉"的作品。这个作品其实是一个用过的小便池，一件再普通不过的日用品，他给它做了个支架，贴上标签，签上自己的大名——令他诧异的是，展品大获成功。

杜尚在回答询问者时这样解释道：艺术品，就是被安置在艺术殿堂里的东西。这句话点中了要害。那些被称为"艺术品"的东西，在艺术殿堂里引得万人瞩目，但在日常环境中，可能其貌不扬、默默无言，与所谓艺术没有半毛钱的关系。有一个最近的例子，美国著名小提琴演奏家约夏·贝尔在顶级音乐厅演出时常常一票难求，但他扮成流浪艺人在地铁用350万美元的提琴演奏巴赫的乐曲时，行色匆匆的过客却对他不屑一顾。

所以我觉得，伴随工业资本主义日益渗透到日常生活，艺术家率先感受到主客两分带来的割裂感。在这个世界上，根本不存在任何一个"毫无打扰"的旁观者，我们已经与这个世界，与我们所造之物，彼此深深地镶嵌在一起而浑然不

---

1 梵·高（Vincent Willem van Gogh，1853—1890），荷兰后印象派画家。他是表现主义的先驱，并深深影响了20世纪艺术，尤其是野兽派与表现主义。梵·高的作品，如《星夜》、《向日葵》与《有乌鸦的麦田》等，现已跻身于全球最著名、广为人知与珍贵的艺术作品的行列。1890年7月29日，梵·高因精神疾病的困扰，在法国瓦兹河开枪自杀，时年37岁。

2 杜尚（Marcel Duchamp，1887—1968），纽约达达主义团体的核心人物。出生于法国，1954年入美国籍。

觉。那么，到底是什么给了某些人优势地位呢？到底是什么东西，让他们对这个世界发号施令的时候，说出真相的时候，显得底气十足？他们凭什么这么说？其实这是艺术家第一次以这种视角看待世界，反思这些问题。

第三个方面我们看看哲学。

从哲学上来讲，文艺复兴和启蒙运动的主流哲学，可以说是从经院哲学走向思辨哲学的过程。可以列出一长串光辉的名字：比如"主客两分"的始作俑者笛卡尔，自然神学的倡导者洛克[1]，理性主义哲学家康德，辩证法学家黑格尔。这一时期的哲学思想，一个显著的特点就是从本体论转向认识论，哲学史上也把这一段称为"哲学的认识论转向"。

通俗地说，本体论思考的是世界的本源问题。它们试图回答这个世界是如何构造的。这个问题也包括，人是什么？这是古希腊哲学的传统。古希腊哲学家提出四元素说、原子论，都是要解释世界的构造的问题。这种朴素的哲学思想，也可看作现代科学的灵魂。

认识论则要回答另一个问题：人是如何认识世界的？这实际上得益于笛卡尔对主体、客体的区分。外在的客观世界到底是什么，是一回事；外在的客观世界，在人的眼里，到底是什么，就是另一回事了。前者是本体论问题，后者则要复杂得多。人到底能不能认识世界？能认识到什么份上？于是，康德提出此岸世界和彼岸世界的分野，黑格尔构造出正反合的辩证法，揭示人认识世界的步骤和方法。

本体论和认识论有一个共同的期待，就是期待一揽子把这个世界说清楚。胡塞尔之后，情况发生了重大转折，史称哲学的现象学转向。也有说法说，是哲学的语言学转向。

胡塞尔认为，本体问题无法获得一劳永逸的解答，而且在这个问题上费时间

1　约翰·洛克（John Locke，1632—1704），英国哲学家、经验主义的开创人，同时也是第一个全面阐述宪政民主思想的人，在哲学以及政治领域都有重要影响。

是徒劳的，不如将其"悬置"起来，把目光直接盯在"现象"层面，借助所谓"本质直观"，洞悉此在的存在。胡塞尔的现象学开启了哲学的新时代，哲学思考可以暂时——悬置的意思不是放弃，而是搁置——放下对本体问题、认识的可达性问题，以及主体同一问题等终极问题的叩问，转头直面丰富多彩的表观世界。这个转向意义非凡。

古希腊以降的西方哲学思想，流派众多、理论丛生。概其要旨，无非两点：世界本源与人的问题。这两点如果再简化为一点，即"秩序从何而来？"的问题。如果我们能得到一种有秩序的生活，我们就能获得自由。这种自由，当然不是随心所欲、为所欲为的意思，而是顺从和遵从宇宙秩序的法则，与之和谐共生。秩序何来？康德认为是两个东西，一个是天空，一个是道德。天空的秩序是物的秩序，道德的秩序是人的秩序。康德认为，只要找到这个秩序，我们就能获得自由。在文艺复兴之后的三百年里，这种追求人与自然秩序的梦想，被康德夸张地表达为"人为自然立法"。

胡塞尔之后，这种庞大的叙事体系逐渐显露败象。在哲学问题上，像康德、黑格尔这样用不容置疑的宏大体系来布道，总会陷入很难说服人的困境。到底是谁，有这样或那样的聪颖与智慧，能超越一切具象的、杂芜的现象，洞悉世界之本源和法则，并将之清晰无误地传达给任何一个"他者"[1]？这种神奇的能力，颇

---

1 他者（the other），哲学术语。多位哲学家在19世纪末20世纪初论及这一概念。法国哲学家拉康认为，"无意识是他者的语言"，他者不仅指其他的人，也指语言的秩序。语言秩序既创造了贯通个人的文化，又创造了主体的无意识。他者是一个陌生的场所，同样也是主体结构中的一个位置。因此主体并不是一个点，而是一个复杂结构的结果。独立的主体是不存在的。与拉康不同，同为法国哲学家的列维纳斯更为激进地解释了"他者"的伦理学意义。列维纳斯反对自古希腊以来的整个西方哲学传统，他认为"时间问题"是现象学思想传统中一以贯之的根本，胡塞尔的时间意识就是主体性本身，海德格尔认为时间性就是存在的境域，而对于列维纳斯，正是在时间中才有真正的他者出现，或者说与他者的关系才真正有时间的呈现。时间之谜，就是主体之谜，就是他者之谜。对于列维纳斯来讲，他者是不可知的，需要基于时间建立"作为他者的主体"。此外，"他者"也是西方后殖民理论中常见的一个术语。在后殖民理论中，西方人往往被称为主体性的"自我"（Self），殖

似牛顿力学中的超距作用。牛顿力学里面最难解释的就是，它必须假设任何两个物体，无论相聚有多遥远，万有引力都是"即刻存在"的，仿佛相互作用力可以"瞬间直达"一样。这种关于世界和人的宏大叙事，雄辩且宏伟，好像超距作用一样，将理性、智慧的光芒洒满大地——但你却看不见"言者"是谁，他在哪里？他凭什么得到如此底气，竟能断言终极真理，并广为传布？用后现代的话说，这个宏大叙事的"言者"，他是不在场的。他告诉我们一个就像皇宫宫殿一样宏伟的完美作品在你面前，我们只能臣服于它，臣服于这种秩序。这种秩序太过完美，简直容不得半点质疑。

存在主义借助现象学方法，认为那种矫情的"本质观"压根就是呻吟，萨特干脆说"存在先于本质"，只有活生生的存在是值得思考的——并且你思考的方式，不是旁观，而是卷入、陷入。波兰尼[1]说，"寓居于中"；海德格尔说"此在存在"，都是这个意思。

告别本质主义、还原论哲学思想，在六十年代以街头涂鸦、反讽艺术的行为艺术表演的方式上演，这颇有深意。思辨的哲学，让位于行动的哲学。世界需要彻底清理本质主义的遗毒，因为它曾经太深入人心了，太声名显赫了，以致街头老太太，她可以不识字，但她会信誓旦旦地声称"人要相信科学！"

第四个方面，我想概括为"三个丧失"：确定性的丧失、威权的丧失和意义

民地的人民则被称为"殖民地的他者"，或直接称为"他者"。所以，"他者"的概念实际上潜含着西方中心的意识形态。

1 迈克尔·波兰尼（Michael Polanyi，1891—1976），英籍犹太裔物理化学家和哲学家。波兰尼的著作已有两本译成中文，一本是其名著《个人知识》（贵州人民出版社2000年11月出版）；一本是论文选集《社会、经济和哲学》（商务印书馆2006年8月出版）。默会知识（Tacit Knowledge）是波兰尼于1958年首先在《个人知识》中提出的。默会知识展开于从（from）辅助意识转向（to）集中意识的动态过程中。波兰尼将这种辅助意识形象地称为"寓居"（indwelling）或"内化"。对某物拥有辅助意识，意味着我们将自己投注其上，寓居于其中，或者将其内化为自己的一部分。在波兰尼看来，寓居既是认识者的认识手段，也是他的存在方式，在此意义上，他认为："所有的理解都是默会知识，所有的理解都是通过寓居实现的。"

的丧失。与上个世纪末流行于世的"终结论"相仿，这里有意使用较为夸张的语言来指出，清理本质主义遗毒可能面临的"三个丧失"。

首先是确定性的丧失。

确定性，是西方思想从古希腊时期就存有的信念。或许不止西方，东方的确定性思想也源远流长。确定性与"永恒"有关，认为大自然周而复始地运行，虽然千姿百态但背后总是隐藏着某种不变的"大道"。这样的确定性，是集体文化的信仰系统。

牛顿之后的时空观，确定性有了科学的版本。用法国数学家拉普拉斯的话说，就是"只要你给我初始条件，我将推导出整个宇宙"。拉普拉斯在微分方程上颇有建树。什么是微分方程？简单讲，就是描述事物动态演化全过程的方程式。比如炮弹的弹道轨迹，遵从某种动力学的微分方程，只要你能确定初始条件，这个方程将给出炮弹任意时刻，在任意位置上的精确预测。这个就是"确定性"。从人文的角度看，所谓确定性可理解为"公道"、"天理"的存在。人世间充满变幻莫测的风云，假若天理和公道确信为"有"，这个世界就是"确定的"，"有定数"的。

确定性作为一种信仰，认为这个世界背后一定存在物理天道，一定有所谓因缘果报、世道轮回，人世间一定存在可期待的清爽的结局。这种结局是干净的，不以人的意志为转移的，你看和我看都一样，这一代人和上一代人看它，不会有丝毫变化。

确定性有什么好处？为什么人从心底里喜欢确定性、相信确定性？如果大胆猜测一下的话，我认为是千百万年人类进化历程中，对不测风云、死亡和饥饿的恐惧感，深深刻入人的基因血脉所致——当然这需要繁复的论证。这是我看这个问题的假设。我假设确定性的迷恋，缘自万古世纪遗留下来的，对死亡和饥饿的恐惧。

作为信念的确定性，在20世纪量子力学、相对论出现之后，日益走向松动，以至到了五六十年代对凝聚态物理学、非线性物理学、流体力学的研究，对天气预报、湍流、复杂系统的研究，充分揭示出"不确定性"或许更加基本。确定性，作为信念受到了极大的冲击。

这件事，我会在第五讲谈复杂性与互联网的时候，再度提起。

其次是威权的丧失。

福柯可谓是剖析权力、威权最为细致、彻底的思想家。权力是中性一点的语汇，威权是权力的政治化。福柯发现，社会体系中大量与教化、规训、监督有关的组织，都是权力组织。这些机构包括医院、学校、军营、监狱等。无论是行政权力、诊疗权力、管束权力和教育权力，都与确定性有关。福柯指出，权力的真相其实就是营造某种可重复的确定性。权力需要这样一种机制，即无论权力的施予者是谁，接纳者是谁，只要它能产生完全可重复、可预计、可控制的后果，就是权力滋生的基础。

权力的政治化称为威权。这种威权将权力涂抹成所需要的色彩、调子，用引诱、承诺、恐吓、欺骗，确保权力的正当性、合法性和运转基础。

威权丧失之后，不确定性成为常态，权力丧失了运作的基础，这个世界将会怎样？有史以来的统治者和布道者，都将此描绘为失序、崩溃、混乱的世界，并认为这是人间灾难。这里就有一个问题，一个可疑之点：是否确定性就一定是好的，不确定性就一定是坏的？退一步说，是否世界就区分为确定性和不确定性两个极端？威权以确定性为善，为好。确定性的丧失必然带来威权的丧失。威权丧失之后，这个世界是否会混乱不堪？这些问题都是传统线性思维、二分法局限下，自然的焦虑。前面我说过，需要警惕笛卡尔主义、本质主义的遗毒，要肃清它，清算它，很难。因为它已经流窜到我们周身神经的各个末梢，已经成为"不假思索"的组成部分。

再次是意义的丧失。

这个恐怕更是要命。意义，从朴素的观点说，恐怕是安身立命之本，如果在意义问题上出现紊乱，就好比《圣经》中巴比伦塔的故事，世人彼此言语不通、无法理喻，嘈杂不堪。可能比语言不通更甚的是，以往认可的普适的意义、静止的意义、恒常的意义，出现了不确定性、多义性和歧义性。人与人之间失去了共同感，难以彼此认同。鸡同鸭讲成为常态。生活也是如此，一切美好的、神圣的东西，出现了裂隙。这是个大问题。很难将意义预先清晰地摆在这里，传达给别人。意义问题或许折射出哲学语言学转向的困境。

讲一个小故事。量子力学引发物理学家激烈争论的三十年代，哥本哈根学派[1]提出了自己的诠释，认为波粒二象性[2]是本征解，即人们必须接受微观世界同时拥有粒子和波两种状态。有一次，海森堡[3]与玻尔[4]讨论这个问题，海森堡问玻尔，说是不是因为我们目前的语言系统有问题，以至于"表达不清楚这个问题？"海森堡期待，将来语言系统进一步被明晰化了，可能这个令人难以理解的"二象性"问题会烟消云散。玻尔不愧是大思想家，他不认为是语言不够清晰所

1　哥本哈根学派是20世纪20年代初期形成的。1921年，在著名量子物理学家玻尔的倡议下，成立了哥本哈根大学理论物理学研究所，由此建立了哥本哈根学派。该学派在创始人尼尔斯·亨利克·大卫·玻尔的带领下对量子物理学做了深入广泛的研究。其中玻尔、海森堡、泡利以及狄拉克等都是这个学派的主要成员。哥本哈根学派对量子力学的创立和发展做出了杰出贡献，并且它对量子力学的解释被称为量子力学的"正统解释"。玻尔本人不仅对早期量子论的发展发挥了重大作用，而且他的认识论和方法论对量子力学的创建起了推动和指导作用；他提出的著名的"互补原理"是哥本哈根学派的重要支柱。

2　波粒二象性（wave-particle duality）是指某物质同时具备波的特质及粒子的特质。波粒二象性是量子力学中的一个重要概念。在经典力学中，研究对象总是被明确区分为两类：波和粒子。前者的典型例子是光，后者则组成了我们常说的"物质"。1905年，爱因斯坦提出了光电效应的光量子解释，人们开始意识到光波同时具有波和粒子的双重性质。1924年，德布罗意提出"物质波"假说，认为和光一样，一切物质都具有波粒二象性。根据这一假说，电子也会具有干涉和衍射等波动现象，这被后来的电子衍射试验所证实。

3　海森堡（Werner Heisenberg, 1901—1976），德国著名物理学家，量子力学的创立人之一，"哥本哈根学派"的代表人物。1932年获诺贝尔物理奖，成为继爱因斯坦和玻尔之后的世界级的伟大科学家。

4　玻尔（Niels Henrik David Bohr, 1885—1962），丹麦物理学家，哥本哈根学派的创始人，曾获1922年诺贝尔物理学奖。他通过引入量子化条件，提出了玻尔模型来解释氢原子光谱，提出对应原理、互补原理和哥本哈根诠释来解释量子力学，对20世纪物理学的发展影响深远。

致，他对海森堡说，我们可能不得不忍受"肮脏的语言抹布"，来处理物理学表达的问题。

意义的丧失，不是说无意义大行其道，也不是否认意义的存在，而是说意义的表征方式。在人们习以为常的思路里，意义是附着于语音、语言、文本、符号而存在，并且传递给他人的。维也纳学派试图构造出确信无疑的语言逻辑系统，不光能解决命题表达、逻辑演算的问题，还能一揽子解决意义问题，甚至真理问题。然而，逻辑实证主义最终也没能实现自己的梦想，除了得出一大堆精致的逻辑概念、演算公式之外，他们无法再前行一步。

意义可能并非是"摆"在那里，等人们去拾取；也不是"能摆"在那里，供人们去传播、散布。意义并非可以"灌装预制"，而是需要与其对话者同时存在的。如同海森堡发现测不准原理一样，观察者的存在会干预到观察对象的存在，二者无法剥离。意义的丧失，指的是"脱离语境"，"抽离上下文"的所谓"坚固的，恒常的意义"，恐怕一去不复返了。

以上这"三个丧失"，将是我们理解互联网思想非常重要的支点。

这三个丧失从胡塞尔的"主体的悬置"开始，经历现象学、存在主义、后现代主义和结构主义对本质论、还原论、主客两分的世界观无情的揭露和批判，其实是对确定性、威权和意义所提出的三个紧迫问题。既然我们对宏大叙事找不到答案，既然我们无法获知确凿无疑的真理，并手拿把攥地任人操持、摆弄、把握，那就把它搁置起来。我们不要试图为了得到一个漂亮数学方程的闭合解，不要为试图获得终极真理的贪欲所左右，更不要为占有这个终极真理而兴奋异常——这全部都是本质论者、还愿论者遗留下来的毒素。不过，我们仍有可能不断发现它丰富的谱系。丧失并非摒弃，搁置并非置之不理。直到今天，主体问题依然是哲学的核心问题之一，但标本意义远远大于现实意义，与当年康德、黑格尔时期谈的主体已经完全不同。

我很欣赏互联网思想家马克·波斯特的话：六十年代是一个"文化未决的年

代"。六十年代一下子打破了思想的坚冰，冒出了千奇百怪的各色思想，没有哪一种能占据优位，也没有哪一种试图将自己努力装扮成圣殿中的正统。人们在适应不确定性的世界，适应威权崩塌、意义丧失的世界。这需要全新的言语系统，需要全新的感知界面，也需要全新的思想体系——但需要归需要，需要的满足再也不是"灌装预制"式的，不是沉思，也不是等待，而是不停地行动、尝试、体验和创新。所以互联网的开放精神，正是得益于六十年代丰富的思想氛围，也正是受惠于六十年代冲破各色藩篱之后，所迎来的繁花似锦的精神的解放。六十年代思潮与权威、确定性、精确，跟国家至上主义、国家意志是有尖锐的对立和冲突的。只不过这种冲突，在当年的历史情境下，是用非常有趣的、反讽的、搞笑的，非常摇滚的方式，非常放荡不羁的方式展现的。

3　互联网早期思想家

前面我们提到，一说思想或者思想家，我们脑海里很容易浮现出的一幅画面，是罗丹著名的雕像《思想者》。这画面太出名了，似乎也太贴切了，于是成为思想者的标准姿态。

罗丹的《思想者》雕像，据说灵感出自但丁[1]的《神曲》，当时是一组名为《地域之门》的雕塑，思想者是其中的一个单元，后来独立出来了。这尊创作于19世纪80年代的作品，表达了一位冥思苦想的沉默者，右手托着下颌，仿佛目视着人间苦难。"静默沉思"，是沉思者的标准形象。静默沉思的影像固然彰显了思虑、瞩目、焦灼的心境，但在技术大行其道的工业时代，实验室里反应装置、瓶瓶罐罐、测量仪表，则是技术家理解世界、触摸世界的语境。在技术家的语境中，"行动"是唯一的指南。

互联网思想者中，沉思者让位于行动者，或许是工业革命"工程师取代科学家"的一个印证。牛顿之前，科学家同时是自然哲学家。甚至在中世纪晚期、

1　阿利盖利·但丁（Alighieri Dante，1265—1321），13世纪末意大利诗人、作家，现代意大利语的奠基者，欧洲文艺复兴时代的开拓人物之一，以长诗《神曲》留名后世。他被认为是意大利最伟大的诗人，也是西方最杰出的诗人之一，全世界最伟大的作家之一。恩格斯评价说："封建的中世纪的终结和现代资本主义纪元的开端，是以一位大人物为标志的，这位人物就是意大利人但丁，他是中世纪的最后一位诗人，同时又是新时代的最初一位诗人。"

文艺复兴渐起的14—16世纪，早期的科学家同时还是神学家，比如奥古斯丁[1]和阿奎那[2]。牛顿之后，工程师大行其道，成为现世版知识分子的典范。他们开动机器，反复实验，摆弄药剂和试剂，提炼、升华、分解，在行动中领悟世界的真谛和生活的真谛。下面我分别罗列一些互联网发展中的"行者"，他们以各自的方式，为互联网思想的形成，贡献着自己的智慧和成就。

这些互联网的"行者"，我区分为五种类型，分述如下。

第一类我称之为技术天才，特别是黑客。这里有UNIX[3]、C语言[4]的发明者肯·汤普森和丹尼斯·里奇，有万维网的发明者伯纳斯－李，有第一款商用浏览器马赛克的发明者安德森，还有电子邮件（E-mail）的发明人雷·汤姆林森（Ray Tomlinson）等。

1　奥古斯丁（Aurelius Augustinus，354—430），古罗马帝国时期天主教思想家，欧洲中世纪基督教神学、教父哲学的重要代表人物。在罗马天主教系统，他被封为圣人和圣师，并且是奥斯定会（Augustinians，也译奥古斯丁派，天主教托钵修会的一种，是遵行《圣奥斯定会规》生活的男女修会的总称）的发起人。对于新教教会，特别是加尔文主义，他的理论是宗教改革的救赎和恩典思想的源头。

2　圣托马斯·阿奎那（St. Thomas Aquinas，约1225—1274），中世纪经院哲学的哲学家和神学家，死后也被封为天使博士（天使圣师）或全能博士。他是自然神学最早的提倡者之一，也是托马斯哲学学派的创立者，成为天主教长期以来研究哲学的重要根据。他所撰写的最知名著作是《神学大全》（Summa Theologica）。天主教会认为他是历史上最伟大的神学家，将其评为33位教会圣师之一。

3　UNIX操作系统，是一个强大的多用户、多任务操作系统，支持多种处理器架构，按照操作系统的分类，属于分时操作系统，最早由肯·汤普森（Ken Thompson）、丹尼斯·里奇（Dennis Ritchie）和道格拉斯·麦基尔罗伊（Douglas McIlroy）于1969年在美国电话电报公司的贝尔实验室开发。

4　C语言是一种计算机程序设计语言，它既具有高级语言的特点，又具有汇编语言的特点。它由美国贝尔实验室的丹尼斯·里奇于1972年推出，1978年后，C语言已先后被移植到大、中、小及微型机上，它可以作为工作系统设计语言，编写系统应用程序，也可以作为应用程序设计语言，编写不依赖计算机硬件的应用程序。

我们先说伯纳斯－李。伯纳斯－李是欧洲核子实验室的研究员，物理学家。在他之前的阿帕网，主要还是大学、学术研究机构使用的工具，可以实现的功能不多，比较重要的有新闻组服务、电子邮件服务、文件传输服务等。伯纳斯－李贡献了一个很重要的概念，就是 http 协议。这个协议实质上是网络中的主机、域名、内容之间的体系结构。这个结构有两个要点，一个是超文本和超链接，另一个是 http 协议。

超文本是互联网中一个伟大的思想。最初的提出者是布什，但他那时候（五十年代）还只能停留在概念层面。超文本让文本之间产生关联，将文本编制成一张彼此关联的大网，这是他的伟大之处。那怎么理解呢？古希腊原子论者德谟克利特，认为这个世界是由原子构成的——虽然彼原子远非今天普通物理课程上讲述的此原子；亚里士多德也提出"四元素"说，认为世界是由水、火、风、土四大元素构成的。在 2,000 多年的时间里，寻找世界的基元，是人类思想活动的主线，也可以说是本质主义、还原论的主线。

本质主义和还原论，致力于将世界切割成最小的单元。这时，个体的重要性超过个体之间的关系，这是互联网之前，人们看待事物的基本态度。超文本打破了这一条。关系、链接渐渐成了主角，关系的重要性日益大过文本本身。这是布什和伯纳斯－李的重要贡献。虽然，他们在提出这种解决之道的时候，内心也未必有如此强烈的"改变传统思想"的意念，但从结果上看，他们给这个互联网世界提供了正确的方向，把"文本之间的关系"形象地呈现在人们面前。"让人看见"，是思想解放的重要一步。

下面说汤普森和里奇。1965 年时，贝尔实验室（Bell Labs）加入一项由通用电气和麻省理工学院合作的计划；该计划要建立一套多用户、多任务、多层次（multi-user、multi-processor、multi-level）的操作系统，名字叫作 MULTICS。直到 1969 年，这项工作依然进度缓慢，不得不停了下来。当时，汤普森已经有一个称为"星际旅行"的程序在 GE-635 的机器上跑，但是反应非常慢，正巧被他发现了一部闲置的 PDP-7（Digital 公司出品的主机系统，是当年挑战昂贵的 IBM

大型机的英雄），汤普森和里奇就将"星际旅行"的程序移植到 PDP-7 上。在移植的过程中，汤普森和里奇感到用汇编语言[1]太过于头痛，他们想用高级语言来完成升级工作，于是就有了迄今风头不衰的、大名鼎鼎的 C 语言。而 UNIX 和 C 语言完美地结合成为一个统一体，C 语言与 UNIX 很快成为世界的主导。

安德森的故事，大家都知道，他是世界上第一款图形浏览器马赛克的发明人，也是网景公司的创始人。他在大学毕业期间，就接触到伯纳斯－李的万维网思想，立刻为这种超文本链接的想法所倾倒。他把伯纳斯－李的思想用浏览器，用图像的方式表达了出来，为万维网走向商用铺平了道路。马赛克发明之前，人们怎么访问互联网呢？那时候访问互联网，用的是文本方式，或者叫命令行方式，就像早期电影上的黑客一样，要通过一行一行地敲入命令，与后台的主机交互。

伯纳斯－李、汤普森、里奇、安德森，他们的创举表面上看完全是技术天才的创意，但他们的杰作中，处处透露着"定义这个世界"的欲望，和"与这个世界对话"的激情。

这种激情，就是计算机、互联网领域早期的黑客精神。一说到黑客，有些人会认为，哦，这帮人很厉害，也很危险。这是个误解。八十年代之后，黑客精神有点变味了。当年的分享精神被商业利益所玷污，软件公司纷纷拿起版权武器保护自己的独占权力，将软件封闭起来。行内人士也将唯利是图的高手称作"骇客"（cracker），而不是黑客。真正的黑客呢，只是想要证明自己能行，能做到。当然，有一些艺高胆大的黑客堕落为"骇客"，专门侵入银行系统，盗取账号密码和财富，这些行为是真正的黑客所不齿的。

1　汇编语言（Assembly Language）是面向机器的程序设计语言。在汇编语言中，用助记符（Memoni）代替机器指令的操作码，用符号（Symbol）或标号（Label）代替指令或操作数的地址，如此就增强了程序的可读性并且降低了编写难度。使用汇编语言编写的程序，机器不能直接识别，还要由汇编程序或者叫汇编语言编译器转换成机器指令。汇编程序将符号化的操作代码组装成处理器可以识别的机器指令，这个组装的过程称为组合或者汇编。

其实黑客精神中充满着挑战精神、反叛精神。比如早年的计算机以 IBM 的大型机为主，它的操作系统是专用操作系统，包括后来数字设备公司（DEC）的小型机，它的操作系统 VAX，也是专用的。1970 年左右，汤普森和里奇发明了分布式操作系统 UNIX，它是开放的，任何人都可以免费获得源代码，并把自己对操作系统的改善添加进去。这种开放、分享、协作的精神，是促进电脑与互联网发展的巨大力量。[1]

比如理查德·斯托尔曼，就是一个著名的黑客。他在七十年代就是麻省理工学院人工智能实验室的研究员。七十年代末期，他发现 UNIX 被一些计算机公司"据为己有"，商业化了，感觉很不爽。这些商业机构拿着原本是自由开放的软件代码去赚钱，他认为是不合适的。1984 年，他创建了自由软件基金会。可以说，斯托尔曼是迄今为止最坚定的自由软件倡导者。他不但坚持自由软件的理念，还在现行版权框架下，提出了自由软件新的版权体系 GNU/GPL[2]，为日后开源软件的蓬勃发展，奠定了基础。比如在 1984 年第一届世界黑客大会上，斯托尔曼指出的"信息需要免费"的口号，以及他的观点"版权不是天然权力"等。

说到开源软件，不能不提到莱纳斯·托瓦兹，他是著名的开源操作系统 LINUX 的发明者。大概是 1990 年，当时他在芬兰赫尔辛基大学读研究生，导师交给学生的作业就是写一个玩具版的操作系统，多用户、多进程的操作系统。当时他就把一个 PC 版的 UNIX，当时叫 XENIX 系统[3]，改写成为一款可在 PC 上运

1 参看《黑客：电脑时代的牛仔》，胡泳、范海燕著，中国人民大学出版社，1997 年 12 月。

2 GNU 计划，是由理查德·斯托尔曼在 1983 年 9 月 27 日公开发起的。它的目标是创建一套完全自由的操作系统。理查德·斯托尔曼最早在 net.unix-wizards 新闻组上公布该消息，并附带一份《GNU 宣言》解释为何发起该计划，其中一个理由就是要"重现当年软件界合作互助的团结精神"。为保证 GNU 软件可以自由地"使用、复制、修改和发布"，所有 GNU 软件都需要符合 GNU 通用公共许可证（GNU General Public License, GPL）的要求，该许可证定义了 Copyleft 的概念。

3 XENIX 是微软公司与 SCO 公司联合开发的基于英特尔 INTEL 80x86 系列芯片系统的微机 UNIX 版本。由于开始没有得到美国电话电报公司的授权，所以另外起名叫 XENIX，采用的标准是美国电话电报公司的 UNIX SVR3（System V Release 3）。

行的多用户操作系统，并命名成 LINUX。最神的并非是他完成了这个作业，做出了这个软件，而是他把它放在了网上，让所有的人都能分享这个软件，并可以对它进行修改、优化，也可以自由下载。

第二类我们可以叫作"命名者"、"先知"，也包括科幻小说家。这里汇集一些名词，比如赛博空间（cyberspace）、赛博格（cyborg）、赛博朋克（cyberpunk）、Web2.0（这个在下一节展开讲）、群体智慧（CI）、众包、产消者（prosumer）等。这些术语在当时听来，就显得稀奇古怪、个性十足。下面主要说一说前三个与"赛博"有关的词汇。

回顾上世纪七十年代可以看到，互联网思想主要有两个来源，一个是科幻文学；另一个就是黑客技术。科幻小说家包括"赛博空间"的提出者威廉·吉布森，包括"赛博朋克"这个名词的提出者尼尔·斯蒂芬森（Neal Stephenson）等。这些人其实在六十年代，在他们写科幻小说的时候就特别关注了两个关系，第一个是人机关系，第二个是政府和社会的关系。在他们大量的科幻小说里面，都突破了这两个关系现实的局限，畅想一些未来社会的可能。

1984 年，在英属哥伦比亚大学攻读英国文学学位时，吉布森完成了处女作《神经漫游者》。虽然当年的吉布森完全不懂电脑，更连不上网络，但这部在传统打字机上一字一句所敲出的科幻作品，却将科幻文学正式带进了"电子时代"。《神经漫游者》甫推出即造成一片轰动，并一举同时夺下 1984 年英语科幻文学界的三大主要奖项："雨果奖"（Hugo Award）、"星云奖"（Nebula Award）与"菲利普·狄克奖"（Philip K. Dick Award），这一记录至今无人能破。

吉布森创造的赛博空间，现在已经成为互联网哲学思考的重量级术语。它已经不完全是一个充满想象的、技术色彩浓厚的新空间，也不止是虚幻的数字空间的"另一处所在"。赛博空间将"人造世界"的边界大大推延到纯粹数字领域，并通过日益爆炸的人—人链接、人—机链接和物—物链接交织在一起。

赛博朋克（cyberpunk，是 cybernetics 与 punk 的结合词），又称数字朋克、

电脑叛客、网络叛客，是科幻小说的一个分支，以计算机或信息技术为主题，小说中通常有社会秩序受破坏的情节。现在赛博朋克的情节通常围绕黑客、人工智能及大型企业之间的矛盾而展开，背景设在不远的将来的一个反乌托邦地球，而不是早期赛博朋克的外太空。

赛博朋克作者试图从侦探小说、黑色电影和后现代主义中汲取元素，描绘20世纪最后20年数码化社会不为人知的一面。赛博朋克的反乌托邦世界，被认为是20世纪中叶大部分人所设想的乌托邦未来的对立面。

著名的赛博朋克作者布鲁斯·斯特林（Bruce Sterling）对其做了这样的总结：待人如待鼠，所有对鼠的措施都可以同等地施加给人。闭上眼拒绝思考并不能使这个惨不忍睹的画面消失——这就是赛博朋克。

在赛博朋克的世界，人类生活在每一个细节都受计算机网络控制的黑暗地带。庞大的跨国公司取代政府成为权力的中心。被孤立的局外人针对极权主义体系的战斗是科幻小说常见的主题。在传统的科幻小说中，这些体系井然有秩，受国家控制；然而在赛博朋克中，作者展示出国家的公司王国（corporatocracy）的丑恶弱点，以及对现实不抱幻想的人对强权发起的无休止的西绪弗恩之战[1]。

赛博朋克文学有着强烈的反乌托邦和悲观主义色彩。今天赛博朋克经常以隐喻义出现，反映了人们对于大公司企业、政府腐败及社会疏离现象的担忧。一些赛博朋克作家试图通过他们的作品，警示人们社会依照如今的趋势将来可能的样子。因此，赛博朋克作品写作的目的是号召人们来改变社会。

顺便说，"朋克"（punk）文化，是发端于英国，兴盛于20世纪70年代的文化潮流。它是大众的文化，是对主流、权威、物质压抑表达愤懑和不满的文化。它通过摇滚、服饰、发型、语言风格等爆发出自己独特的活力。赛博朋克，无疑

1　西绪弗恩之战（Sisyphean battle），是指古希腊神话中一位被惩罚的人，叫作西绪弗斯（Sisyphus），因触犯众神而受到惩罚，他受罚的方式是：必须将一块巨石推上山顶，而每次到达山顶后巨石又滚回山下，如此永无止境地重复下去。在西方语境中，形容词"西绪弗恩"（sisyphean）代表"永无尽头而又徒劳无功的任务"。

是朋克遭遇电子装置之后触发的"激情大爆炸"。

其实，赛博格这个词出现得要比赛博空间、赛博朋克都要早。早在1960年，在美国航天医学空军学校进行合作研究的两位学者，临床精神病学家内森·克林（Nathan S. Klin），就与曼弗雷德·克莱因斯（Manfred E. Clynes）提出了赛博格的概念。

最初这个概念的提出，是为了解决未来人类在星际旅行中面临的问题。人类脆弱的肌体显然无法承受动辄上百光年的高速旅行，为了克服人类生理机能的不足，两位学者提出，可以向人类身体移植辅助的神经控制装置，增强人类适应外部空间的生存能力。赛博格这个词就是神经控制装置（cybernetic device）与有机体（organism）的混写。赛博格（Cyborg）是一种"人机混合体"，即Cybernetics+Organism。

赛博格是能够"自我调节的人机系统"（self-regulating man-machine system），它既拥有机械装置运作精确、寿命长久的特点，也具备人类的一切特质，比如感觉、感情以及思维。这个概念自提出以来，即受到学术界的普遍关注，特别是在后现代思潮涌动的当代，更以其象征意义成为研究的热点。

关于赛博格的研究大体可以分为两大类，一类与科技相关，主要是探索赛博格的未来可实现性，也就是通过移植、修补之类的技术，将生物体同非有机体结合以增强生物适应环境的能力。另外一类则可归结为对赛博格的哲学思考，主要是反思赛博格给人类个体和社会所带来的深远影响。在现时代，赛博格已不单是个学术话题，许多艺术家更是以电影和美术等形式不断展现其魅力所在。

第三类可以叫作思考者、批判者。

典型的就是前面提到的波兹曼对电视的批判，提出了技术对人的奴役以及现代传播和商业的结盟。还有思想家丹尼尔·贝尔、凯文·凯利、波斯特、麦克卢汉、克莱·舍基等。我们在第一讲中已经介绍过他们，这里就省略了。

不过，要指出的是克莱·舍基2009年的新书中译本，胡泳和姜奇平给了一个独具特色的名字《未来是湿的》，很有意味。舍基指出，未来的机构都将是"只有合作的机构"。协同合作是未来的生存法则，思维模式则从一维到"万维"。无独有偶，在软件领域鲁迪·拉克（Rudy Rucker）早先发表的科幻小说三部曲，就是《软件》、《湿件》、《自由件》。著名的软件工程师汤姆·狄马克（Tom DeMarco）和蒂莫西·利斯特（Timothy Lister）在1987年就提出了"人件"、"社会件"的概念，认为未来的软件根本上就是富有创造力的人的协同合作的有机社群。

比如1991年提出虚拟现实（Virtual Reality）、1993年提出虚拟社群（Virtual Community）概念的霍华德·莱恩格尔德（Howard Rheingeld）。他认为，在线社区，即基于兴趣和分享所建立的公共交往空间，著作权观念将被淘汰。"许多记者和作者都害怕推倒作者和读者之间的墙，这其实是非理性的。"他还批判了500个电视频道的陈词滥调。他认为将来的社会契约，是基于互惠的礼品经济。

牛津大学互联网学院互联网治理与管制教授，哈佛伯克曼互联网研究中心共同创始人，也是第一任主任的乔纳森·齐特林（Jonathan Zittrain），提出"数字人"的概念，在2008年出版的《互联网的未来（*The Future of The Internet*）》一书中，明确指出"留点不确定性"，认为不确定性正在消失，安全则只是一种借口。他说，"互联网"是一个动词，未来互联网的特性是，大家广泛参与到非营利性的创新组织当中。

第四类是传播者。最为中国人熟知的，大概就是麻省理工学院媒体实验室的创办人尼葛洛庞帝了。尼葛洛庞帝1995年的畅销书《数字化生存》，被胡泳、范海燕及时译介给中国的读者，为国人了解这个激动人心的时代做出了很大的贡献。

但是，很多年轻人不了解历史进程，会误以为某种令人赞叹的思想，仿佛从天而降，从而对思想者和先驱套上光环。其实，在伯纳斯-李的万维网尚未提出的七八十年代，已经有大量颇富互联网精神的东西在流传。比如著名的电子边疆基金会（EFF），全球商业网络（GBN），《全球目录》（*Whole Earth Catalog*，1968 年创刊；这是乔布斯非常推崇的出版物，被誉为"纸质的谷歌"），《全球评论》（*Whole Earth Review*，1985—1990 年间出版，由凯文·凯利主编），《全球电子链接》（*Whole Earth's ELectronic Link*，简称 WELL）。可以说，这些纸质的目录、文本，以及非常幼稚、初级的电子产品，养育了那一代的思想家，让他们在真正的互联网显露曙光的时候，第一眼就能辨认出"这正是人们所需要的"。

还有一些学者，他们在互联网思想孕育的早期，就以超常的洞察力驱动事物向前发展。比如，与尼葛洛庞帝同为麻省理工学院教授的尼尔·格申菲尔德（Neil Gershenfeld），是比特与原子（Bits and Atoms）中心主任。与尼葛洛庞帝不同，他预言了未来将发生的相反的过程，即"从比特到原子"。提出一个概念，叫作微观装配（fabrication），认为计算资源的部署将变得随处可见，比如生物计算、分子计算，将会"喷洒、灌注和铺设"在未来任意一处地方。这可以说是今天火热的"可穿戴计算技术"的先驱。

英国社会企业顾问，布莱尔政府顾问查尔斯·利德比特（Charles Leadbeater），在他的《社会企业家的崛起》阐述的新工作观中认为，专业业余者（Pro-Ams）、消费者可以成为生产者。被誉为英国创意产业之父的约翰·豪金斯（John Howkins），是英国经济学家，他 2001 年出版的《创意经济》认为：知识产权是 21 世纪的货币。1997 年，英国布莱尔政府听取其建议，扶持创意产业发展，1997 年至 2000 年，文化创意产业的成长率达到 9%，远远高于同期 2.8% 的经济增长率。2013 年 9 月，联合国教科文组织和开发计划署联合国南南合作办公室联合发表了一份名为《联合国创意经济报告专刊——拓宽本地发展道路》的报告，显示 2011 年世界创意产品和服务贸易总额达到 6,240 亿美元，比 2002 年多出两倍以上。报告认为，在全球范围内，创意经济每年的产值高达数千亿美元，是一股蓬勃发展的经济力量。

美国超文本文学的先驱斯图尔特·莫尔斯罗普（Stuart Moulthrop），1987 年倡导举办了美国计算机协会第一届超文本会议，会上乔伊斯发表了著名的超文本小说《下午，一个故事》。1991年，莫尔斯罗普发表了《胜利花园》。在这篇超文本小说里，提供了5处链接，20多条平行线索，用"情景＋镜头"的方式，构筑了非线性的叙事方式。赖声川[1]的舞台剧《暗恋桃花源》，运用混搭的悲喜剧，开创了中文超链接戏剧的先河。

第五类，是商业领袖。这里是大家比较熟悉的商界大牛，比如史蒂夫·凯斯（Steve Case）、史蒂夫·乔布斯（Steve Jobs）、谷歌的创办者布林和佩奇、脸谱的创办人扎克伯格等。这些人大家比较熟悉了，我这里就不多说了，我只简要地点评下乔布斯。

在我们的印象中，一般大师级人物都是桀骜不驯、反叛忤逆、标新立异的，这些性格的形成必然与他们的生活环境有着密切关系，或者说是生活铸就了他们的与众不同。

乔布斯从小生活的美国圣克拉拉谷，上世纪六七十年代，随着一批高科技公司的兴起，其名字逐渐被"硅谷"所代替。家里不断增加的电子产品，就成了乔布斯从小的摆弄之物。与此同时，圣克拉拉谷不远处的旧金山，正是嬉皮士人群聚集的反文化运动中心。乔布斯深受反文化运动的影响，变成了一名追求自我解放的嬉皮士。科技的不断创新与对主流文化的反叛，这两种因素的交织，潜移默化地从少年时期就塑造了乔布斯别具一格的性格与不同常人的观点。那时，大多数嬉皮士认为，计算机是大公司生产出来为了扩大自身优势的压迫工具。当时还是大学生的乔布斯则有自己的判断标准：把人耍得团团转的，是糟糕的技术，而能让使用者如虎添翼的技术，才是好技术。

关于乔布斯的评介文章、图书非常充足。希望大家在阅读的时候，把眼界放宽到他所处的那个时代，这样你一定会有全新的感受。

---

1 赖声川，1954年生于美国华盛顿，籍贯江西会昌，客家人，美国加州大学伯克利分校戏剧博士。中国台湾著名舞台剧导演，现任台北艺术大学教授、美国斯坦福大学客座教授及驻校艺术家。1984年创立剧团表演工作坊，被誉为"亚洲剧场之翘楚"。

上面罗列出来的五类互联网发展历程中的重要人物，给大家提供一个近景观察的视角。统观这五类"行者"，我觉得有以下两点值得思考：其一，这些思想家有个共同的特点，就是他们对权威这个词的认识和理解，完全不是象牙塔、体制内的传统思想。他们完全用自己的行为重新解释什么是权力，什么是值得期待的世界，以及人与世界是什么样的关系。

其二，是他们高度活跃的激情和创造力。他们身处六十至八十年代的变革时代，他们对这个时代保持敏锐的洞察力和富有激情的创造力。在那个动荡的年代，纷繁复杂的思想，杂糅在冷战背景、高度商业化、电子技术、朋克艺术之中。如果没有些微对这个世界的忧思和关怀，就只能淹没在反叛精神的沮丧、失望之中。

顺便说，我有一个体会与大家交流：我觉得进入一个新领域，最好的办法就是阅读大量的人物小传。一来，可读性强，你还可以从中整理出这一领域发展的大事记、里程碑；二来，通过梳理事件、概念、思想和人物之间的对应关系，你可以更好地把握技术的内涵，而不至于被技术术语、技术原理所吓倒。

4　无处不在的 2.0，到底指什么?

　　"2.0" 的称谓，其实并非蒂姆·奥莱利[1]原创，至少可以追溯至1996年，美国数字思想家戴森（Dyson），她曾出版了一本《2.0版——数字化时代的生活设计》。现在人们热衷使用这个词语，比方说组织2.0、电子商务2.0、首席信息官2.0等。其含义除了说"变革"外，还有一个重要的意蕴，即与上一个版本有实质的不同。所谓实质的不同，至少包含三个方面：假设不同、内涵不同、存在方式不同。

　　比如组织形态，所谓1.0版本的组织，是金字塔结构的，它的基本假设是"秩序源于控制"；组织的内涵是，组织是对资源、目标、约束等的配置、协调、运作、控制；组织的存在方式中，一是有清晰的边界，二是有确定的权力架构，三是有清晰的目标，四是资源以有形为主。2.0版的组织，则是扁平化的，它的基本假设是"秩序源于自组织"；组织的内涵是，组织是资源、目标、约束的流动、交互、呈现和演化；组织的存在方式中，一是没有确定的边界，而是关系架构代替权力架构，三是目标不是预先定义的，而是涌现出来的，四是资源以无形为主，即最重要的组织资源是联结、关系、数据、信息，而不是有形资源如固定资产、厂房和原材料。

1　蒂姆·奥莱利（Tim O'Reilly，1954— ），生于爱尔兰科克郡，爱尔兰裔美国人，是奥莱利出版（O'Reilly Media）公司的创始人，也是非会议的鼻祖富营（Foo Camp）的发起人。蒂姆·奥莱利是自由软件和开源软件运动的强力支持者，"Web 2.0"一词为他所首创。

虽然使用2.0这个说法，但很多人把它看作1.0版的升级版，这很表面。于是，就有很多人愿意在这个基础上，按照线性史观的思路，杜撰出3.0、4.0，以此来求新求变，比如把语义网作为 Web 2.0 的下一个浪潮。我不这么看。我认为目前来看2.0的概念已经足够丰富了，它的精髓就是与工业化的1.0版相区隔。从1.0到2.0的路子就很漫长，绝不是短短几年、十几年就可以轻松越过的。

下面我们来看看，Web 2.0 到底说了些什么？以及为什么说，互联网只有到了2.0这个层次，才真正具备有互联网的味道，互联网的思想才真正打开了闸门？

Web 2.0 这个术语，是2004年的一次黑客大会上，著名的互联网出版家蒂姆·奥莱利提出来的。他出版了大量的开放源代码著作，总体上是倡导开源精神的。在2004年的大会上，他综合前人的观点，归纳提出了 Web 2.0，主要意思是：用户生成内容（UGC）、交互性、信息聚合、社群化。

下面我们通过几个例子来看看 Web 2.0 到底是什么。

比如博客，刚开始的时候只是日志。一些乐于分享的人，喜欢把自己写的随性之作，放在网上公之于众。1999年，当时著名的博主德鲁奇报道[1]，把克林顿和莱温斯基的丑闻放在了网上，一下子让博客这个词火遍了全世界。德鲁奇报道不是媒体，但风头盖过当时的主流媒体。人们忽然意识到，原来网民自己生产的内容这么有趣，而且能量巨大。"受众"一词顿时显得如此褊狭、可笑了，网民可以自己把喜欢的照片、文章、观点随时发到网上，瞬时就可能引来无数围观、口水和赞许。用户生成内容是一个伟大的创举，它冲破了关于写作、发表、新闻监管、目击者、记者、报纸和杂志的一切陈词滥调，"发表"不再是少数精英的权力，再也不可能把持在媒介机构、商业机构和政府组织的手里。我觉得，用户生成内容的伟大，丝毫不亚于谷登堡印刷术的发明和普及。谷登堡印刷术，让廉价的印刷品迅速流行开来，阅读不再是奢侈品，民众可以自行通过阅读获知真理、

1　德鲁奇报道（Drudge Report）是一家美国新闻网站，创始人是马特·德鲁奇。与主流媒体不同，德鲁奇报道挖掘了很多内幕消息，如率先报道了克林顿与莱温斯基的性丑闻，这些颇有刺激性的内幕消息，也为它争取到了不少读者。

了解风俗、传承记忆。

第二个例子是 wikipedia，即维基百科，它的口号是"我为人人，人人为我"。2011年，已有184年历史的大英百科全书，宣布停止印刷纸质版。这是一个极具象征意义的事件。这不单纯是成本问题，还有深层次的问题。大英百科全书的编撰，据说要耗费数以万计的专业工作者，历时数十年方可完成一次全面的改版。即便如此，它依然难以跟上最新的知识发现。维基百科则完全不同，它每时每刻都是最新的。维基百科没有庞大的编辑部，也没有专职的编辑人员，但可以说全世界的专业人士都是它的作者和编者。2013年的最新数据是，维基百科已经收录超过74万个词条，超过150万个注册用户，有成千上万的读者为它贡献智慧，并且你可以看到它更新的历史版本。刚开始，维基百科是受到质疑的，人们会担心，你的权威性、准确性如何得到保证？但现在这种担心已被证明完全是多余的，它的自我进化和自我更新的能力非常强。

第三个例子是对等网络[1]音乐公司奈普斯特（Napster），这是1999年成立的一个颠覆传统唱片公司的企业。虽然早在2002年，奈普斯特公司在唱片公司的围剿下破产，但对等网络技术和对等网络商业模式，依然势头强劲。

对等网络技术，是互联网传播技术里一项了不起的创新。按照以往的概念，一个网络总是存在一个叫作服务器的东西，它担负着提供网络服务的职责，比如说下载音乐文件。如果说很多人都涌向一个服务器下载文件，就会发生网络拥塞。这个事情令网络运营者很头痛。要么增加服务器，设置多个镜像节点；要么增加带宽。也就这几招，但不能从根本上解决问题。对等网络是怎么解决问题的呢？还记得前面讲过的包交换吧。一个完整的文件，在网络上其实是被切割成大量的信息包，分散传送的。对等网络其实利用的就是这个思想。假设同时在网络上下载文件的人很多，这时候你总是可以区分出来哪些人下载得早一些，哪些人晚一些。那些下载早的人，其实可以为他的邻居充当临时的服务器，让比他下载

1　对等网络（Peer to Peer，简称 P2P）也称为对等连接，是一种新的通信模式，每个参与者具有同等的能力，可以发起一个通信会话。

晚的用户，就近下载。这样一来，如果说你在下载的时候，你发现他刚好下载完你要的片段，你就直接就近在他的机器下载了。

这个想法超级棒。一个网络系统，需要一台叫作"服务器"的东西，似乎再正常不过了，你所需要的文件都存储在服务器上，你就是一个用户，一个客户端。当你需要的时候，就直接去下载好了，事情就这么简单。但这是典型的1.0版的网络。网络如果只是这个样子，就完全是金字塔结构的一个更加精致的样式，或者更加快速、容量更大、更便捷的方式而已。使用者和服务器之间的关系，没有任何实质的改变，仍然是"从……到……"这样一个单线条、单向度的过程。这是典型的工业思维。对等网络的想法完全颠覆了"服务器"、"使用者"的角色划分，或者至少使这两种角色之间的区隔消失得无影无踪。服务器可能是使用者，反过来使用者也可能是服务器。没有哪一个"先天"的身份是固定不变的。"一切坚固的东西都烟消云散了"，这是马克思和恩格斯在《共产党宣言》中写的一句话，我很喜欢这句话。

的确如此，任何坚固的东西，包括概念、角色指派、身份认定，都不是坚不可摧的。这正是互联网的魅力所在。

对等网络的魅力还在于，除了人人为我、我为人人的机制以外，它会希望你下载完了之后还能挂在那里，待一段时间，因为你下载完了之后那个数据包是可以给你的邻居提供便利的，他可以就近从你这里得到他需要的下载片段。如果你只管自己，总是下载完就立刻下线，这种"人人相助"的局面就很难形成。它希望如此，但绝不强迫你必须如此，这也是互联网精神的一个特质。这样一下子就把带宽问题、拥堵问题彻底解决了。完全是多进程的下载方式，每个人下载的包可能来源于完全的陌生人，只要他下载过或者正在下载，你都可以用他的东西。使用过奈普斯特技术的人，或者凡是使用过蚂蚁、电驴、迅雷工具的人，都会无形之中感受到互联网带来的"温暖"。但是奈普斯特还是破产了。大家知道，它后来被唱片公司起诉，结果败诉、破产。每一首曲子都要赔款几万美元，所以没法活了，只能宣布破产，这是非常可惜的例子。

中国人比较熟悉的 Web 2.0 的典型事例，大多体现在"人肉搜索"上，这里面事例很多，举不胜举。最典型，也可能影响最大、历时最长的，恐怕就是周老虎事件（可参考相关文献）。

通过以上例子可以看出，Web 2.0 的基本特征是共享的、多进程的、互动的、瞬间的，但背后的机理是什么呢？除了社会群聚效应、人际交往的互动需求之外，还有一个类似物理学的规律，是在1998年、1999年才揭示出来，这个规律与网络的结构、生成和演化的机制有关。前面提到过，1998年两位美国学者叫瓦茨、斯托加茨在《自然》上发表了一篇论文，提出了"小世界模型"，从数学上论证了互联网六度空间的猜测；1999年，美国学者艾伯特和巴拉巴西在《科学》上发表了一篇文章，提出了"无标度网络"。这两个模型留待后面解释，但这件事本身就很有趣。阿帕网是1969年出现的，但关于互联网的结构和演化机制，则要等到30年后才为科学家所认识。

如果用图论的观点说，网络可以看成是一大堆节点之间的连接。比如节点是一个超文本，一条边则意味着超文本之间的链接关系；再比如节点是一个微博账号，边则表示关注和粉丝关系。图论把复杂的节点连接关系，用简明的拓扑结构表达出来，从而可以研究很多问题。比如网络的结构有什么特征？网络节点的度服从什么分布？网络有没有层次？如何表征一个网络的松散或者紧密的程度？假如是一个社区网络结构，如何表示关键节点？如果是一个传播网络，如何发现引爆点？传播的逐级放大路径是什么？

大家可能很难想象，对如此重要的问题，在互联网诞生30年的时间里（从1969年到1999年），人们竟然不甚了了。那么，那段时间科学家对网络结构的假设是什么呢？主要有两种，一种是规则网络，另一种就是随机网络。可这两种结构都不是互联网的真实结构。推荐大家读一下巴拉巴西的《链接——网络新科学》，这本书很好地讲述了发现互联网结构与机理的故事。

在这里顺便跟大家谈一个观点，即文科的"硬化"。大家是学新闻传播专业的，长期以来，新闻学科饱受"新闻无学"的困扰。我的理解是新闻学在一些颇具方法论色彩的社会科学人士眼里，感觉"软塌塌"的，比如跟经济学相比。在马歇尔[1]提出边际分析、萨缪尔森[2]区分宏观经济和微观经济，并用数学语言构造经济学的语言之后，经济学变"硬"了，看上去像那么回事了。当然，也有学者反思和批评经济学过度数学化，反倒遗忘了真实的问题到底是什么了。

互联网出现之后，特别是社交网络的繁荣，从网络结构、节点动力学的角度研究传播规律、研究社团的形成、舆情的演化轨迹，研究受众网络的传播模式等，需要用到一定程度的数学知识，比如图论、统计物理、网络分析和动力学模型等。特别在大数据时代，这些理论工具就显得更加重要。国内外已经有一些学者在这个领域尝试这样做研究了。这种现象，我称之为"学科的硬化"。希望同学们注意到这种变化，有意识地学习和了解相关领域的知识，以便在思考和实践中，与互联网、大数据结合得更好、更紧密。

1　阿尔弗雷德·马歇尔（Alfred Marshall，1842—1924），近代英国最著名的经济学家，新古典学派的创始人，剑桥大学经济学教授，19世纪末和20世纪初英国经济学界最重要的人物。在马歇尔的努力下，经济学从仅仅是人文科学和历史学科的一门必修课发展成为一门独立的学科，具有与物理学相似的科学性。剑桥大学在他的影响下建立了世界上第一个经济学系。

2　保罗·萨缪尔森（Paul A. Samuelson，1915—2009）。1935年毕业于芝加哥大学，随后获得哈佛大学的硕士学位和博士学位，并一直在麻省理工学院任经济学教授。他发展了数理和动态经济理论，将经济科学提高到新的水平。当代凯恩斯主义的集大成者，经济学的最后一个通才。萨缪尔森首次将数学分析方法引入经济学，并且写出了一部被数百万大学生奉为经典的教科书。他于1947年成为约翰·贝茨·克拉克奖的首位获得者，并于1970年获得诺贝尔经济学奖。

5 互联网结构主义

互联网是个"隐喻"（metaphor），这是这门课中我会反复提到的一个观点。

"隐喻"是什么？亚里士多德说，"隐喻字是把属于别的事物的字，借来作隐喻，或借'属'作'种'，或借'种'作'属'，或借'种'作'种'，或借用类比字。"[1]然而，在柏拉图之后，隐喻的名声似乎没这么好，被视为"花言巧语"，或者顶多是"修辞手法"。按修辞学家拉科夫（G. Lakoff）的定义，隐喻就是"借一件事谈另一件事"。美国学者布莱克（Black）在1962年出版的论文"隐喻"中提出了隐喻的互动理论，即隐喻由不同的人的认知系统之间的互动产生。更进一步，布莱克认为，谚语、寓言、谜语都可以看作隐喻，而且隐喻具有"不可还原的意义"。按照后现代文本分析学者克里斯蒂娃的说法，隐喻其实就是两种文本的"间性"，是文本间的对话。比如神话传说，明文是故事本身，隐喻则是某种潜藏的文本。

当我们使用"网络"这个术语时，明面上往往指个体与个体之间是否存在"关系"、"关联"，暗地里的隐喻，指的是这个网络是如何"生成与演化"的。这种思想是典型的结构主义思想。这里我得先跑一会儿题，说说结构主义思潮是怎么回事。

在现象学、存在主义热闹非凡的二十年代，英国人类学家马林诺夫斯基[2]到

---

1 亚里士多德《诗学》第二十一章，罗念生译，中国戏剧出版社，1986年。

2 马林诺夫斯基（Bronislaw Kaspar Malinowski，1884—1942），英国社会人类学家。生于

南太平洋岛国做田野研究。正是这个马林诺夫斯基，做了两项开创性的工作，一项是民族志的研究方法，另一项是发现了礼品经济。前者是人类学田野研究的重要方法，后者则为莫斯[1]所发扬光大，成为互联网圈乐于谈论的"礼品经济"的阐释者。

另一位法国人类学家列维－施特劳斯，追随马林诺夫斯基的脚步，也到南太平洋岛国研究原住民的宗教、生活和经济活动。他发现了一个问题，与传统人类学关于人类社会演化的惯常说法不一致，这个问题就是，在毛利人[2]那里，似乎保有了西方数千年前，甚至更久远年代的社会风俗和社会形态。他很诧异，线性史观不是说社会是层次递进地演化的吗？不是说要经历原始社会、奴隶社会、封建社会的演进的吗？怎么在现代世界里，还有这么多保存完好的氏族部落？

施特劳斯研究的结果是，文化是某种结构，是某种原始遗存的印记。这个有点像荣格说到的集体无意识。我们所能接触到的文化遗存，可能是以看得见的古迹、化石、墓葬、传说、地方戏曲等的形式保留下来的，但深层的不可见的东西，或者说基本未发生大的突变的部分，叫作"结构"。比如人的心理结构，认知结构。这些结构是跨地域、跨民族，甚至是跨历史的。激进的结构主义者如施特劳斯，甚至认为结构先于本质，先于个体和种群。

波兰，卒于美国。1908年以全奥地利最优等成绩获得物理学和数学博士学位。马林诺夫斯基最大的贡献在于他提出了新的民族志写作方法。

1　马塞尔·莫斯（Marcel Mauss，1872—1950），法国人类学家、社会学家、民族学家。法国社会学家涂尔干的学术继承人。被尊为法国实地民族学派的创始人。1925年创办巴黎大学民族学研究所。1931—1939年在法兰西学院任教。主要论著有：《早期的几种分类形式：对于集体表象的研究》（1903）、《关于爱斯基摩社会季节性变化的研究》（1910）、《天赋》（1923）、《关于原始交换形式——赠予的研究》（1925）等。在莫斯的影响下最有名的是结构人类学的创始人是克劳德·列维－施特劳斯。

2　新西兰的少数民族。属蒙古人种和澳大利亚人种的混合类型。使用毛利语，属南岛语系波利尼西亚语族。有新创拉丁文字母文字。信仰多神，崇拜领袖，有祭司和巫师，禁忌甚多。相传其祖先系10世纪后自波利尼西亚中部的社会群岛迁来。后与当地土著美拉尼西亚人通婚，发生混合，因此在体质特征上与其他波利尼西亚人略有不同。

　　如果用基因测序的一个例子，或许能比较好地理解这一点。基因生物学家发现，人和老鼠的基因有93%是相同的，这简直是个令人吃惊的消息。人与老鼠的种群差异是如此之大，人们很难想象基因的重叠度如此之高。那么差在哪里呢？其实不是剩下的那7%的数量上的差异，而是结构上的差异。还比如说，同样是碳原子，不同的排列方式，会得出完全不同的物质，如石墨和金刚石。

　　结构主义的思想值得大家重视，它把我们的视线引到一个过去可能不太注意的地方。以往，我们看待事物，往往会关注它是什么？它有什么性质？它与别的物质有什么关系？结构主义超越个体，它从一大堆物质的宏观结构，发现单从个体无法推导出来的性质。这是整体论的世界观。顺便说，整体论的世界观是理解互联网思想的重要基石。这个问题我们在第四讲还将谈起。

　　下面我比较深入地介绍一下前面提到过多次的，1998年、1999年那两篇重要的论文，所谈到的小世界模型、无标度网络是怎么回事。

　　大家知道，在六十年代，社会学界有一股实证研究之风。比如耶鲁大学开展的实验心理学研究，哈佛大学开展的实证社会学研究。其中，哈佛社会学系的一名研究生，叫斯坦利·米尔格拉姆，他做了一项研究，他想看一看人际传播，通过一个人到达另外一个指定陌生人，中间到底需要几步。你现在知道答案了，这叫六度分割。当时可不是这样。直觉上有人可能会说，那当然得很多很多步啊。比方说你要想给李敖发一封信，中间需要几个转信人才能收到？或者再说得远一点，你要给南非大主教图图发一封信，那很远，几步能转到？

　　米尔格拉姆真的拿写信做过一个试验，从美国的一个州到另外一个州。他从电话号码本上查到这些完全是陌生的人，发出了三百多封信，请大家转发给最可能接近收信人的那个人，然后再继续往下传。当然，中间有种种原因比方有人懒啊，不愿意干这个事儿，从而半途夭折的情况。不过最终的结果还是比较好的，总共有294封信到达了收信人手里。他发现，平均的转发次数是5.5。这就是说，我们从任意一个人节点出发，走到随便哪一个最终节点，不管中间有多远，只要不超过6步。这就是六度分割理论的缘起。

瓦茨和斯托加茨从数学上研究了互联网的情形，发现互联网上很多人际网络的链接符合六度分割。比方有人研究了著名的数学家厄尔多斯[1]，他一生写的数学论文是1,525篇，仅次于欧拉。他的论文有多达511位合作者，形成了一个论文合作者网络。人们对他的合作者很感兴趣，比方说有一篇论文，有作者1、作者2、作者3，比方第一作者是厄尔多斯，如果把所有1,525篇论文拿出来，发现这里边有个特点，凡是跟作者直接合作的人，他的"厄尔多斯数是1"，凡是与"厄尔多斯数是1"的作者合作的人，我们称之为"厄尔多斯数为2"，依此类推。这个数学家合作网络非常庞大。1996年厄尔多斯去世了，此后当然就不可能有人跟他合作了，"厄尔多斯数是1"的数目不再增长了。直到现在，人们发现"厄尔多斯数"还是不超过6。美国数学会的数据库中记录的超过40万名数学家们的"厄尔多斯数"平均是4.65，最大的是13。这是六度分割的第二个例子。

第三个例子是"贝肯（Bacon）数"，凯文·贝肯是美国影视圈里的一个小演员，这个演员不甚出名，但他演了大量的戏，有很多合作演员，据说涉及数十万人。如果把跟他直接合作的演员标记为"贝肯数为1"，跟"贝肯数为1"的演员合作过的演员，他的"贝肯数为2"，依此类推的话，人们发现在美国演艺圈中，没有哪个属于这个圈子的人，贝肯数能超过6。比如说，吴彦祖在《80天环游世界》中与卢克·威尔逊合作过，卢克·威尔逊在《家有跳狗》中与贝肯合作过，所以吴彦祖的"贝肯数"是2。对超过133万名世界各地的演员的统计得出，他们平均的"贝肯数"是2.981，最大的也仅仅是8。

1　保罗·厄尔多斯（Paul Erdos，1913—1996），匈牙利数学家。其父母都是匈牙利的高中数学教师。1984年以色列政府颁给十万美元"沃尔夫奖金"（Wolf Prize）就是由他和华裔美籍的陈省身教授平分。厄尔多斯是当代发表最多数学论文的数学家，也是全世界和各种不同国籍的数学家合作发表论文最多的人。他发表了1,500多篇论文，平均一年要写和回答1,500多封有关数学问题的信。他可以和任何大学的数学家合作研究，他每到一处演讲就能和该处的一两个数学家合作写论文，据说多数的情形是人们把一些本身长期解决不了的问题和他讨论，他可以很快就给出问题的解决方法或答案，于是人们赶快把结果写下来，然后发表的时候放上他的名字，厄尔多斯的新一篇论文就这样诞生了。

互联网的连接就是这样的状态，看上去纷繁复杂、大量节点纵横交错地链接在一起，但整体分析起来，发现每一个节点到达这个庞大的网络里任意一个节点需要的步数，一般来说不到六个，甚至小于六个。这是互联网节点和节点的关系。这个节点可以理解成相互连接的主机，也可以理解成某种社群网络。即便这个节点是超文本链接，人们发现这种超文本的链接和链接的关系，最多不会大于19。不管是6也好，19也好，说明互联网是用一种短距离的方式组织起来的，这是小世界模型告诉我们的关于互联网结构的一个重要特点。

下面我们看看巴拉巴西给出的无标度网络。这个无标度网络的概念，稍微抽象一些，理解起来稍微吃力一些，我尽量说得简单一点。首先看"标度"是什么意思？标度，也叫尺度，scale，这是一个物理量。比如空间尺度，可以从宇观的光年为单位，到宏观的数十万千米为单位，到中观的数千米到米、分米、毫米，微观则要到纳米。微观一般是肉眼无法识别的尺度，中观则可以说是"目力所及"的范围，而宏观则需要借助光学望远镜，宇观就只能凭借想象，无法直接感知了。

所谓无标度特性，scale-free，就是说某个事物的特性与尺度无关，不因尺度的变化而变化。这个叫尺度不变性，也叫无标度性。现代物理表明，牛顿定律是与尺度有关的，在微观领域牛顿定律是失效的。

无标度网络，说的是网络的节点度分布服从幂律，且不因网络规模（尺度）的变化而变化。为了了解这个规律的意义，我们先熟悉一些基本概念。用图论来表示一张网络，主要有节点和边两个要素。当然，节点之间的边，还有两种情况，一种是连线有方向，比如网页页面的链接有入链和出链。入链，说的是从别的页面指向本页面的超链接；出链，方向相反，指的是本页面跳转到其他页面的超链接。链接有出入之分的边，我们叫作有向网络，即边是有方向的，在图论中叫有向图。如果没有方向，我们就叫无向网络，图论中叫无向图。

边还有一个基本属性，即权重。比如社交网络中节点之间有连线，我们称之为有关联。如果要衡量关联的亲密程度、频繁程度，就需要赋予连线不同的权重。这样的网络，叫作有权网络。所有连边，权重都一样的话，就叫作无权网络（或者等权网络）。

下面为了简便计，我们只讨论无向、无权网络。

比如一个节点，有若干条边与之相连，这个连接数的多少，我们就称为这个节点的"度"。很明显，度越大，这个节点与之相连的邻接节点就越多。如果拿微博来打比方，度越大，这个微博账号的粉丝就越多。当然，微博账号形成的链接网络是有向网络，粉丝是"入度"，准确地说，是入度越大，粉丝越多。

度是一个绝对数，不能用来衡量网络中不同节点的聚集程度。有一个参数叫作聚集系数。假如一个网络实际拥有的全部连线是 X，一个节点拥有的度是 N 的话，这个度占全部连线的百分比，就是这个节点的聚集系数，即 N/X。聚集系数表达了一个网络连接的疏密程度。

巴拉巴西考察网络，不是基于固定连边的网络，而是考察一个网络新增加节点，或者新增加连边之后，整个网络最可能形成的度的分布，遵循什么样的统计规律。所谓度分布，就是说，假如你把一个网络中所有节点的度找出来，按照从大到小的顺序排列，可以得到一条度的分布曲线。巴拉巴西证明，这条分布曲线可以用近似幂函数来表示，并且幂指数的区间大约是1—3之间。重要的是，这种度分布规律，与网络类型、规模无关，也就是无标度性。

巴拉巴西的结论有两点价值：其一是，印证了马太效应[1]。一个新加入的节点，最可能与哪些节点相连？按照一般的常识，它往往倾向于与度较大的节点相连。这样的结果，将导致"多者逾多"的马太效应。幂律分布的网络结构，很容易出现马太效应的节点，这个节点我们叫作"中枢节点"（hub）。从网络的脆弱性来

1　马太效应（Matthew Effect），指强者愈强、弱者愈弱的现象，广泛应用于社会心理学、教育、金融以及科学等众多领域。其名字来自圣经《新约·马太福音》中的一则寓言："凡有的，还要加给他叫他多余；没有的，连他所有的也要夺过来。""马太效应"与"平衡之道"相悖，与"二八定则"有相类之处，是十分重要的自然法则。

说，无标度网络也很有意思，稳定起来很稳定，脆弱起来也很脆弱，关键看你攻击的是否是"中枢节点"。比如电力网就是无标度网络，一旦中枢节点失效，就会引起整个电力网的崩溃。2006年的北美大停电就属于这种情形。现在已经有人在研究，攻击、摧毁一个电力网，如何找到那个中心节点。但是谁是中心节点，是那个连接数最多、度数最大的就是中心节点吗？不见得。这个就涉及如何识别网络结构中，有核心价值的关键节点的问题。

其二是，印证了长尾模式。幂律分布有一个特点，即胖头长尾。少数节点几乎凝聚了大量的连线，比如微博上少数千万级账号，吸引了大量粉丝的眼球，成为微博社群里举足轻重的超级大号；绝大多数账号拥有的粉丝数量在万级以下。这种情形也是安德森曾在2006年提出的"长尾效应"。长尾效应，粗略地说，其实是"二八法则"的翻版。

巴拉巴西的发现，很好地解释了互联网具有一定的结构不变性。这对研究互联网有很多益处。可以把图论和统计物理的很多结果，用来考察互联网中结构与行为的动力学关系。比如，如何发现某个节点在网络结构中的"地位"？即这个节点拥有多大的影响力？如何衡量这种影响力？

巴拉巴西之前，科学家有点想当然地认为随机网络模型是刻画各类网络结构的合适模型。随机网络的度分布服从一个叫泊松分布[1]的规律。泊松分布的图像，是中间有一个峰值，然后两边都比较小。意思是，度大的节点和度小的节点都比较少，而度值适中的节点是大多数。随机网络倾向于用"平均主义"的观点看问题。因为节点之间的连线是随机产生的，每个节点都不比另外的节点有优越性。那么泊松分布和幂律分布有什么区别呢？可以用传染病传播过程来举例。

用泊松分布来看传染病人群的疾病传播规律，有一个"阈值"，即遭受传

---

[1] 泊松分布（Poisson distribution），是一种统计与概率学里常见到的离散概率分布，由法国数学家西莫恩·德尼·泊松（Siméon-Denis Poisson）在1838年时发表。泊松分布适合于描述单位时间（或空间）内随机事件发生的次数。如某一服务设施在一定时间内到达的人数，电话交换机接到呼叫的次数，汽车站台的候客人数，机器出现的故障数，自然灾害发生的次数，一块产品上的缺陷数，显微镜下单位分区内的细菌分布数等。

的人数超过这个阈值，传染病将会爆发开来。疾病预防策略也就针对这个特点，采取所谓"隔离"的办法，来有效地控制传染病的传播。当然，现实中隔离措施还是很有用的。但从幂律分布来看，假若某种传染病的人际网络，服从的是幂律分布，那么隔离就无效了。因为幂律分布中，不存在这样一个阈值门槛。也就是说，是零门槛。隔离措施是无效的。这对现代充满流动性的社会而言，是很有启发的结论。

再比如电脑病毒的传播，过去认为设立防火墙可以有效地确保系统安全，也能隔离病毒和入侵事件。现在不这么看了。至少在学理上，隔离的办法并不能确保奏效。这说明电脑结成的网络，其结构是无标度的，服从幂律分布，你不能简单地通过隔离的办法，把某种信息（电脑病毒也是信息）隔绝在一定的范围内——除非你断网，从物理上与外界隔绝开来。但即便如此，你与世隔绝的这个子网络，也依然不能采用这种局部隔离的办法，来确保信息安全。再比如网络谣言，一旦你这个帖子发出去了，你想捞回来，删掉，理论上是不可能的，也是因为幂律分布。

巴拉巴西把互联网研究推到了一个正确的轨道上，这是他的贡献。虽然说，对幂律分布还有很多争议，比如很多实际存在的网络，其度分布严格讲都是近似幂律分布，这一近似，潜藏的问题就不少。但巴拉巴西至少让研究者的目光，关注处于成长中的、活跃中的互联网，而不是给定节点和边的静态网络。这一点非常有意义。我们常说，互联网是"有生命的"，是"活的"，从图形的角度说，就是至少它的节点、边是随时间变动的，是随时间演化的（叫作时变网络、含时网络）。十年来，对网络结构的研究，已经超越了早年只是为了验证某种网络符合幂律分布。大量更复杂的实际问题，掀开了复杂网络研究的面纱：比如复合网络，也叫超网络、网络的网络，探讨的是两种或者多重网络彼此嵌入的问题。地铁网络、地面公交网络、四面道路网络，形成了复杂的城市交通；航空网络与地面网络接驳，将远距离人的迁徙和本地流动结合在一起。再比如，流动的个体、物流网络交织在一起，在时间上、空间上有某种分布规律等。

巴拉巴西在1999年之后，还有两篇重要的论文：一篇是2006年发表的，主题是"人类93％的行为是可预测的"；另外一篇是2009年发表的，旨在将复杂网络研究，推向网络控制、干预这个层面。2012年，巴拉巴西有一本畅销书《爆发》出版，着重介绍了他最近十年对复杂网络结构、行为演化、预测、控制和干预的思想。关于巴拉巴西思想的深入解析，我们后面还会碰到。这里只扼要指出三点。

第一点，关于互联网结构、演化、生长的研究，集中到一点，就是"活"的互联网。互联网是不停地生长演化的，你只要闭目一想，就能领会到，互联网每时每刻都在发生变化。人们常用"每一秒，在互联网上发生了什么"，来形容互联网的变化。比如以现在全球接近25亿网民、15亿智能手机用户，全球人口的1/5（超过16亿）被卷入社交网络，每秒钟会有10位用户注册微信，微信用户已经突破6亿（2013年10月），新浪微博每秒钟有超过1万条微博发出（2013年1月），淘宝网每秒钟有8,300笔订单（2013年8月）。你会有"岁月流逝"的感觉，仿佛亲耳聆听到钟表的滴答声。每一秒钟，你所面对的互联网都与上一秒钟有所不同。我们进入了一个"流动的世界"。

流动性，越来越成为一种哲学思想。古希腊赫拉克利特[1]曾说，人不可能两次踏入同一条河流；《论语》中描绘孔子面对斗转星移、时空变幻时，写道：子在川上曰，逝者如斯夫！"万物流变"，已经不是某种现象的表述，而是某种"当下哲学"的体验。

第二点，是活的互联网总会在某个局部发生一些剧烈的变化。巴拉巴西说

---

1 赫拉克利特（Heraclitus，约公元前530—前470）是一位富传奇色彩的哲学家。他出生在伊奥尼亚地区的爱菲斯城邦的王族家庭里。他本来应该继承王位，但是他将王位让给了他的兄弟，自己跑到女神阿尔迪美斯庙附近隐居起来。据说，波斯国王大流士曾经写信邀请他去波斯宫廷教导希腊文化。著有《论自然》一书，现有残篇留存。赫拉克利特的理论以毕达哥拉斯的学说为基础。他借用毕达哥拉斯"和谐"的概念，认为在对立与冲突的背后有某种程度的和谐，而协调本身并不是引人注目的。他认为冲突使世界充满生气。

的"爆发"就是指这种剧烈的变化。能量集聚到一定程度，就会出现一个喷发性的增长，或者衰落。在物理学里，这个叫作"相变"。美国圣迭戈大学，有一个网络研究中心，他们常年关注互联网的结构及其演化。他们绘制的互联网图谱，可以看到一幅生机勃勃、此起彼伏的画面。每一处局部都充满了张力，此消彼长地交叉、融合、扭结在一起。相对大一点的尺度上，涨落变化不是那么剧烈，但也有所起伏。某个时刻，某种诱因之下，可能出现一次巨大的涨落。这种处于稳定和崩溃边缘的状态，蕴含着丰富的可能和玄机。对物理学家来说，气态、液态、固态都是相对平和、稳定的状态。稳态打破的地方，往往发生在不同的相边界，比如气相和液相的边缘，液相和固相的边缘。边缘状态、临界状态是多样性和复杂性富集的地带，也是秩序或者混沌孕育的交叉地带。或可称之为"生命的摇篮"。

这些年的商业畅销书推手们，嗅觉很灵敏，他们已经强烈地意识到这意味着某种营销方式的变革。比如有一本书叫《引爆流行》[1]，就是说我们要在不同形态之中特别要捕捉相变的时刻，要善于发现潜在的引爆点，在萌芽初显阶段就做出反应。引爆点的孕育和捕捉，往往无一定之规，它不能用确定性世界的逻辑去思考。这恰好是互联网思想的一个特质：不确定性。不确定性，并不是"杂乱无章"、"毫无头绪"的别称，而是说，秩序和确定性往往脱胎于、植根于这种貌似杂芜的母体。

传统的工业思维，还原论哲学，往往试图将杂乱无章摒弃在视野之外，或者将这些东西视为令人厌恶的噪声和干扰，总是力图将这些毛毛草草剔除干净，以求获得对这个世界清澈见底的洞察和把握，以便用漂亮的方程、光滑的曲线来刻画世界。互联网思想与这种工业思维大相径庭。甚至可以说，这种工业思维是互

1　作者马尔科姆·格拉德威尔（Malcolm Gladwell）曾是《华盛顿邮报》商务科学专栏作家，目前是《纽约客》杂志专职作家。2005年被《时代》周刊评为全球最有影响力的100位人物之一。他的两部作品《引爆流行》（*Tipping Point*）和《决断2秒间》（*Blink*）同时位居《纽约时报》畅销书排行榜精装本和平装本第一名。

联网思想的死敌。在整个这门课程中，如果说我希望各位同学认真领会到什么的话，那个东西就在这里。

第三点比较难于解释。运用图论，将互联网描绘成一堆节点的连接，这个节点可能代表一个人，也可能代表一个超文本，或者代表一段视频、一幅图片。这种方式固然可以从简化模型的角度，获得大量富有启发的洞见，比如幂律分布、小世界模型等，但是，这种简化可能无意中弄拧了一个问题。如果我们拿节点来代表一个个体，用边来描绘个体与个体之间的关系，我们可以得到这样一幅错综复杂的网络结构图。这幅结构图到底意味着什么？

用图像思维的角度看，这幅图像的确是太过简略了。个体丰富多彩的异质性，完全被一个点来取代，就好比古典力学里，为了刻画运动，把物体作为一个质点来描述。关键是，质点是无差异的，这个质点和那个质点只有它的特征值不同，比如质量、密度。这是很大的问题。这种质点论，其哲学基础就是笛卡尔的主体哲学。

西方哲学在走出漫长的中世纪经院哲学繁文缛节的范式之后，被17世纪的法国哲学家笛卡尔抽象成一个空洞的、只会"思"的主体。并且笛卡尔假设，主体与主体之间是共通的，或者说是同质化的。这种哲学思想，被梅洛 – 庞蒂[1]批判为"无器官的身体"。血肉之躯，在哲学主体中被驱逐了，感性、直觉、情绪、意识种种，都被一个抽象的词语"精神"所替代。由于这样的简化，西方近代史的哲学大家们，包括笛卡尔、康德、黑格尔，都试图弄清楚这个没有温度、没有肉体、缺乏个性的所谓"主体"。这种把人对象化、客体化的思维方式，长期以来已成为西方主流哲学的"基本逻辑"。

互联网背景下，是一种什么情形呢？简单说，在互联网上，不是抽象的、空

---

1 梅洛 – 庞蒂（Maurece Merleau-Ponty，1908 —1961），法国著名哲学家，存在主义的代表人物，知觉现象学的创始人。曾在巴黎高等师范学院求学，后来主持法兰西学院的哲学教席，与萨特一起主编过《现代》杂志。主要著作有：《行为的结构》、《知觉现象学》、《意义与无意义》、《眼和心》、《看得见的和看不见的》等。他被称为"法国最伟大的现象学家"、"无可争议的一代哲学宗师"。

洞的"主体的联合"，而是"主体间性"的联合。

"间性"这是一个后现代哲学家喜欢使用的术语。比如文本分析学者克里斯蒂娃就是这样。她指出，文本间性，乃至主体间性，是超越"关系"这个术语的。如果打个比方的话，"关系"仿佛是对个体之间存在、延续何种纽带的界定和测量。比如我们说血缘关系，师生关系，上下级关系，同窗关系，都是指出一个事实。这个事实是物理性质。间性则不同。间性并非指这种关系的衡量。间性是在某个个体身上（我权且使用这个不喜欢的术语）投射出来的他者的存在。也就是说，间性是他者、外物在自身投射之后，并引发自身化学变化的那种东西。间性往往指你中有我、我中有你的这种交融、混杂、重叠状态——而且这种交融、混杂、重叠，你很难再次剥离开来。你只能勉强使用这个术语。但当如此这般地表述之后，你的内心深处会蓦然一跃，跨越了词语的鸿沟，领会了它的胶着状态。

用克里斯蒂娃的话说，间性就是指雌雄同体的特性。雌雄分别，这只是生物学上用来指认分类的一种方便的、妥当的办法。但深层次的思考和研究发现，每个雌体，或者每个雄体，都内在地包含有对方的成分（或者说要素）。这一成分或者要素是无法用物理方法分离开来的。你必须整体视之。

整体视之，有何意义？我觉得这事关互联网的一个重大功用。互联网因何而存？这个问题会有一千个答案，因为可能有一千个立场，一千个动机。在我看来，如果在这些成千个合理的答案之间，就挑选一个的话，我选择这个答案：互联网是为意义而生，为意义而存的。

下面需要略微花点时间解释一下，就算跑题一会儿吧。

霍金是世界闻名的大物理学家。最近有一本书叫《大设计》很畅销。这本书着重讨论了一个叫作 M 理论[1]的超级专业的模型，霍金称之为"最有可能成为物

---

1 M 理论，是为"物理的终极理论"而提议的理论，希望能借由单一个理论来解释所有物质与能量的本质与交互关系。其结合了所有超弦理论和十一维的超引力理论。弦论（String Theory）的一个基本观点是，自然界的基本单元不是电子、光子、中微子和夸克之类的点

理学终极理论的备选者"。M理论与理论物理学界这些年颇为耀眼的"弦理论"有关。这个问题就超出了我的讲述能力,大家可以看看这方面的科普书。我提《大设计》这本书,是因为这本书提出了一个非常有意思的观点:宇宙之所以存在,恰恰就是因为我们人类孜孜以求地探索出了这么多的物理学方程,或优美简洁,或复杂艰深。

这个观点可能会立刻让我们这些饱受粗糙哲学毒害的读书人,心头为之一震。这不是颠倒黑白了吗?难道世界的意义,不是在这个客观如实的世界中蕴含着,反倒是依存于我们的意识?这不是活脱脱的唯心主义吗?

我研究生时的导师王晖教授,在英国布莱福大学获博士学位。记得九十年代初期,我在校的时候有一次问了一个很傻的问题:英国可谓是唯心主义的大本营,在英国,唯心主义到底处于何种地位?王老师笑答:英国人的唯心主义,是颇具贵族气质的哲学。霍金的这个说法让我深思的地方在于,意义到底是如何"生产出来的"?按照柏拉图的说法,这个世界的意义完全在于这个世界之中,人依靠着理性之光,可以接近它、揭示它,进而掌握它。就像雕塑完全在大理石当中,是客观存在的一样,雕塑家只是听命于冥冥之中的理性召唤,将它重新呈现出来而已。

"意义"就在那儿,等待你去发现。这种观念是长期以来占据人们头脑的"真

_____

状粒子,而是很小很小的线状的"弦"(包括有端点的"开弦"和圈状的"闭弦")。弦的不同振动和运动就产生出各种不同的基本粒子。"弦理论"这一用词原本包含了26度空间的玻色弦理论,和加入了超对称性的超弦理论。近年物理界所称"弦理论"一般专指"超弦理论",为方便区分,较早的"玻色弦理论"则以全名称呼。20世纪90年代,爱德华·维顿(Edward Witten,1951年8月26日出生,犹太裔美国数学物理学家,菲尔兹奖得主,普林斯顿高等研究院教授)提出了一个具有11度空间的M理论,他和其他学者证明了当时许多不同版本的超弦理论其实是M理论的不同极限设定条件下的结果,这些发现带动了第二次超弦理论革新。维顿被美国《生活》周刊评为二次大战后第六位最有影响的人物。维顿说:"M在这里可以代表魔术(magic)、神秘(mystery)或膜(membrane),依你所好而定。"美国物理学家施瓦茨(Melvin Schwartz,1932—2006,1988年获诺贝尔物理学奖)则提醒大家注意,M还代表矩阵(matrix)。

理观"。意义仿佛可以灌装到可乐瓶子里，你只消打开它，就可以倒进嘴里。

霍金的思想不是如此。意义不是静悄悄地待在某个地方，就好比说宇宙并非静悄悄地独处一隅，等待一双慧眼去发现它。意义完全来自"交互"。是交互，在生产意义。意义完全是间性的涌现。它不单独隶属于任何一个个体，也不孤零零地存在于某个外套、载体上，任人享用。

如此说来，互联网正是这样一个处所，它充盈于世，卷入所有的传统上所说的个体、物体、信息，并此消彼长地沸腾着、交融着，并随时随地涌现出、散放出意义的味道。这才是互联网的美妙之处。

现在有一个词语，叫作"群体智慧"。这个词也是我们下一步会讲到的，值得关注的一个词。群体智慧这个词很有诱惑力，往往让人联想到"三个臭皮匠，顶个诸葛亮"。其实，它只是从多少有点功利（指对智慧的渴求）的角度，说出了我们需要关注的东西，并非那些在互联网貌似杂乱无章、纷繁的节点本身，它们彼此之间的关联、关系、间性才是我们需要关注的。如果你只是习惯性地套用物理公式来看待网络结构、动力学等高深的课题，却忽略了"意义的生产"，那你是走不远的。

在一个碎片化的时代里，每时每刻都在发生着破碎、撒播、聚合、凝结、再破碎的过程。每时每刻都发生着的是化学变化，乃至生物变化。要切记，单一的物理切分的办法，是不够的。

好了，这一小节的内容，算是让大家初尝互联网思想的魅力和乐趣。里面提到的内容，后面还有机会进一步深化、展开。有生命的、活的互联网，能呼吸的互联网，间性的互联网，是我最近几年特别喜欢的字眼。

这节主要想说的是三个内容，互联网的思想在这三个层面体现出来。第一个叫结构，一定要有结构思维。互联网是一种活的架构，一种生命体的架构，互联网中被卷入的一切，都是共生演化的关系。第二个我想说，互联网本身就是一种新的物种，我们每一个个体，被连接进来的人、商品、视频短片，甚至就一个超链接，都需要在这种新的物种的游戏规则之下彼此交织、相互融合。第三是，活的互联网带来的新的体验，也就是说需要思考互联网是如何将万事万物卷入其中的？万事万物的交织、融合、"化学变化"是如何发生的？但是，同时要警惕，对这些问题的思考，不能退回到工业时代线性思维、还原论、本质主义、两分法的泥淖中去。要越来越学会非线性思维、复杂性思维，学会用融合、整体、生命的观点来看问题。或者我们替换一个词，不叫"看问题"，而叫"鉴赏问题"。

这里推荐三本书，作为课外读物：《链接网络新科学》[1]、《预知社会：群体行为的内在法则》[2]、《复杂网络理论及其应用》。[3]

1　[美]艾伯特－拉斯洛·巴拉巴西著，徐彬译，《链接网络新科学》，湖南科学技术出版社，2007年4月。

2　[英]菲利普·鲍尔著，暴永宁译，《预知社会：群体行为的内在法则》，当代中国出版社，2007年11月。

3　汪小帆，李翔，陈关荣编著，《复杂网络理论及其应用》，清华大学出版社，2006年4月（建议阅读第一、二章，了解基本概念）。

第三讲

理解消费社会

这一讲的题目是"理解消费社会",为什么要谈这个问题?简单说,就是我们需要把互联网的根子挖得再深一点,再看看互联网脱胎的这个母体——即工业社会,到底是怎么一回事情。

这门课我希望是渐入佳境式的学习,每个单元相对独立,主要探究一个主题,逐渐勾画出一些思想的高地,回头再把这些高地串起来。现在还不急于串,不急于"构建"。上次课我们侧重从技术角度,从狭义的互联网发展史谈。这次我们再放大历史尺度,从工业社会为什么会出现消费社会转型的角度谈,从孕育互联网的经济学母体看问题;下次课聚焦社会的构建过程,再放大尺度,看看互联网赖以成长的社会学母体是什么。

简略回顾一下上次课的内容。上一讲主要谈了两个内容,一是粗线条勾勒互联网发展历程,并有意把你的注意力,引到教科书版的互联网发展史的"背后"去看,这个背后有三个关键词:冷战、军事工业联合体、后现代思潮。

冷战带有很强的意识形态色彩,如果按照年代来分,从1945年到1990年,跨度很大。在上世纪中后期,东西方对立,美国在二战期间及之后的二三十年里奉行的政策,就是军事工业联合体。然而,就在这个期间,以法国为首的欧洲知识界出现了后现代思潮,并传递到美国。这三股力量交织在一起,成为孕育互联网的思想土壤。

第二个内容,我们从技术角度入手,分析了 Web 2.0 的内在含义。主要讲了三个方面的内容,重点在第一个,即"架构"。未来互联网在技术层面有三个"新":新架构、新物种、新体验。

所谓新架构,就是说 cyberspace 这个词语,已经不再是一个简单的名词,而是未来世界驻留的整体结构,或者说时空观。互联网时空表面看杂乱无章,跟电力网、交通网一样,其实内部有规律可循,比如我们看到的"小世界模型"、"无标度网络"。"小世界模型"从理论上解释了六度分割理论的合理性,它是社交媒体的重要理论基础;"无标度网络"则是指,我们现在的网络处于生长状态,这种状态充分揭示互联网是一个巨大的"生命体"或"有机体",你完全可以用"活"这个词来想象一个有生命的互联网。

互联网不是只有物理连线的、毫无生机的容器、场所，前面我们曾使用生命、活的、有机体来形容互联网，甚至可以借用盖亚[1]的语言，诗意地说，互联网是"有呼吸的"。如何体察这种呼吸？除了要把思想的根子扎得足够深外，就需要大量阅读与实践。凯文·凯利最近出版了一本新书，叫作《科技想要什么》，里面充满拟人化的语言，将科学技术视作"第七王国"，前三个王国是单细胞生物（如原核生物界），后三个分别是菌类（如蘑菇和莓菌）、植物和动物。他认为，科技元素具有自主性，这个观点很有趣，理解起来还是要花点力气的。

一般人们认为，人很难驾驭科技的力量，人在庞大冰冷的机器面前显得异常渺小，但这只是它的表层含义。凯文·凯利认为，一旦我们发明或发现科技元素之后，我们的确很难主宰它的运行轨迹，某种意义上科技在反过来塑造人的行为观念，它与人已经是水乳交融的关系，并且这种元素的发端要上溯到人学会使用粗糙工具的远古时期。在远古使用工具延长了人的身体之后，其实就改变了人这个物种与自然界的关系。这时候，我们需要重新认识物种的概念，也就是新的物种是什么？

新物种，其实并非纯粹生物学意义的，物种是开放的。以往研究物种，多从生物个体、种群习性、生存环境的角度研究，对物种之间相互作用的解释力不强。凯文·凯利虽然不是专业的生物学家，但他的思想很有启发性，而且颇为接近东方关于万物生克演化的整体哲学。我和姜奇平两人最近出了一本新书，名字就叫作《新物种起源——互联网的思想基石》。我们认为，老的物种理念偏重个体，而新的物种则偏重群体，偏重彼此相倚的关系。

过去我们对物种的认识，比如林奈[2]的生物种群分类学或达尔文进化论，这

1　盖亚假说（Gaia Hypothesis）是由詹姆斯·洛夫洛克（James E.Lovelock）在1972年提出的一个假说。简单地说，盖亚假说是指在生命与环境的相互作用之下，能使得地球适合生命持续的生存与发展。

2　卡尔·冯·林奈（瑞典语：Carl von Linné, 1707—1778），瑞典植物学家、动物学家和医生，瑞典科学院创始人之一并担任第一任主席。动植物双名命名法（binomial nomenclature）的创立者。自幼喜爱花卉。曾游历欧洲各国，拜访著名的植物学家，搜

些都是以个体作为理解的单元。互联网之下，可能个体的重要性会下降，而群体的重要性会上升，所以我们说新物种是复数，而非单数。与阿伦特强调新型的公共空间中，人是复数的人，而非单数的人一样，多重角色和多样性、异质性，是未来社会的特征。

新体验则是说，在新的社会生活中，穿越是一种常态。我们的行为模式很多时候已经不是那种线性的，而是交错与穿越式的。大量物种之间、时间之间、空间之间的交错，或者说是偶遇，在互联网上是常见的事情。特别在赛博空间里，人的多样性不仅指性情和偏好的多面性，而是主体也有了多重呈现，即多样化的人格，以及人格化身。

新架构、新物种和新体验，要求大家不但要了解互联网的台词，还要深入解读它的潜台词，这是很重要的阅读方法，要领悟到字面背后的东西。比如隐喻，钟表是工业时代的隐喻，计算机则是大脑的隐喻，互联网是生态系统的隐喻，活的有机体的隐喻。

比如"数字化生存"，尼葛洛庞帝1995年写的一本书的名字。他提出，计算机不仅与计算有关，也决定了我们的生存。他认为一切都可以比特化；我们需要"拥抱变化"。托夫勒等人认为，未来世界唯一不变的就是变化，而英特尔（Intel）创始人之一的格罗夫[1]1999年写的一本书——《十倍速的变化》——也强调了这一点。还有一些最新的辞藻，比如最近几年大热的云计算、大数据、社交网络、移动互联网、物联网等。以上这些东西，我认为其实都是台词。所谓台

集大量植物标本。归国后任乌普萨拉大学教授。1735年发表了最重要的著作《自然系统》（*Systema Naturae*），1737年出版《植物属志》，1753年出版《植物种志》，建立了动植物双名命名法，对动植物分类研究的进展有很大的影响。为纪念林奈，1788年在伦敦建立了林奈学会，他的手稿和搜集的动植物标本都保存在学会。他是现代生物分类学之父，也被认为是现代生态学之父之一。

1 安迪·格罗夫（Andy Grove）博士，1936年出生，是一位匈牙利出生的犹太裔美国企业家，他参与英特尔公司的创建并主导了公司在1980—2000年间的成功发展。1998年当选《时代周刊》年度世界风云人物。

词，也就是经过一番调制、编排、打磨，服务于某种商业营销、社会传播、理念教化和规训的说辞。这些台词有一些信息量，但背后还有一些未表达出来的东西。这个东西我把它叫作"潜台词"。

潜台词中都隐藏着一些暗流，比如"去中心化"，反权威，这是互联网与计算机中潜藏的浓烈的文化基因。正是这些文化基因，与传统工业时代的文化基因格格不入，才铸就了互联网极具破坏力的品格。某些台词，用热烈的话语催促人们拥抱变化，却是以某种舒服的方式，某种半遮半掩的方式捍卫传统。商业语言既希望人的心灵受到震撼，又不希望你太过明白。他希望击中你的肉体，但却避免唤醒你的灵魂。

互联网无疑是一次影响深远的"解放"。但这次解放与机器、电力、能源解放生产力不同。互联网越普及，它所撼动的根部裂隙就越大。许多我们耳熟能详、不假思索的假设前提和思维模式，在互联网世界里日益站不住脚了。但是，需要仔细分辨这个正处于变革过渡期的社会中，诸多掺杂交织的东西，其实并非如字面所见那么了然。许多的解放宣言，背后其实是更深的俘获陷阱；许多的开放承诺，背后其实是更强的封闭图谋。特别是与现代商业利益结盟之后，这种两面性就更加强烈了。

这一讲之所以选择消费社会，就是想先带领大家做一次思维的游历，看看商业社会是如何把人从生产者驱使为消费者的；看看逐利的财富观和价值观，是如何通过广告与媒体的合谋，让人们在永不停顿的消费中，将文化、意识形态、批判精神一点点销蚀殆尽的。

马尔库塞指出，资本主义社会是单向度的。消费也是如此，你无法停顿下来。一旦停顿的话，你就会出现巨大的惶惑与空白。"厌消费情绪"是商家非常恐惧的事。所以精神、肉体、思想的解放，一定是与种种阻挠、隐瞒、曲解、束缚相伴而生的。

这里提一个小小的思考题给大家。为什么批评者总是少数派？大家有没有想过，反抗威权和去中心化，为什么总是处于边缘状态，总是暗流？为什么它们不可能成为主流？或者问，一旦这些边缘化思想、反主流思想成为主流之后，又会发生什么？

这些天来[1]，美国纽约正在举行一场"聚会"，上千人上街游行，向华尔街示威，高喊反对资本主义的口号。这或许可以看作思想反抗的一个缩影。个性的解放，人的解放伴随着人类整个文明史进程，在六十年代爆发的反威权主义、反越战行动中，特别提出了拒绝宏大叙事的主张，我认为这意味深长。宏大叙事也是人类文明的伴生物，从图腾崇拜到高级宗教，从君权神授到大写的人，过去三百年来的顶峰是康德、黑格尔等人。他们试图一劳永逸地达成关于这个世界先验知识的终极答案，以便为神灵、为理性、为个体无法主宰的客观世界，找到各自安身立命的牢靠基石。康德找到的是"物自体的先定和谐"，黑格尔找到的是"绝对精神"，尼采找到的是"权力意志"。无论他们的哲学主张有多大的不同，但在这一点上是一致的，即他们认为，这些先验的观念，不管谁，生下来总要被刷这一道油漆，总要受到他们揭示的种种"内在规律"的支配。人就是这样的，无论他生于何时何地，都逃不掉这种宿命。

这种先验观念确实构架了一个庞大的知识体系，或者也给出了主体存在的充足理由，甚至可以说永恒地霸占了"你是谁？从哪里来？到哪里去？"的问题。一旦这种哲学思想对于终极价值和意义都给出了初始值和终点站，那么生命的展开无非是它的延长线而已。

1　2011年9月17日，上千名示威者聚集在美国纽约曼哈顿，试图占领华尔街，有人甚至带了帐篷，扬言要长期坚持下去。他们通过互联网组织起来，要把华尔街变成埃及的开罗解放广场。示威组织者称，他们的意图是要反对美国政治的权钱交易、两党政争以及社会不公正。2011年10月8日，"占领华尔街"抗议活动呈现升级趋势，千余名示威者在首都华盛顿游行，后逐渐成为席卷全美的群众性社会运动。纽约警方11月15日凌晨发起行动，对占领华尔街抗议者在祖科蒂公园搭建的营地实施强制清场。

1 惬意的消费者

上一讲中，我带大家着重体察了互联网思想中"不简单"的成分。这个"不简单"需要进一步往前走。这次课，想从消费的角度来领会互联网上"精神分裂"的状态。一说"精神分裂"大家可能会大吃一惊。先别着急，容我慢慢道来。

先卖个关子吧，借用胡塞尔的概念"悬置"，我们先把"答案"悬置起来——其实无所谓"答案"，不要妄自猜测会有什么最终的、确定的答案，甚至是标准答案，先体察下这种分裂的表现。我想从三个方面来讲。

一个是边缘与中心的关系。互联网在十多年前就有这样的话语：互联网在去中心化、扁平化。很多人通过互联网发现了直通车似的快感。人与人之间不必翻越千山万水，瞬间直达。陌生人可以随时搭讪，结成圈子，随意聊天。你可以不认识他甚至不知道他是人还是狗。组织机构在这里也发现了大量的商业机会和解放生产力的法宝。所以十多年前就有人说互联网的精髓就是去中心化、扁平化、"世界是平的"、外包、重新分工、再分工等。

但是，上节课我们讲到，去中心化之后，网络的中心节点其实依然存在，马太效应依然有效，中心节点会越来越富，这就像《圣经》中"马太福音"第二十五章："凡有的，还要加给他叫他多余。没有的，连他所有的也要夺过来。"那么，你可能会就此疑惑：这互联网，到底是去中心化，还是再中心化的呢？

第二个，互联网这些年热火朝天，确实带给人幸福和快感、爽酷的体验。草根屁民屌丝变着法在夹缝里求快乐，在人肉中求正义，在混搭恶搞拼贴中找美感，在微博微信中流连忘返，欲罢不能。这时有一个纠结的情况，你会突然发现注意力在散光，眼球弥散，神志不清，这种状态几乎是你无法逃脱的。你很难集中注意力去读一些大部头的著作。你觉得被什么东西在盗空自己——但信息过载却是真真切切的感受。

其实十五年前这种现象就出现了，那时的新华书店发现，古典文学、巨著名著已经卖不动了，人们没精力也没时间，没法去听一个精心构筑的"story"。比如高行健[1]写的《灵山》、《一个人的圣经》等，他的文本就是一种后现代文本，所有故事都是碎片化的。再比如王小波[2]的写作，几部作品都是不同历史线索、不同故事情节的拼搭，他的文本也是后现代的风格，这种风格不去刻意强调一个叙事逻辑，不给你一个按照时间顺序展开、娓娓道来的完整故事。他把它完全切碎，让读者的注意力完全穿插在这些故事之间。你随意翻开一个章节就可以往下读，不影响对这个东西的整体把握。这时候要问什么是快感，总会让人纠结不已。

一方面，你的注意力在散光；另一方面你却沉溺于网络生活，欲罢不能。游戏就更是如此，所以才有人打算解决这个问题，搞什么"青少年保护防沉迷系统"——这恰恰是互联网需要思考的地方。网络到底把人怎么了？到底成瘾的隐喻是什么，意味着什么？

上个世纪之交，1900年，一个伟大的思想家去世了，就是尼采。他早年写了本书叫《悲剧的诞生》，他在书里区分了两个神，日神（阿波罗神）与酒神。日神代表阳光、宏大叙事、理性精神，比如建筑、雕像等；酒神则是迷迷糊糊，处于半意识、潜意识的激情状态。尼采发现，如果我们完全遵循日神的导引，

1　高行健（1940—　），法籍华裔剧作家、小说家、翻译家、画家、导演、评论家。1962年毕业于北京外国语大学法语专业，1987年移居法国。他的作品已经被译为36种文字。代表作有小说《灵山》、《一个人的圣经》，戏剧《绝对信号》、《车站》等。

2　王小波（1952—1997），当代著名学者、作家。他的代表作品有《黄金时代》、《白银时代》、《黑铁时代》等。被誉为"中国的乔伊斯兼卡夫卡"。他的唯一一部电影剧本《东宫西宫》获阿根廷国际电影节最佳编剧奖，并且入围1997年的戛纳国际电影节。

向往光明那种鲜亮、太阳之下没有新东西的感觉，在这种情况下人并不能得到快乐，更多的是空洞感。人性中有大量束缚、禁锢、隐秘的东西，仅靠日神引导是不够的。而酒神是一种放松的状态，但又并不是懈怠到烂醉如泥、一无所知，在这种轻松状态下人能到达的那种直达的欲望，恰恰能在减轻压力的情况下释放出来。大家知道弗洛伊德理论基本就是遵循这样的思路，按照这种隐喻去构筑体系。

所以比起"成瘾"，我更喜欢说"沉浸"（immersion）这个词。人如何沉浸其中？人如何被网络卷入？这是互联网的一种重要状态，而且这种状态不能简单地视作"上瘾"。如同上世纪的物理名词"以太"充斥在宇宙中间，那时的人们无法想象真空，只能想象一定有什么东西占满它，就是"以太"。这种以太充斥其中的感觉，带给人裹挟感，让机器不断浸入人体，会让人和机器的界面不断淡漠甚至消失，在这种情况下我们再来回想这种体验，爽酷指的是什么？所以今天所说的爽酷，其实只是个看到新奇事物的刺激而已。如果新奇事物与你朝夕相伴达半个世纪甚至一个世纪，之后你还会爽吗？

第三个，有关隐私的话题。阿桑奇[1]创办维基解密之后，让美国政府大为光火，宣布阿桑奇触犯法律，要想方设法收拾他。阿桑奇本人呢，则义正词严地说，美国政府其实才是真正的罪犯，因为它侵害了太多人的权益，而事前又没有得到任何的授权。广大民众的数据被收集，电话被窃听，重大的政府决策项目民

---

1 朱利安·保罗·阿桑奇（Julian Paul Assange，1971—　），澳大利亚记者，维基解密的董事与发言人。阿桑奇曾是物理与数学专业的学生、程序员和黑客。自创办至今，维基解密公布了相当数量的机密文件，这之中包括关于美国部队在伊拉克与阿富汗的行径、发生在肯尼亚的法外处决、在科特迪瓦的有毒废物倾倒事件的文件等。2010年11月28日起，维基解密与其他媒体伙伴开始发布秘密的美国外交电报。同年11月30日，在位于瑞典的国际公共检察官办公室要求之下，国际刑警组织以涉嫌性犯罪为由，对阿桑奇发出国际逮捕令。12月7日，阿桑奇在伦敦向警察局投案，但他否认相关指控。与维基解密相关的工作使阿桑奇荣获多项荣誉，例如2009年的"国际特赦传媒奖"与2008年《经济学人》的"言论自由奖"。同时，阿桑奇的工作亦备受批评。美国白宫称他的行为是"鲁莽和危险的"。

众不知情，重大的外交事务隐藏了太多的猫腻。

阿桑奇像一个斗士，毫不留情地掀开了政府这头怪兽的面纱。许多人为其拍手叫好，认为这小子真够生猛。人们对待隐私、秘密一类的问题，坦诚地说，可能很难不采取双重标准：希望自己无所不知无所不晓，但希望别人对自己一无所知。这样的心态，我猜可能缘自对未知的恐惧。因为按照萨特的说法，"他人即地狱"，一切外在于自身的东西，都是如此不牢靠，不值得信任。互联网人肉搜索的威力，让旁观者刺激、兴奋；却也让当事人胆战心惊。假如有朝一日，这玩意落在自己头上——很多人会倒吸一口凉气的。

人们在高声反对老大哥的同时，其实无不幻想自己可以坐拥山头、呼风唤雨。这其实是隐私的真相。

以上我们从三个角度，去中心化和马太效应、快乐与成瘾、隐私的双重标准，多少展现出这么一幅画面，就是"精神分裂"的状态。互联网可能提供所谓的解药和治愈法则吗？你这么问，是很自然的。有问题就得想法解决问题不是？但，我要说的是，你这么想，永远不会有解药。解药，长期以来人们心目中的万应灵药，是"解决"的意思，所谓药到病除。在互联网里，没有这样的解药。互联网看待解药的角度，是另外一个词，"化解"。即将这个问题本身消灭掉。按照福柯的说法，精神分裂成为一种病态，全拜工业文明所赐。法国在文艺复兴初期，是世界上最先开设疯人院的。文明世界的人们发现，表里如一、举止得体，是有教养的人的基本规范。一个颠三倒四的人，一定是被什么东西摄去了灵魂，他是个病人了。

在互联网上，可能我们得学会从全然不同的角度看问题，即"精神分裂不再是一种病"。荷兰学者约斯·德·穆尔《赛博空间的奥德赛》这本书里，写出了这样一个小标题，名为："精神分裂症的春天到了！"这种对互联网的感受，恐怕会让我们惊得瞠目结舌！

这其实是我想把理解互联网思想的坐标，拉回到文艺复兴，拉回到工业革命孕育和诞生之际，拉回到工业时代，来看工业时代如何塑造产业工人，并将他们塑造成消费者的原因。韦伯曾评论这个时代，既解放人，又奴役人——这被社会学界称为"韦伯悖论"。为什么会这样？

或许你感受到了工业文明的缺憾，以及不满（比如通过弗洛伊德的精神分析）；或许你早已意会卓别林[1]在《摩登时代》电影中对机器、对资本主义的控诉；但你可能并未仔细思考过，在你惬意啜吸的奶茶中，在你慵懒蜷缩的宜家沙发里，在你聆听的欧美音乐中，"奴役"正在以更加舒适的方式毒害着你。

让我们重新开始审视这一切。审视这广告牌、动感音乐、烤肉的味道；审视教科书、文艺舞台、画布与镜头，所能带给我们的一切；以及我们视为"当然"的消费世界，到底"喂"给了我们什么？只有从这个角度开始思考了，你才能了解，在众声喧哗的互联网世界，哪些其实是改头换面的工业社会的遗存，哪些是对工业社会的批判，哪些是建设性的反思——但所有这一切，都充满了张力和焦灼。

1　卓别林（Sir Charles Spencer "Charlie" Chaplin, 1889—1977），英国喜剧演员及反战人士，后来也成为一名非常出色的导演，尤其在好莱坞电影的早期和中期他非常成功和活跃。他奠定了现代喜剧电影的基础，与巴斯特·基顿、哈罗德·劳埃德并称为"世界三大喜剧演员"。卓别林戴着圆顶硬礼帽和礼服的模样几乎成了喜剧电影的重要代表，此后不少艺人都以他的方式表演。

2 消费社会到底"干了些什么"?

说到"消费"这个词,你能联想到什么?(学生发言:购物、贪婪、过剩、丰盛、富足、大众化、满足/不满足、时尚、建构、物欲、空虚、自我实现、广告、符号、虚荣、多样化、异化/固化、女性身体、流行。)非常棒,谢谢大家。这里已经列出了不少关键词。我们可以试着分分类。我觉得大致可以划分为三类:

第一类是陈述词,陈述事实、行为。比如,购物、过剩、大众化、时尚、广告、符号、多样化、异化/固化、女性身体、流行。

第二类是描写词,描写心态、动机、感受。比如,贪婪、丰盛、富足、满足/不满足、物欲、空虚、虚荣。

第三类是愿望词,表达期待。比如,建构、自我实现。

陈述和描写的词汇,占据了绝大多数。这些词有性格,显得饱满、具象,还特别人性化,是不是?是的。谈到消费社会的时候,我们的第一反应,往往就是这些"有味道"的词语。这可以说是消费社会成功构建的一个小小的证据。这也恰好与我想跟大家一起,探究消费社会到底对我们"干了些什么"的冲动不谋而合。

关于消费社会的思想家,我这里列出四个人。一是鲍德里亚及其《消费社会》(1970),一句话概括就是,消费社会的实质是"由物的消费到符号的消费"。过去,消费的含义其实是消耗,是为了蔽体果腹、获取能量、延续生命,即所谓衣食住行一类的基本消费。鲍德里亚认为,现代社会已经由物的消费转向了对符号的消费，所以才有像奢侈品、品牌这样的东西。二是詹明信及其《晚期资本主义文化逻辑》（1971）。詹明信跟北大还是很有缘分的。1984—1985年，他到北大讲学4个月，为中国的思想界、文化界带来一阵新风。当时改革开放还处于开启阶段，思想禁锢正在打破，理论禁区正在拆除，研究领域不断拓展，思想界对外部新鲜的东西十分饥渴。詹明信在北大讲学，较为系统地介绍了后现代思想，对中国学界系统了解福柯、德里达、利奥塔等人，起到了重要的作用。詹明信认为晚期资本主义，主要呈现出历史的衰落，它的文化逻辑呈现出"视像文化流行，空间优位"的特点。三是丹尼尔·贝尔及其《后工业社会的来临》（1973），他认为后工业社会，结束了资本主义早期的新教伦理，过渡到了享乐主义时代。韦伯归纳的新教伦理中，勤勉、节俭、自律是成为上帝选民的秉性。资本主义一方面仰仗这种美德，仰仗对财富的正当性的确认，开启了迅猛发展的机缘。然而，后工业时代的资本主义，已经完全丧失了这种锐度。享乐主义、及时行乐成为新的生活伦理和价值基调。四是德波及其《景观社会》（1967）。德波的观点用一句话概括就是，"从占有到显现"。过去，消费者囿于稀缺的恐惧，将占有作为抵御风险的法宝。随着丰裕社会的来临，对发达资本主义消费者而言，他们已经先期解决了温饱问题，让这帮消费者持续拥有购物的快感和消费的正当理由，就是缔造某种社会景观，将这种彼此炫耀、夸赞，作为价值的填充物。

这四位思想家，虽然角度不同、表述不同，但实质我认为是一样的。他们都洞悉到资本主义发育到这个地步，已经不是从生产方式上如何发掘其价值，提升其效率了，他们需要更高层级的正当性和合法性。这就是"消费社会"的正当性和合法性。

后现代学者们不约而同地发现，在资本主义语境中，一些早期的术语如劳动力、无产阶级、生产者，正悄然发生变化。比如广告业兴起之后的消费者，再比如大众媒体大行其道的时候，受众这个概念。说到底，无产阶级、生产者和消费者、受众，在资本主义语境下指的都是同一类人，他们是这个世界的接受者，他们被置于显微镜、放大镜下，被置于反应釜、搅拌机中裂解、催化、搅拌、挤压。更加隐蔽的是，他们被完美的"文化逻辑"所支配，为愿景所吸引，在惊悚片中受惊吓，恐慌于超级病毒入侵报告，纠结于成功、劳碌的轮回之中。

需要睁开眼睛，看看这个消费社会是如何演化成今天这个样子——以及今天这个"样子"，哪些是画面指认给你的，哪些是无法目睹的，哪些是你自己的影子。

为了看清这一点，我们得简要回顾一下，从生产到消费的整个历程。当然，这是个浩大的话题。我只是简要地归结为五条线，帮助大家清理下思路。整个时间跨度，要从16世纪的大航海时代开始。

第一条线，我叫作"港口的期待"。

从哥伦布、麦哲伦发现地球是圆的，到西班牙、葡萄牙开启大航海时代，到1609年伽利略发明望远镜，那个年代欧洲大陆四处充溢着"发现新世界的欣喜"。那些聚集在港口的民众，无论是小市民、农民、手工业者，还是官员、商人，他们都翘首以待远方归来的航船，不仅带来新世界的惊奇，而且带来前所未有香料、丝绸与手工艺品。这种对人的物欲的刺激，是非常强烈的。当时航海带回来的物品，其实并不都是生活必需品，而是某种意义上的奢侈品。

大航海时代与席卷欧洲的文艺复兴运动相互映照，发现新大陆与发现真理一样，重新定义着世界的坐标。15—17世纪的文艺复兴，它的重要特点是"重新发现古希腊"，重新发现古希腊的理性精神。这里的典型事件就是对《几何原本》的重新发现。意大利的很多寺庙，收藏了很多古籍，但他们都已经不认识古希腊文的文字了，人们通过考古，通过来自阿拉伯世界保留的古希腊文献，重新发现了古希腊。那种理性精神以及对自然的亲近感，以及典籍文物中展现的淳朴的人与自然的关系，实际就是为反抗中世纪的教会阶层，做着思想上的准备与铺垫。

第二是"大机器生产"。

煤炭、石油作为能源动力的使用，将早期资本主义的生产带入了大机器时代。手工作坊急剧萎缩，劳动分工日益细化，生产能力大幅度提高。随之而来的是价格下跌，原材料需求上涨，劳动力短缺。商品和原材料长距离运输的需求日渐增多，道路网络开始建设，中心城市和小市镇的规模开始膨胀。一切都围绕生产，社会资源的组织、调配、转移、消化，一切都围绕着生产的指挥棒在运转。这是一个机器轰鸣、人们四处劳作的社会。

第三是"大迁徙与城市的崛起"。现代意义的城市是生产出来的。大家从桑内特[1]《公共人的衰落》一书中，可以很好地体会到资本主义快速发展的1750—1850年这一百年间，城市如何崛起，工厂规模如何扩大，以及公共生活是如何构建的。1750年，伦敦的人口只有75万，巴黎是50万，那时的规模相对已经比较大了。但到了1841年时，伦敦的人口是187万，而1896年时巴黎的人口则为253.6万。

城市急剧扩张。桑内特的书里，分析了大批人的大迁徙，从农村到城市，从本地到异乡。在过去所谓小国寡民时代，人是走不远的。从伦敦向外，80英里的覆盖范围，就得走两天。然而到了19世纪中期，城市人口已经扩张了少则2倍，多则4—5倍。城市不再是小市镇的概念。城市中天天有陌生的面孔涌入。在这种情况下，资本主义文化发展中独特的载体出现了，这个载体是"公共空间"。这是非常有政治意义的现象。比如巴黎，巴黎大火后重建了巴黎广场，这大概是在1866年。重建中出现了大量新型建筑，包括公园、剧院、学校等公共场所，以及书刊报纸等被视为社会公器的媒介机构。公共领域成为城市原住民和移民相互碰撞、接触、交流的场所。

桑内特发现，在不同乡土习俗、乡音和文化教育背景的人，共同涌入的城市狭小空间中，人们产生接触和碰撞的时候，他们的交往方式中有两个重要隐喻，分别为服饰和语言。服饰是身体的符号，语言则带有强烈等级色彩。从这两个角

1　桑内特（Richard Sennett，1943—　），1943年生于芝加哥，1969年获哈佛大学博士学位，1999年起担任伦敦政经学院社会与文化理论教授，以及社会学与社会政策教授，并曾于20世纪70年代末期与福柯有过合作。他的研究领域为：城市社会学、艺术/音乐、家庭、观念史与身体史。

度看公共领域的发生、发展会得到一些有意思的结果，比如咖啡馆诞生后，使得上流社会、商人、记者、劳动者都可以在同一个圈子里跨越身份进行交谈，这非常有象征意义。公共空间的存在，促进了跨越种族、民族、地域、身份等的交融。这虽然是日常生活中随处可见的场景，但这却是平等思想的源泉。

四是"成就上帝的选民"。刚才提到韦伯的书，《新教伦理与资本主义精神》。大家知道，文艺复兴最重要的是思想解放。思想如何解放？这不是一件轻松的事情。你想，从公元500年至公元1500年，中世纪在欧洲延续了1,000年的教会统治、政教纷争。比如中世纪人们的财富观，就能很好地说明这一点。严格的基督徒是不能从事商业活动的，因为这不是上帝的旨意。"利润是可耻的"，这是任何一个虔诚的教徒的信条，也是教区文化的天然组成部分。基督徒认为，财富中必然包含对人性毒化的成分，比如贪婪和占有。中国人不也说，"无商不奸"吗？商人的地位是很低的，是说谎者、贪图便宜的守财奴的形象。

从马丁·路德[1]宣扬宗教改革的《九十五条论纲》，到贪婪成性、攫取财富的巴尔扎克笔下的守财奴葛朗台，这中间有三百年的跨度。就是这三百年的跨度，人性——特别是人对商业、金钱、财富的看法，可谓完成了一百八十度的大转变。从虔诚自律、诚惶诚恐地看待财富，到眼放金光、物欲横流，这么大的转变真的令人震惊。这一过程的完成，用韦伯的分析，即有赖于"新教伦理"的广泛传布，以及新教伦理对财富的观点，带给人的思想解放和内心开释。

五是所谓"自我实现与奋斗"，简单说就是往上爬。18、19世纪出现了一个迹象，年轻人踊跃进入城市，子继父业的越来越少，很少有人愿意继承祖上留下来的手工作坊或者农庄。但当他们进入社会之后突然发现，从原来小村子里的熟人

---

1 马丁·路德（Martin Luther，1483—1546），出生在德国中部萨克森－安哈尔特（Sachsen-Anhalt）的一个小镇艾斯里本（Eiskeben）。他是16世纪欧洲宗教改革倡导者，原为罗马公教奥斯定会的会士、神学家和神学教授。基督教新教路德宗创始人。1517年9月4日路德发表了批判天主教赎罪券的著名的《九十五条论纲》，引发了关于天主教神学的大讨论。2005年11月28日，德国电视二台投票评选最伟大的德国人，路德名列第2位，仅次于康拉德·阿登纳。

交往变成了大城市里的生人交往。生人交往第一步就是如何学会社交语言，如何掌握得体的穿着打扮、言谈举止，比如戴礼帽、挂文明棍之类。他们必须学会自我奋斗，靠自己闯出一番事业功成名就，这其实就是后来中产阶级的影子或胚胎。

18、19世纪经过大机器培育、大城市膨胀，从农业社会过渡到工业社会，特别是科技给所有人带来绚丽的进步感觉，如同隆隆列车一样，带着人们"驶向福地"。这种进步感带来物产的极大丰富，巴尔扎克有句话叫"眼睛的盛宴"，用来形容琳琅满目、目不暇接的商品世界。但同时，另一支力量也在滋长。这支力量，你可以说叫作人们的雄心，或者信念，总之就是这么一种状态：日益坚定地相信，这列火车在呼啸着奔赴值得向往的灿烂明天。这支力量的要害，是坚信人类总体上可以驾驭得了这列隆隆前行的进步列车。

这五条线，非常粗略地勾画了工业革命孕育、爆发的景象。这一景象，概括起来就是马尔库塞形容过的"单向度的社会"，以及这个社会的"单向度的人"诞生了。

从大航海开始，欧洲社会对这个世界有一个假设：欧洲是文明世界，除此之外都是蛮荒之地。这一假设根深蒂固，是欧洲中心主义的来源。时至今日，这种优裕感仍未完全消退。欧洲中心主义一旦形成，其内在逻辑便要求证实并保持这一优裕感。这是18、19世纪，遍布欧洲的生产力量与控制驾驭力量同步展开的缘由。

这一控制力，表面上看是贪婪的占有欲和称霸的野心，实际上是极度恐惧所致。恐惧什么？其实就是试图确信，没有上帝，自己也能活得很好、很坦然。所以从笛卡尔到康德、黑格尔，繁荣、进步的情怀在几百年间渗透到了每个阶层、每个人的心里，变成人们的新信仰。这门课一开始，我们提到一个等式：科技 = 理性 = 进步，这个等式的确立，用了差不多五百年的时间。这个不等式就是用来替代万能上帝的信念，也是对控制欲的背书，甚至成为肩负的使命。启蒙运动时期，大量歌颂人的伟大、理性伟大的词句，四处洋溢的，正是这种情绪。甚至在今天的主流文本、思想体系中，这依然是个不假思索而成立的公式。但是，在互联网后，至少要在这个等式上打个巨大的问号。

下面我们接着说"从生产到消费"。马克思对资本主义商品生产的分析是非常纯熟的。这里引用马克思《1857—1858年经济学手稿》一书，里面有这样一句话：生产是起点，它主导着、规定着消费。

整个文艺复兴以来的思想观念，特别对历史的认识，是典型的线性史观。人们对生产和消费的关系，也规定了这样一种先后相继的关系，即先生产后消费，或者说先劳动后获得。线性史观是那个时期根深蒂固的思想脉络。至于为什么会这样，我觉得倒是一个有趣的问题。不过这里无法展开谈，我只想讲几点自己的看法。

线性史观，是说对历史采取某种层叠递进的观点，而这种层叠递进有一个鲜明的时间箭头，指向某种无可逆转的归宿。这种线性史观，我认为脱胎于西方基督教的原罪—拯救说。原罪与拯救，将个体体验与天国期待巧妙地编织在一起，让时间单向流逝，赋予生命以意义。印度的宗教和中国的宗教，大多没有这种色彩。印度的因缘果报和中国的大道轮回，虽然也讲报应，讲来世，但并不轻诺一个不可逆转的方向，也并不主张未来一定优于当下和过往。东方宗教反而注重当下，轻视未来。所以宗教思想的原委可能是一个。

另一个呢，我认为跟马丁·路德改教运动有关。跟古希腊有关。改教运动和文艺复兴，都重新刻画了人与上帝的关系。上帝成为纯粹的信仰和精神寄托，人得到了解放。而人的解放所仰仗的法宝，是理性精神。这是现代性理论的思想源泉。

现代性理论很重要的是以生产为中轴，试图建构一种社会经济形态，这种形态是在脱离了上帝的存在，没有上帝看护、呵护人类的时候，人们怎么在物质生活和精神生活中获得一种自在。

在这种情况下，我们看商品，具有双重含义：一种是功利性；另一种，具有一定程度的文化象征。马克思在分析商品的时候，用到了一个词，叫作"商品拜物教[1]"。拜物教应该属于一种泛灵论[2]，这是古已有之的思想。这种拜物教思想呢，其实是资本主义商品理论的思想根源。就是说，人们试图通过生产工具注入自己的劳动和智慧之后，看到在物品中凝结的某种灵性。现在大家偏爱手工制作，其实就是泛灵论的表现。大机器生产后，大家觉得灵性就消失了。不过这是另外一个话题。

资本主义时期的生产理论，主要从两个方面表达出来：一个是自我实现，早期的工匠、店主，都有自我实现的愿望，通过勤奋、一技之长来积累财富；第二种是大机器的分工和协作，从小作坊到有组织的生产。所以生产理论有两个很重要的基石，每个人都有自我实现的愿望，此外通过分工协作形成了有形组织。

那么拜物教和商品生产之间是什么关系呢？我们说，商品具有功利性；拜物教对功利性有什么样的折射呢？可能非常多，我就写一个字吧，就是贪。贪婪、占有，这是什么心态呢？你还别说，这个字并不像大家想象的那样猥琐。贪，其实是一种人的淳朴的心态。之所以贪，是因为背后有看不见的恐惧感。也就是对不确定性、对饥饿、对死亡的恐惧感。这种恐惧感是人类演化史百万年来，透入骨髓的。按现在的考古发现，人的有文字的历史不过7,000年（上溯到克里特文明[3]和迈锡尼文明[4]的线形文字）；但有人类生存的历史超过170万年。

---

1 在以私有制为基础的商品经济中，人与人的社会关系被物与物的关系所掩盖，从而使商品具有一种神秘的属性，似乎它具有决定商品生产者命运的神秘力量。马克思把商品世界的这种神秘性比喻为拜物教，称之为商品拜物教。

2 Animism（万物有灵），亦译"泛灵论"，发源并盛行于17世纪的哲学思想，后来则引用为宗教信仰种类之一。万物有灵论认为天下万物皆有灵魂或自然精神，并在冥冥之中影响其他自然现象。万物有灵论拒绝笛卡尔哲学的思维模式。

3 克里特文明，也译作弥诺斯文明或迈诺安文明，是爱琴海地区的古代文明，出现于古希腊迈锡尼文明之前的青铜时代，约公元前3000—前1450年。该文明的发展主要集中在克里特岛。"米诺斯"这个名字源于古希腊神话中的克里特国王米诺斯。

4 迈锡尼文明是古希腊青铜时代晚期的文明，它由伯罗奔尼撒半岛的迈锡尼城而得名。约公元

170万年是个什么概念？这其中经历多少万代的大迁徙、灭绝、幸存故事？难以想象。人的集体记忆的深处（包括遗忘掉的记忆，转化为"肌肉记忆"的基因片段），恐怕总体上是对死亡、饥饿、寒冷、杀戮的记忆。突如其来降临的恐惧感，是家常便饭。之所以出现原始宗教、图腾崇拜，恐怕核心的一点就是祈求神灵护佑。护佑什么？趋利避害而已。用现在的话说，就是对确定性的期待，对不确定性的恐惧。

任何有回应的神迹，无论来自幻觉还是集体记忆，都一再确证了无情的时间流逝，以及对战胜恐惧感的期待。这种透彻骨髓的期待，或许是线形史观的一个隐喻。

第二个原委，商品的文化象征与拜物教之间的关联是怎样的呢？简单说，就是相信进步。并且喜悦地接受这种日益丰裕的生活。从游牧到农耕的漫长演进，体现了这一过程。游牧时代，无法贮存任何多余的食物。农耕时代，圈养时代，贮存食物是战胜天灾人祸的行之有效的方法。相信明天比今天好，相信明天会更美好还只是一种期盼，但贮存食物则直接、有效得多。

说商品背后的拜物教是某种文化象征，我这里指的就是对进步的信念。这个信念来自科学发现和技术的大量使用。用科学原理来说明自然规律，甚至证明上帝的存在，是中世纪晚期到文艺复兴盛行于欧洲的流行风尚。一个例子是公元1000年左右，在修道院、大学盛行的论辩之风。比如人们在争辩天体运行的规律遵从何种几何图形。这直接导致重新发现了托勒密的宇宙观。再比如运用逻辑方法，争辩什么是天使，什么是罪恶。荷兰哲学家斯宾诺莎，试图借鉴《几何原本》的方式，重新梳理伦理学。奥古斯丁和阿奎那，运用炼金术的知识，说明什么是灵魂的升华和提纯。

相信上帝在遥远的天穹，催生了天文学的研究，催生了关于真空的研究和关于流体力学的研究。比方说，16世纪帕斯卡尔发现的气体定律，直到18世纪、

前2000年左右，希腊人开始在巴尔干半岛南端定居。可能从公元前16世纪起逐渐形成一些奴隶制城邦，出现了迈锡尼文明。有关这一文明的情况还有太多的不确定。

19世纪，出现的牛顿力学和电磁学。牛顿不是在晚年潜心研究炼金术，被誉为"最后的炼金术士"吗？人们除了发现人力、畜力、简单的机械力之外，后来发现了液体的力量、气体的力量、蒸汽的力量，再后来发现了电的力量、磁的力量。这种种"力量"的发现，不断揭示了某种"神灵显现"的猜测，印证了长期以来泛灵论的物的力量。人们把越来越多的科学定律，奉献给万能的无所不在的神，冥冥之中也自证了人的伟大。所以黑格尔说过，人从此直立行走了。

所谓直立行走，不是达尔文进化论的表面含义，而是说，人可以不需要上帝了。固然，科学定律所揭示的万物规律，显示了上帝的荣光；但人在其中扮演的角色，似乎越来越为印证"成就上帝选民"的责任和重托。那么商品的生产呢，就越来越不显得那么猥琐、充满私欲和贪婪。进步、繁荣成为道德责任，创造财富同样是不可或缺的美德。贪欲并不可怕，而是向往的另一种说法。自我实现和贪欲、永不满足之间，有了某种微妙的平衡。所以说，围绕商品生产的现代性理念，其实是克服了不少内心深处的颤栗、不安、恐惧之后的精神解放。这的确是一种解放。是对社会的深刻的建构，几乎是全方位的，从经济社会到文化思想的层面。

线性史观，就这么塑造成型了，并延续至今。虽然，资本主义晚期对这一史观的批判也不绝于耳，但整体上，这一线性史观还坚固如常。有点奇妙的是，资本主义文化其实拥有强大的自我进化能力，包括这个线性史观。诸多受到批判的那些不合时宜的东西，比如葛朗台式的守财奴、颓废主义，那些被波德莱尔、尼采、法兰克福学派辛辣讽刺、批判过的东西，似乎被资本主义文化逻辑一一化解掉，吸收掉了。为什么会这样？我觉得，消费社会的强大吸附力和异化能力，还远未被深刻认识。批判的锋芒成为资本主义主流文化的伴舞者，反对派被安置在议会中、媒体上、政党团体里，扮演和充当反对派的角色，行驶反对的权力，形成民主宪政、自由博爱的大合唱。在这种种表演的舞台上，线性史观依然有效，并且在更高的复杂度水平上有效。所以说，资本主义消费文化，远非鲍德里亚、詹明信、德波和丹尼尔·贝尔指认出来，就可以诺诺地收场——剧情不是这样。

比如我们简略地看看20世纪前半叶兴盛和销声匿迹的法兰克福学派。大概在1923年到1967年，以阿多诺和哈贝马斯为领导，以犹太人知识分子为主角的一群人，他们意识到，理性并不完全导向自由。理性所携带的并非总是清爽、干净、明晰的东西，理性也并不总是能带来正确、真理和共识。那些无法用科学术语描绘的东西，总是不可能驱逐干净。

法兰克福学派萌发于一战、二战及资本主义经济大萧条的背景之下。资本主义的矛盾中心，已经从生产领域转到日常生活、文化消费的领域，资本的侵蚀变得无孔不入。随着物产丰富和劳动生产率的大幅度提高，满足日常生活消费的简单再生产循环，已经不能满足人们的需要，而是更深地将日常生活变得虚无化、空洞化。意义被抽离，价值被碾碎。

阿多诺有一本书，叫作《启蒙辩证法》，其主旨是"消费就是生产"。他认为，文化工业是消费社会渗入文化肌肤的恶果，我们深陷于消费受控的科层社会。文化工业就是一场骗局，它的承诺是虚伪的，它提供的是虚假的、可望而不可即的快乐。消费社会已经不再是小国寡民时期，完全自需自取自用的简单消费循环，变成了无休止扩张状态下的受控状态。

还有一位受到忽视的法国哲学家，叫列斐伏尔[1]。我认为这个人对互联网思想有很高的价值。可惜列斐伏尔被解读得很少，包括英语世界也很少。他有一本很著名的著作，叫作《空间的生产——日常生活的批判》，这本书还没有中文版，先列在这里，不展开说，后面有机会我会再提起他。

下面还有一位叫作马尔库塞，他的《爱欲与文明》、《单向度的人》等著作，在过去三十年里重新引起西方知识界的关注，也是中国改革开放以来最受重视的

1　列斐伏尔（Henri Lefebvre，1901—1991），现代法国思想大师，在其六十多年的创作生涯中，为后人留下了六十多部著作、三百余篇论文这样一笔丰厚的精神遗产，是西方学界公认的"日常生活批判理论之父"、"现代法国辩证法之父"，区域社会学，特别是城市社会学理论的重要奠基人。

思想家之一。这个人是法兰克福学派的主要干将。他提出了两个观点：一个是他认为，科技和资本的合谋产生一种虚假繁荣。第二个，他提出工业社会本质上是一种单向度的社会，人被物役，为物驱使。

韦伯也是如此。韦伯分析资本主义内在困境的说法，被称为"韦伯悖论"，即一方面生产代表着科技力量的释放，似乎是创造着越来越多的财富，创造日益丰富的物品，但另一方面这种丰饶的商品世界，又反过来奴役和主宰了人的精神。

法兰克福学派的重要学者哈贝马斯也这么看。他说，资本主义发育出来的政治体系、经济体系、社会组织体系，凡此种种文化构造，反过来对人的日常生活进行奴役、剥夺和侵蚀。他将这个叫作"系统世界对生活世界的殖民"。

有一个词描绘了这种悖论的状态，叫"祛魅"。所谓"魅"，说的是人与自然相合的状态，水乳交融，天人和合。在泛灵论的时代，一切事物都是相通的，都有某种神秘的、灵性的纽带。法兰克福学者将此称之为"附魅"。附魅的状态，人与自然的关系是和谐的。资本主义解放人的同时，带来了"祛魅"，即"理性之光驱逐一切"。将自然中任何不能归之为逻辑斯蒂[1]的东西，或者斥之为迷信，或者表达为"待解之题"，相信理性终将用锋利的刀刃，劈开任何一个坚硬的"待解之题"。

祛魅之后的资本主义，在收获科技文明的成果之余，也不可避免地陷入精

---

1 逻辑斯蒂，英语 Logistic 的音译。基本含义是"物流的"，数学中也指"符号逻辑的"，形容词。常用词语有：逻辑斯蒂函数、逻辑斯蒂方程、逻辑斯蒂模型、逻辑斯蒂曲线等。逻辑斯蒂函数又称增长函数，1838 年由比利时数学家费尔哈斯（P.F.Verhulst，1804—1849）在研究生物种群与环境负荷之间演化关系时提出（1845），并将其命名为"逻辑斯蒂函数"，后称"逻辑斯蒂方程"，其后湮没失传。1920 年，美国生物学家皮尔（Robert B.Pearl，1879—1940）和里德（Lowell J.Reed，1886—1966）重新发现了这个函数，并在人口估计和预测等多方面研究中推广使用，后也称"皮尔函数"、"皮尔曲线"、"S 型曲线"等。逻辑斯蒂函数是完全依靠人的直觉与洞察给出的经验函数，并非经由严格的数学逻辑推导而得。维基百科称，该函数在皮尔和里德的推广下一度"被滥用"。

神的迷失，灵魂的阻滞之中。这就是我们说的消费社会的悖论。所以说，理解消费社会陷入了何种困境，是深入探讨互联网——这个脱胎于工业文明的神奇造物——到底携带了哪些传统的基因，而又携带了哪些难得的反传统的基因的重要一环。

下面，我们还是回到消费社会的兴起这个话题，看看什么时候、如何进入的消费社会。

教科书上有这么一个观点，认为资本主义进入消费社会，是在福特主义大行其道之后。我们姑且承认这一点。福特主义是什么？你会想到著名的黑色的 T 型车，流水线生产，泰勒[1]的计件工资制等。但福特工厂称为福特主义，跟老福特的一次重要决策有关。

1913 年，汽车工业大发展，福特工厂开始大规模招工。老福特在董事会上力排众议，提出两个用人标准：第一个是 8 小时工作制，第二个是每天 5 美金的工资标准。要知道，当时社会上像这样的好工作，平均工资标准是 2.2 美金，而且每天工作超过 8 小时也属家常便饭。所以福特工厂门口，天天有排着长龙的人去应聘。福特做出这一决定后，董事会不满不说，社会上的同行也大加挞伐，同行工会也横加指责，认为它过分抬高了产业工人的工资待遇，让这些工人太奢侈了。当然，老福特并非慈善家。有一点他看得很透，这一点很典型地诠释了"消费社会"的内涵，即：假若工人们都买不起车的话，我们造那么多车有什么用？所以老福特就提出，一定要让工人的生活水平有所提高。

这是一个很大的转变。它反映出，劳动生产率的提高不单单是使用最新的工具、使用大型机械、使用更多的人手，这里面其实还贯穿着一对矛盾，怎么让人们的消费水平提高，购买更多的产品呢？只有更多的消费，更快速的消费，那些

1　泰勒（Frederick Taylor，1856—1915），现代科学管理的创始人。1878—1897 年在美国钢铁公司首创动作分析法，研究劳动时间；1895 年发表《计件工资制》；1909 年在哈佛讲授科学管理；1911 年出版《科学管理原理》。

堆积如山的商品才能转换成真金白银的利润，开足马力生产才有了出口，这样才能进一步促进生产的繁荣。所以，虽然老福特的主意根本上说，依然是生产导向的，但这里面已经有一个促进消费、关注消费的萌芽。福特主义之后，消费，而不是生产，越来越成为社会发展的主导因素。

福特主义有五个方面的要点：第一是流水线、标准化、自动化，这是福特主义的工具（技术）特点。流水线生产就是福特工厂发明的。以往的汽车生产，是工人围着装配线转，生产效率很低。福特改变了工人与汽车的关系，让装配件流动起来，工人的岗位相对固定，生产效率因此大大提高。标准化，是指所有的工件、工具、部件都要标准化，以便实现互换性，提高零部件大规模生产的水平。当然，更重要的其实是对人的生产动作进行标准化。

动作标准化的贡献者叫泰勒，他出生在美国费城，是科学管理的鼻祖，发明了动作分析法，奠定了大机器生产标准化的重要理论基础。那时在工厂里，磨洋工司空见惯，工人的劳动生产率很低，别看一天干十个小时、十二个小时，不出活。这里要说明一下，磨洋工有一个潜台词，有社会学家曾研究过，磨洋工其实并不是因为工人懒，也不是因为技能或者别的原因，内心真实的想法是担心失业，活干得太麻利了，工厂主就会动裁员的脑筋。

泰勒19岁就去工厂当工人，到29岁时，泰勒就是一家钢铁厂的总工程师，他在25岁时开始做动作分析，最典型的就是把翻砂工、搬运工分门别类编组，用本子记他的动作，比方说拿铁锹铲一下、扬一下，一共需要几步完成，这里面有没有浪费的动作。再比方搬运工搬生铁块，弯腰、搬起、走路、放下，他都要把它分解成标准动作，挑几个壮劳力，指导他们把多余的动作去掉，看看效率能提高多少。泰勒的办法能让劳动生产率提高到什么程度呢？有这么一组数据：搬运工搬生铁块以前一天搬16吨，现在一天能搬到59吨，工人的工资从一块一毛五，提升到一块八毛八，劳动生产率提高了三到四倍。这是资本家比较喜欢的事情，所以泰勒在不幸成名之后，褒贬不一，工人们都认为他是资本家的走狗。

所谓自动化，就是采用自动装置比如传送带、吊车、齿轮组等自动或者半自动的装置，从而大大提高生产效率，降低劳动强度。顺便说，自动化的理论控制论是上个世纪四十至五十年代出现的一种理论，创始人是数学家维纳。

福特主义的第二个方面就是劳资关系。福特主义造就了一种新型的劳资关系。早期经济学家对资本主义的分析认为，工厂主雇佣工人，为其所付出的劳动支付报酬。报酬是由市场工资水平、劳动成果和工人的熟练程度所共同决定的。这种劳资关系被马克思称为"剥削"。按照马克思剩余价值理论，资本家无偿占有了工人的剩余价值，但仅按照雇佣劳动支付报酬，远低于工人实际创造的价值。但马克思没有看到福特主义大行其道的时候。

福特支付给工人超过市场平均水平一倍多的工资，潜台词是工资的增长说到底有利于生产率的提高，因为工人有了剩余的支付能力，有可能转换为汽车的消费者。应该说，这是一个很有远见的判断。改善劳动条件、提供必要的劳动保障和培训、与工人分享利润，这些其实都与福特早期的做法相类似，最终的目的仍然是希望在制造出日益丰富的产品的同时，也制造出有足够消费能力的消费者。

福特主义的第三个方面是垄断和竞争，它的基础是长期计划的实施。科学管理大行其道之后，生产者总是试图通过数字来组织生产，预测市场，从而减少经济波动。泰勒的《科学管理原理》就贯穿了这一思想。如果能通过量化生产的每一个动作，找到合理的劳动定额，实行计件工资制，然后结合车间作业的流水线，就能完全量化生产过程的全部细节，让每一件产品都有确定的生产成本、制造周期和清晰的、标准的材料构成，或者成分表。这样就可以制定严格、长期的生产计划。这有利于形成垄断的市场势力，并通过市场手段干预经济周期，从而增强企业的竞争力。

第四个方面，我们说福特主义发展到三十年代的时候，出现了凯恩斯主义[1]。经济大萧条让数量型经济学家大跌眼镜。预测失效了，生产能力大幅度增长，却

---

1 凯恩斯主义（也称"凯恩斯主义经济学"）是根据凯恩斯的著作《就业、利息和货币通论》的思想基础上的经济理论，主张国家采用扩张性的经济政策，通过增加需求促进经济增长。即扩大政府开支，实行财政赤字，刺激经济，维持繁荣。

出现了货柜冷清、商品滞销的奇怪景象。凯恩斯的学说很复杂，但其朴素的思想就是，认为不能任由自由市场经济"看不见的手"解决经济萧条的问题，政府必须对经济做出干预。凯恩斯主义让战时经济恢复尝到了甜头，以至于有观点认为，政府有能力调节生产和消费的平衡，这也是苏联计划经济早期的思想源泉。

福特主义的第五个方面，是五六十年代国际贸易的大幅度发展，1942年协约国为稳定国际经济秩序，提出了金本位制，被称作布雷顿森林体系，国际贸易和国际分工影响了战后的世界经济格局。

当然，随着冷战的开启，福特主义的内涵也在发生深刻的变化，被称为"新福特主义"。比如日本六十至七十年代兴起的"丰田生产模式"、精益制造模式等。概括起来有四个方面的变化：其一是从垂直一体化到水平一体化，即从集团化大生产转向供应链整合；其二是从生产导向到消费导向，提出以客户为中心的口号；其三是从刚性生产到弹性生产，制定生产计划的驱动力是市场需求，出现了市场营销学派；其四是从垄断竞争到"竞合"，跨企业的协作日益盛行。

然而，直到今天我们回头看，以上福特主义的这五个特征，依然是当代国际经济思想的主要内容。比如说对基于数量管理的迷恋。著名史学家黄仁宇[1]在《资本主义与21世纪》一书中明确指出，中国之所以没有发展出现代资本主义体系，盖因中国社会历史上从来没有发育出"数字管理"的文化土壤。依靠数字管理，与信赖科学是一脉相承的。

顺便说，我认为在中国，改革开放之后，其实并没有实践所谓"跨越式"发展。或者说跨越式只是一个梦想，而实际上中国工业改革的路线，一直在思想上试图补"福特主义"的课。这是很令人深思的。资本主义在反思福特主义带来的问题，特别在互联网经济、信息经济的大发展背景下，福特主义对标准化、同质

---

1 黄仁宇（Ray Huang，1918—2000），湖南长沙人，曾从戎于第二次世界大战和动员"戡乱"期间的国民党军队，后赴美求学，密歇根大学历史博士，以历史学家、中国历史明史专家，"大历史观"（macro-history）的倡导者而为世人所知。著有《万历十五年》、《中国大历史》等畅销书。

化、规模经济的迷信，受到了严重的挑战。信息经济是异质性的，是体验式的，是范围经济[1]而不是规模经济[2]。边际效用是递增的而不是递减的。是基于知识的经济而不是基于能源和物质消耗的经济。当然，信息经济不是工业经济的替代品，也不是工业经济的高级阶段，而是全然新型的经济、社会组织形态。这是真正的千年变革，需要我们把思考的深度不断下沉才行。

第二个方面，我想从广告的角度，来谈谈消费社会的问题。现代广告有很多既炫且酷的表现手法，拜视觉传达之功，广告成为塑造生活方式、影响时尚元素的生活伴随物。但从历史上看，广告却是产品销售的急先锋。有一本美国学者杰克逊·李尔斯（Jackson Lears）写的书，叫作《丰裕的寓言——美国广告文化史》[3]，这本书写得好，翻译得也好。这本书披露了美国商业发展中广告如何与商品狼狈为奸、沆瀣一气，营造出表面的、虚假的繁荣，当然广告也有它积极的一面。

我们说广告有三重价值，第一是刺激消费的欲望。这恐怕是广告早期，最原始的一种价值。它把小商小贩走街串巷式的销售行为，转变成广而告之的销售行为，它利用印刷技术、设计艺术的手法，利用传播媒介，将富含感官刺激和诱惑的信息，直接传播到公共场所和私人信报箱中。其实广告和传媒是一个烙饼的两个面，它们相伴而生。大家要注意的是，刺激消费和控制消费欲望，也是一个烙饼的两个面。广告，一边要刺激、引诱、制造你的消费欲望，但同时它还要控制你的消费欲望，不能让你的消费欲望太过降低，也不要太过膨胀。

广告的第二重价值，它营造了某种身份象征，文化氛围，标志着值得向往的

1　范围经济（economies of scope）指由生产的范围而非规模带来的经济，也即是当同时生产两种产品的费用低于分别生产每种产品时，所存在的状况就被称为范围经济。只要把两种或更多的产品合并在一起生产比分开来生产的成本要低，就会存在范围经济。

2　规模经济（economies of scale）指由于生产专业化水平的提高等原因，使企业的单位成本下降，从而形成企业的长期平均成本随着产量的增加而递减的经济。

3　［美］杰克逊·李尔斯著，任海龙译，《丰裕的寓言——美国广告文化史》，上海人民出版社，2005年1月。

上流社会，或者说丰裕社会的幸福生活。

第三重价值，广告就是要推广一种所谓文明的、积极的、崭新的生活方式。比如在19世纪50年代，美国有一家肥皂公司叫芭比特（B. T. Babbit），它的广告词就是："肥皂是文明的标尺！"为什么呢？那时候所谓的"文明"，首先是跟干净、跟衣着得体有关系，不能是蓬头垢面、不讲究。所以，文明区分于野蛮的，首先在这个地方体现出来。肥皂商、一些化学药品或者化学制剂的生产商，还有保健品生产商，都敏锐地发现了广告这个载体。

广告的三重价值，其实就是广告和传播、商业的完美配合。这里细分的话，有三个方面：第一个，广告所表达的是所谓的主流意象。这种主流意象，在传播中起了很大的作用，它需要把主流的社会情绪变成所谓流行的风尚，创造流行文化、流行色彩。消费者对这种流行的东西，总有某种纠结，一方面怕自己脱轨、离群；另一方面又怕太入俗。广告正是巧妙地行走在这种主流意象和文化营造的微妙地带。第二个，广告希望营造所谓的公众焦虑。也就是说，它总是会让你觉得不满，总是会让你觉得有缺憾、欠点什么。减肥广告就是这样一种典型的产品。它总是让你觉得你有一个标杆，有一个完美的对象立在那里，你需要不断地跟它对照，或者是你的过去，或者是未来的你，总之，那是一种想象中的东西，但是由于它已经被主流认可，所以大家都有一种趋向力，所以营造一种焦虑。有了这种焦虑感的话，你的消费自在其中。第三个，是社会的认可。也就是说，消费在后来符号化以后，它变成社会地位、身份，甚至是社会关系，是某种圈子文化的一种表征物。不同的圈子，都会有表达自己身份的特定的表征，你的服饰佩戴、你的日常消费，都跟它关联起来。所以我们说广告，它跟商业、传媒的关系是互为表里、互相依托、相互促进的关系。

3 消费社会：一个不断祛魅的进程

上面我们讨论了福特主义如何促进生产，又讨论了广告在营销消费文化中的作用和价值。那么在这种情况下，我们看生产者和消费者，是怎样交叉融合或者彼此促进呢？这里有这么几个方面。

一个是生产和消费的关系。

对于生产者来说，理想的生产状态首先要有足够多的消费者，其次是希望有稳定的消费者群体。消费稳定了，生产就是可以预测、可以计划的。所以生产者极力想减少不确定性，希望未来都是定数，并且认为它自己完全可以决定生产什么样的花色品种。福特的 T 型车就是如此。老福特曾说过这样一句话：我们可以满足大家对车子的任何需求，但只要颜色是黑的。

市场当然有不确定性，有波动。商人心里当然明白这一点。但令人好奇的是，早期的商人孜孜以求的状态，却是去除不确定性。李尔斯在《丰裕的寓言》一书中写道："文明最重要的任务，就是要铲除不确定的机会，而且只能通过预见和计划来达到这个目的。"（《丰裕的寓言》，第115页）这是为何？为何商人对于消费的不确定性，充满了恐惧，并极力想驾驭它？这是一个问题。

大家知道，古希腊时柏拉图有一个"洞穴隐喻"，就是认为人是在洞穴里的，面朝岩壁，外面有一束光芒，照亮进来，把人投射在影壁上，人这时候就开始琢磨了，琢磨我是谁啊，我为啥在这啊？之类的问题。真正的人，柏拉图认为是可以走出洞穴的，靠什么？靠"理性之光"。笛卡尔的二元论，把人从物质中分离出来，对确定性的追求，转换为价值中立的追求。所以洞穴隐喻就意味着，借助理性思维、工具理性、计算理性，生产者总是可以发现最棒的，最节省的，最好的产品生产方式，现代制造业倡导的精益制造[1]就是这样一种梦想。

生产者认为总可以通过掌握生产技术，设计技术，制造出最好的、最符合消费意愿的产品。消费意愿的把握，也全然通过数据分析、市场调查、典型消费者刻画，以及市场营销的方式来把握。如此一来，不确定性被消灭了，季节性、周期性被"熨平"了。生产者处于这样一种"确定性的迷思"当中，这是资本主义量化生产的实质。

第二个，叫作情感崇拜的合法化。这个问题跟消费者很有关系。早期手工业时代的消费观，接受"生产什么就消费什么"的生活方式。这是一种直观的满足关系，但更多的其实就是对欲望的压抑。漫长的中世纪，基督徒倡导节俭的生活，任何超越日常消费的欲望，都认为是可耻的。维多利亚时代，变态的情感压迫，在日益丰饶的物产和高涨的情欲冲击下，迅速解体。资本主义丰裕社会里，欲望被激发出来，煽情主义大行其道，对宏伟、精致、奢华的追求重构了人们的消费模式：从占有的满足到购物的期待。"等"，这是一个极具象征意味的词汇，它仿佛生命的延展、灵魂的净化和升腾，也预示着即将降临的"美好"。比如女性的消费，对女性身体的消费，成为17世纪、18世纪的重要现象。举个例子，束胸产品，早期这种产品是很难公开叫卖的。后来有了广告之后就不这样了，他们给了它一种象征作用，让这样的产品变成完美身体的象征，然后把它变成充满诱惑的广告语，让这种被压抑的、无法满足的欲望得到释放。这就叫作情感崇拜的合法化。

1　精益制造、精益生产（Lean Manufacturing），有时也简称为"精益"，目的是消除生产中的资源浪费。精益生产主要来源于丰田生产系统（TPS）的生产哲学，因此也称为丰田主义（Toyotism），一直到二十世纪九十年代才称为精益生产。精益制造包含了及时响应（Just-in-Time，JIT）、约束理论（Theory of Constraints，TOC）、精益生产及敏捷制造的概念，同时也与以减少错误为目的的六西格玛（Six Sigma）互相补足。

第三个，是消费模式的重构，即从占有式的消费，转变成炫耀式的消费。这种炫耀，就是说消费者已经获得某种身份，已经到达了某种境界、某种地位，已经做到了"与众不同"。这是个人主义崛起的直接证据。或者说，有了这种虚荣的炫耀，它可以勾起你更多的消费欲望，你对未来消费充满着向往和期待。

以上三点，就是我们所说的生产者和消费者之间的关系。这里头有一个很重要的问题，就是说，在生产和消费这对矛盾对抗的过程中，有一个很重要的潜台词叫作"主客分离"，这种状态是15世纪、16世纪文艺复兴以来，哲学思想的一个重要特点。主体离家出走，失去家园。这个家园，原本为上帝所呵护，怎么才能让它回到主体和客体重新合二为一的状态，达到一种自然融合的状态呢？这在资本主义早期，就是通过不断地生产、不断地消费来实现的。

以前有这么一句广告词，是卖食品的："如果你感到抑郁，那你就开始吃吧！"总之呢，当你所有的感官调动起来之后，你就会发现一种扎扎实实的自我存在的状态，这是一种物的状态。但同时，你的感官又被外界调动起来，比方身份的认同啊，进入某个圈子啊，这样的话，你又会有一种"精神的抚慰"，这好似一种安全感。所以总的来讲，生产和消费，通过广告这样一种介质，缔造了一个又一个的神话，"成为你自己"是一个响亮而又充满激励、诱惑的口号。下面通过举几个例子，来看看广告是如何缔结神话的。

首先，比方说，最早的广告是所谓"灵丹妙药"和催眠术的广告。李尔斯解释了18世纪、19世纪的商人怎样去卖狗皮膏药：商人们都大声呼叫"科技的力量啊"、"神奇的疗效啊"什么的。有一个1865年的避雷针广告，也很有意思，公司开发避雷针，它的广告词叫作："保证十年远离魔鬼——科学担保！"

其次，广告创造神话，是通过早期的一些物理、化学的方法带来的隐喻，包括生物的方法。目的是想告诉人们：你能够控制自己，并且能够改造自然，最后能够改造人。供妇女使用的美容护肤、清洁用品大都使用这种技巧。1911年在美国召开的第一次广告大会上，就宣扬这样的观点："广告不是去卖东西，而是帮助人们去买东西。"广告界普遍认为，公众的消费行为并非遵从理性，而是服从心理暗示。"广告将人们的信仰变成了一项资产"，它为少数人提供理性，而为大多数人提供非理性。

第三个叫作职业化的过程。随着资本主义生产与分工的不断细分，出现了一些所谓专业人士，包括医师、园艺师、药剂师这样一些专业人士，他们拥有的权力包括处方权、配置权、配方权。专业人士的存在，使得广告具有更多可信的成分。我们现在一些广告也是如法炮制，用专家、专业人士的话语来背书。

第四个就是所谓的完美主义。广告需要给大家营造一种追求自身的完美，身材苗条、使用化妆品、讲卫生、有教养等的客观氛围。比如在19世纪末期，发现了微生物细菌之后，广告就变成了"与你的身体做斗争"、"把病毒驱赶出去"等这样的话语。"必须使个体把自己当成物品，当成最美的物品，当成最珍贵的交换材料，以便使一种效益经济程式得以在与被解构了的身体、被解构了的性欲相适应的基础上建立起来。"（《丰裕的寓言》，第147页）

最后，还有一些逐渐外显为社会风尚、社会动员的广告，参与到国家宣传机器之中。比如一战时，有一些征兵广告，怎么样号召热血男儿参军保家卫国如此等。那么到了1940年的时候，又出现了一种新的广告形态，就是民意调查，通过民意统计数据反映社会的发展趋向，缔造未来发展的指路明灯。

以上种种，就是我们说的广告创造消费神话的过程。广告的神奇功效，看上去是塑造着消费社会的喧嚣。消费者似乎心里也十分明白这一点。但消费者不太明白的是，广告进入人的内心世界的深度，远比他们想象的深得多。广告，其实是在塑造着消费者这种身份，塑造着消费者这个物种。

透过广告这个载体，其实我们可以领略到消费运动在人们头脑中掀起的风暴。1909年智威汤逊广告公司（J.Walter Thompson）的手册中写道："广告是一场革命。广告的发展趋势，是推翻既定的理念，在读者头脑中掀起新的理念，诱使他去尝试从未做过的事情。"作为消费社会的一分子，我们不得不承认，迄今为止我们依然深陷广告文化的旋涡当中。笛卡尔主义大获全胜，他要求对科学的无限推崇，已经成为很难与之理论的通俗哲学。据此，你可以很好地理解，为何伴随达尔文主义兴起的，是优生学[1]？为何19世纪末期行为主义心理学大行其道？心理完美主义承诺的"治愈一切"的催眠术大行其道？你可以了解，为何卡内基的成功学背后是马斯洛的金字塔，是成为"超人"的男性启蒙主义？李尔斯指出："广告实质上是披着神秘化外衣的神秘化。"（《丰裕的寓言》，第141页）大众娱乐和群众熏陶，被广告文化巧妙地整合在了一起。更加激进的广告主，转而求助现代科技手段，大肆发展所谓的"读心术"，试图进入人的意识深层、驾驭人的意识深层。互联网时期的"病毒营销"、"潜意识营销"不正是如此吗？

透过广告这个载体，我们还可以看到"时间"这个潜在的消费品，有了独特的价值和意义。在原始社会中，时间只是日夜更替的自然景观。"在消费社会现实或幻象的大量财富中，时间占据着一种优先的地位。"（《丰裕的寓言》，第168页）雷明顿打字机的广告语明确指出："时间就是金钱！"休闲娱乐成为一项不可剥夺的权力，浮出水面。

在这里有两个人的理论需要特别关注，一个是鲍德里亚的消费社会，另一个是德波的景观社会。鲍德里亚讲符号消费，就是说消费品的消费价值已经超越了物的层面，进入了象征的层面。我们现在常说，要的不是这个东西，要的是这个劲，要的是这个味。劲、味，就是超越物的消费的符号。品牌是典型的消费符号。在互联网上，一个物品的消费，它的使用价值其实已经完全的空心化了，比

1　优生学就是专门研究人类遗传，改进人种的一门科学。19世纪中叶 C.R. 达尔文提出"物竞天择，适者生存"的进化学说后，人们很快就意识到人类本身作为生物之一，也同样通过长期的自然选择而逐步进化成现代人。考虑到现代人类文明（包括科学、技术、法律、宗教、伦理、道德等）对自然环境和生活方式的变革作用，于是产生了两种形似对立而实则互为补充的看法。一种看法认为人类文明可能会创造这样一种环境，在这种环境下不仅最适者能生存繁殖，就连本来不能存活或繁育的个体也能生存和繁殖后代，这就会导致不良的遗传结构在人群中的增加。另一种意见认为人类社会可以运用他的知识和才能比大自然更有效地和更成功地改进其后代的遗传素质。F. 高尔顿首先认识到这两种可能性。

方说虚拟货币，比方说第二人生里的林登币[1]。过去对于物的消费，主要体现在它的使用价值，也就是说它的功能。在符号消费之后，更多的是它的象征价值，比方说一些头衔、会员、俱乐部，这是消费社会的一个变化。

关于这个符号问题——为什么我说它很重要，就在于符号是可编码的，符号是一种脱离主体的文本。符号遮蔽了物的形态，成为象征。它可以编码，可以重构，可以混搭，在这种情况下，如果我们的消费中对物品的消费降到一个相当低的比重，更多的是符号消费的话，那么创造这种符号，就变得非常重要。它不是生产物品，它是创造新的符号。这种符号，跟刚才我们说消费社会的身份认同，是一种什么关系？这是互联网里面一个很重要的问题。简单说，互联网创造的消费环境与传统工业社会的消费环境，最大的不同在于消费方式发生了重大逆转。传统工业社会中，生产与消费的关系是"先生产后消费"；信息社会下这个关系转变为"边生产边消费"。工业社会中，生产与消费的关系是分离的；信息社会中，这一关系是"合一"的。

第二个，德波写的《景观社会》是说，我们看到的很多其实是一种视觉，我们看到的很多视觉的印象，都会认为它不仅仅是一种风景，而且它传递的是社会关系，就是它折射出来的是一种人与人的社会关系。它的放置、角度，都映射出一种以景观为中介的社会关系，并且更重要的是，我们自己置身其中。比如下之

1　第二人生（Second Life）是一个基于互联网的虚拟世界，在2006年末和2007年初由于主流新闻媒体的报道而受到广泛的关注。通过由林登（Linden）实验室开发的一个可下载的客户端程序，用户（在游戏里叫作"居民"）可以通过可运动的虚拟化身互相交互。这套程序还在一个通常的元宇宙的基础上提供了一个高层次的社交网络服务。居民们可以四处逛逛，会碰到其他的居民，社交，参加个人或集体活动，制造和相互交易虚拟财产和服务。第二人生作为虚拟世界之一，无疑受到了计算机朋克文学运动的启发，尤其是尼尔·斯蒂芬森的小说《雪崩》（Snow Crash）。林登实验室说他们的目标正是要创造一个像斯蒂芬森描述的元宇宙那样的世界。在这个世界里，人们可以自己定义与别人交互、玩耍、做买卖、交流的独特的方式。第二人生的虚拟货币叫作林登币（Linden Dollar, or L$）。你可以在由居民组成的专门市场、林登实验室和一些实体公司把它兑换成美元。

琳[1]的《断章》：你站在桥上看风景，看风景的人在楼上看你。明月装饰了你的窗子，你装饰了别人的梦。在互联社会下，彼此"互为景观"可能成为常态，这一点需要深入领会。

1　卞之琳（1910—2000），生于江苏海门汤门镇，祖籍江苏溧水，曾用笔名季陵，诗人（"汉园三诗人"之一）、文学评论家、翻译家。抗战期间在各地任教，曾是徐志摩的学生。为中国的文化教育事业做了很大贡献。《断章》是他不朽的代表作。对莎士比亚很有研究，西语教授，并且在现代诗坛上做出了重要贡献。被公认为新文化运动中重要的诗歌流派"新月派"的代表诗人。

4 后消费时代意味着什么？

刚才大家简略感受了一下消费社会兴起的过程中，生产和消费是什么关系，以及符号消费、景观社会的概念。谈过这个之后，我们要看看丰裕时代，消费所带来的持续的、巨大的焦虑是怎样体现的。

这里我推荐几本书，通过这几本书来引出一些概念。一个是鲍曼的《工作、消费、新穷人》。鲍曼是英语世界的后现代学者。我们知道，后现代学者的主力军来自法国，鲍曼是少有的英语世界的后现代学者。他的《现代性与大屠杀》，深刻揭示了现代性思潮的逻各斯中心主义，如何与集权主义，甚至法西斯主义结为同盟。

这本书是鲍曼2001年的作品。他分析了消费社会环境下，工作伦理发生的巨大变化。鲍曼认为，工作伦理已经由韦伯笔下勤勉的新教伦理，转变为消费伦理。对老派的产业工人而言，辛勤劳作之余，仍有这样的信念："工作着是美丽的"、"为生存而工作"。现在这种信条已不复存在。还有，并不存在所谓理想的消费自由，消费其实不自由。鲍曼发现，过去的穷人惧怕失业，今天的新穷人则是惧怕丧失消费能力；更有甚者，惧怕丧失消费欲望，惧怕与这个消费社会脱节。人的存在的意义和价值，全然是消费所赋予的，"我买故我在"。

鲍曼"新穷人"的判断，与北大教授郑也夫写的《后物欲时代》，以及日本学者三浦展写的《下流社会》异曲同工。后物欲时代，指的是"厌消费思潮"；"下流社会"中的"下流"不是龌龊的意思，而是指自愿降低自己的消费意愿，或者对消费意愿表现迟钝、茫然，但不愿意卷入那种过度喧嚣的"甜腻腻"的消费循环。

所以"新穷人"、"厌消费"，值得大家关注，它不是指物质上的匮乏，也不是指没有支付能力，它是指丧失了消费的意愿，这是一个很大的问题。在我们被绚丽的消费符号包裹的世界之中，在商品繁荣、营养过剩、符号过剩的时代，多样的选择反而让消费丧失了选择能力，丧失了评判能力，更重要的是丧失了消费的胃口，或者说，很快达到消费饱和的状态，甚至倒了胃口。

《下流社会》是三浦展在2005年写的书，在日本一出版就是畅销书，印了上百万册。书中，他分析日本的男性已经变成所谓的"3P人"，即电脑（Personal Computer）、手机（Pager）和游戏机（Play Station）。跟互联网结合之后，这种"3P人"就更加如鱼得水了。他们整日沉浸在连线的世界，慵懒地蜷缩在沙发里甚至被窝里，在虚拟世界漫无边际地流窜，消耗着体能和眼球，他们没有特定的目光聚焦，短暂的惊喜往往转瞬即逝；他们煲电话粥，玩游戏，看大片，吐槽，既不兴奋也不厌倦。用国内的语言说，这叫"宅"。宅人的生活简单而富足。他们看这个世界的眼睛是眯缝着的。这种行为让商家难以释怀。一些文化学者将此解读为"浅薄"，这在过去是一种需要升华和克服的惰性或者病态。但在三浦展的观察中，这种行为变成了常态。"3P人"沉醉于这种"井底之蛙"的状态，他们不反驳，不生气，不介意。他们自己的称谓更加直白而率真。傻瓜和傻瓜之间，乐意接受这种"无痛的交往"、"无痛的彼此消费"、"无痛的互为景观"。他们拒绝一切标签，不接受分析和解剖，厌恶任何牛角尖认死理。他们无论口味轻重但绝不死缠烂打。

这似乎是在无意中营造了一种弥散着的傻瓜的围墙。在互联网上，它清澈透明，但你却很难穿透这个围墙——假如你不是他们中的一员，假如你要"装逼"，假如你试图唤醒、批评他们，他们也不反击，只是"嚯嚯"一声闪去。尼古拉斯·卡尔[1]有本书叫《浅薄》，忧虑于互联网怎么样毒化了人们的大脑，让人们一

1　尼古拉斯·卡尔（Nicholas G. Carr，1959—　　），毕业于哈佛大学，是美国知名作家兼

方面客观上没有时间和精力去把它深入地往下钻，但另外一方面觉得这种无痛的方式非常的惬意。

还有本书，是布鲁克斯上世纪九十年代写的《天堂中的波波族》[1]。波波族，是布尔乔亚 – 波西米亚的音译。布尔乔亚，说的是小资情调；波西米亚，也叫吉卜赛人，它是流动的民族，能歌善舞的民族，也是粗犷豪放的民族。波波族是讲，这种高学历的高收入的小资情调的人，整日居无定所，飞来飞去，是全球"飞客"。按传统眼光他们是精英、成功人士，他们当然有消费能力，也不缺乏对口味、情调的挑剔眼光。但他们跟前面鲍曼所说的新穷人一样，也丧失了消费的意愿，同时拒绝所谓的奢侈品，反对炫耀，反物质主义。他们对人造景观深感厌恶，不喜欢过分张扬的、躁动和喧嚣的消费感受。他们偏爱手工制品，更赞赏精细的做工，喜欢那种经过粗粝的手搓磨、缀补、敲打、拿捏的物件，经过自然染色、风干、贮藏等工艺，哪怕有一点点瑕疵，也是浑然天成的。

对这些人来讲，替代品就是游戏，就是《下流社会》说的沉迷于游戏的人。他们乐于接受挑战的快乐，但拒绝算计的劳神。他们的生活宣言叫作追求自由挑战、自我实现，但更重要的是心灵的满足。郑也夫教授曾说过，在后物欲时代，我们忽然明白了这是一种表面的繁荣，是一种空洞的繁荣，但是我们无力反抗，我们已经丧失反抗能力，或者说更重要的是我们丧失了反抗的必要和反抗的意愿。那些灯红酒绿突然变得荒诞不经，甚至连说它是怪兽都是夸奖它了。波德莱尔曾将巴黎的繁华街头，讽刺为"恶之花"。今天的波波族们，压根儿就不理睬这些个问题——不是说波波族们忽然变得开明起来，宽容起来，而是这些个问题

思想家，专门研究战略、创新和技术。他于1997—2003年任《哈佛商业评论》执行主编。2004年因在《哈佛商业评论》上发表"IT不再重要"一文，备受关注并引发争议。著作中文版《IT不再重要》（2008）、《浅薄：互联网如何毒化了我们的大脑》（2010），由中信出版社出版。

1 BoBo族（BoBos），也有人翻译为"波波族"、"布波族"。BoBos一词源于美国一名编辑戴维·布鲁克斯（David Brooks）根据其观察所得而写成的 *BoBos in Paradise* 一书中 Bourgeois（布尔乔亚）及 Bohemian（波西米亚）两词的缩合。

压根儿就不入他们的眼了。

消费社会发展到现在这个阶段，在追求者、满足者、惬意者、狡黠者、批判者、拯救者等，各色人等的参与之下，已经成为一锅大酱汤——它已经完全能消化任何赋予它的标签图注，但它依然是它自己。我们突然面临一个叫作"不存在问题，没有问题"的情状。对此，你无言以说。更重要的是，你不想说，你的脑海在一触碰到诸如此类的问题之后，就会本能地停顿、滑开去。所谓"焦虑"，也只有字面意义。你不觉得是这样。我们忽然觉得已经没有窥视、回答任何问题的意愿。我们懒得回答任何问题，甚至也不提出任何问题。

我立刻需要声明的是，大家千万别误会我在形容消费社会"行将就木"，它已成为僵尸了。恰恰相反。它已经赢了。消费社会不是理念，而是生活方式。它不但赢了，而且游戏结束了。我们已经完全身处其中，既怡然又自得。

我甚至觉得还可以插入一点材料，说明消费社会其实已经发展到令你瞠目结舌的地步，只是由于技术的原因，这种境地的消费社会尚未大张旗鼓流行开来。这就是"潜意识营销"。

1973年，美国传播学博士威尔逊·布赖恩·基（Wilson Bryan Key），出版了一本书，名字叫《诱惑向潜意识进发》。作者认为，营销已经越过了人的意识，进入了潜意识层面。比如在美国五六十年代大行其道的"心灵暗示"营销技巧，在电影或者音乐中，不断插入某个短暂的，据说能影响脑部阿尔法波[1]的信息，这部分信息耳朵听不到，但大脑能捕捉得到，让你下意识对某类商品产生消费的

1　人体大脑的四种脑波，分别为：α 波（alpha，8—14赫兹）；β 波（beta，14—40赫兹）；δ 波（delta，0.4—4.8赫兹）；θ 波（theta，4.8—8赫兹）。这四种脑波构成大脑的脑电图（EEG）。当脑波呈现 α 波时，人进入右脑活动状态，潜意识活动掩盖了意识活动，清醒放松，注意力集中，思维敏捷，大脑接收传递资讯加快，工作学习效率提高，免疫力增强，有创意，情绪稳定。当脑波呈现 β 波时，人进入左脑活动状态，意识活动掩盖了潜意识活动，精神紧张，注意力分散，工作效率低下，容易疲劳，不利于延年益寿。当脑波呈现 θ 波时，人处于浅睡或半梦半醒之间，无意识活动增强，可接受暗示语。当脑波呈现 δ 波时，人处于深度睡眠状态，脑活动无任何信息反馈。

欲望，比如爆米花、啤酒、可乐一类。

最近几年，此类"潜意识营销"的理论随着"脑神经网络"的研究，已经热火朝天地复活了。科学家们试图通过捕捉人的脑波扫描图像，直接识别出你的情绪感应图像——干预你的情绪，你也就自然地成为商人盯上的目标了。

这个问题还可以继续深究。不过下一步我想先花点时间，跳出这个话题，聊聊互联网到底对未来的消费社会，会有何"贡献"？或者说呢，未来社会的消费形态又会发生什么样的变化？在这个地方，我想只能提出一点点我自己的猜测。

第一个思考是，以往生产者—消费者的"两分法"需要彻底反思。打个比方说电子商务，1998年出现的时候，很多人为之兴奋，认为商机无限。但后来的发展证明，当时对电子商务的期望值不但过高，而且误解很深。当时的电子商务，只是延续和更改了传统的生产模式，只是为劳动生产率的提高、交易的便捷、生产方式的变革提供了很大方便。打个比方说，它只是引发了物理变化，而不是化学变化、生物变化。物理变化，就是只解决渠道扁平化的问题，改善物流。第一波电子商务的作用基本如此。它还没有触及资本主义生产方式的根本，更别说消费方式了。

Web 2.0之后，情况不一样了。出现了众包、消费者主权、用户生成内容、长尾模式、团购，消费者和生产者的关系发生了很大的变化。如果说过去的关系是"先生产后消费"，信息社会下的关系则是"边生产边消费"。这里我推荐大家去看托夫勒《财富的革命》这本书。这是托夫勒2006年出版的著作。与他在前三十年出版的《第三次浪潮》、《权力的转移》、《未来的冲击》相比，这本书我认为是对信息经济、知识经济中，生产关系的彻底颠覆。

其实，消费者这个术语，你不觉得诡异吗？干嘛把你我他，叫作消费者？还有一个诡异的词，叫受众。每当我听到这个词，就会想起电视时代，一幅著名的漫画：一个蹲在电视前的猴子。对于电视节目编导、制播机构、广告主来说，受众就是面对电视的"猴子"，仅此而已。

托夫勒生造了一个词，叫作prosumer，中文翻译成"生产消费者"，或者"产消合一"。我觉得这是个蕴含丰富的词汇。它不单是字面所说，生产者与消费者的融合、角色互嵌，它提出了更深的问题：生产和消费的目的与意义。传统生产观念和消费伦理，由于前后相继的关系，使得消费的价值和意义，需要通过价格中介、支付手段才能揭示出来（其实是遮蔽掉）。意义和价值是预装在商品里的，是商品的组成部分，与商品的材料、包装、品牌等结合在一起。待消费的商品，伴随着封装在一起的价值和意义，静静地躺在货柜上，等待消费者将其买走。

在产消合一的状态下，价值和意义已经无法预制、灌装了，价值和意义更不能预先存储。价值和意义需要生产者与消费者的交互、融合才能真正完成。这是一个巨大的跨越。我还很难说清楚它的全部，大家都在探讨，我觉得值得引起重视。

第二个思考是，如果我们把前面的消费都叫作伪消费社会的话，真正的"消费社会"会是什么样子？所谓伪消费社会，我指的就是眼下这个发育、成长了两百年的消费社会，它的核心特征是消费者被深度操控，它是过度营销、浪费、奢华与炫耀共存的扭曲的消费社会。未来的消费社会可能是什么样子？我推荐大家看一下桑内特《公共人的陷落》这本书的最后一章，写得非常精彩。他刻画了未来亲密社会的情景。

这种亲密的意识形态不是跟熟人的，而是跟陌生人的。关注陌生人，以及陌生人之间的邂逅、偶遇，这是未来互联网非常重要的一个话题。在移动互联网、社交网络大发展的今天，有学者在解释社交网络时认为，它只是在把我们传统的熟人社会的边界向外扩展，让熟人变得更熟，让生人转化为熟人。我认为这恰恰是误读了互联网社交网络的实质，互联网的社交网络恰恰是让陌生人如何建立：第一信任，第二亲密感。

首先说，人在动物性和社会性之外将会因为插入了机器，从而自身就显现出多重性。在赛博空间里，你的多个化身、多重身份，将不仅是你这个所谓主体（我很讨厌这个词，聊以用之）的别称、符号，而是与你的肉身并存的多重主体。这会引爆什么？你不但遭遇着另外的所谓主体，另外的肉身，你更可能遭遇你自己的化身，另一个，或者另几个"你"。这时候你是谁？谁是你？

我们的人际交往、群体接触或者社会性的活动，往往将每个个体视为完整的、独立的存在。互联网深度发展下，这个假设可能站不住脚了。如同理论物理学兴奋地谈论"多重宇宙[1]"一样，时空观发生了巨大的转变，时空不再只是共通的尺度，而是完全异质性的。这时候，我说你可能有"八条命"了。

多重主体之下，你的偶遇和邂逅，就不仅是跟另一个你之外的完整个体，而且是跟不同的异质性的数字个体的存在遭遇，甚至这个数字个体是你的某个侧面、某种投影。这时候我们就看一件事，信任是什么？如何建立所谓的信任？

信任，朴素的理解是依赖性。无论是血缘、亲缘还是利益纽带，使人们产生信任，根本上指的是彼此的依赖性。信任，其实是确定性的产物。人依靠信任来减少不确定性。过去我们说建立信任，它是在时间层面展开的，通过多次重复博弈才能建立信任，俗话说"日久见人心"就是这个意思。氏族社会，或者小农经济社会，它就方圆几公里或者十几公里，它建立信任的前提，就是人头彼此都认识，非常熟悉，大家之所以彼此信任，是建立在多少代、多少次对背叛的惩罚之上。这种惩罚将使个体丧失在群体中存在的地位和可能。

但是在互联网上，一个个体将会天然面对无数的陌生人，会天然跟无数的陌生人邂逅、偶遇。如果这种偶遇变成常态，如果信任还得仰仗"多次重复博弈"才能建立，那这个新型社会是极其低效率的。那么，我们能否一次就建立信任，这就是个很大的问题。所以我说亲密意识形态就显得非常可贵。桑内特的书里有这么一句话，叫作"文明以避免自我成为他人的负担为目标"，这句话很有禅意。刚才我们说，传统对信任的朴素理解是"依赖性"，"对确定性的强化"。这是从狩猎时代、农耕时代、机器时代一路传承下来的文化基因。这个基因的情感基础

1　平行宇宙（Multiverse, Parallel Universes），或者叫多重宇宙论，指的是一种在物理学里尚未被证实的理论。根据这种理论，在人类的宇宙之外，很可能还存在着其他的宇宙，而这些宇宙是宇宙的可能状态的一种反应，这些宇宙可能其基本物理常数和人类所认知的宇宙相同，也可能不同。1957年美国普林斯顿大学的休·埃弗莱特三世（Hugh Everett III）最早提出多世界理论。

是"对确定性的迷恋"。信任就建立在"强化确定性"的基础之上。无论血缘、亲缘、地缘，还是现代社会的政治同盟、商业伙伴和志同道合的朋友关系，都试图通过相互协作、同心协力来获得"战胜不确定性"、"抵御风险"的好处。信任，于是成为这样一种彼此表达忠贞的内在需求，时时规训着人的行为，并对背叛做出惩戒。

桑内特的这本书中还有这样一句话，"从戏剧到游戏"。资本主义工业时期的消费文化，本质上就是一种戏剧文化，表演文化。戈夫曼也是这个观点，他有本书叫《日常生活中的自我呈现》，讲的就是在工业社会消费里面，我们不得不假装，不得不假扮他人，而且假扮自我。工业时代的消费逻辑就是假装，假装＋忽悠。那么在互联网时代的消费逻辑是什么呢，桑内特提到"游戏"，我觉得游戏是需要很好参悟的一个视角。

传统的游戏有两个功能：一个是嬉戏，放松，娱乐；另一个就是代用品功能。游戏创造一个仿真世界，让游戏者在较为安全的环境下自由释放、宣泄。但按照桑内特的说法，游戏又有了更多的色彩：当下的色彩。所谓"当下"，即是阻断了与过去和未来的联系，不纠结于过往"未实现"的缺憾和将来的无限可能，不将当下作为"追偿"过往的救赎，也不作为预设未来的铺垫。快感是瞬间即逝的。人需要学会自我疗伤，但又不能沉溺于此。这种当下的感觉是什么？或许只能说：是一切，又什么都不是。

最后我们把这一讲的内容小结一下。

这一讲我们主要谈的是消费社会转型。还是先来强调一下，为啥要找这个角度来看互联网？我的想法是，互联网脱胎于工业时代，这在发展阶段上是事实，有先后相继的关系。但互联网又在承继工业时代基因的同时，在哪些方面将批判的锋芒对准了自身的"母体"？为了看清这个问题，我们必须深入探究这个令人"久居其间"的消费社会。我们需要看看，资本主义从生产型社会向消费型社会转变的过程中，隐含了哪些根本性的假设？

通过"消费社会的兴起"、"消费者身份的塑造"、"广告的功能和作用"等，我们看到这个假设就是：用丰裕佐证社会的进步，用消费神话塑造"完美的人"。

传统消费社会，是基于物品的消费，我们已经大致了解了。从生产到消费，从基于物的消费到基于符号的消费，从占有式的消费到炫耀式的消费，从追求个人自我实现到追求社会认同身份的确认，这是传统消费社会的演进脉络。可以说，这是一个比较完整的线条。但消费社会的演进并没有最后终止。新的技术诞生了，新的社会形态也在酝酿之中。所以我们要问，在互联网催生之下，这种新的消费形态、新的消费关系之下，到底什么是消费呢？未来我们将消费什么？什么是我们值得消费的东西？或者如果未来我们仍然要面临一个继续表演、深度营销、假装的消费社会的话，未来将逼着我们如何假装？你的化身是什么？

这一讲的主题，是想揭示这样一种焦虑。这种焦虑在厌消费社会、后物欲时代、下流社会已经显露苗头了。这种迷茫、颓废的意识形态到底哪些是真的，哪些不是真的？它会持续多久？接续而来的还有什么？

1913年，有一部丹麦导演斯特伦·赖伊（Stellan Rye）拍摄的无声电影，叫《布拉格的大学生》，讲述的是大学生巴尔德温在布拉格城郊的一个咖啡馆聚会偶遇贵妇人并一见钟情之后，与镜子里的自我展开搏斗的心理过程。我觉得它特别具有隐喻的价值，跟歌德[1]写的《浮士德》非常像。简单说就是，一个人拿自己的灵魂做交换，换得他的自由。当他最终实现了他的商业梦想、事业梦想、仕途梦想、爱情梦想之后，突然发现灵魂已经离他远去。这个电影跟《浮士德》是一脉相承的。

1　歌德（Johann Wolfgang von Goethe, 1749—1832），出生于德国法兰克福，戏剧家、诗人、自然科学家、文艺理论家和政治人物，是魏玛的古典主义最著名的代表；而作为戏剧、诗歌和散文作品的创作者，他是最伟大的德国作家，也是世界文学领域最出类拔萃的光辉人物之一。

在资本主义发育到消费社会阶段的时候，作为消费者自己的"他"也被卷入消费的过程。他被拆解成一个符号和另一个符号，并与这些符号"玩耍"。李尔斯问道，生产的神话是进步和繁荣，那么消费的神话是什么呢？消费的神话就内嵌在消费当中，我们却往往不解其意，不知其味。消费的真实，就仅仅是"正在消费"，更加窘迫的是，对消费的批判，一再地被消费本身所消解，成为消费文化的组成部分。"如果说消费社会再也不生产神话了，那是因为它便是它自身的神话。"

我们深入探究"消费社会"的真相，目的是想带领大家进入消费社会的"假设系统"。这个假设系统就是达尔文主义、进步主义、理性主义。失去上帝眷顾的基督徒们，为了减轻负罪的躯身，为了博得上帝再次眷顾的光荣与梦想，还为了透过财富和奋斗的名义，成就上帝选民的荣耀，他们必须得出这样的公式："丰盛即进步，进步即民主"。他们必须"既希望抛开上帝，又渴望得到天启。"（《丰裕的寓言》，第36页）

所以我想说，在我们今天对丰盛的社会见怪不怪，并且预料会遭遇更丰盛的社会的时候，我们要清醒地意识到这一点：即我们到底是彻底迷失呢，还是有可能一些东西在我们心中复活？但要注意的是，即便我们会倾向于某种东西"复活"，也一定不是复活到过去那种物欲时代，而是可能要返璞归真，要超越文艺复兴之前的那种状态，比方说有人就讲，互联网可能让宗教复兴，活的互联网可以让人的精神世界得到第三次的解放，这个解放就是让精神分裂症不再是一种病症，这些话题我们下次课找机会展开说。

第四讲

社会系统的重塑

大家知道今天[1]是什么日子吗？今天是孔子的诞辰日。据考证，公元前551年9月28日孔子诞生。能考证出这么具体的年头来，还真不容易。

我们还是先简单回顾一下前面所讲的内容。孔夫子不是说，温故而知新嘛。互联网有这么个特点：常想常新。一些说法、故事，放在新的语境下重新审视，就好比手头把玩的小物件，每次都会有新的感觉。

第二讲到第四讲是一个完整的单元。这个单元主要目的是从技术、经济和社会的角度，完整地看看大尺度的互联网，扎根在何种土壤之中。之所以选择这三个角度，主要是想审视一下，互联网脱胎于工业时代，到底继承了哪些思想，又对哪些思想做出了彻底的颠覆？

从技术的角度，我们看到了与电子技术同时爆发的后现代思潮，对现代性的反思；从经济的角度，我们看到了工业时代从生产到消费，消费社会如何进入了高级阶段。这一讲，我们换一个角度，来看社会是怎么构建的。

社会构建这一术语，其实有很强的"现代性"色彩，它说的是社会如何从杂乱无章的状态中获得秩序。这里勉强使用这个术语，但着力于观察，包括社会学家们、历史学家们在内的学者们，是如何描绘社会形态、社会组织，以及将社会凝结在一起的驱动力的。

比如"社会系统理论"，是一个社会管理学的流派，创始人是切斯特·巴纳德[2]。巴纳德把组织定义为"两个或两个以上的人，有意识地加以协调的活动或效力的系统"。这个定义适用于军事的、宗教的、学术性的、工商业的、互助会的各种类型的组织。这个定义一看就受现代系统科学影响很深。

哈贝马斯把人与自然分为两个世界，一个是生活世界，另一个是所谓的系统世界；哈贝马斯认为生活世界受到系统世界的"殖民化"。马克思也把社会结构分为两个部分——经济基础和上层建筑，经济基础又叫底层结构或下层结构，马

1　第四讲的开讲日，是2011年9月28日。

2　切斯特·巴纳德（Chester I. Barnard, 1886—1961），系统组织理论创始人，现代管理理论中社会系统学派的创始人。

克思这种分法有点结构主义的味道。德国社会学家卢曼[1]，在1984年出版的《社会系统》中提出，社会系统包括两个系统，一个是"互动系统"，即个体在场感知；另一个是"组织系统"，协调个体的动机、偏好，组织目标之间的行为。

传统的社会构建、重构，主要想说的是，如果把社会比方成一座城市的话，城市是怎么从废墟中破土而出的？这里要提醒大家，当你希望看看社会系统是怎么"破土而出"的时候，你一定要带有一点批判的眼光。社会系统并不是像盖大楼一样盖出来的，它更多的是"长"出来的，它不是有图纸、有规划、有拆迁、有重建这样的一个物理过程。这时候要用有机体的概念，它是生长出来的，像一个生物的、有生命的过程。或者你应该怀着一颗生命之心来看社会的构建、破碎、再构建这样一个过程。

所以这一讲的意图，主要是想围绕现代性、后现代性这两种力量的交织、博弈，看看它们怎么样让社会系统的形态、价值观、理念以及生活方式发生变化。

通过这三讲，从技术、商业、社会的角度来看，互联网如果是一棵大树的话，我们想看到它的根系是怎么样发达起来的，想看它是植根于什么样的土壤。这棵树枝繁叶茂、生机盎然，但我们现在还没有爬到树上，也不是远离十丈开外给树照一个全景图。我们没有这么看，我们看的是树干以下的树根部分，我们想看互联网这棵大树是在怎样的土壤中以怎样的方式长出来的。

依惯例，还是先简单回顾一下前一讲。上次课我们主要讲了消费社会的兴起，或者说消费社会的转型。关于消费社会，即便你不去深入了解理论，也会有切实的感受，因为我们每个人都有一个基本的身份，就是消费者。但是在扮演这个基本身份的同时，你会感觉到，消费者这个身份让你有一种焦灼感。一方面它是指某种欲望，比如用马斯洛[2]的需求三角形看，你有衣食住行这样一些基本的

1　卢曼（Niklas Luhmann，1927—1998），德国社会学家。

2　亚伯拉罕·哈洛德·马斯洛（Abraham Harold Maslow，1908—1970），美国社会心理学

需要，这是作为生物的、动物的生命延续、存在的基本需要。但另一方面，你有很多的压力。这种压力其实是"不满足感"。这种不满足感，有时候并非是纯粹因为物的匮乏，而是更深的贪婪。我们会热衷品牌、名牌；它不仅是品质的保证，而且是身份的象征。我们现在很多的消费行为，我们自己能体会到它已经不是物的消费，而是符号的消费，而这种符号很多时候是一种文化符号。

人的消费行为，是如何从基本的满足，从关于物品的消费，转向了关于符号的消费？如果你开始思考这个问题了，就说明你不单纯是消费者，而是思考者了。这门课的目的就是如此，就是想把你引入一种思考的状态。

我们其实有很多非物质形态的消费认知和体验。这其实已经是成熟的消费社会的标配。我们体验着品牌、时尚、奢侈品所代表的一种身份、地位的象征。再往后，甚至还能体验到那种符号消费。它不完全附着于或者说投射于某一个具体的商品，它可能也不附着于或者说投射于某一个具体的商品的符号，它完全是一种精神世界的东西，比方歌剧、喜剧这样的事情，它通过艺术的形式给你提供消费品。比方媒体传播的产品，也是一种符号性的消费品，在互联网领域里典型的就是游戏这样的东西，它给你提供一种虚拟场景的消费，这种消费直接给你带来快感和体验，甚至让你上瘾。可以说，我们生活在一个已经被物、被符号包裹着的社会。

上节课主要讲了这种消费社会是怎么变迁来的？它怎么从一个生产型的社会转向一个消费型的社会？要了解这个历程，就得把眼光放到15、16世纪，要从大航海时代开始。现代消费社会的根子，它的大背景就是大航海、大迁徙和大批量生产。从手工业、农业的社会形态，逐步解放生产力，从乡村社会转向城市，从熟人社会转向陌生人的社会，从私人空间转入公共空间的构建，这是大的背景。

从生产到消费，商品就有了它的双重含义，除了商品的使用价值、消费价值，除了物的消耗之外，商品具有了一种文化载体的含义。所以从生产到消费，

家，人格理论家，人本主义心理学的主要发起者。马斯洛对人的动机持整体的看法，他的动机理论被称为"需要层次论"。1968年当选为美国心理学会主席。

这是我们现时代所经历的巨大的拐点，千万不要以为互联网只是在消费社会的语境下诞生的。互联网的根系，很可能要延续到生产时代，甚至延伸得更广。我觉得思考互联网的根系，至少要把它前推到笛卡尔的时代，这样我们才能看清楚社会形态变迁的基本脉络。

什么时候大工业生产或者说消费时代开始了呢？是福特时代，福特时代有两个象征物，一个叫作流水线，即福特流水线；第二个叫作涨工资，涨工资不光是为了生产，还要让人买得起，消费得起。在这种情况下，福特主义的典型就是标准化生产、流程化生产、行政命令、科层组织，包括科学管理，这里面泰勒发挥了很大作用。他发明了计时工资制，发明了动作分析，并且泰勒的哲学人们认为是现代商业的基础。这个被黄仁宇概括为"靠数字管理"。黄仁宇认为中国为什么没有进入资本主义就是因为中国缺乏靠数字管理的基础结构。

第二方面，我们换一个角度看广告。其实广告、传播是一个烙饼的两个面，它是伴随着读写的大众化兴起的。谷登堡印刷术，让很多人看得起书了，学校教育得以大规模扩张，报纸和杂志大行其道。在这种情况下，广告随着商业的发展充斥于媒体版面和大街小巷。广告一方面刺激人们的消费需求，再后来它不但要刺激需求，还要创造需求，更进一步说，还要控制需求。直到今天，我们仍然生活在一个广告无所不在的世界里。

我们谈到了鲍德里亚的符号社会和消费社会。一方面，消费社会日益从物的形态向符号的形态转变；另一方面，我们了解了消费观念如何从占有到呈现、到炫耀身份这样的一种转变。

广告时代、消费时代营造了一种丰盛的景象，这种现象催生内在的焦虑，我们可以从比方说日本三浦展的《下流社会》，比方说波波族，还有北大郑也夫教授提出的"后物欲时代"等中，看到这种焦虑。所以消费社会是我们此在的社会形态。在这种背景下，我们考察互联网到底扮演一个什么样的角色？它到底是延续还是颠覆传统的消费社会？它如何重构消费社会？这些问题我们可以从电子商务的兴起来考察。

最近几年，电子商务又出现了第二波的热潮，这个热潮的特点是平台化、社交网络化和移动化。这股热潮会不会对消费社会带来真正革命意义上的变化？要给出一个答案恐怕不切实际，但是我们需要学会以什么样的方式来思考这个问题。过去我们说电子商务只是加速了交易的效率，无论是企业对企业（B2B）、顾客对企业（C2B）、顾客对顾客（C2C）这样的东西只是加速了效率，提高了信息的透明度，提高了信息弥散的速度。

现在看起来，脱胎于工业时代的互联网，还只是一场速度革命，跟工业时代的大飞轮、马达、轰鸣声那种速度革命没有什么实质的不同。那互联网如何重构消费社会呢？显然不能指望依靠速度革命带来惊人的变化，它的惊人变化一定是在另外一个方向上展开。另外一个方向，我有一次在阿里巴巴的演讲中，把这个变化概括成"从交易到交往"。其实这场革命的理论已经准备好了，就是我们前面课上提到的小世界模型、无标度网络、六度分割、社交网络，它们已经准备好了。无非用格兰诺维特的语言来说，就是经济结构嵌入到社会结构中，也就是如何实现从交易到交往的跃迁。从交易到交往的跃迁，本质特征会发生什么变化？这是我们想从社会构建中看到的问题。

1 从假设系统看问题

下面我列了六段话，大家分别说说，这都是谁的话或者出自哪部作品？

"人是万物的尺度"

"人是一件多么了不起的杰作！多么高贵的理性！多么伟大的力量！多么文雅的举止！行动多么像天使！智慧多么像一个天神！宇宙的精华！万物的灵长！"

"人是自然的主人和占有者。"

"嗨！行动吧！说话是无用的！"

"从来的哲学家只有各式各样地说明世界，从现在起重要的乃在于改造世界。"

"让敌人肮脏的血，浇灌我们的田畦！"

第一句话，是古希腊哲学家普罗泰戈拉[1]的名言。第二句话，来自大文豪莎士比亚的《哈姆雷特》。第三句话是笛卡尔的言论。第四句话，引自歌德《浮士德》里，主人公浮士德博士的一句台词。第五句话是马克思说的。最后一句，是法国国歌《马赛曲》[2]中的一句歌词。

1　普罗泰戈拉（Protagoras，约公元前490或480—前420或410），公元前5世纪古希腊哲学家，智者派的主要代表人物。一生旅居各地，收徒传授修辞和论辩知识，是当时最受人尊敬的"智者"。

2　法国国歌，又译《马赛进行曲》，原名《莱茵军团战歌》（ *Chant de guerre de l'Armée du*

除了第一句外，其他五句都缘自文艺复兴以后。这些话语给出了一幅气势磅礴的画面，你可以借助这些话语，领略一下什么叫作"人的解放"这个主题。有这样一幅著名的油画，是法国浪漫主义画家欧仁·德拉克罗瓦为纪念1830年法国七月革命的作品，叫作《自由引导人民》。画中的自由女神戴着象征自由的弗里吉亚帽，胸部裸露，右手挥舞象征法国大革命的红白蓝三色旗，左手拿着带刺刀的火枪，号召身后的人民起来革命。

描绘文艺复兴以来西方思想五百年演变史的文本，可谓汗牛充栋。如果用一句话来说，我觉得文艺复兴是"人与神"关系的分水岭。文艺复兴奠定了人的解放，启蒙运动确立了科学的理性精神，资本主义工业革命开启了现代性的历史进程。人，从神权和君权的桎梏中解放了出来。这种解放给出的，是何种景象呢？我们先选三部大家都熟悉的作品来看看。一部是巴尔扎克的《欧也妮·葛朗台》，一部是卡夫卡[1]的《变形记》，还有一部是卓别林的电影《摩登时代》。

《欧也妮·葛朗台》描绘了一个吝啬鬼、守财奴的故事。葛朗台是四大吝啬鬼之一（其他三人分别是莎士比亚《威尼斯商人》中的夏洛克；莫里哀[2]《悭吝人》中的阿巴贡；果戈里《死魂灵》中的泼留希金）。葛朗台家里常年不买蔬菜和肉，

Rhin），词曲皆由克洛德·约瑟夫·鲁日·德·李尔在1792年4月25日晚作于当时斯特拉斯堡市长德特里希家中。1795年7月14日法国督政府宣布定此曲为国歌。1879年、1946年以及1958年通过的三部共和国宪法皆定马赛曲为共和国国歌。

1 弗朗茨·卡夫卡（Franz Kafka，1883—1924），20世纪奥地利德语小说家，犹太人。在逝世后，文章才得到比较强烈的回响。文笔明净而想象奇诡，常采用寓言体，背后的寓意见仁见智，暂无（或永无）定论。别开生面的手法，令20世纪各个写作流派纷纷追认其为先驱。

2 莫里哀（Molière，1622—1673），法国喜剧作家、演员、戏剧活动家，法国芭蕾舞喜剧创始人，也被认为是西方文学中最伟大的几位喜剧作家中的一位。他的喜剧在种类和样式上都比较多样化。他的喜剧含有闹剧成分，在风趣、粗犷之中表现出严肃的态度。他主张作品要自然、合理，强调以社会效果进行评价。他的作品对欧洲喜剧艺术的发展有深远影响。在法国，他代表着"法兰西精神"。其作品已被译成几乎所有的重要语言，是世界各国舞台上经常演出的剧目。

寒冬腊月舍不得生火取暖；为节省开支，每日定量给家人发放食物、蜡烛。临死，让女儿把黄金摆在桌子上看，"这样叫我心里好暖和。"我记得非常清楚的是，葛朗台老头临死的时候，一把抓住神父脖子里的金十字架——这一动作将他一生爱财、守财的形象，表达得淋漓尽致。他给女儿讲过这么一句话："一切照顾得好好地，到了那边向我们交账。"葛朗台倒不是一个所谓小农社会的守财奴形象，他其实是一个受惠于工业时代、商业文明这种圈地式、掠夺式的暴发户的形象，他的财富观就是他的人生观，他坚信勤勉创富并节俭守财，是上帝赋予他的使命。

还别说，这还真是一种解放。要知道，深受中世纪教会奴役之苦的人们，谨小慎微、节衣缩食、苦苦期盼着的，不就是这种腰缠万贯、锦衣佳馔的生活吗！葛朗台认为自己克勤克俭，珍爱财富，对自己对家人悭吝刻薄，还不就是想直立着腰板，在世上走一遭吗！

卡夫卡的《变形记》则用荒诞的手法讲人。小职员萨姆沙是家庭的顶梁柱，某日竟然变成了一只甲虫。即便如此，他也在关心父亲的债务，送妹妹上学，关心母亲生病。刚开始的时候，家人还好，还能接纳他。但毕竟"人变成虫"，使得亲情毫不留情地被斩断了。一旦一个人变成一个丑陋的形象后，寓意着这个人失去了中心的位置，受到了亲情的离间、背叛。引用恩格斯的一句话："维系家庭的纽带并不是家庭的爱，而是隐藏在财产共有关系后的私人利益。"我觉得像马克思、恩格斯对资本主义，特别是早期资本主义到工业化时代的分析的确是入木三分。

卓别林的《摩登时代》是1936年的电影，给出了一种在大机器生产下对人性的扭曲，资本家为了提高劳动生产率，除了使用大机器之外，还不惜为工人量身定制自动吃饭的机器。这是怎样的一种对人的极度的异化啊。

那么，通过这些东西我们如何来解说"社会"这个词呢？有没有人想说说你们的理解？

学生答："'社会'这个词我对它的理解是它最早来源于《圣经》里团契这个

意思，它是一个宗教名词，区别于古代希腊雅典的城邦，是一种政治性的团契。而'社会'是说非政治的，是一种思想上、利益共同的环境。所以我认为'社会'是区别于古代城邦的一个概念。"

还有什么理解？

学生答："我认为社会就是人类生活的跟自然相区别的世界，只不过这个世界是人类自己通过各种连接所创造的。"

非常好！团契对应的英文是 fellowship，指伙伴关系；或者说上帝和基督徒，以及基督徒之间的那种亲密关系。今天我们所讲的"社会"，既区别于城邦，也不同于人类生活的自然状态。我们理解社会这个词，通俗地说，可以在后面加一个字"上"——"社会上"。很多人讲话都是这样讲。比如说你在家里父母就是这么给你讲，社会上如何如何；老师给你讲，朋友给你讲，你的同学给你讲，都是社会上如何如何。

"社会上"，表达了一种区隔。它把人分成我和他，或我和他们。这是我们对社会的朴素的理解。这种理解，简单说就是"社会在某种东西之外"，社会是外在于你的。对你来说，你自己的东西有一种领地，在这之外我们就把它看成是"社会上的"，这个潜台词实际上划定了你的控制范围。很多地方我们从不把自己的领地看作是社会上，而把你自己不可控的部分看成社会上的。所以社会就有了第二个含义，社会既是一种诱惑，又充满恐惧，具有两重性。最后，我们说，社会让人有某种压迫感，我们内心深处实际上是承认社会的存在像一架巨大的机器，你不得不随时投身于这个社会，你是不可能外在于这个社会的。用佛教的术语这是入世、出世。其实佛法里讲入和出，并不执着于字面的所谓入和出，并不是说有一个六根清净的地方，或者能跳出三界外，不存在这样的事情。也就是说我们事实上是承认社会是一架巨大的机器，它把你裹挟其中，你实际上无所遁形。

在这种情况下，像刚才这个同学讲的，我们会很自然地将社会跟自然区别开来。但一定要小心自然和天然还是有区别的，所谓的天然、纯粹的自然，已经不存在了。我们所说的自然，里面已经有人的痕迹。自然其实并非"未经人迹打扰"的那个自然了。这就提出一个问题：我们某些思想认识的"假设系统"。这是我们这一讲反复提到的焦点问题。

2 社会建构的假设系统

　　刚才我们谈社会的构建，什么是社会？我们先撇开学理的问题，先从本心开始，用朴素的思想来看这个问题。社会，就是我们认为它是外在于我们的，但时时刻刻我们又纠结于心，认为自己又无法真的"外在于它"的那个地方。这句话有点儿绕。社会最核心的特征，恐怕就在于它的这种悖谬性。社会是令人向往而又陌生的地方。

　　对于社会来说，你完全是一个外来者，无论你走在大街上，或是在一个单位里工作，你甚至总有一种不得其门而入的感觉。为什么呢？因为你是受控者，而不是施控者。你的所有一切已经被这个社会规定好轨迹，在这种情况下你是一种被动的角色。

　　这种被动感，其实已经司空见惯。很多阅历丰富、人情练达的人，都会对初出茅庐者提出这样的告诫：你只能适应环境。初出茅庐者会懵懂地点头称是。这种感觉，提示这样一个问题：我们思想的"操作系统"是如何预装进去的？我用"思想的操作系统"，来比喻嵌入我们头脑中，不假思索的观念、理念、信念一类的东西。这个问题贯穿这一讲，请大家仔细体会。

　　社会的构建，用英国哲学家霍布斯[1]的话说，就是人类组织起来对抗自然状态

1　霍布斯（Thomas Hobbs，1588—1679），英国政治家、哲学家。生于英国威尔特省一牧师家庭。早年就学于牛津大学，后做过贵族家庭教师，游历欧洲大陆。他创立了机械唯物主义的完整体系，认为宇宙是所有机械地运动着的广延物体的总和。他提出"自然状态"

的方式。什么是自然状态？在霍布斯看来，就是随心所欲的状态，天性彰显的状态。在这种状态下，每个自由人的自然状态，都是多吃多占、欲壑难填。这种自然状态，就会发生所谓"所有人对所有人的战争"。怎么办呢？总得有一种办法来结束或者说缓解这样一种敌对状态，让人能过上幸福的生活。基于这个假设，霍布斯认为社会构建的合理方式，就是出让自己的权力给一个全能的君王，期望这个君王秉持天地公心，处理并协调好人间事务。霍布斯的思想在一本书里得到了阐述，叫《利维坦》[1]，这实际上是一种借喻，借喻古希腊的一种神。怎么把人组织起来？利维坦的意思，其实是让君王具有神的特点，就是我们所说的替天行道。君王是道德圆满的，他拥有一种超自然的力量，也就是超能力。这种超能力使得普罗大众愿意把权力交付给他，作为一种置换，委托这种事都由老大去干了，老大是最高的立法者和仲裁者，所以说霍布斯给出了这样一种社会构建的方式。

另一个英国人洛克也是从自然状态出发，但是他的假设跟霍布斯相反，不是一切人反对一切人的状态，他认为性本善。18世纪英国哲学家洛克，提出自然理性原则，认为财产权、私有权是自然状态下就已经存在的。洛克的自然状态是完备无缺的自由状态，也是平等状态，无强制状态，非战争状态。他进而认为，自然状态有三个缺陷：无明文规定之律法；无公正的裁判者；无权力保障判决之执行。据此，洛克也推导出社会构建的合法性。在自然状态下每个人都有一种自主能力，这种自主能力是天定的，人通过这种自主能力的交换就可以达成一种社会契约的状态。洛克针锋相对地反对君权神授，他认为那个不可靠，那是麻痹人思

和国家起源说，认为国家是人们为了遵守"自然法"而订立契约所形成的，反对君权神授，主张君主专制。代表作有《利维坦》等。

1　《利维坦》（Leviathan），原意为《希伯来圣经》中描绘的一种怪物。霍布斯以此作为其1651年出版的最重要的政治著作的标题。《利维坦》一书写于英国内战进行之时。在书中霍布斯陈述他对社会基础与政府合法性的看法。霍布斯认为，为了免除"所有人对所有人的战争"状态，社会需要令一群人服从于一个人的威权之下，而每个个人将刚刚好的自然权力交付给这威权，让它来维持内部的和平、并抵抗外来的敌人。这个主权，无论是君主制、贵族制或民主制（霍布斯较中意君主制），都必须是一个"利维坦"，一个绝对的威权。

想的。这后来就变成了卢梭[1]天赋人权的一个重要起源。

霍布斯和洛克对人性的假设，是推导出社会构建方式的前提。这个假设就跟中国古代贤哲讨论的人性假设一样，到底是性本恶，还是性本善？还是中性的，不善不恶？这个假设是关乎价值观、世界观、社会构想等思考的起点。我们提出的很多问题都是要针对这个假设系统，只有弄清楚假设系统你才能知道后面的思想的展开是顺着一种什么路线展开的。

"一切人对一切人"，把这句话拎出来，你会感觉与另一句话惊人地相似，就是《连线》杂志关于社会网络的表述：一切人对一切人的传播。《连线》认为这是社交网络的实质，也是互联网对人性的一个假设。

所以我们看，社会构建的进程，返回去看就是对社会现象的诠释，这种诠释本身就是对社会现象的构造，它试图构造出来一些非常基本的理念，比如人权、自由、幸福等。关于这些理念，思想家还要思考它逻辑上的一致性，还要思考它在现实社会中的可行性以及普适性。有了假设，剩下的就是自圆其说的解释了。

中世纪以前的社会形态又是靠什么构建起来的呢？换句话说，社会是怎么凝聚起来的呢？社会凝聚，或许最终可以简化、归结为一个很重要的符号，在中世纪以前，这个很重要的符号是宗教，是教会、教堂、福音书这些被汤因比[2]称作"高级宗教"的表现形态。这些东西能统治这么久，它的解释力是非常强的。这里我们要说到"隐喻"这个概念，读过《圣经》的人都知道，《圣经》的文本

1　卢梭（Jean Jaques Rousseau，1712—1778），法国伟大的启蒙思想家、哲学家、教育家、文学家，是18世纪法国大革命的思想先驱，启蒙运动最卓越的代表人物之一。主要著作有《论科学与艺术》（1750）、《论人类不平等的起源》（1754）、《爱弥儿》（1762）、《社会契约论》（1762）和《忏悔录》（1782）等。

2　阿诺德·约瑟夫·汤因比（Arnold Joseph Toynbee，1889—1975），英国著名历史学家。他曾被誉为"近世以来最伟大的历史学家"。汤因比对历史有其独到的眼光，他的12册巨著《历史研究》讲述了世界各个主要民族的兴起与衰落，被誉为"现代学者最伟大的成就"。由于他的伯父也是一位历史学家，专门研究经济发展史，也叫阿诺德·汤因比（Arnold Toynbee，1852—1883），为了区分两者，人们通常都称呼二人的全名，以免混淆。

都是讲故事的，讲家族史、迁徙史、磨难史。这些故事都是一种喻示，这种喻示就要通过牧师、布道者、传道者来讲解，要进行诠释、解释，信众才能很好地理解。这种传布、解释的过程，其实就是社会构建的过程。

我们看到，社会构建中有很多的"二元结构"，比方说部落与巫师、教会与信众、君王与臣民，以及个体和组织、权力和制度、生产与消费等。为什么会这样？我觉得还需要花一些时间去理解。这里我们先放下，回到社会构建本身。

作为一门近现代学科，社会学出现得比较晚，也就是180多年前的事。创始人是法国社会学家孔德，社会学这个词语，就是他提出来的。1830年，孔德的重要著作《实证哲学教程》第一卷出版，稍后其他各卷（共四卷）陆续出版。在1842年出版的第四卷中，他正式提出"社会学"这一术语，并建立起社会学的基本框架和构想。被誉为社会科学的三大奠基人，涂尔干[1]、孔德和马克思的社会理论，有一个共同的特征，都是用自然科学的方法和视角，解释社会现象。比如孔德引用静力学和动力学的方法，来研究社会结构和社会行为。涂尔干用统计学的方法来研究自杀现象。马克思所说的"生产力"，即"人类改造自然的能力"，也是用物理学的"作用力"与"作用对象"做了直观的类比。

孔德所说的社会静力学，是关于人类社会自然秩序的一般理论的预备性考察。从静止的状态去研究社会，是研究一般的社会关系、秩序、结构及其性质的学说。他认为构成社会的基本单元是个体，以及个体所结成的社会组织的"细胞"——家庭。孔德的社会动力学，是在静力学的基础上研究人类社会发展的动力、速度、方向和规律的学说。比如，他认为社会进化的速度，是由整个自然决定的，即由作为内部自然人的有机体和外部环境共同决定的。人的平均寿命应保持适度，这样才有利于社会进步。他甚至认为，老年人趋于保守，假如老年人过于长寿（或者说平均寿命过长），保守精神就会压倒青年人的革新精神，从而阻

---

1 涂尔干（Emile Durkheim，1858—1917），法国社会学家，社会学实证方法的倡导者和奠基者。主要著作有《社会分工理论》（1893）、《社会学方法的规则》（1895）、《自杀论》（1897）、《宗教生活的基本形式》（1912）。

碍社会进化。

像马克思、涂尔干是标准的实证主义的研究套路。他们是用现代科学的方法，用当代自然科学的理论、理念来指导他们的研究。齐美尔[1]、韦伯这两个人有所不同。他们多少对社会研究带有一点批判色彩。齐美尔、韦伯这两个人从某种意义上来说是思想家，他们做的不是一种实证主义的研究。

韦伯用犀利透彻的语言，定义了国家。他说，国家就是拥有合法使用暴力的垄断地位的实体。政治在民族国家兴起之际，成为一种职业。韦伯透彻分析了基督教新教伦理与资本主义兴起之间的关系。宗教经济与商业伦理之间的和谐，缔结了资本主义的工作伦理。比如一个鞋匠，佝偻着身子专注于制鞋，把一生的努力奉献给上帝。新教伦理将工作视为天职，为财富注入道德情感，通过勤勉、禁欲实践幸福观念。

齐美尔是反实证主义者，他提出了形式社会学、理论的社会学不同的层次，同时他又有一个很重要的思想跟我们今天的互联网有关系，就是两人社会和三人社会的区别。他认为两人群体不构成社会，只有三人群体才构成社会，那么两人群体大家要知道，是当代经济学里思考社会的主要逻辑。当代经济学就是从买方、卖方，消费者、生产者，它的隐喻结构就是一个两人群体。在齐美尔看来，两人群体压根就不叫社会，因为它就是一种简单的博弈关系，但是三人，如果有一个买方，一个卖方，还有一个第三方我们把它叫作"他者"（the other）。第三方是当一个买方，即需求方、消费方都在做一件事情的时候，第三方可能受到你的骚扰、干扰，或者不公正地承担买卖双方排出的废气。所以这个三角关系，很可能是未来构筑消费理论的重要关系，而且这里面有很多的联想。这一点我们后面还会再次提及。

顺便说，"三"真是一个好的数字，在天体物理学上，三体问题[2]是最复杂的

1　齐美尔（George Simmel，1858—1918），反实证主义社会学家，提出一般社会学、形式社会学和哲学社会学的分类。著有《货币哲学》，认为货币的本质是人际关系的非人格化。

2　它是指三个质量、初始位置和初始速度都是任意的可视为质点的天体，在相互之间万

问题，如果是两体问题，用牛顿定律一定可以给出一个精确解释。而三体问题是说三个天体它们的行为是不可测的，已经进入了混沌状态，更不用说四体问题。中国的《道德经》上也讲，道生一、一生二、二生三，三生万物。为什么是"三"生万物？显然这个"三"值得玩味。

　　沉醉于用自然科学解释社会现象，似乎这是过去五百年间一次好大的"范式转移[1]"。中世纪炼金术士惯用的词语，如"哲人石[2]"、万应灵药、精华、种子等，日益被元素、作用力与反作用力、蒸馏、方程式等取代。17、18世纪数学、物理学、化学和医学的飞速发展，一幅科学解释世界的宏大画卷，得以构筑起来。一百年前，许多前沿科学家都乐观地认为，这个世界的科学解释已经进入打扫战场的状态，该发现的都发现了，物理定律层出不穷，可以自圆其说，这种体系的大厦已经精美地建立起来了。

　　19世纪末期到20世纪前半叶，一个教授要想获得惊人的发现，难度日益增强了。或许教授心里会愤愤不平地想，为什么欧拉写了那么多著作，让他的后人们很难再找到一个欧拉没有证明的定理。为什么牛顿、麦克斯韦[3]做了那么多

有引力的作用下的运动规律问题。现在已知，三体问题不能精确求解，只有几种特殊情况可求解。

1　范式转移（Paradigm Shift），最早出现于美国科学史及科学哲学家托马斯·库恩（Thomas Samuel Kuhn，1922—1996）的代表作之一《科学革命的结构》（*The Structure of Scientific Revolutions*，1962）里。这个名词用来描述在科学范畴里，一种在基本理论上从根本假设起所发生的一系列重大改变。

2　炼金术中的"唯一物质"、"万有灵药"、"第五元素"。能够完成"嬗变"，将"贱金属"转化为"贵金属"的神秘物质，也被称作"点金石"。哲人石，传说中的一种红色粉末，被炼金术士认为是世界上物质的最高境界，也是唯一一种在精神世界以物质形式存在的物质。哲人石可以连接精神与物质的世界，每一位炼金术士都希望炼出哲人石，通向真善美的精神世界。

3　麦克斯韦（James Clerk Maxwell，1831—1879），英国理论物理学家和数学家。经典电动力学的创始人，统计物理学的奠基人之一。麦克斯韦最伟大的成就是用数学公理化的方

惊人的发现，让后人们可发现的东西已经寥寥无几。化学家、生物学家也都做如此感想。今天的科学可能也面临这样的情况，英国有一个很著名的物理学家叫彭罗斯[1]，他说现代人要想做出一项惊人的物理学发现必须五个爱因斯坦的脑袋、六个霍金的脑袋，这样才行。这就意味着像牛顿那样成功的机会，好像几乎没有了。最近半个多世纪以来，物理学尤其理论物理学界是最灰头土脸的，理论物理学界基本上处于一种低迷状态，学物理的学生找不到好的工作，只能当教书匠或者转行。

真实的情况其实并非如此。大家都知道，至少高中物理开始，你就会学到量子理论的一些主张，它与牛顿的世界大不相同。但是，从大众传播的角度看，似乎大众的"科学观"并未发生大的改观。一提到"自然科学"这四个字，与你少年时期第一次感受到的自然科学，或者和你上大学以后所认为的自然科学，有什么实质的变化吗？可能未必。也就是说，你脑子里呈现出的科学的"快照"大致是稳定的。这个快照是什么呢，咱们来讨论一下。请问大家，说到自然科学，你脑子里立刻浮现出的第一个词是什么？

法把经典电磁学理论形式化、系统化，把前人互补相关的观测、实验，与电学、磁学、光学的方程，融合成一个自洽的理论，即麦克斯韦方程组。麦克斯韦在电磁学上取得的成就被誉为继艾萨克·牛顿之后，"物理学的第二次大统一"。麦克斯韦被普遍认为是对20世纪最有影响力的19世纪物理学家。

1 罗杰·彭罗斯爵士（Sir Roger Penrose, 1931— ），是英国数学物理学家与牛津大学数学系劳斯·鲍尔（W. W. Rouse Ball）教席名誉教授。他在数学物理方面的工作，特别是对广义相对论与宇宙学方面的贡献，获得高度评价。他也是娱乐数学家与具有争议性的哲学家。彭罗斯是著名的人类遗传学家莱昂内尔·彭罗斯（Lionel S. Penrose）与玛格丽特·雷瑟斯（Margaret Leathes）的儿子，是数学家奥利弗·彭罗斯（Oliver Penrose）与西洋棋大师乔纳森·彭罗斯（Jonathan Penrose）的兄弟。1965年，他以《引力坍塌和时空奇点》为代表的一系列论文，同著名数学物理学家斯蒂芬·霍金的工作一起，创立了现代宇宙论的数学结构理论。1966年任伦敦大学伯克贝克（Birkbeck）学院应用数学教授。1972年被选为伦敦皇家学会会员。1973年任牛津大学劳斯·鲍尔教席数学教授。1975年与斯蒂芬·霍金一起被授予伦敦皇家天文学会艾丁顿奖。1985年被授予伦敦皇家学会皇家奖。1994年被伊丽莎白二世封为爵士。1998年出版了《皇帝新脑》一书。

学生答："发现。理性。变化。解释。力量。预测。"

非常好。大家给出的这些词基本概括了科学观的主要内容。这些词有一个共同的潜台词。是什么呢？用一句话讲，就是自然科学不断给我们宣示着这样的真理，即关于这个"不以人的意志为转移的世界"的客观真理。所谓科学观，就是对自然界的总的看法，它就活生生地摆在那个地方，等你去"发现"。

一说到科学，人们会有肃然起敬的感觉，因为它代表某种毋庸置疑的立场、观点和方法。其实这是一种压迫感。这种压迫感基于自然科学宣示了一个客观如实的世界，将人和自然的关系摆成了彼此相对而存的关系。人的认识过程，仿佛照镜子的过程一样，反映着这个世界。这样的压迫感，总会让你担忧是否"认识"得足够充分？足够完整？是否如此这般地"观照"到那个"客观如实的真理"？也就是说，你会特别地在意你所得到的答案，是否是正确的。缓解这种压迫感的唯一出路，就是信仰这个科学的世界，并信仰科学对这个世界的解释权。

在自然科学领域发现和宣示真理的人，本身并没有什么特别的身份和显赫的身世，也没有借助所谓的神启。比如英国物理学家、化学家，命名磁力线、发现电磁感应的法拉第[1]，出身于英国萨里郡的一个贫苦的铁匠家庭，只有小学文化，13岁就在一家书店当学徒。大名鼎鼎的牛顿，是英格兰林肯郡一位农民的儿子，出生的时候体重还不到3斤，接生婆都觉得这孩子可能活不下来。牛顿出生前三个月老爸去世，2岁的时候母亲改嫁把他留在了姥姥家，长到11岁。

漫长的中世纪，真理的发现和表述，是通过《圣经》告诉大家的。即便是自然科学领域的事情，也得看跟《圣经》是不是有抵触。这是神启的文本，是用不容置疑的口吻告诉大家的。文艺复兴之后，发现和宣示科学真理的人，很可能是

1　迈克尔·法拉第（Michael Faraday，1791—1867），英国物理学家、化学家，也是著名的自学成才的科学家。生于萨里郡纽因顿一个贫苦铁匠家庭。仅上过小学。1831年，他做出了关于力场的关键性突破。1815年5月在戴维指导下进行化学研究。1824年1月当选皇家学会会员，1825年2月任皇家研究所实验室主任，1833—1862年任皇家研究所化学教授。1846年荣获伦福德奖章和皇家勋章。

隔壁那个磨眼镜片的人。比如荷兰人列文虎克[1]，小时候没念过什么书，16岁到布店当学徒，20岁打算自己干好像也不太行。人到中年了，被家乡代尔夫特的市长安排做市政厅的门房，于是成天磨玻璃镜片，据说大半辈子就干这个，一生共磨了400多个镜片。

这些人跟你我一样出自寻常人家，既不是出身显贵，也不是板着脸的神甫、道士。所以人们自然会产生这样一种疑虑：为什么我要相信他说的话？这是"科学观"里紧要的一条，就是"再现"。就是你自己完全可以按照法拉第、牛顿、伽利略或者列文虎克的办法——任何人都可以——再现他的发现。科学家们只是转述了他们所看见的现象，并洞悉、提炼和归纳了背后的规律性的东西，他也只是证明了这样一条路是走得通的，这样一种解释是站得住的。这就告诉我们一个观念：所谓真理，就是不以人的意志为转移的客观规律。

爱因斯坦在跟哥本哈根学派的旗手玻尔论战的时候，实在说不过玻尔了，就讲了这么一句很难辩驳的话，"上帝不掷骰子"，他相信斯宾诺莎的"上帝"。什么叫斯宾诺莎的上帝？就是这个客观如实、不以人的意志为转移的自然规律所表达的世界。斯宾诺莎是荷兰的思想家、哲学家，他曾想干一件惊天动地的大事，就是仿照欧几里得《几何原本》的样式来重构伦理学，他要罗列出伦理学的定理，一条一条地推下去，他认为等他这个伦理学推出来之后即使他死翘翘了，再过2,000年世界上的伦理学都是坚如磐石屹立不倒的。那个年头，科学精神的确焕发了很多人的雄心或者说野心，试图手拿把攥地把自然规律全部挖掘出来。当然，这也是现代科学得以昌明的重要的激励。

所以我们可以理解，自然科学理论在马克思、涂尔干、韦伯和孔德这些社会学者看来，是构建社会理论的重要方法。要注意的是，我们本节课谈的是"社会

1　列文虎克（Antonie van Leeuwenhoek，1632—1723），荷兰显微镜学家、微生物学的开拓者。由于勤奋及本人特有的天赋，他磨制的透镜远远超过同时代人。他的放大透镜以及简单的显微镜形式很多，透镜的材料有玻璃、宝石、钻石等。其一生磨制了400多个透镜，有一架简单的透镜，其放大率竟达270倍。主要成就：首次发现微生物，最早纪录肌纤维、微血管中的血流。

的构建"，但你会发现，社会的构建在实践中并不是如此的诗情画意，远比书本上描绘的要复杂得多。它是纷繁复杂的政治阴谋、军事战争、经济动荡、文化冲突的过程。比如英国宣布脱离天主教，另立国教[1]；法兰西皇帝拿破仑政变[2]；法国雅各宾[3]党人令人胆寒的断头台；伦敦纺织机械大发展和卢德分子[4]捣毁机器；意大利罗马广场上烧死布鲁诺[5]的火刑柱，以及宗教裁判所对伽利略的审判；来自欧罗巴的新教徒对印第安人的围剿，以及美国独立战争前夕列克星敦的枪声[6]等。

1 英格兰教会（Church of England），又称英国国教会，"圣公宗"（Anglican，安立甘宗）的教会之一，16世纪英格兰君主亨利八世时期，开始由托马斯、理查德·虎克（Richard Hooker）等改革家们改革并作为英格兰的国教。教会的辖区是今天联合王国的英格兰王国，不包括苏格兰、威尔士和北爱尔兰，后者分归苏格兰圣公会，威尔士教会与爱尔兰国教会管理。英格兰圣公会（英国圣公会）的最高主教为坎特伯雷大主教，副手是约克大主教。

2 1799年11月9日，拿破仑以解除雅各宾派过激主义威胁法兰西第一共和国为借口，开始行动，他派军队控制了督政府，接管了革命政府的一切事务，开始了为期15年的独裁统治。这一天是法国共和历雾月18日，所以，历史上称拿破仑在这天发动的政变为"雾月政变"，史上通称"雾月18日政变"。

3 雅各宾派是法国大革命时期，参加雅各宾俱乐部的资产阶级激进派政治团体，成员大多数是小业主。主要领导人有罗伯斯庇尔、丹东、马拉、圣茹斯特等。1793年6月2日，雅各宾派推翻吉伦特派统治，通过救国委员会实行专政。1794年春，罗伯斯庇尔先后将埃贝尔派和丹东派主要成员送上断头台。资产阶级不愿继续受到限制，雅各宾派内部矛盾更加尖锐。7月27日的热月政变结束了雅各宾派政权。

4 卢德运动（Luddite）是在严酷的经济环境与新纺织工厂的恶劣工作条件中酝酿形成的。该运动的主体被称为"卢德分子"。卢德运动于1811年始于诺丁汉，在1811年与1812年在英格兰迅速蔓延。许多工厂的机器被手摇纺织织工焚毁。在短短的一段时间里，卢德分子集结成了一股强大的势力与英国陆军发生了冲突。在当代，"卢德分子"一词用于描述工业化、自动化、数字化或一切新科技的反对者。他们也被称为"新卢德分子"。

5 布鲁诺（Giordano Bruno, 1548—1600），意大利思想家、自然科学家、哲学家和文学家。他勇敢地捍卫和发展了哥白尼的太阳中心说，并把它传遍欧洲，被世人誉为是反教会、反经院哲学的无畏战士，是捍卫真理的殉道者。由于批判经院哲学和神学，反对地心说，宣传日心说和宇宙观、宗教哲学，1592年被捕入狱，最后被宗教裁判所判为"异端"烧死在罗马鲜花广场。主要著作有《论无限宇宙和世界》、《诺亚方舟》。

6 "列克星敦的枪声"亦称美国独立战争的开始。1775年4月19日，在列克星敦打响第一枪真实的社会，其实是这样构建的。但社会学理论的构建，则全然模仿了自然科学的样子，似乎是另一番四平八稳、洞悉真谛的模样。

我们接着再看自然科学方法的另一个特点即实证主义。学者们相信通过实验、观察的统计方式，可以得到他们所需要的结论。这种社会观察、实验的方法，他们会给它贴一个标签，这个标签代表理性、严谨、信任。这种实证主义思考有两个特点：一个是它会收集"实然"的材料，把这些材料剔除掉他们认为超乎科学解释范畴、超出理性思维框架的部分，作为进一步分析的基础；另一个是，它会运用理性思考，提出"应然"的问题，即"应该是怎么样的？"

实然和应然的两条线，并非总是配合得很好。甚至不如痛快地说，总是很难如人所愿地配合得那么好——假如配合得好的话，那该是多么令人兴奋的事啊！社会学领域这种配合不好的状况，要比自然科学领域多出很多。比如社会学家、经济学家对利润的解释，在马克思之前，就有"商品的价格是由工资水平决定的"[1]这样的"奇谈怪论"，很多人都相信这一点。再比如说关于谁拥有这个世界至高无上的仲裁权，数千年的人类历史告诉你，从神权到王权，从君权神授到天赋人权，从仁教、礼教到萨满教，血雨腥风、经年征伐、涂炭生灵，都映衬着一个事实，即这个表面上简单不过的问题，背后蕴含着多么大的信仰、认知、理念和心智的差异。虽然说，纷繁复杂的社会现象许可你有多重的视角和多样的理解和解释，但水火不容的解释摆在一起的时候，就逼迫人去审视建立在种种解释之上的假设、立场，乃至人性到底是什么了。

与科学的理性主义不同的是，社会科学虽然使用自然科学的方法，但毕竟与自然科学有本质的不同。比如说，自然科学的审视方法往往假设对象为被动的、可以肢解的，自然科学的理念往往坚信可以通过还原成最小单元的方式，看透隐

的美国独立战争，是北美殖民地人民为反对英国殖民统治，争取民族独立而进行的民族解放战争。这场战争从1775年至1783年，持续八年之久，最终以英国在北美殖民统治的破产和北美殖民地的独立而告终。

1　参见马克思在1865年发表的《工资、价格和利润》一文中对商品价格、工资、劳动等的详尽分析，单行本1971年由人民出版社出版。

藏在背后的规律性的东西。几百年来自然科学领域，就靠着这种方法屡奏凯歌。社会科学则不同，将活生生的个体和错综复杂的人之关系，简化为牛顿力学中的质子、颗粒、一组相互作用的无生命的团块，显然是过于简单了。奇怪的是，早期的社会学似乎对此过分假设可能存在的致命疏漏浑然不觉。"科学"一语，更多地是在论辩彼此立场、批判对方观点时的修饰词，以替代"天启"。

好了，刚才提到马克思，下面想插一段关于马克思的话。

尽管大家从中学时期就学习马克思的学说，但我觉得远远不够。马克思需要重读。据说，2008年金融风暴之后，马恩的著作在西方的销量一路飙升。在世纪之交，马克思被英国广播公司评为千年思想家的第一位。他的思想非常庞杂，主要横跨了三个领域：哲学、经济学、社会学，而且都有很深的建树。2010年12月9日，中央编译局召开了一个新闻发布会，宣布将根据《马克思恩格斯全集》历史考证版第二版（MEGA2）的版本，重新编译出版马恩全集中文版，计划70卷。这条新闻意味着什么呢？

大家知道，此前的马恩全集，是根据俄文版译出的。此番重译的依据，是MEGA2，即总部设在德国柏林——布兰登堡科学院的编辑委员会计划的114卷本。这个世界上最庞大的马恩著作出版计划，目前已经出到58卷[1]。据MEGA2的参与者德国教授黑克尔介绍："1989年11月，柏林马列主义研究院和民主德国各个大学合作伙伴的MEGA编辑人员起草呼吁书，要求大家考虑MEGA的未来。这些呼吁书以一种觉醒的姿态表明，要给MEGA重新定位，将它从教条化的马列主义中解放出来，摆脱由党主导出版的状况，以便使这个版本实现学术化和国际化。"[2]这是一个漫长的历程。1990年之前，马恩著作的出版、编译，属于"党派事务"，1990

---

1 "114卷《马克思恩格斯全集》，不容易"，作者朱又可，《南方周末》，2011年6月24日。

2 罗尔夫·黑克尔教授，"MEGA2与国际合作"，载于《国外理论动态》，2011年第2期。该文为罗尔夫·黑克尔教授在中央编译局举办的题为"马克思恩格斯遗著：历史出版和接受"系列讲座的第五讲。

年之后情况变了。用德国学者诺伊豪斯（Neuhaus）的话说，"让马克思的文字学脱离政治利益局势，并驶入学院港湾，这花了足足一个世纪的时间。"[1]

简要说，我们长期使用的马恩全集，主要译自俄文版；既不全又不是来自原著。据说马恩著作中，德文占60%，英文占30%，法文占5%，西班牙、意大利文约占5%。来自俄文的转译，显然难以呈现原著的全貌和风采。

将马克思恩格斯研究回归学术，已经有一些富有启发的结果。比如罗尔夫·黑克尔教授在中央编译局举办的系列讲座里，讲过这么一件事："资本主义"这一概念是皮埃尔·勒鲁在1848年、路易·勃朗在1850年第一次使用的。马克思不经常使用这个概念，手稿中只用过两次。1885年出版的《资本论》第二卷中只出现过一次；在书信中出现过三次。他使用得较为频繁的概念是"资产阶级生产"（bürgerliche produktion）、"资本主义生产"（kapitalistische produktion）、"资产阶级"或者"资本主义""生产方式"，"资产阶级"或"资本主义""社会"——这些概念明显是指资本关系，也就是指资本和劳动之间的关系。资本化的财产的占有者是资本家，这在一百五十多年前就清楚了。不久前（2008年）汉堡地方法院讨论了"资本家"这一概念。一家机器制造公司因遭到"侮辱和诽谤"而向一名员工和一家网站提出控告。这家公司的律师认为，"资本家"这个词明显带有"负面判断"，是恶言谩骂。[2]

插这么一段的目的，是想告诉大家，重新审视过去一百年、三百年、五百年社会文化发展历程，需要回归经典、重读经典。从原文来的典籍，说明马克思、恩格斯的思想还没有被认认真真地吃透，比方说消灭私有制，有人在读了原文之后认为马克思这句话更准确的翻译应该是用扬弃而不是消灭。当然，我们客观上未必有那么多时间精力去钻研，也不是搞这些个专业的，有难度。但立足于历史本源、从社会理论的假设前提去思考，应当是治学的基本态度。

1 ［德］诺伊豪斯（Manfred Neuhaus）著，符鸽译，罗亚玲校，"经典中的经典——《马克思恩格斯全集》历史考证版（MEGA）的历史、编辑语文学基础与视角"，载于：《现代哲学》2010年第1期（总第108期）。

2 ［德］罗尔夫·黑克尔著，金建译，"关于若干与MEGA有关的最新研究成果"，载于：《国外理论动态》2011年第3期。

3 为什么会有现代性?

前面简要讨论了社会学作为一种理论的构建问题。中心思想是想说，按照自然科学朴素的方法论，建立起社会学的思想框架，这种思潮其实反映了文艺复兴、启蒙运动、资本主义兴起这几百年间西方社会构建的过程。这一过程就是用还原论的世界观看待一切。"现代性"就是这种世界观的集中体现。

据德国解释学家姚斯[1]说，"现代"（modern）这一语汇，缘自经院神学[2]，大约10世纪首次使用，拉丁文是 modernus，指称古罗马帝国向基督教世界的过渡。在卡林内斯库《现代性的五种面孔》一书中，现代性被区分为：现代主义、先锋派、颓废、媚俗艺术、后现代主义这五种形态。按历史学家汤因比在《历史研究》中所划分的年代，"现代"指的是从1475年至1875年，"后现代"则指1875

1　姚斯（Hans Robert Jauss，1921—　　），德国文艺理论家、美学家，接受美学的主要创立者和代表之一。

2　也称经院哲学（scholasticism，字源为拉丁语的 schola 与 scholasticus），又称士林哲学，意指学院（academy）的学问。起初受到神秘、讲究直观的教父哲学影响，尤以奥古斯丁主义为最，后来又受到亚里士多德哲学启发。经院哲学是与宗教（主要指天主教）相结合的哲学思想，是教会力量占绝对统治地位的欧洲中世纪时期形成、发展的哲学思想流派，由于其主要是天主教教会在经院中训练神职人员所教授的理论，故名"经院哲学"。它的积累时期主要受柏拉图思想的影响，古典时期（大发展时期）受亚里士多德思想的影响，但它并不研究自然界和现实事物，主要论证中心围绕天主教教义、信条及上帝。

之后的岁月。汤因比认为，现代是理性主义确立的年代，而后现代则是理性主义和启蒙精神崩溃的动乱年代。

比较一致的观点是，文艺复兴开启了重新发现古希腊、理性精神的历史进程，人的生活支撑，从神学转向了理性精神，展开了一种现代性的进程。哈贝马斯指出，现代性伴随信念的不同而发生了变化，此信念由科学促成，它相信知识无限进步，社会和改良无限发展。这种"科学信念"有一个人们十分熟悉的参照文本，就是欧几里得的《几何原本》。斯宾诺莎的《伦理学》和霍布斯的《利维坦》，其实都是仿照几何学的体例的。但与几何学不同的是，现代性接受和继承了基督神学关于"原罪—赎罪"的历史进程的理念，发展出了十分鲜明的时间箭头，即一种持续的、合目的性的、不可避免的、单向的时间观念。

韦伯认为，现代性是宗教与形而上学世界观的分离。现代性有两个方面：一个是社会组织的构建。以资本、商品、市场、劳动这些关键词为标志，出现了社会的新体系、商业的新秩序。这些新体系和新秩序包括：宗教社会进而转为世俗化的社会；市镇日益成为中心，人们跨地域的流动性大大增强；脱离神权阴影和王权统治的民族国家迅速兴起；日益成熟的资本主义，推动着消费文化的大众化；行政法律和政治制度的建立。另一个方面，是思想文化体系的建立。对社会历史和人的观念的反思，全面开始；建立起面向大众的普遍的教育体系；大规模的艺术创造、知识创立，成为学术兴盛、学派林立的沃土。

按照通常的理解，现代性有这样四种含义：一是从时间上说，这一时期区别于中古代，它专指当下，指现时代；二是指笛卡尔、培根之后在西方开启的新科学运动，特别以数学、物理学的原理和方法，重新理解宇宙、自然和社会；三是指17世纪以来启蒙运动在欧洲的快速传播；四是指大机器开启的工业化进程。

下面我将简要罗列八类与现代性进程有关联的史料和历史事件，通过它们可以看到现代性是如何展开的。但如果要对它做一个完整的、严谨的考察，就不是这么短篇幅所能做到的事了，感兴趣的同学可以进一步去阅读相关的文献。

这八类事，大致按时间顺序排下来。首先是 15 世纪中期，1440 年左右出现的谷登堡活字印刷。当然，中国的活字印刷大家知道出现在宋朝，发明人是毕昇[1]。但中国的是泥活字，后来演化成木活字。谷登堡是铅活字。铅和泥相比有很大优势：重复使用率很高。铅字印刷发明后，一个直接的好处就是书籍可以大批量出版。首先的受益者是《圣经》的信众，阅读《圣经》不再是教堂、修道院中少数僧侣的专利。

第二是文艺复兴与民族国家的兴起，这发生在大约 14—17 世纪。文艺复兴起源在意大利的佛罗伦萨[2]。为什么是意大利？大约是因为奥斯曼帝国[3]入侵，东罗马帝国灭亡后，大批古希腊典籍被带到了佛罗伦萨，很多思想家逃亡至此。佛罗伦萨成了自由思想聚集的圣地，也成为艺术创作和交流的乐园。据说文艺复兴早期，很多有学问的人都有一种愿望：成为一种全知全能的、渊博的人。达·芬奇就是这样的人，他不仅是艺术家，还设计了许多机器，像现在的直升机什么的，在他画的草图中都可以发现。说到绘画，就得提到马萨乔的透视法。这在文艺复兴早期具有很强的象征意味。文艺复兴时期的绘画，出现了从宗教题材、宫廷题

1　毕昇（约970—1051），中国古代发明家，活字印刷术发明者。北宋淮南路蕲州蕲水县直河乡（今湖北省英山县草盘地镇五桂墩村）人，一说为浙江杭州人。初为印刷铺工人，专事手工印刷。毕昇发明了胶泥活字印刷术，被认为是世界上最早的活字印刷技术。宋朝沈括所著的《梦溪笔谈》（卷十八"技艺"）记载了毕昇的活字印刷术。

2　佛罗伦萨（Florence，旧译翡冷翠）是意大利中部的一个城市，托斯卡纳区首府，位于亚平宁山脉中段西麓盆地中。十五至十六世纪时佛罗伦萨是欧洲最著名的艺术中心，以美术工艺品和纺织品驰名全欧。欧洲文艺复兴运动的发祥地。

3　奥斯曼帝国，是土耳其人建立的帝国。创立者为奥斯曼一世，初居中亚，后领土扩张至小亚细亚，日渐兴盛。1453 年灭掉东罗马帝国，定都伊斯坦布尔。极盛时曾地跨欧亚非三大洲，包括东南欧的整个巴尔干半岛、亚细亚半岛、整个中东地区及北非的大部分，西达摩洛哥，东抵里海及波斯湾，北及奥地利帝国和罗马尼亚，南及苏丹。控制了整个西欧到东方的通道，是名副其实的封建军事大帝国。1683 年以后逐渐走向衰落，其在西亚、北非和巴尔干地区的领土和属地不断被沙俄和英、法、德、意等国蚕食。1918 年第一次世界大战结束后，领土仅保有土耳其安纳托利亚本部。1922 年，奥斯曼帝国被推翻。

材到以普通的人体为题材的转变。这意味着上帝至高无上的位置受到了撼动。撼动的理由很简单，发现了人体之美。人体不再是罪恶的，肮脏的，而是充满力量、欲望、生命之美的。重新发现古希腊，就是发现古希腊对人体之美的赞叹，对数学和谐的追求，对理性精神的推崇。

观察文艺复兴的起源，其实还有另外一个视角，就是1348—1353年爆发于欧洲的黑死病[1]。据说这一席卷全欧的灾难，至少使欧洲丧失了三分之一的人口，大约2,500万人。意大利人口丧失了40%—50%；英国人口在1377年，从四五百万下降到250万；德国人口减少25%—30%；威尼斯的人口则减少了三分之二。

欧洲大地，满目疮痍。就在如此深重的灾难面前，仁慈的、无所不能的上帝似乎并未显灵。黑死病的巨大灾难，让人们惊恐之余开始怀疑那个整日膜拜的上帝。除了黑死病的灾难，欧洲还深陷宗教冲突的旋涡。教廷腐败、荒淫无度，教士阶层普遍道德沦陷。就是这样的教会组织，却垄断着世俗生活对自由、平等的诠释与解说。彼特拉克[2]说，"我只要平凡的幸福"，薄伽丘[3]的《十日谈》，则将瘟疫和禁锢，均指示为死亡的含义。1350—1390年，英格兰有70个医学基金会，并颁布了公共卫生法。1345—1360年间，向医院的捐款，从5%猛增到40%。人

1　黑死病是人类历史上最严重的瘟疫之一。起源于亚洲西南部，一说起源于黑海城市卡法，约在十四世纪四十年代散布到整个欧洲，而"黑死病"之名是当时欧洲的称呼。这场瘟疫在全世界造成了大约7,500万人死亡。根据估计，瘟疫爆发期间的中世纪欧洲约有占人口总数30%的人死于黑死病。同样的疾病多次侵袭欧洲，直到十八世纪第一个十年为止，期间造成的死亡情形与严重程度各不相同。对于黑死病的历史特征记录中，有一些关于淋巴腺肿的描述，与十九世纪发生于亚洲的淋巴腺鼠疫相似，这使得科学家与历史学家推测自十四世纪开始的黑死病，与鼠疫相同，皆是由一种称为鼠疫杆菌（Yersinia pestis）的细菌所造成。

2　彼特拉克（Francesco Petrarca，1304—1374），意大利学者、诗人，早期的人文主义者，被认为是人文主义之父。他以其十四行诗著称于世，为欧洲抒情诗的发展开辟了道路，后世人尊他为"诗圣"。他与但丁、薄伽丘齐名，文学史上称他们为"三颗巨星"。

3　乔万尼·薄伽丘（Giovanni Boccaccio，1313—1375），文艺复兴时期的意大利作家、诗人，以故事集《十日谈》留名后世。

们只能靠自己来自救，上帝是靠不住的了。

第三，航海时代和地理大发现，时间大约在15—17世纪。大航海时代的起因，一个说法是1409年托勒密失传1,200年的《地理学指南》被重新发现，且译为拉丁文之后，地球是个"球形"的学说引起人们极大的兴趣，于是便尝试着环球航行，验证这一学说。这种说法不失浪漫但却不是实情。真实的情况，是1453年东罗马帝国[1]首府君士坦丁堡被奥斯曼土耳其人攻陷，整个中东及近东地区全成了穆斯林的天下。欧洲人从此不能再像他们的前辈那样，通过波斯湾前往印度及中国，也不能直接通过位于博斯普鲁斯海峡[2]的巨大港口来获得日益依赖，且需求量巨大的香料。欧洲人必须找到一条新的贸易路线，直接从印度、南亚和中国等香料产地获得资源。当然，长期以来与远东地区的贸易，是阿拉伯人控制的；而与阿拉伯人的贸易则需要通过威尼斯和热那亚人。这种局面让欧洲人迫切需要寻求新的通道。这条通道，显然不是陆路，而是通过海洋。

后面的故事大家都比较熟悉了：1473年，葡萄牙船只驶过赤道，后达到刚果河口；1487年，迪亚士的探险队到达非洲南端，发现好望角，并进入印度洋；1497年，以达·迦马为首的船队沿迪亚士航线继续向前，经非洲东岸的莫桑比克、肯尼亚，于1498年到达印度西南部的卡利卡特，开辟了从大西洋绕非洲南端到印度的航线，打破了阿拉伯人控制印度洋航路的局面。葡萄

1　又称拜占庭帝国（395—1453），是一个信奉东正教的君主专制国家。位于欧洲东部，领土曾包括亚洲西部和非洲北部，极盛时领土还包括意大利、叙利亚、巴勒斯坦、埃及和北非地中海沿岸。是古代和中世纪欧洲历史最悠久的君主制国家。在其上千年的存在期内它一般被人简单地称为"罗马帝国"。拜占庭帝国共历经12个朝代、93位皇帝。帝国的首都为新罗马（拉丁语：Nova Roma，即君士坦丁堡，Constantinople）。1453年，被奥斯曼土耳其攻入君士坦丁堡而灭亡。

2　博斯普鲁斯海峡（Strait of Bosporus）又称伊斯坦布尔海峡。北连黑海，南通马尔马拉海和地中海，把土耳其分隔成亚洲和欧洲两部分。海峡全长30.4公里，最宽处为3.6公里，最窄处708米，最深处为120米，最浅处只有27.5米。博斯普鲁斯在希腊语中是"牛渡"之意。传说古希腊万神之王宙斯，曾变成一头雄壮的神牛，驮着一位美丽的人间公主，从这条波涛汹涌的海峡游到对岸。海峡因此而得名。

牙通过新航路，垄断了欧洲对东亚、南亚的贸易，成为海上强国。与葡萄牙人探寻新航路的同时，西班牙统治者也极力从事海外扩张。哥伦布发现美洲，就是这种扩张的最重要收获。1492年8月3日，哥伦布受西班牙女王派遣，带着给印度君主和中国皇帝的国书，率领三艘百十来吨的帆船，从西班牙巴罗斯港扬帆驶出大西洋，直向正西驶去。经七十昼夜的艰苦航行，1492年10月12日凌晨终于发现了陆地。哥伦布以为到达了印度。后来知道，哥伦布登上的这块土地，属于现在中美洲加勒比海中的巴哈马群岛，他当时把它命名为圣萨尔瓦多。圣萨尔瓦多是救世主的意思。

哥伦布到死都以为他到的是意想中的印度，不曾想抵达的却是过去从未听说过的新大陆。要知道，哥伦布一路上，是捧着失而复得的、1,400年前托勒密的《地理指南》反复研读的。而且，有装备精良的六分仪、罗盘、海图，还有从穆斯林的独杆三角帆船发展而成的大三角帆、艉舵等最新技术。其实，哥伦布发现新大陆的意义，恐怕在于人们对《圣经》的怀疑，达到了一个新的高度：从来没有哪位教皇、传教士说过，世界还有这么一块新的大陆——《圣经》上竟然没有一星半点的记录。只是人们不敢这么说罢了。

第四，宗教改革。一般人听到"宗教改革"这个词，会善意地以为这是教会为适应社会发展，自行推动的变革。真实的过程远比人们善意的想象要血腥、丑陋得多。宗教改革的起因是多元的，不过我个人认为有三件事值得说。其一是罗马教皇1096年起发动的十字军东征[1]，以及长达两百年对所谓异教徒的迫害、征伐；其二是前面提到的1348—1353年间爆发于欧洲的黑死病；其三是1313年开

---

1 十字军东征（The Crusades，拉丁文：Cruciata，1096—1291），是一系列在罗马天主教教皇的准许下，由西欧的封建领主和骑士对地中海东岸的国家发动的持续了近两百年的宗教性战争。由于罗马天主教圣城耶路撒冷落入伊斯兰教徒手中，十字军东征大多数是针对伊斯兰教国家的，主要的目的是从伊斯兰教手中夺回耶路撒冷。东征期间，教会授予每一个战士十字架，组成的军队称为十字军。十字军东征一般被认为是天主教的暴行。尽管如此，十字军东征使西欧直接接触到了当时更为先进的拜占庭文明和伊斯兰文明。这种接触，为欧洲的文艺复兴开辟了道路。

始，天主教会向人们开始兜售一种叫作"赎罪券[1]"的东西，作为大肆敛财的工具。这种赎罪券的兜售持续了两百多年。宗教改革的倡导者马丁·路德所在的16世纪，赎罪券的兜售抵达了无耻的顶峰。

当时的教皇是利奥十世[2]，他生活骄奢淫逸，喜爱附庸风雅。因兴建圣彼得大教堂缺少资金，遂以售卖赎罪券筹款。为了尽快筹集资金，他干脆宣布，只要购买赎罪券的钱一敲钱柜，就可以使购买者的灵魂从地狱升到天堂。马丁·路德于1517年10月31日张贴在德国维滕堡城堡教堂大门上的辩论提纲中无情地揭露了这种荒谬的教皇谕示。据说，当年赎罪券的教士们无耻地宣传："钱币落入钱柜底响叮当，灵魂瞬间脱离炼狱升天堂。"（见论纲第27条。）他们说什么"多买赎罪券不仅可以预先豁免今后犯的罪行，而且可以替已死的人买赎罪券，好让死者的灵魂尽快脱离炼狱、升入天堂"。

有一名无耻的推销员，对他的顾客说："你投下银钱，现在我看见你父亲的左腿已经迈出炼狱的火焰，只剩右腿还在火里面；再继续加钱吧！"那人说："不必了。我父亲并没有右腿！"

马丁·路德在1517年提出《九十五条论纲》，其主要意图在于说，人的拯救并不需要通过一个中介——教堂和教士。人们可以自己凭借阅读福音书，了解上帝的精髓和意旨，并按照其教条戒律来自行行事，就能够获得灵魂的拯救。马丁·路德此举对教会的威权来说，无疑是釜底抽薪。

第五，理性时代的实验科学，以英国的培根、意大利的伽利略等科学先驱为首。他们不再透过苦思冥想的方法，而是实验的方法，发现和印证大自然的运动规律。比如培根研究动物、物体的运行；伽利略研究自由落体、弹道轨迹。

---

1 亦称"赦罪符"，拉丁文意为"仁慈"或"宽免"，后被引申为免除赋税或债务。1313年天主教会开始在欧洲兜售此券。教皇宣称教徒购买这种券后可赦免"罪罚"。教皇乌尔班二世（Pope Urban II）于1095年发动第一次十字军运动，为了让十字军战士加强其宗教信仰，教皇宣布所有参军的人可以获得减免罪罚，并为每一位十字军人发放赎罪券。

2 利奥十世（Leo X，1513—1521），是佛罗伦萨豪门美第奇（意大利语：Lorenzo de' Medici，1449—1492）的儿子，38岁时被选为教皇。

伽利略还发明了真正可用的天文望远镜。法国也是实验科学家的乐园，主要人物有帕斯卡尔，提出了液体的液压定律。还有波义耳，发现气体运动定律。实验科学家们不满足于文艺复兴以来，重新发现的古希腊特别是亚里士多德的科学成就。亚里士多德的科学太简单了，而且也无法解释更多的细节，甚至有些是相互矛盾的。

第六，启蒙运动，主要发生在17—18世纪。文艺复兴在艺术、音乐等人文领域诞生了丰硕成果，为启蒙运动积累了大量科学成就。科学的理性精神，日益成为那个时代的主旋律。启蒙运动可能难以给出一个确切的起点，但有这么一件具体的事，或可作为启蒙运动的一个注解。

1745年，巴黎的出版商普鲁东打算翻译英国1727年推出的《科技百科全书》。那时候学科知识迅猛增长，人们迫切需要这类知识大全一样的工具书。后来发现英国的这部词典，过于简单，已经难以适应科技的快速发展。遂决定新编一部法国的《百科全书》（原名为《百科全书，或科学、艺术和手工艺大词典》），并邀请启蒙作家狄德罗[1]和数学家达朗贝尔[2]主持此事。参加这项工作的人员极为广泛，其中有文学家、医师、工程师、旅行家、航海家和军事家等，几乎包括各个知识领域具有先进思想的一切杰出的代表人物。除该书的主编狄德罗和副主编

1　狄德罗（Denis Diderot, 1713—1784），平民出身，毕业于巴黎大学文科，毕业后无固定职业，在巴黎从事著述。1746年出版的《哲学思想录》被法院查禁，后来又因无神论的言论被投入监狱。出狱后不遗余力地从事《百科全书》的编辑出版。他的热忱和顽强使他成为"百科全书"派的领袖。除为《百科全书》撰写大量词条外，还著有《对自然的解释》、《达朗贝尔和狄德罗的谈话》、《关于物质和运动的原理》等。

2　达朗贝尔（Jean le Rond d'Alembert, 1717—1783），法国著名的物理学家、数学家和天文学家。一生研究了大量课题，完成了涉及多个科学领域的论文和专著，其中最著名的有8卷巨著《数学手册》、力学专著《动力学》、23卷的《文集》、《百科全书》的序言等。1746年，达朗贝尔与狄德罗一起编纂法国《百科全书》，并负责撰写数学与自然科学条目，是法国"百科全书"派的主要首领。在《百科全书》的序言中，达朗贝尔表达了自己坚持唯物主义观点、正确分析科学问题的思想。

达朗贝尔外，启蒙主义作家孟德斯鸠[1]和伏尔泰为它写过文艺批评和历史的稿件，卢梭写过音乐方面的条目，哲学家爱尔维修[2]、霍尔巴哈[3]和空想社会主义者摩莱里[4]、马布利[5]等人，都是《百科全书》哲学方面的撰稿人。

在启蒙运动席卷欧洲的前一百多年时间里，四处洋溢着解放的兴奋感。这种解放，就是人开始丢弃一切世俗的"拐杖"，无论神权的还是君权的，开始"直立行走"了。虽然，黑格尔把这种"直立行走"称之为"大头冲下的人"，但依然对人的理性精神称道不已。为什么叫大头冲下？因为所有理念都在脑袋里，是用脑袋支撑躯干的，用理念和思想支撑行为。启蒙运动成为资本主义社会构建、思想塑造的重要一环。顺便说，也正是在这个时间段，对资本主义的深度思考由此展开。波德莱尔的《恶之花》，讲的正是巴黎街头灯红酒绿的生活，所映衬出的现代性的问题。

第七，与启蒙运动相伴而行的，就是大机器生产。资本主义大机器生产，得益于能源的大肆利用，得益于动力机械的发明。与大生产相伴而生的一个后果，就是城市的急剧膨胀。18世纪中期，伦敦和巴黎的规模不过50万人，到19世纪初期，短短50年时间就膨胀到了两三百万人的规模。远洋航行不再是探险，也

1　孟德斯鸠（Charles de Secondat, Baron de Montesquieu, 1689—1755），法国启蒙思想家、社会学家，是西方国家学说和法学理论的奠基人。

2　爱尔维修（Claude Adrien Helvétius, 1715—1771），出身上层社会，他与伏尔泰、狄德罗都是巴黎的大路易学校（中学）的毕业生。曾任政府总包税官的职务，后辞职专事著述。1758年发表《论精神》一书被巴黎法院查禁。他晚年写作的《论人》在去世后才在荷兰的海牙出版。

3　霍尔巴哈（Paul-Henri Thiry, baron d'Holbach, 1723—1789），法国启蒙思想家和百科全书学派的代表，也是感觉主义心理学的集大成者，是18世纪法国的"战斗的无神论者"。著有《自然之体系》（1770）和《健全的思想》（1772）。

4　摩莱里（Morelly），18世纪法国杰出的思想家。大约生活在1700—1780年间。是18世纪法国学术史上最神秘的人物之一，一生写了许多著作，但都用不同的笔名发表，"摩莱里"是他的笔名，真实名字不详。最有影响的著作是《巴齐里阿达》和《自然法典》。

5　马布利（Gabriel Bonnot de Mably, 1709—1785），有时也被称作马布利神甫，法国哲学家和政治家。

不是纯粹的贸易，而是移民。到美洲去，到澳大利亚去，到巴西去。这些口号席卷欧洲大陆，成为新一代移民激动人心的口号。据统计，在1846—1932年的74年间，美国就吸纳了3,420万移民。

第八，是18世纪法国大革命和美国独立，以及19世纪晚期延伸到20世纪初期的俄国革命。美国独立大家知道，直接的导火索是波士顿倾茶事件。因为英国人要征收茶叶的税，限制美国本土茶叶的生产。某日就有商人合伙将波士顿船上的茶叶全都倾倒入海里。英国就出兵镇压，出现了八年的战争。之后就有了《独立宣言》。这个宣言的出现还是在法国大革命之前一点点。法国大革命发生在1789年，法国人民攻占了巴士底狱。法国的《人权宣言》和美国的《独立宣言》有很多东西都是今天读来朗朗上口，继承了当年启蒙运动的思想成果，包括天赋人权，人生而平等。

印刷术带来文化大传播、文艺复兴与民族国家的兴起、大航海与地理大发现、宗教改革、实验科学的兴起、启蒙运动、大机器生产与工业革命、法国大革命与美国独立——以上八类事情放在一起，可以大略勾画出1500年之后西方世界现代性的版图，这是一幅幅波澜壮阔、重叠交织的画面。

现代性伴随着政治的、社会的巨大变革。所有这些现代性的材料，揭示了文艺复兴以降工业革命的两个特点：其一，它彰显了"理性之光"。启蒙运动非常喜欢"理性之光"这个词。其二，它是一种自由精神，象征人的彻底的解放。在理性之光的照耀下，人获得了彻底的解放，四处洋溢着乐观主义。这种乐观主义，用一个词来形容，就是"进步"。现代性中，很重要的一点就是建立了"社会构建"的理念和方法，并成为普遍的信仰。人们忽然发现具有了这样一种强大的能力，这种能力不以人的意志为转移。

我们理解现代性，需要回顾文艺复兴以来近五百年欧洲乃至世界的科技、社会、文化发展史。这种理性、自由、乐观、进步的精神，以及在理性指导下构建伟大社会的欲望，在第一次课的时候，我们把它写成一种等式，即"科学＝理性＝进步"。这个等式已经成为一种信条，而且可以理解为现代社会的根基。

对我们东方人来说，也是如此。我小的时候有这么一句口号，叫作"大辩论带来大变化"。上大学以后，同学们一边学习科学知识，一边会为了维纳斯的雕像、托尔斯泰[1]的《安娜·卡列尼娜》、爱因斯坦和玻尔的论战，争得面红耳赤。之所以如此，是因为"科学"一语，在大众语境中俨然成为"正确"的别称。现代社会的运转方式，包括人与人之间的接触、交往、理解或者论辩，都会遵循这个公式。路边老太都会讲这样的话，"这是科学"，她的言外之意，是科学就是对的，就不需要辩驳。

生活中的科学被涂抹上了一层外衣，用后现代的术语说，这层外衣叫作"合法化"。借用"合法化"这个词，我们可以大略看到这八类事的展开，其实都是围绕某种"合法化"的过程。

比方说"君主专制"，这是霍布斯提出的概念。他认为社会构建，需要认清楚人的"自然状态"的假设。他是假设"人性恶"的，即由于人的贪婪、争夺、对抗，导致"所有人对所有人的战争"状态，这种状态是"自然状态"，人在这种状态下注定是"孤独、贫困、污秽、野蛮又短暂的"。要建构社会，既然人跟人冲突，怎么才能让天下太平呢？就需要人们将自己的自然权力通过契约的方式，让渡于一个杰出的代表来替天行道，以求得一个良性运转的、稳定和谐的社会。他反对"君权神授"，但提倡通过让渡自然权力给君王来达到君主专制。他假设能找到这样的明君，假设他有这样的能力、愿望和圆满的道德水准，可以成为人世间的立法者和仲裁者。他的思想在《利维坦》这部书里有详尽的陈述。利维坦，是希伯来传说中的"恶魔"。霍布斯用这个恶魔，来象征人世间绝对的威权，认为这种威权可以很巧妙地利用人的贪欲和对死亡的恐惧，实施自己的统

---

1 列夫·尼古拉耶维奇·托尔斯泰（1828—1910），俄国小说家、评论家、剧作家和哲学家，同时也是非暴力的基督教无政府主义者和教育改革家，托尔斯泰家族中最有影响力的一位。著有《战争与和平》《安娜·卡列尼娜》和《复活》这几部经典的长篇小说，被认为是世界上最伟大的作家之一。

治，并努力达成世间的和平与安宁。

按照利奥塔对"元叙事[1]"（也叫宏大叙事）的分析，霍布斯对人的"自然状态"的假设，以及对社会构建的"利维坦"解决之道，其实就是典型的"元叙事"。元叙事是现代性的突出特征。这种元叙事建立在对人类整体目的、历史进程的完整构想之上，并以此为寄托，推导出紧随其后的全部理念（类似几何学的体系架构）。元叙事让社会构建获得了合法性，并得到"科学"、"进步"一类术语的背书。

从霍布斯的《利维坦》到卢梭的"契约论"、"天赋人权"，是一种元叙事取代另一种元叙事的过程。伴随"人的解放"和"永恒真理"的启蒙运动，至高无上的神不存在了，每个人都可以通过自己的理性接近上帝，实践一再证明君权神授是靠不住的，普通人切身感受到的是多灾多难、欲求的喷发，这种人性解放需要另一种合法化，这就是理性精神照耀下的"人生而平等"。理性，是唯一客观、牢靠的，不以人的意志为转移的思想基石，是解放的原动力。当然，此种合法化并不是说摆在那里，舒舒服服、惬意地获得的，一定是流血冲突带来的。

近现代工业资本主义，以及商业社会、消费社会的兴起，也是合法化的过程。中世纪的人们扭扭捏捏，在教会的训诫之下，认为商业贸易、获得利润是一种罪过，放高利贷更是上帝所不允许的。机器、动力的使用，让人受纳上帝的恩典之外，悄然转变着这个世界对生产、消费的观念和认识。商业思想的合法化，韦伯给出了令人信服的解释。他通过对资本主义的分析发现，新教伦理是资本主义得以兴起的思想根源。新教伦理让财富变成上帝对勤勉劳作、节俭生活的奖赏，财富创造变成个人奋斗、成功的最好证明，这一证明直接与成为上帝选民挂起钩来。获取财富、赚取利润不再是可耻的，资本主义合法化了。

除了元叙事的合法化功能之外，"科学 = 理性 = 进步"这个等式，还有很强

---

1 元叙事（meta narration）通常被叫作"大叙事"。这一术语在批判理论，特别是在后现代主义的批判理论中，通过完整解释历史的意义、经历和知识，对一个主导思想赋予社会合法性。这一术语是由法国哲学家利奥塔（Jean-François Lyotard）在1979年首次提出的。他说，社会现代性的最主要部分是大叙事构成的。但后现代主义却是以怀疑大叙事（进步、启蒙解放运动、马克思主义）为特征的。

的工具性。这种工具性就是它告诉你一种安逸的叙事方式和思考方式，即"科学代表理性，理性导向进步"。这种思考方式，彻底实践了笛卡尔"主客两分"的思想，把外在于人的世界与人的内心世界割裂开来。一旦把某种心有不安的东西合法化，人们就会很快忘掉元叙事的前提，很快习惯用这种叙事的语调来思考、说话。

比如弗洛伊德，他的贡献在于发现了力比多[1]的冲动，性欲在人的性格、人格中的作用。但他依然无法克服运用元叙事将性欲合法化的惯性思维。弗洛伊德需要为性找到一个合法的解释。他分析的起点是乱伦（人性恶的一面）。通过分析乱伦，就会自然推导出人的性压抑，以及性和幸福生活的关系（理性出场了）。弗洛伊德试图将潜藏在意识深层的东西，给出一个合理的解释。他发现，如果用人的理性假设的话语，总是有些东西合不上套，比如欲望，总像是缺了一块的七巧板，拼不到一起。因为在理性公式下看到的自我，并非是白板一块，显得那么的干净，顺理成章，逻辑一致。弗洛伊德看到了人的"不由自主之处"，人难以控制的东西，他发现了"潜意识"。

人的潜意识与意识不同。意识是明明白白可以把握的——至少用弗洛伊德的术语，是这样。潜意识则好像桀骜不驯，完全随意。受到文化规训的人的意识，总是试图让自己的行为、欲望，符合社会习俗风尚的要求。弗洛伊德看到，生活在如此之多的清规戒律当中的人，其实是相当烦闷的。他一方面要维系这种冠冕堂皇、体面的、合乎法度的生活；另一方面又深陷重重自然情欲的纠缠。他会渴望醍畅淋漓的交媾、毫无顾忌的释放，也会忌惮随处可见的外界的眼睛和词语。弗洛伊德通过梦的解析，发现人的许多不经意的行为，比如口吃、笔误、下意识的小动作等，其实是无法控制、无法察觉的深层心理活动的溢出。

---

1 力比多（libido）即性力。由精神分析大师弗洛伊德提出，这里的性不是指生殖意义上的性，它泛指一切身体器官的快感，包括性倒错者和儿童的性生活。弗洛伊德认为，力比多是一种本能，是一种力量，是人的心理现象发生的驱动力。弗洛伊德早在1894年就开始运用力比多这个术语，力比多定理是指：一个人的力比多（性的欲望）是有限的，如果他/她将力比多用在一个人身上，那么用在另一个人身上的分量就会减少。

但弗洛伊德还是情不自禁地想回到"元叙事"那里，即他总是想"治愈"什么，总是把人难以控制的潜意识看作"猛兽"，把它所引发的后果看成某种"病症"。这也是荣格离他而去的根本原因。

所谓现代性，打比方说就是一种强力的"五〇二胶水"，它试图用宏大叙事把文艺复兴以来社会文化的种种表征凝聚起来，形成一个秩序的共同体。这种宏大叙事的背景语言是逻各斯（理性）主义的，方法是主客两分、还原论的，目的是确定性的世界秩序。构建这种秩序的共同体，最终希望确立人在宇宙中的主体地位、中心地位。

现代性的宏大叙事，有一个思想传承，就是欧几里得《几何原本》的思想。《几何原本》的公理、定理体系，将关于线段、图形的知识一网打尽，且稳如磐石。比如霍布斯就试图用《几何原本》的方法构建社会的金字塔结构；斯宾诺莎仿照《几何原本》撰写了《伦理学》。直到今天，这种现代性的力量也还非常强大。"人类中心主义"其实演变为欧洲中心主义，或西方中心主义，迄今为止都是西方叙事的主旋律，比如哈贝马斯就坚信，现代性是"一项未竟的事业"。认识现代性，是我们释读现如今主流知识谱系的"背景知识"，也是反思现代性、理解后现代思潮的参照系。

4 反思现代性

在回答"什么是启蒙"的问题时，哲学家康德1784年11月在德国《柏林月刊》上撰文指出：启蒙就是人类运用自己的理性，而不臣服于任何权威，"就是人类从加诸自己的不成熟状态中摆脱出来"。高扬理性精神，就是横扫一切强加于自己的权威，特别是无法用科学实验加以验证的神启。用韦伯的话说，人类经历了一次"祛魅"的过程。这一过程之所以"横扫一切"，是因为科学已经成为取代神启、取代超验的普遍法则，它所向披靡、无远弗届。

对普遍性原则是坚持还是批判，是区分古典和后现代哲学的标志。反思现代性，并不是在现代性取得了丰硕成果之后才开始的。反思一直伴随着现代性展开的过程，只不过在20世纪之前，是暗流涌动的状态。比如提出"现代性"这一术语的波德莱尔。

生于巴黎的浪荡公子波德莱尔以诗集《恶之花》闻名于世，是一位被誉为"开启了审丑美学"的反叛者。他终生没有任何日常意义上的"正当"职业，除了花天酒地、烂醉如泥，混迹于妓女酒肆之间，就是用一长串充满污秽、恶臭、放浪、腐烂、阴郁的字眼，描绘他眼里的这个世界。他一方面歌颂现代性的伟大力量，一方面又发现现代性非常重要的特点，叫作感觉的当下性，他说，"现代性就是过渡、短暂、偶然，就是艺术的一半，另一半是永恒和不变。"[1]。所谓感觉

---

1 《波德莱尔美学论文选》，人民文学出版社，1987年，第485页。

的当下性，即所有被构建的东西都转瞬即逝。当我们在构建世界的时候，我们却在消耗生命，而不是在构造生命。大机器生产产生大量的废料，堆积如山，在带来美好生活的同时产生大量垃圾、新生的疾病。所以这种当下的东西会让那些对现代性保持敏感的诗人、文学家、画家、思想家有一种怦然的刺痛感。

波德莱尔一生都不欣赏这个外在于他的、朝气蓬勃的、充满进步繁荣景象的世界，他不为这些"宏大的永恒"所感动，却为自己灵魂深处暗藏的"撒旦的兽性的诱惑"所纠缠——并非极力想摆脱这些纠缠，而是试图让这些纠缠有一个安放的场所。现代，即"摩登"的表象之下，无法遮盖住兽性大发的人性。颤栗地直面这些"恶中的精神躁动"，让目光在蛆虫的蠕动、尸体的腐败、游荡的鬼怪、污渍的铁窗间弥散，并克服阵阵恶心的冲动，进而看到所谓"恶之花"，是波德莱尔支撑自己、解放自己的法宝。人性中丑陋的一面，并不能靠着所谓道德和理性全部驱逐出去，让人成为所谓"新人"。艺术也不总是褒扬、歌颂这个时代的利器。波德莱尔感受着另一种真实，并以此抵抗着"社会进步"，"这个衰败时期的大邪说"。

波德莱尔去世之后30年，另一位他的法国同胞巴塔耶[1]出生。巴塔耶，一位以"色情哲学家"载入历史的思想家，一生追问着"人性与兽性"之分野的后现代学者，从思想到实践都忠实地践行着"萨德主义[2]"的晚期资本主义时代的存在

---

1 巴塔耶（Georges Bataille, 1897—1962），法国评论家、思想家、小说家。他博学多识，思想庞杂，作品涉及哲学、伦理学、神学、文学等一切领域禁区，颇具反叛精神，不经意间常带给读者一个独特的视角，被誉为"后现代的思想策源地之一"。代表作有《内心体验》《可恶的部分》《文学与恶》《色情》等。巴塔耶继承了尼采、柯耶夫诠释的黑格尔、东西方神秘主义，影响战后法国思想甚巨，后结构大师巨子如罗兰·巴特、福柯、德里达等都深深受惠于他特殊的洞察力与观看事物的角度。

2 萨德侯爵（Donatien Alphonse François, Marquis de Sade, 1740—1814），法国贵族和一系列色情和哲学书籍的作者。萨德侯爵在法国乃至世界文学史上一向难登大雅之堂，他的作品以性风俗尤其是虐待狂的大肆描绘而著称。现代学术界在研究虐待狂这一现象和病例时，就采用萨德的姓氏命名。他的作品多年被各国禁止发行，直至20世纪初，一批

者。他处处为萨德的离经叛道、虐恋嗜好和层出不穷的排泄形式辩护，他热情赞扬萨德式的"排泄力量的冲击性爆发"，这种爆发——包括一切的呕吐、排泄和异想天开的色情折磨——是巴塔耶对那种得体、端庄、温情，却处处遮掩的性事的冒犯。这是充满欢乐的冒犯。

对现代性的反思，从艺术领域率先展开，这丝毫不奇怪。黑格尔曾认为，艺术的目的就是艺术本身。他反对任何将艺术用来做"说教劝世、宣扬道德、政治宣传乃至提供消遣娱乐之类"[1]。但这种为艺术而艺术并非将艺术封闭起来。黑格尔还指出，艺术的使命其实在于人的精神层面，"艺术作品应揭示人的心灵和意志的较高远的旨趣"[2]。这个"较高远的旨趣"，是人的心灵与外部世界的共鸣、体验、深刻化和明朗化[3]。伴随文艺复兴狂潮的艺术思潮，在将笔触的焦点从宗教题材转移到现实题材之后，发现的并非只是美与丑的对比，而是人性深层不断涌现出的、令人颤栗不已的冲动。与启蒙运动高奏凯歌不同的是，艺术家越贴近这个日益光怪陆离的世界（以及这个世界映衬下的人性），就越是发现许多与科学、理性、进步、大写的人等说辞格格不入的、扭曲的体验。承认这是人性的组成部分，需要非凡的勇气。

印象派绘画大师如梵·高，可说是体现这一"勇气"的代表。梵·高的画作，现在全球拍卖市场上的价格是数一数二的，比如著名的《向日葵》1987年在一次国际艺术品拍卖会上，拍到了3,950万美金。但是大家知道，在他活着的时候，

法国和世界文学名家为之正名，萨德的著作才得见天日。无数文学大师自称曾拜倒在他脚下，对他的现代文学鼻祖地位一再推崇。《索多玛120天》，就是萨德最著名、最遭非议，但名声也最为显赫的代表作。1975年，意大利作家、诗人、后新现实主义时代导演帕索里尼（Pier Paolo Pasolini, 1922—1975）完成了自己最惊世骇俗的最后一部电影《萨罗》（又名《索多玛120天》），将法国最"臭名昭著"的性作家萨德侯爵的作品搬上银幕。电影公开上映前不久，帕索里尼在罗马被人痛殴之后再以其轿车将其残忍地辗毙。

1 黑格尔《美学》第三卷下册，商务印书馆，1981年，第49页。
2 黑格尔《美学》第一卷，商务印书馆，1986年，第354页。
3 黑格尔《美学》第三卷下册，商务印书馆，1981年，第54页。

他几乎没有卖出一幅画。即便卖出去一两幅，也是朋友好心帮助他，给个面子买下的。梵·高四十多岁就死了，还有两次自杀的经历。他其实靠他弟弟的接济生活。梵·高去世后几个月他弟弟就去世了。

早年的梵·高，父母其实希望他能做牧师。他也做过一段时间牧师，去矿区、井下，到劳苦大众家里去布道。但梵·高总是抑制不住对色彩的热爱。只有沉静在画布中，用斑斓的色彩才能宣泄他的情感。那么，梵·高发现、感受、纠结的是什么呢？是光与影的关系问题。

文艺复兴之后，绘画艺术将目光从神学题材、宫廷画转向普通的人。因为透视法的大量运用，出现了众多逼真到极致的作品，比如达·芬奇的绘画。很多画作都追求细部描写，如青筋暴露的手臂，每一根毛细血管都惟妙惟肖。这种写实手法背后是对人与自然关系的信念：人只是这个世界忠实的观察者、摹写者。透视法，光与影的关系，就是这种写实主义思想的体现。

写实主义绘画将忠实的临摹写生，看作艺术表现的全部。梵·高在做这些事情时，就感到非常焦虑。他看到的静物其实并不安静，除了有风，有移动的物体、舞动的枝条外，更重要的是光与影的变化。梵·高从流动的光影中，体悟到的是人与自然的交融。但他无法两全：当他画这棵树的时候，他到底面对的是三个小时创作中哪一刻的这棵树？在观察、体悟人和树的关系时，他完全陷入困顿。活生生的景象和内心炽热的感受，根本无法用明晰的线条和透视表达出来——如果能表达，那也完全是死寂的东西。

文艺复兴以来的思想，无论科学的还是艺术的，用一个比喻来说，就是"镜像论"，即客观的反映论。把一切外在于人的事物都看成静物，不理睬光与影的变化，只要逼真地勾勒出那个"客观对象"瞬间的快照，就心满意足了。但梵·高，当他听从自己本心时，他很忧虑地看到，外在的那个世界并非静止不变，自己的感知和情绪更是如此。倘若将自己的情绪，伴随着娉婷枝条与曼曼微风，他能触摸到它、聆听到它，但却无法刻画出它。所以印象派的画作不是写实的，他没法写实。虽然画作往往色调明快，甚至大量使用艳丽的色块，但其形象往往是扭曲变形的。没有办法，他们只能把这种对事物的观察，揉进自己当下的体验，用这种非常有张力的色块表达出来。

对现代性的反思率先发生在艺术家、思想家那里。比方尼采，有人曾形容他是一个赤裸着皮肤在暴风雨中疾行的人。尼采认为，现代社会就是一个病态扭曲的社会。这种病态扭曲，是被某种力量裹挟着的，比如齿轮、机器的象征意义。它不断地将物料在下面去绞杀，比方说水压机，不断地冲压成形；蒸汽机，不停地将燃烧的煤炭、沸腾的蒸汽，转化为汽锤的动力和曲轴的运动。这种强烈的"动感"不止体现在对物质的转换、生产中，还体现在对社会、对秩序和对自然的构建中。

手工业者和农民的儿子，被吸引、卷入了喧嚣的城市；堆积如山的矿砂从山脚运送到工厂；琳琅满目的商品摆放在货架上，陈列在橱窗前——现代性造就了流动的社会。

流动，既是时间的典型特征，也是空间的典型特征。但是，文艺复兴之后西方社会的流动，更多是时间性的，空间只是容器、处所。这一点很重要。时间的流动性，其实是"流逝"、"变异"，是带有"转化"、"演进"、"改变"力量的"单向道路"（马尔库塞《单向度的人》[1]）。流动的特点，可以上溯到古希腊的赫拉克利特：人不可能两次踏入同一条河流。在这种创造世界的流变的力量下，人们突然发现中世纪之前被奉若神明的"万能的上帝"，原来并非这种力量的主宰。是机器、商品、资本提供着改变自然、塑造社会的动力。所以韦伯有一个词叫"祛魅"。什么是祛魅？简单说，就是将附着在自然与心灵之上的"超验的"、"灵性

---

1 《单向度的人》（*One-Dimensional Man*，1964）是马尔库塞最著名的作品，它的核心就是批判发达资本主义社会的意识形态。这部作品为他在六十年代赢得了世界性的声誉，他被媒体称颂为"新左派之父"，成为了美国和欧洲最有影响的知识分子。"单向度的人"也因此成了流行术语。什么是单向度的人呢？就是那种对社会没有批判精神，一味认同于现实的人。这样的人不会去追求更高的生活，甚至没有能力去想象更好的生活。马尔库塞认为正是发达资本主义社会造成了单向度的人。这样的社会是一个极权主义的社会，它压制不同意见和声音，压制人们对现状的否定和批判。

的"宗教情感驱逐出去,从神秘状态中解放出来。

用韦伯的话说,早先图腾崇拜的神话世界是"附魅"的时代,即人神合一、万物有灵。世间万物都带有勃勃生机。自然的状态就是有灵的状态。韦伯发现,工业社会驱逐了这种灵气、灵性,大机器给人带来的结果是冷冰冰的。人与物的关系变成"干巴巴"关系。人与人的关系是物化的、异化的。财富蜕化为金钱,金钱成为衡量一切的尺度和标准,就是我们从巴尔扎克的《欧也妮·葛朗台》中看到的关系。人与人之间的亲情不再那么令人流连忘返,变成了一种可以货币化,折算计算的关系,这给人带来很多痛苦。

韦伯悖论说的就是这种状态——后来被这么总结出来——理性自由,并没有给人带来预期的解放;反倒成为奴役人的力量。所谓预期的解放,用中国人的想象就是太平盛世,天下大同,"大庇天下寒士俱欢颜"。这种解放并未如期而至。理性和自由并没有驱逐非理性,而是带来了更加乖张的野兽般的、无法控制的力量,这种力量却以商业的、经济的、官僚化体系的面目出现,更以进步的荣光、进取的姿态,对人进一步施加控制。

对现代性的批判反思还有很多大思想家,比如哈贝马斯。他讲,"现代性是尚未完成的事业"。哈贝马斯大概是古典哲学宏大叙事中最后一位活着的大师。他批判现代性,但依然主张通过"沉思式"的思辨,达成形而上的彼岸。

"沉思"是古典哲学从笛卡尔到康德再到黑格尔的传统。这种叙事方式被利奥塔指认为"宏大叙事"。宏大叙事有一个鲜明的特征,即以确凿无疑的口吻、以貌似严谨的理性逻辑,宣示对真理的"占有式"的陈辞。这种"宏大叙事",用后现代艺术作品的眼睛来审视,立刻显现出其荒谬之处。

前面我们曾提到,1917年,出生于法国的美国艺术家杜尚为纽约艺术展送去一件展品,名之曰《泉》。这个"作品"就是当时常见的小便器,貌似还是用过的。这件"作品"被支在支架上,签上作者的大名,就会引起人们的围观、评议,甚至啧啧称奇。这件戏弄人的作品大获成功,也引起杜尚的思考。这件"作品"何以成为"艺术品"呢?作为艺术品的合法性是怎么获得的呢?在一个艺术殿堂里，一个被用过的常见的污秽之器，为何会以艺术品的名义博得掌声呢？杜尚指出，当一个物件被"安置在艺术殿堂"的时候，它就拥有了"艺术品"的身份或者光环。

杜尚的行为无疑触犯了艺术品惯常的禁忌。他的行为揭露了受人膜拜、崇敬的艺术品，原来只不过是个"冒牌货"；它之所以被人当作艺术品来欣赏，盖因被安置于艺术殿堂的缘故。殿堂，这种崇高的场所的神圣属性，轰然倒塌。任何涂满油彩、光鲜亮丽、气贯长虹的作品背后，都可能只不过是件寻常之物。杜尚的行为让艺术品从虚张声势中回归本源。

利奥塔认为，所谓后现代的态度就是"不相信宏大叙事"或者叫"元叙事"（Metadiscourse）。宏大叙事中，包含未经批判的形而上学成分，它赋予了叙事一种霸权，这是通过赋予其合法性得到的，这一霸权夸大了叙事与知识的等同[1]。元叙事的假设是，真理通过理性，在讲述者和聆听者之间达成共识。道格拉斯·凯尔纳也认为，"人本主义"话语体系，假设了一种普遍的本质，并将宗主、男性特征与活动（比如理性、生产、权力意志）等，推崇为人类的本质。

如果说，现代性把我们这个世界一劈两半的话，其中一小部分人永远躲在幕后，他永远是按动按钮，操纵开关，永远具有优先权的话——后现代，则让任何幕布都无所遁形。用利奥塔的话说，就是呈现出"不可呈现者"。用戏谑、反讽的方式，让道貌岸然的存在物褪去其过度粉饰的光环，是后现代批判惯常的手法。

为什么后现代思想家用那种荒诞的方式与世界对话呢？因为要逼那些不可呈现者出场。画家、作家、作曲家、作者就是不可呈现者的操控者。后现代作者敢于将自己铺在画布上，成为道具的一部分。就像罗兰·巴特说的，写作的零度，就是作者之死。在后现代思想家中，不存在作者，不存在可以躲在角落里的那样一个人，他的价值和意义就是写作。他们纵身一跳，跃入现代性大海，可以放肆地在其中做任何动作。我认为，后现代思潮的确具有一种绝对精神。此种精神除了呐喊之外，身体力行地与现代性的怪兽在共舞。所以不能指望他们能构建出来

---

1 ［法］利奥塔著，车槿山译，《后现代状态》，生活·读书·新知三联书店，1997年，第140页。

一种反叛权威的新的权威。他们压根就拒绝这样做。

在今天互联网背景下言说"社会构建"时，要注意到，不光现代性在继续用齿轮碾压着世界，后现代的思潮也丝毫不退缩地、兴致勃勃地介入其中。正是这样两个界面，支撑着新世界的构建。

对现代性的反思、反叛仅仅是一种批评。后现代本身没有能力重新构建这个社会，这与其思潮的特质是一致的。在后现代的话语氛围里，无法孕育出新的威权——它天生反抗这种威权。所以法国思想家德里达、福柯等人，从来不愿意承认自己是某一个主义，不愿意给自己贴一个"标签"。吉登斯[1]指出，现代性缔造的是一个巨型的怪兽，它带来文化断裂，高风险文化。社会关系被编制进象征符号和专家系统构筑的符号体系，比如货币和银行家。阿多诺则认为，文化工业是一场骗局，承诺虚伪、可望而不可即的快乐。

引用法国1968年"5月风暴"的一句口号，就是：官僚阶层没有能力兑现其承诺。

犹太学者鲍曼的《现代性与大屠杀》，在认真分析了二战期间德国纳粹对犹太人的屠杀后认为：其实，现代性只要存在，就没有能力杜绝像纳粹大屠杀那样的残暴再次发生。

现代性塑造社会的方式，是引进威权，赋予威权合法性。大众对这种合法性的服从，进一步强化了威权的存在方式和有效性。有一个著名的"电击实验"，可以说明这种隐藏在合法威权外衣下的人性的另一面。

耶鲁大学心理学博士米尔格拉姆，他在六十年代做过一个电击实验，找一些大学生志愿者，把人绑在电椅上，用电去刺激他的手。模拟的电击情景非常逼

1　吉登斯（Anthony Giddens，1938— ），现任剑桥大学教授。英国前首相托尼·布莱尔的顾问。他以结构理论（Theory of structuration）与对当代社会的本体论（Holistic view）而闻名。英国著名的社会理论家和社会学家，与沃勒斯坦、哈贝马斯、布尔迪厄齐名，是当代欧洲社会思想界中少有的大师级学者。

真，不知真相的人会听到受刑者的惨叫声，令人恐惧——当然，一切都是模拟加表演的。

　　一开始让大学生亲手做这个实验，直接用电极板戳人的手掌，受刑者的惨叫声让很多人望而却步。结果只有30%的人能顺利完成任务。后来，当直接亲手操作变成操纵杆，不必直接接触受刑者的躯体的时候，能顺利完成任务的人，上升到了40%。到了第三个阶段，连操纵杆都不用了，甚至你看不到受刑者的脸，他被转移到另一间屋子里，你虽然能听到嚎叫声，但毕竟有了物理的阻隔。此时，能够克服心理障碍，顺利按下操纵杆的人数，竟然高达62.5%。

　　米尔格拉姆指出："我们这个社会最突出也是最自豪的成就，就是对行动的中介化，行为的组织越是理性，行为就越容易制造痛苦，而个人却保持冷静。"

　　这个实验的结果发人深省，"残忍"竟然只在很小的程度上跟所谓人性有关。你说人性本恶或本善，在这时候显得苍白无力。当人被放到制度的齿轮里面时，你完全可以变成你自己都不认识的人。所以在针对纳粹战犯的纽伦堡审判时，很多人的辩词，如果单独挑出来，或者说放五十年再来听，你甚至可以听到一些合理的成分。这些人似乎都有自己的喜怒哀乐，也有自己的日常生活。他只是某种命令体制中的一个环节，一个"按下按钮的人"。所以，这个鲍曼所说的现代性与大屠杀的关系，的确是对现代性的深刻反思。

　　但是，在做这样反思的时候，我们需要提防这样一种情感：将反思，甚至批判，当作彻底的否定和决裂。现代性就像高楼大厦、地铁航空，已经矗立在我们面前，已经成为我们日常生活中团绕周遭的组成部分。反思，不可能"驱赶"，也不可能彻底否定现代性带来的成就。虽然在我们接触后现代思潮时，总难免会心潮起伏、感触万千；但它毕竟只是张开某种新的维度，是对现代性宏大话语的"解毒"。

　　下面，我们就来审视这些发人深省的后现代思潮。

5 互联网：现代性抑或后现代？

互联网一开始是以"现代性"的面貌，作为"现代性"的一支力量，登上历史舞台的。1993年美国提出"信息高速公路"这一名称，就借用了现代城市建设高速公路的提法，将电脑、信息化看作大幅度提升劳动生产率、拉升经济增长的引擎。20世纪最后的20年间，互联网、数字经济、信息时代，就是扮演这样一种角色：它只不过是高速发展的工业经济的又一个"高级阶段"，它极大地推动着生活方式、生产方式的变革，它营造着前所未有的产业重构、投资机会和创富故事。

经历2000年纳斯达克暴跌之后，真实的互联网渐渐浮出水面，这是一个深度连接的互联网，一个深度交互的互联网，一个移动的互联网。互联网一再以自己的方式，向习惯以高度衡量摩天大楼、以速度衡量交通工具、以繁华衡量都市风貌的现代人，展现出令人惊奇的能量。这些能量，一开始都会被认为是"更加高级的工业化的下一波浪潮"，是工业化、现代化的后继；然而，人们很快就领略到这种"后继"的力量，并非只是工业版图的延伸，而是"颠覆"。我们需要认真看待的是，互联网和工业化的现代性社会，已经有了本质的区别。

第一，陌生人的出现。其实，城市里的陌生人已经是工业社会的象征。脱离乡村社会的年轻人，来到这个水泥钢筋的丛林，徜徉于车水马龙的都市。在这个移民社会里，创业、投资、升迁、信用卡消费、求学、旅游，快速的生活节奏和琳琅满目的城市生活，是现代性既富足又匮乏、既绚烂又苍白、既拥堵又孤独的画板。

互联网仅仅是为这个现代性的社会，添加了一件新的道具，构建了一个新场所吗？刚开始是这样的。上网、冲浪、聊天、游戏，虚拟空间吸引着一批又一批年轻人。他们在现实社会中或许处于边缘、底层，但在互联网上，他们拥有整个世界。

当网民成为一种身份，网络生活是一种生活方式的时候，地理意义上的距离消失了。陌生人群在互联网重新构建了新的社会存在，这是在工业社会中无法想象的。在工业社会中，一个陌生人要生存，必须尽快成为某个阶层中的一员，或者成为攀附、接近某个势力集团中的熟人，拥有现实的社会资本。但在互联网中，这种陌生人群的价值远远未被挖掘出。英国学者西布莱特指出，人类演化中有一种机制，使我们愿意像对待诚信的朋友一样对待陌生人。这种机制，被西布莱特称之为"计算与互惠的平衡"[1]。

第二，社会互动的展开。工业时代社会互动的核心，是围绕着交易的。赤裸裸的金钱交易，或者金钱和权力的交易，是社会互动的主要内涵。互联网上的社会互动，关于其理论还远远没有建立起来，但是，我们可以看到更多与交易无关的交往。互联网上互动，靠什么来驱使？它的动力是什么？价值在哪里？我们现在还远远没有看清楚这些问题。甚至这些问题背后显露出的味道，也全然是"工业味"的盘算、算计、折算。那些习惯以"小人物"自称的草根屁民，其实在眼巴巴地盼望自己辛苦积累的社会资本，能折算成更大的机会，尽快地遭遇"贵人相助"，尽快地受到提携和眷顾。这其实依然是工业社会的互动在目前显露出来的德性。我认为"真正的"社会互动，在互联网上还远远没有达到。我们所做的，依然是戈夫曼所说的"表演"，是社会舞台上的表演。只不过大家既是演员，又是观众，但"表演"的心态和做派远远没有褪去。我们只是不相信宏伟的诗篇，也努力不使自己"入戏太深"；但我们依然是情不自禁地、驾轻就熟地将表情调节到恰到好处，将关系保持到不温不火、细心揣摩言外之意、仔细忖度利弊

1 ［英］保罗·西布莱特著，梁娜译，《陌生人群——一部经济生活的自然史》，东方出版社，2007年4月。

得失。今天的互联网，能到达这一步已经相当不错了，但它显然只是工业化的延续，而不是互联网面貌的社会互动。

第三，重新发现身体的重要性。"身体"在这里不是一个简单的生活术语，也不是医学名词，而是哲学术语。哲学，在你们在座的同学眼里，或许是干瘪的，是空洞乏味的。这不怪你们。你们或许是被"坏"的哲学败坏了胃口和头脑。身体，还有什么比身体更具体、更鲜活的思考对象吗？它充满欲望，有温度、有激情，每天都充满着生长和死亡的双重旋律。梅洛－庞蒂所称的"肉身"，就是这个针扎一下会流血的，会抽搐的肉体所构成的，有灵性的躯体。身体不止是物质性的，也是精神性的。物质的"肉身"和精神的"灵魂"在身体中共处一室。这里爆发着的、流淌着的每一个词语、行为，都不是单一物质、精神两分法可以言说、解读的。传统的知识对身体是回避、忽视的。福柯对身体的解读值得深思，需要认真分析对身体的"治理术"是如何演变的。现代性是如何关注人的？从执迷生死与夺到安排生活秩序；从控制无名个体到管理、分化人；从否定性压制身体到肯定性劝导身体。现代人很容易假设身体是白板，是信号接收系统，始终在等待被超出其控制的社会力量重构。这样的"身体观"，也就是德勒兹所说的"无器官的身体"。

梅洛－庞蒂指出，身体是社会建构中的多维中介；社会结构是"涌现"出来的，"探索身体与社会之间的关系，就是在处理具有重要因果意义的突生性现象。"[1]在互联网环境下，身体的实在性变得越来越不确定。比如"赛博格"的概念，将人与机器、人与虚拟空间的共生关系，看作未来重新定义个体的基本假设。新的人机共同体，将解构传统生物学、社会学意义上"人"的概念。人的边界被打破，他／她不再闭锁在具象的躯体之内，而是延展、遗撒在整个互联网上，不但作为原子存在，而且作为比特存在，作为超链接存在。不确定的身体，并不意味着身体本身趋于消解，而是意味着传统的、基于肉身本体的人的主体，

---

1 ［英］克里斯·希林著，李康译，《文化、技术与社会中的身体》，北京大学出版社，2011年1月，第17页。

将会重新构建。我觉得，重新发现身体，以及身体在社会构建中的中介作用，是
理解互联网的第三个重要问题。

理解互联网环境下陌生人、社会互动、身体的含义，我想借助一个文本，
即桑内特的著作《肉体与石头：西方文明中的身体与城市》（上海译文出版社，
2006年7月），他所梳理出的三种城市理念。

桑内特把古希腊以降的城市理念，与人的躯体做了一个有趣的对比。第一种
叫作"声音与眼睛"。希腊人注重声音，声音引导人们关注集体，关注城邦；城
市是开放性的，城市的场所设置易于声音的传达。罗马人注重眼睛，强调中心、
秩序、一致，罗马人用建筑物来驯化眼睛，让人看到并相信，把威严、永恒和秩
序浸透于心。

第二种叫作"心脏的运动"。在中世纪，基督教倡导禁欲、平等，希望通过
教堂、礼仪，塑造城市的公共空间，以消除基于交往者个体的声音和眼睛的力
量。城市的理念主要是建立虔信、慈悲为怀的文化氛围。它用无声的语言教导人
们如何顶礼膜拜，注重从外表装饰到内部气氛的营造。城市如同一个修道院，能
制造景观效果。中世纪的哲学家索尔兹伯里的约翰（John of Salisbury）在1159
年出版的《政治学指南》中指出，"国家是一个身体"。"统治阶级对身体的意象，
可以用一个词来表示，那就是'身体政治'，它表达出对社会秩序的需要。"[1] "整
体性、一元性和一贯性，这些都是权利语言中的关键词汇。我们的文明以更神圣
的身体意象来与这种支配性语言搏斗，这种神圣意象让身体自己与自己争战，它
是痛苦和不幸的根源。"[2] 从这个角度看，文艺复兴其实是商业复兴；商业复兴的
实质，则是对人的欲望的释放。这种释放，是以人的精神的解放、理性的张扬来

1　[美]桑内特著，黄煜文译，《肉体与石头：西方文明中的身体与城市》，上海译文出版社，
　　2006年7月，第10页。

2　[美]桑内特著，黄煜文译，《肉体与石头：西方文明中的身体与城市》，上海译文出版社，
　　2006年7月，第13页。

表达的。

　　第三种叫作"动脉和静脉"。这是现代城市的理念，强调流动性，强调通畅、迅捷和舒适。现代城市在提供便利的同时，也排斥人的身体对城市的参与和在公共空间里的停留。个人主义取代集体意识，感受能力越来越弱，舒适和快速是以麻木人的心灵和同情心为代价的，"过度地摄取虚拟的痛苦或虚拟的性爱，只会让我们的身体的直觉越来越迟钝。"[1]桑内特深受福柯的影响，认为城市的设计和安排规训着人的身体和思维。他把这叫作"感官剥夺"（sensory deprivation），"大众媒体所展现的东西，与实际的生活经验有着很大的断裂"。[2]

　　从桑内特的有趣的隐喻，我们可以对号入座的是，现代性创造流动性、鼓励流动性，现代性靠流动性获得动力和活力。但现代性同时又是缺乏内容的（声音和眼睛的蜕化）、丧失威权的（象征权力中心的心脏的消解）。这是一个巨大的悖论。一方面，现代性捍卫着、宣示着理性的胜利，这个理性的成就通过裹挟一切、通过洗刷一切的方式（其实是通过流动性），将人与自然全部收纳在现代性的麾下。但另一方面，它却不知道自己"流向何方"？它的口号已经蜕化为"更高、更快、更强"的增长主义。它只能看到永恒的流动，只能追求永恒的快速的流动，除此之外再也没有风景，没有闲暇，没有灵魂。

　　互联网时代如果只是更快地、更加虚幻地规制、宰割、遮蔽身体的话，那还有什么意义呢？人只有重归身体、回归感觉，才能真正恢复被现代城市文明排挤掉的人的身体和文化。在这种情境下，他／她会重新发现投射在他者身上的自我（陌生人的发现和再发现）；他／她试着与之交往和互动，并时时提醒自己，这个

1　［美］桑内特著，黄煜文译，《肉体与石头：西方文明中的身体与城市》，上海译文出版社，2006年7月，第3页。

2　［美］桑内特著，黄煜文译，《肉体与石头：西方文明中的身体与城市》，上海译文出版社，2006年7月，第2页。

交往的"对象"并不能完全看作物化的"对象",而是充满了灵性的"默会神契"。

在这里有三件事,或者说三个挑战需要思考。

第一,历时性和共时性的区别。历时性和共时性,是19世纪语言学家钟爱的分析方法,也受到结构主义者的偏爱。历时性是指时间的进程;而共时性则是时间的"横截面",是"共在"。现代性是顺着历时性展开的。文艺复兴以来的"史观"就是如此,它刻画出一个"过去、现在与未来"的时间轴、演进方向。这其实是基督文化"原罪—拯救说"的翻版。

现代(modern)一词最早可追溯至中世纪的经院神学。历史学家汤因比认为"现代时期"是指文艺复兴和启蒙时代。按照"现代性"最权威的理论家哈贝马斯的说法,"现代"一词是为了将其自身看作古往今来变化的结果,这种"结果"在现代性学者那里充满了赞赏的意味。一方面,现代性标志着资本主义新的世界体系趋于形成,世俗化的社会开始建构,世界性的市场、商品和劳动力在全球范围的流动,民族国家建立,与之相应的现代行政组织和法律体系建立;另一方面,现代性意味着人的解放,基于启蒙主义理性原则的知识体系开始建立,与这种知识体系相适应的教育体系、传播体系开始建立,各种学科和思想流派持续产生,这些思想文化不断推动社会向着既定的理想目标发展。

马克斯·韦伯从宗教与形而上学的世界观分离角度出发来理解现代性。这种分离构成三个自律的范围:科学、道德与艺术。自从18世纪以来,基督教世界观中遗留的问题,被分别归类为真理、规范的正义,真实性与美。由此产生的知识问题、公正性与道德问题,以及审美趣味问题,成为科学、道德、法理学以及艺术的专门体系。启蒙主义哲学家相信,通过科学与艺术的深入探索,人类对世界、自我、道德、进步、公正性的认识和处理,会沿着不可逆转的进步轨迹,趋于无限完善。

然而,后现代思潮的崛起和滥觞,颠覆了这种宏图伟愿。从波德莱尔、尼采开始,"现代"这个可以通过历史和未来平滑地串起来的"此在",日益显现出无比丰富的内涵。"现在"被越来越多地延展开来，无法简单地归并为过去的自然延展，也不是必然开启未来的正当、合法的起点。"现在"就是"现在"，是共相[1]的存在。这种共相的存在并非简单地将一个个孤立的个体加总起来，团聚起来。个体彼此之间是相互激发、相互依存、互为前提。历史的主轴反过来淹没在宽阔的共在的地平线远端。共时性到底是什么？简单说就是一种巧合：说曹操曹操到，似乎曹操能听到你的呼唤一样，立刻"呈现"在你的面前，成为你感知的一部分。共时性要面对的一个敌人是什么？就是悖论。被历时性清洗、规约、驯服的光滑的统一体，在共在的境况下并非妥帖地偎依在一起，而是充满了枝枝杈杈，悖谬抵牾。共时性会告诉我们，所有相悖的东西都有共在的权利——现代性的史观与世界观，难以驾驭、安置这些貌似违背直觉的纠结与冲突。所以我们说共时性是一个挑战。

　　福柯1976年有一个演讲，题目叫作《不同空间的正文与上下文》。他认为，20世纪预示着一个空间世纪的到来，这与19世纪的特征恰好相对立。文艺复兴以降工业文明的一个鲜明特征，就是"时间导向"的哲学。列斐伏尔也指出，空

1　共相，哲学术语，西方哲学中对共相问题的讨论，源于柏拉图和亚里士多德。柏拉图建立了"理念论"（或译"相论"），认为理念型相（共相）是独立于纷繁复杂的可感事物存在的，是永恒而完美的。而诸多的可感事物只不过是这个永恒而完美的理念的复制品、"影子"。从中世纪基督教哲学的视角来看，这种立场即是"共相先于可感事物而存在"，并且"共相决定可感事物"，是一种自上而下的、独断论的思维方式。柏拉图的学生亚里士多德反对这种说法，认为一般（共相）就在个别之中，由此形成了从经验个别事物抽象出共相的、自下而上的经验主义者与独断论者两种思维方式的对立。然而亚里士多德由于深受柏拉图主义的影响，对于第一实体是什么的问题（可以理解为"什么才是最根本、最基础的问题"），在其著作的不同地方，得出了两个结论——既是个别事物，又是本质（共相）。从而引发后世思想家的争论。

　　在中世纪基督教哲学时期，尤其是经院哲学时期，共相问题的争论成为一个热点。按照对波菲利问题的回答，基本上可以分为共相唯名论（nominalism，"唯名论"）和共相实在论（realism，"唯实论"、"实在论"）两大阵营和一些折中主义者。

　　共相，也是一个佛学术语，陈义孝编的《佛学常见辞汇》中，释义为：诸法有自相和共相二种，各别不同的相叫作"自相"，与他共同的相叫作"共相"。

间作为一个整体已经成为生产关系再生产的所在地。空间不再是被动的、次要的容器。空间是积极的、生动的、生产性的；也是巨大对抗的场所。

第二，什么是真实？"求真务实"大约是最明晰的一个概念了。人们似乎很了解这句话的内在逻辑和情感诉求。求真，就是追求真理，并坚信通过理性思考能够抵达真理的彼岸。务实，则是脚踏实地，相信一分耕耘一分收获。这种朴素的情感其实并不需要诉诸高深的理论思考。但是，在后现代的语境下，这恰恰是一个深层次的问题。

后现代学者有大量的文本，无情地揭露出我们耳熟能详的所谓"真实"，既不真，也不实。比如罗兰·巴特仔细分析了文本、作者的关系；利奥塔分析了叙事；德里达分析了意义；福柯分析了权力；鲍德里亚分析了符号——所有这些分析都显示出，我们熟悉的这些术语，其原本的含义其实令人陌生。文本到底是谁书写的？作者，还是读者？意义是如何赋予文本，如何传播的？权力如何构建关系？符号如何遮蔽真实？现代性构造了这个世界，同时还构造了大量这个世界原本不存在的"超真实"（鲍德里亚的术语）的符号。存在被符号包裹并成为多义的存在。真实，已经越来越被符号化、空洞化了。或许人们已经对这种符号裹挟的状态麻木了，甚至连肉身的刺痛都令人可疑。到底什么是真实？什么是人的真实？如果连真实都语焉不详、歧义丛生的话，我们可能会陷入迷雾的重重叠嶂，意义将变得"没有意义"。这是一个紧迫、严重的问题。

关于真实，大家要注意，真实已经不是现代性里掷地有声的真理了，我们不指望能够发现什么不以人的意志为转移的真理，我们现在对这些宏大叙事已经毫无兴趣，我们希望努力感知的，其实就一个字，"真"。至于它的背后有什么"理"，则全然是人的创见。我记得，上世纪五六十年代曾有文章分析，过去翻译的 truth 这个术语，其实不是"真理"，而只是一种本真状态。

第三，群体中的自我意识。当今互联网话语中，群体智慧是一个时髦的词汇。它说的意思是，当个体之间结成密集交互的群体的时候，群体的属性和行为就发生了重大的变化。个体之间的连接、交互，不止是传统认知中"作用力、反作用力"的物理描述，也不是统计科学给出的总体特征的统计描述，而是可能出现某种"化学变化"，比如涌现出某种新型的结构、功能和行为。威尔逊[1]在观察蚂蚁、蜂群的行为时发现，这种群体性生物天然具备某种社会属性。它们彼此交换着气味，以此作为群体识别、消息传递、踪迹呈现的媒介，从而显示出某种智慧的模式和行为。

通过互联网，彼此连接着的文本、事务和人，也呈现出这种群体社会自组织的倾向。没有中心，也没有发号施令者，但消息和任务可以在群体网络中自由传递，并呈现出某种结构分布和动力学特征。互联网并非以确定论的逻辑，刚性地构造着群体；也并非以决定论的逻辑，明白无误地给出预先设定的范围、路径、行为，而是带有某种不可预见的模糊性、随机性，但又不是一团乱麻。

群体并非单纯涌现出智慧，也可能面临崩溃的可能。无论智慧还是崩溃，有一个深刻的道理发生了变化：群体中的个体，并非是传统社会学理论中"独立"的个体，而是某种全新的个体。这里说"个体"这个词，只是勉强使用这个术语，并非它原意中独立的、边界清晰的、具有更多共性特质的存在；而是难以概括、难以描述、无法预测的，甚至是"弥散开来"的多重存在。个体从此有了多种可能、多个版本、多重生活。

这种个体的自我认知，是一个全新的难题。当我们日益认识到群体的力量，同时也被群体淹没、变成快乐的小人物的时候，要知道我们被宏大叙事洗刷了五百年。你总会提出那个经典的"大问题"："我是谁？"你总会指望有一个明晰的答案，以便找到存在感的坐标系。你的宏大情怀的消退，可能需要一段漫长的时间。在此，如何给自己一个交待，如何重新诠释泡在快乐的群体中的草民，他的自我意识，他的"限度"在哪里——所有这些，我认为都是尚未解决的难题。

---

1 爱德华·威尔逊（Edward O. Wilson，1929— ），美国生物学家、博物学家，"社会生物学"奠基人，是最早宣传"生物多样性"概念的人之一。1955年获哈佛大学生物学博士学位，同年开始在哈佛大学执教。

互联社会未来的挑战，完全要在实体空间和虚拟空间的密切交互中展开。这是一场不流血，但更可怕、更恐怖的心路历程。这种博弈，其实在现代性和后现代性两种思想的层面上，已经进行了很多次。

所以，了解现代性和后现代思潮，是我们深刻领悟互联网思想的重要门径。

现代性、后现代性是文艺复兴以来数百年非常重要的思想来源。这些基本材料、脉络，大家要熟悉。我觉得你要思考工业时代、信息时代，要比较它们的传承和变迁，就需要了解这些大的思想背景。这里的核心在于"解放和奴役"之间。韦伯悖论说的就是这个悖谬的状态。文艺复兴思想、启蒙运动思想的出发点是人的解放；但伴随着的却是人的奴役、异化、牢笼。在这些张力间充斥着彷徨、思索、痛苦、焦虑。斯诺[1]在上世纪五十年代写过一本书《两种文化与科学变革》，讨论的就是这么一件事：文艺复兴带来的科学精神与人文精神的割裂。他提出要构筑"第三种文化"[2]。借用这个术语的思路，如果未来互联社会里文化形态会在什么地方展开的话，斯诺的第三种文化是一种可能。

建议大家再去看看索卡尔事件[3]。这个近在眼前的事件，可以告诉我们文化断

---

1 查尔斯·珀西·斯诺（Charles Percy Snow，1905—1980），英国科学家、小说家。斯诺最值得人们注意的是他关于"两种文化"这一概念的讲演与书籍。这一概念在他的《两种文化与科学变革》（ *The Two Cultures and the Scientific Revolution*，1959）中有清晰的表述。在这本书中，斯诺注意到科学与人文中联系的中断对解决世界上的问题是一个主要障碍。

2 参考美国网络出版家约翰·布洛克曼的《第三种文化》（ *The Third Culture* ）。该书讨论了诸多著名科学家的工作。这些科学家都用直接的方式与一般大众沟通他们新鲜的或者带争议性的想法。约翰·布洛克曼在边缘基金会的网站上延续了"第三种文化"这一主题，让最前沿的科学家和思想者在上面用通俗易懂的语言表达他们的思想。书的命名源自斯诺1959年的著名演讲：《两种文化与科学变革》。

3 1996年5月18日，美国《纽约时报》头版刊登了一条新闻：纽约大学的量子物理学家艾伦·索卡尔向著名的文化研究杂志《社会文本》递交了一篇文章，标题是《超越界线：走向量子引力的超形式的解释学》。在这篇文章中，作者故意制造了一些常识性的科学错误，目的是

裂已经根深蒂固到了什么程度。这时候我们就能比较好地理解，为什么鲍曼说，现代文明的决定性胜利，也无法阻止大屠杀在西方重演。因为理性和效率是灭绝种族的大屠杀必须具备的条件（《现代性与大屠杀》）。现代性的悖论，就是指现代城市的增长，鼓励在社会交往关系的形式扩展中来发展个性、自主和个人自由，但与此同时，它制造了冷漠无情和社会孤立。

现代性的社会构建，依靠的就是所谓理性精神，是逻各斯主义的。逻各斯主义有各种各样的假设，这里最重要的就是确定性、还原论、原子论这些说辞。后现代性采用另外的路径批判现代性。后现代性不是从正面，不是用与现代性论辩的姿态来批判的。因为后现代学者心里明白，"反对逻辑必然要使用逻辑"，这会让你处于一种纠结状态。一位数学家说，逻辑是不用证明的，因为你要证明它，必须使用它。我觉得还可以加一句，逻辑是不可反对的，因为反对逻辑还得使用逻辑。这恰好是思考现代性和后现代性思想的一个重要的交汇点。

熟悉哥德尔的人应该知道，这是一种自我缠绕的状态，或者说叫作"自指"。这种状态有丰富的内涵。我推荐大家去读侯世达[1]的《哥德尔、艾舍尔、巴赫——集异璧之大成》这本书。这本洋洋数十万言、上千页篇幅的巨著，非常精美地将数学、绘画和音乐中呈现出来的自我纠缠、自我指涉、悖谬，表达得酣畅淋漓。这本书长期位列我的荐书单的第一位。我30年前读到这本书的一个简本（是"走向未来丛书"中的一本），今天仍然爱不释手。我觉得，对这种悖谬状态的认知，以及这种悖谬状态所刻画的存在状态，恐怕必将是我们在互联社会中所面临、所

检验《社会文本》编辑们在学术上的诚实性。结果是五位主编都没有发现这些错误，也没有能识别索卡尔在编辑们所信奉的后现代主义与当代科学之间有意捏造的"联系"，经主编们一致通过后文章被发表，引起了知识界的一场轰动。这就是著名的"索卡尔事件"。

1 道格拉斯·理查·霍夫斯塔特（Douglas Richard Hofstadter，1945—　），中文名侯世达，美国学者、作家。他的主要研究领域包括意识、类比、艺术创造、文学翻译以及数学和物理学探索。侯世达因其著作《哥德尔、艾舍尔、巴赫——集异璧之大成》（英文版出版于1979年，中文版由商务印书馆出版于1997年）获得普利策奖（非小说类别）和美国国家图书奖（科学类别）。

熟悉的、习以为常的生活状态。用大白话解释，就是"精神分裂症"将成为人的常态。这个词语猛一听你会一个激灵。联想到身体的再发现、陌生人的偶遇、群体智慧的涌现，以及确定性、还原论思维方式的破产，我认为我们将迎来一个不确定的时代，一个多重主体并存于多重空间的、碎片化的时代。这一时代，正好呼应了思想领域身体的转向、空间的转向。这是一场深刻的颠覆。社会再构建的核心问题在于，同时性（simultaneity）和并置性（juxtaposition）的重要性大为凸显——这是福柯讲的一句话，我觉得这句话让我感受到什么叫作智慧的闪现。

从美学的角度看，利奥塔指出，"现代性的美学是一种崇高的美学"，而后现代将"不可言说"表现在再现本身之中。后现代美学极力想冲破画布的边界，但又不愿正面抵抗传统的叙事逻辑，非不能也，乃不愿也。吉登斯提出，知识的不确定性可以说就是美学的根本特征。他认为，所谓的客观知识远不如我们过去设想的那样牢固。

很多学者批判现代性的目的，其实是在情感深处试图拯救现代性，修补现代性。哈贝马斯就是典型的一个。在《交往行为理论》中，哈贝马斯比较了现代性和现代化，认为现代化是20世纪50年代的术语，描绘的是社会科学功能主义的想法，即通过一系列长久积累而实现的某种转化过程。比如将资源转化为资本，生产力的增长与发展；政治中心权力，民族身份意识，政治参与权；高雅生活方式，大规模的教育，价值和规范的世俗化。事实上，生活世界的现代化，将导致科学、道德、艺术领域的分化。

哈贝马斯认为，启蒙尚未完成。他提出在集体实践基础上的交往行为理论，需要至少两个以上的行动者，通过语言来理解相互之间的关系。

哈贝马斯的交往行为理论，有三个前提：对客观世界做出的陈述是真实的；交往行为建立的人际关系是正当可靠的；言辞表达与言者意图是一致的。

还有海德格尔提出"协商民主"；英国语言学家奥斯汀[1]提出"以言行事"；

---

1 奥斯汀（John Langshaw Austin, 1911—1960），牛津学派的重要代表人物。1924年在施鲁兹伯利公学攻读希腊、拉丁古典著作，后入牛津大学贝里奥尔学院学习古典学、语言

阿伦特提出"行动哲学",都从不同的程度试图在批判现代性思想的同时,最大限度地保留这种思想的合理成分。现代性者试图修补;后现代者致力于批判,并拒绝与现代性者为伍,为避免掉入任何一种被批判的主义和标签,他们对和解的可能避而不谈。比如意大利学者瓦蒂莫(Gianni Vattimo)指出,后现代学者往往因为对宏大叙事的警戒,往往拒绝思考真理、理性、意义等重大的理论问题。瓦蒂莫认为,需要严肃看待虚无主义。

这种局面令人深思。我们正处于批判、反思和构建的挑战齐头并举的时代。互联网在颠覆、改写着生活模式、商业模式,但更触动着思想的底座。我们不得不使用这些"耳熟能详"的术语来思考已经破碎不堪的思想碎屑,并努力用超然的坐标"重构"完整的图样——其实,我们对这种所谓的未来的图样,内心深处并没有太多的把握,它是不确定的,它逃避理性的规约,浸泡在直觉中。这是我们今天面临社会建构这一命题时的困境。

学和哲学。1935年起在牛津大学莫德林学院任教。第二次世界大战期间,他曾在英国情报部队服役。奥斯汀一生著述极少。生前只发表过七篇短文。他的影响主要来自讲课以及在一些讲座和讨论会上的讲演。他死后出版的两本书,一本是《如何以言行事》(1962),由他的朋友和门生 J. O. 厄蒙森根据奥斯汀1955年在哈佛大学威廉·詹姆士讲座上发表的讲演的笔记整理而成;另一本是《感觉与可感物》(1962),由他的朋友和门生 C. J. 瓦诺克根据奥斯汀1947年至1959年间关于知觉理论的讲义整理而成。

第五讲

互联网与复杂性

第一单元的三讲，就此告一段落。

我们谈了三个话题：一个是互联网发展史；一个是消费社会的兴起；一个是现代性和后现代性。这三个话题表面上看貌似没什么关联，但我还是有一些意图，想传达给大家：其一，我们迄今为止所接受的正统的、主流的学科思想，需要用批判的眼光重新审视；其二，反思和批判需要更大的历史尺度；其三，一些表面上看来毫无关联的内容，可能蕴含深层的思想。

从这次课开始，我们再用三讲的篇幅，讨论三个主题，表面上看仍然互不关联：一个是复杂性，一个是社会网络，一个是公共空间。如果说，上面三次讲座，总体上希望为互联网思想提供背景和底座，我希望通过这三个主题的讨论，为互联网思想的奠基，寻找三个支柱。

1 为何讨论复杂性？

复杂性，是最近几年流行开来的一个术语。国际政治经济领域，自从2008年金融危机以来，"复杂多变的世界"成了政治领袖的口头禅，也成了分析师的标准用语。1999年巴拉巴西著名的无标度网络模型，迅速点燃了网络分析的热潮。大学课程、研究生课题，大量围绕复杂网络分析来做。大家有模有样地采集数据、刻画节点和关系，计算度分布曲线，拟合幂律。有这么两件事，可以说明复杂网络、幂律，是如何深入人心的。一件，是在2011年的达沃斯世界经济论坛，声讨这种富人俱乐部聚会的民众，在场外游行示威的时候，有一块标语牌，上面写着"反对幂律"；另一件事，也是2011年，美国纽约的"占领华尔街"运动，也有一个口号，叫作"99%:1%"，意思是这个世界上1%的人占有了优势地位，99%的人只是附属品。这也是幂律的某种含义。

2006年《连线》杂志主编安德森将互联网的模式通俗地阐述为"长尾模式"。一时间，那个异质性的、精彩纷呈的长尾，成了众所追求的时尚标签。其实，长尾也好、"二八定律"也好，都是巴拉巴西所言的幂律分布的一种表现形式。幂律分布，这个非常纯正的数学概念，竟然成为理解互联网的中心概念之一。这多少有点戏剧色彩。

还有，当格兰诺维特的弱连带（weak ties）、结构洞理论，被1998年瓦茨和斯托加茨的"小世界模型"所佐证的时候，社会网络分析一下子流行开来。这恰好是推特、脸谱大行其道的时候，也恰好是社群化、社交网络成为互联网亮丽风景的时候。

由此，复杂网络、复杂性、复杂系统等，一方面成为商家装点门面、附庸风雅的道具，另一方面也的确成为解读互联网思想、商业逻辑和内在机理的一个门径。这是我希望向同学们介绍复杂性的背景。

好了，那么复杂性跟互联网到底是个什么关系？复杂性的问题在互联网上有什么表现？或者干脆撇开互联网，复杂性、复杂系统有哪些表现形式？它能提供给我们什么样的思想？这些是我在这一讲想跟大家探讨的问题。

一说到复杂性呢，我相信你心里头一定是五味杂陈。现代社会任何词语都可能快速消费到"过度"的地步。刚才说，国际政治舞台上，"复杂多变"成为2008年华尔街金融风暴以来，描绘政治经济态势的标准修饰语；社会经济领域，人们常常把"复杂性"作为困难、挑战的另一种说法；科技领域，复杂往往又是高技术含量、高难度系数、高资源投入的另一种说法。

关于复杂，我有三个简单的字：第一个是"繁"，第二个是"难"，第三个是"烦"。

"繁"的意思就是繁多、繁杂。总括地说，事物的表象显得凌乱、纵横交错，不容易看清楚；而且，会让你觉得一下子抓不住要领。表面上看，东西一多，就显得繁杂。但是不是一定"多"它才复杂呢？也不一定。比如我们说三体问题，才涉及三个东西，够简单吧？但是从物理学、天文学的角度看，它就足够复杂。著名英国物理学家彭罗斯证明，三体问题是迄今为止最复杂的天文学问题，它不可能给出一个类似牛顿力学方程的漂亮公式，来表达三者的动力学规律。所以我们说，"繁"只是表象，其实"难"才是真相。

难，难在哪里呢？关于"难"也有两种解释，一种解释是说，难到什么程度呢？难到"左右为难"，这就是悖论所表达的窘境。比方说这么一句话，"上帝能不能造出一个他搬不动的石头"？这句话就让人觉得很纠结、很难。因为从正常的语义来看，如果他造出来了，他又搬不动，上帝就不是万能的；如果他造不出来，正好说明他也不是万能的。还有很多悖论，表达的都是这种悖论，比如著名的"理发师悖论"、"克里特岛人悖论"等。

第二个"难"不是这种看上去的"文字游戏"，它跟计算机学科有关系。计算机学科有一个研究领域，就叫作"计算机与难解性"。说白了就是，就算你知道算法，你能把方程写出来，但是很遗憾，你解不出来。这个问题叫作"可计算性"。可计算性有两种情形：第一种是你压根儿就构造不出方程式来，比如 N 次代数方程，当 N 大于 3 的时候，不存在求解的解析公式；第二种，是你有方程，也有解方程的办法（算法），但在有限的时间内，你得不出有意义的结果。计算机学科把这类问题叫作 NP 问题[1]。这个我们也把它归结为"难"。

绝大多数的微方方程、偏微分方程都无法得到一个严格意义上的解析解[2]，只能通过别的办法，比如级数展开或者离散化之后，得到一个近似的解。所以我们说，复杂性表面上看是"繁"，实际上是"难"。

那"烦"又是怎么回事呢？这里说的"烦"，固然有心烦意乱的寓意，但这里是借用海德格尔的哲学术语。海德格尔是少有的原创思想家。他的原创性体现在他驾驭词语、赋予词语更加锐利的内涵方面。比如"烦"就是一个。在《存在与时间》一书中，海德格尔用"烦"这个术语，解说人的此在（当下的存在）与存在之间的细微区别。存在是一个宽泛的，总体的词。它说的是事物（包括人）

---

1 NP 问题是在理论信息学中计算复杂度理论领域里至今没有解决的问题，它被"克雷数学研究所"（Clay Mathematics Institute，简称 CMI）在千禧年大奖难题中收录。1971年斯蒂芬·库克（Stephen A. Cook）和利奥尼德·莱文（Leonid Levin）相对独立地提出了下面的问题，即是否两个复杂度类 P 和 NP 是恒等的（P=NP？）。复杂度类 P 即为所有可以由一个确定型图灵机在多项式时间内解决的问题；类 NP 由所有可以在多项式时间内验证解是否正确的决定问题组成，或者等效地说，那些解是可以在非确定型图灵机上在多项式时间内找出的问题的集合。

2 解析解（analytical solution）就是一些严格的公式，给出任意的自变量就可以求出其因变量，也就是问题的解，他人可以利用这些公式计算各自的问题。所谓的解析解是一种包含分式、三角函数、指数、对数甚至无限级数等基本函数的解的形式。用来求得解析解的方法称为解析法。

总体上的存在。这个存在其实很难从总体上把握。青草的每一次摇摆、每一刻生长，都是青草这个存在的组成部分。它永不停歇地流动、延展，除了生与死的边界之外，没有哪一个角度、哪一幅快照，等同于"青草"这个存在的全部（我指的就是这棵青草，具体的这一棵）。海德格尔用另一个词"此在"，当下的存在来描绘那无数个瞬间的快照（或者极其短促的片段）。但这个此在的本质，却转化为"共在"，即凝固了的世界的总体，其实都是这棵青草无法擦除的有机成分。在这个语境下，我们简单看看"烦"是什么。烦，就是活着的此在，对存在若即若离的焦虑。什么意思呢？假如你不停地被外在的世界"打搅"，你其实会冷落了你自己的存在时刻；但这种打搅，又何尝不是因缘的一部分呢？人之所以无法在面对这种问题时豁达起来，盖因"烦"是本生的，烦是你注定无法摆脱的。人仿佛被抛弃到荒野，仿佛随时都面临坠落的可能，于是人自觉或者不自觉地左顾右盼，与那原本看不见的"标志标线"对齐，试图走在"存在本原"的中道上。结果每每被世间万物所"打搅"、"中断"，这就是烦的状态。

海德格尔的烦，我认为说的是你无法从宇宙万法中抽离出来的这种情状——而人，恰恰就有这种跃跃欲试的冲动在。这还不够复杂吗？这就是复杂的哲学含义：一就是一切，一切就是一。

所以复杂这个语汇，今天已经不单单是传统学科分割中所钻研的一个具体课题。我们要思考互联网的复杂性问题，如果只停留在传统学科领域，试图将"复杂"降为方法论的工具和视角，那就偏离了我这里讲的本意。

复杂问题，看上去是个数学问题、物理问题、化学问题，看上去也有很大的难度：多维度、多变量、非线性、多层级，如此等等。它难以计算、缺乏公式、给不出满意的答案，凡此种种其实都是"复杂在传统世界里带来的'烦'"。它只是复杂的"表征"，还不是复杂本身。复杂本身是什么？我说不好。一定要说的话，我觉得需要退后一大步：真正能言说复杂的"语言"，还没有出来呢！

甩出这么一句貌似"禅机四伏"的话，大家可能感觉太玄虚了。这只是我的一点感想，当然要深入探究的话，还有很多功课要细致地去做。我这么说，另一个意图也是希望大家在听下面的内容的时候，不要仅仅把它看作你以前接触数学、物理学知识的延续，或者唤醒。我希望大家用心去体会这些东西的内在含义。

复杂这个话题，表面上看意味着繁杂、繁多、难度大、难以计算，甚至意味着里面包含无法克服的"悖谬"。这只是我们讨论复杂这个话题的一个目的，你需要一个全新的看问题的视角。另一个目的，是想跳出来看，看我们过去习以为常的那个复杂性带来的概念、理念，已经给我们预装了什么样的操作系统。

我们头脑里预装了什么操作系统，这是个比喻。学校的正统教育，包括教科书、教科书以外的教育理念，用福柯的观点，这是一种规训思想的场所和方式。我们脑子里被预装的关于"科学原理"的操作系统，有这么几个关键词：一个是原子论（相信物质无限可分）；一个是唯物论（相信物质是第一性的；注意，这里的唯物论，我想加一个修饰词：绝对的唯物论。为什么绝对？即在这种唯物论中，精神、灵魂都被视为物质的"导出"属性，附属属性。绝对的唯物论，是死气沉沉的唯物论，是干巴巴的唯物论）；一个是还原论（相信可以通过切分物质，发现关于物质的规律性的知识，并且这种知识是可信的）；一个是确定论（相信世界是完全确定的，毫不意外的）；一个是可知论（相信世界是可知的，"知"的途径就是理性）。

这里我只拎出还原论来说。科学的还原论，是很朴素的科学思想。不容否认的是，占据主流的科学教育中，还原论仍然是老大哥。

还原论有一个信仰，就是坚信这个世界可以转化成元素周期表，可以转化成牛顿定律，可以用数学方式来表达。还原论的世界观就是确凿无疑地坚信，"世界是可拆解的"。他们相信，拆解世界是认识世界的不二法门（这个叫作实验、实证）。而且从方法论上说，还原论相信可重现。不可重现的东西，一定是混杂了谬误的东西。

为什么直到今天这种世界观仍然占据老大哥的位置呢？简单的理由是，它好使。更有力的证据是，它"几乎"是奏效的。这是我们对这个老大哥至今还不敢轻慢的一个理由：它几乎是奏效的。

我说"几乎"，是因为绝大多数日常生活的原理、方法和思想，用还原论都能生产出大量的知识，还原论都行得通。此外，一旦有人对还原论发起攻击的话，立马会有很多人站出来，说你忘恩负义、数典忘祖。因为我们现在很多事情，都拜还原论之光，托它的福。的确现在很多事情是这样。比方说马达的原理、飞机的原理。比方说我们怎么能够把卫星送上天，比方说你生病了去医院给你动手术用的那种显微手术的器械，比方说你用的药品、甚至包括食品。我们已经从一百年前就展开了一种物理人生、化学人生。我们相信配方，相信实验室，相信科学家的身份。所以呢，它的确几乎都是奏效的。

在这个意义上，我们可以说还原论就是我们底层操作系统的一种。它藏得很深，在每个人心里都是一样。

2 思想的"带毒状态"

我们看待复杂性的动机,是想提出一个问题,我们能不能开启对这个复杂性的另一种思考?非常对不起,我只能用这个词,因为"另一种"这个界定词,本身就有还原论的魅影。因为你要说"另一种",就有"这一种"和"那一种"的分别。分类学就是还原论的近亲。没有办法,姑且这么说吧。我们能不能有另外的一种思考方法?这是我们这一讲讨论复杂性的主旨。

刚开始我们简单回顾了第一单元那三讲的内容:一个内容主要讲互联网技术的演化史,你可以看到它并非"直线式的发展";第二个内容我们选了消费社会如何崛起的角度,谈到资本主义大机器生产如何奴役人,进而又如何用消费者的身份"甜蜜地"塑造人;第三个内容我们谈社会的构建。工业时代社会构建的理论和思想,是基于现代性的。现代性,就是理性精神加进步主义的混合物。我们比较了现代性和后现代思潮。我们给出这三个方面的内容,是想看什么东西呢?想看这些思潮之间彼此的"交互作用"。也就是说,想看各种思想,各种力量是如何彼此嵌入、相互渗透的。

技术力量如何介入到社会、经济生活中?如何成为消费、日常生活的必然元素?用凯文·凯利的观点说,技术已经成为了"第七王国",它自身就充满了"活力"。经济结构是怎样与社会结构彼此缠绕、交织在一起?它们又是怎样彼此相互作用的?我们试图通过第一单元的内容,让大家领会到这些"纷繁复杂"的含义。

在第一单元的基础上,我们通过复杂性这个术语,来咀嚼一下刚才说到的

"纷繁复杂"的景象。这时候，我们会忽然感觉到在知识上（我说知识上包括我们第一单元里提到的后现代的这些思潮，这是互联网反叛精神的来源），我们突然达到了一种状态，恍然大悟的状态。

嗯，这么说有点催眠师的口吻。我无法代替你们陈述自己的感受。我只是用这种"句式"来表达我对自己言说内涵的期待——我通过这种方式言说这些"我正在言说的东西"。

下面我需要再花点时间，解释一下刚才说的"恍然大悟"的到底是什么东西。

当我们把思考的坐标前溯一百年，比如到尼采那个年代；或者再前溯两百年，到狄德罗、伏尔泰、歌德的年代；或者再前溯四百年，到笛卡尔、斯宾诺莎、莎士比亚的年代，我们可能会看到随着时间的迁移，技术的演化、社会的演进、经济的发展，总是有两条交织在一起的轨迹。

第一条轨迹，就是那些正当合法的、刚才说到的"几乎奏效"的内容。当然不同年代的这些内容还是大有区别的。比如在笛卡尔年代，医学还很朴素，基本沿用古希腊希波克拉底[1]、盖伦[2]的理论。人有什么毛病，除了卧床休息、冷敷热敷，就是放血疗法了。到了狄德罗时代，解剖学有了很大的进展，脱胎于炼金术的化学制药不断传来好消息，治疗水痘、感染，总算有了一些"精细的疗法"。尼采时代，医学就更加发达了，外科手术可以治疗更多的病症，当然主要还是骨伤科。西方近现代医学发展的历程，大约是科学最有说服力的佐证了。你已经听明白了，我说的"几乎奏效"的这条轨迹，就是指科学，特别是实证科学。

第二条轨迹，就是那些不奏效的地方。医学和化学脱胎于中世纪的炼金术。

1　希波克拉底（Hippocorates，约前460—377），古希腊医生，西方医学的奠基人。著名的"希波克拉底誓言"是西方医生必须恪守的格言。直到现在，许多医学院的毕业生宣誓时仍以此作为誓词。

2　盖伦（Claudius Galenus of Pergamum，129—199），古罗马时期最著名、最有影响的医学大师，他被认为是仅次于希波克拉底的第二个医学权威。盖伦是最著名的医生和解剖学家。他一生专心致力于医疗实践解剖研究、写作和各类学术活动。

炼金术是这样一种奇特的狂想：炼金术士认为，能够找到一种"原初物质"（prima materia），这种物质用之可以点石成金、服之能够长生不老。在2,000年的历史中，炼金术总是以各种面目成为宫廷、僧侣、密教的最爱。公元1326年，罗马教皇下令禁止炼金术，仍无法将其赶尽杀绝。在正统、主流不奏效的地方，总会有这么一股暗流，以招魂术、点金石的面目存在。与"奏效"的科学不同，这些装神弄鬼的门道被称之为妖术、巫术，潜藏在难以见光的地方，一有时机就伺机作怪。

我好奇的是，这两条轨迹的交织，在人类历史总体上，是前者压倒后者的样貌；奏效的东西被张扬为光明正道，而不那么奏效、无法验证的东西，则一概被列为异端、邪说予以否定。特别科学昌明之后，后者一概被斥为落后、愚昧的迷信，被一股脑儿扫进知识的垃圾堆。

我们现在看这两条轨迹的交织，恐怕要放弃先入为主的成见。或者至少我们且慢做判词，说哪一个比哪一个更如何如何。我们需要看待两者交织的状况，这种状况，需要从两者的关联、消长、演化中读取更多的信息。这样的话，就不能将这些不奏效的地方，跟这些奏效的地方，画上一条泾渭分明的线，说这边都是奏效的，那边是不奏效的，不是这样。我们需要考虑二者的"间性"。

间性这个词也是借来的，借后现代学者的术语。间性就是雌雄同体，你中有我我中有你，这叫间性。它不能够还原成雌性或者雄性；或者说，你还原成雌雄单体之后，并不能用加总的方式，得到雌雄合体的全部特性。所以我们发现，那些还原论几乎奏效的地方，以及它失效的地方，是不能用这种还原论的思想去看的。

这个问题之所以重要，是因为这意味着世界观的改变。还原论的世界观是原子论的，是物质主义、基元主义、本质论的。我贴了这么多标签，是想指出一点：还原论看待这个世界的方法，是主客两分法的，并将此作为世界本源的公理。破除还原论之后（且不说破除之后"是什么"），新的世界观长什么样，我认为这个问题足够复杂，难以回答。不管回答的是什么，"难以回答"本身就是答案的组成部分。或者说，即便回答，也是勉为其难地"摹写"，是隐喻。

这也是我这个系列讲座的一个"文本特色"。我不致力于寻求前后一贯、逻辑缜密、论证充分的文本构造；我只是做拼盘，只是堆砌一些史料、概念、事例，希望透过这些材料之间的"关联"来喻指某个东西。我希望展开一个思考的空间。

如果还不清楚的话，就听我说这句话：嘿！你其实运转在一个内嵌的操作系统上啊！

就这么回事。

恍然大悟之后呢，就有新的问题冒出来。就是说，你忽然看到了自己的"后脑勺"，你对自己的认知和你对这个世界的认知，成了操作系统和应用程序的关系。你一旦习惯用这种眼光看问题的时候，你就会产生一系列的追问：我们"被预装的操作系统"到底是什么？谁预装了它？并且，你可以意识到，这种"被预装的操作系统"并非一成不变；更要命的是，它有 bug[1]。

这种"被预装的操作系统"，是按工业时代的思维逻辑编制而成的，又是通过消费社会的崛起铸造成型的，我们把这个过程称为"社会的构建"。

那么我们"恍然大悟"的是什么呢？是我们被预装的那些东西，它已经在冥冥中发生了变化。比如说从生产型社会到消费社会的转变；比如说从本体论向现象层的转变；再比如说从基元论到生态主义的转变。说"转变"还是中性的，谦和的。其实是"退却"。

"退却"是什么意思呢？就是承认失败，承认康德物自体之不可得、彼岸世界之不可达；承认黑格尔之绝对精神、纯粹本体之不可言说。胡塞尔的现象学还是客客气气的，给本质主义留下一点颜面。比如他说的"悬置"，就是把这些不可得、不可知、不可言说的玩意，收罗到一个口袋里，扎个绳，吊在房梁上挂起来。别再问这些费力劳神的问题了，"回到现象本身"。

从本质主义、宏大叙事，到现象学、存在主义，就是一种退让；从本体论

---

1 英文单词，本意是臭虫、缺陷、损坏等意思。现在人们将在电脑系统或程序中，隐藏着的一些未被发现的缺陷或问题统称为 bug（漏洞）。

到语言学，也是一种退让。世俗的玩意还没鼓捣明白，就进入令人晕眩的苦思冥想，在那些"不奏效"的门派看来，何其迂腐耳！

我们刚才无奈之下，使用一个两分法的术语，把思想及其方法划分为两类，一类叫作奏效的、另一类叫作不奏效的。其实是否奏效，这有两个尺度。用"奏效者"的尺度看，叫作"实证"。经验主义者最常说的一句话，一句特别有力量的话是：是骡子是马拉出来遛遛。用"不奏效"的尺度看，叫作"相信"。也有这么一句话，叫作"信则有"。

其实，所谓"间性"，是想破除这种"画地为牢"的论辩、思考方式。先给出一个假设，然后就退缩在假设的背后开始推演，这是无论"奏效者"还是"不奏效者"，都有意采用的伎俩。

好了，不绕大弯子了。我目前的思考就是：前者正在向后者迁移。越来越多言之凿凿的东西，正慢慢变得不那么牢靠了。

辨识出两种交织在一起的轨迹，并非黑白分明，这是一种收获。另一个收获，就是辨识出你脑子里"预装的操作系统"。哈贝马斯将世界划分为"系统世界"和"生活世界"。他认为，生活世界一直以来受到系统世界的奴役。不止哈贝马斯这么说。经济学家哈耶克也认为，资本主义制度体系是对人的奴役；法兰克福学派更是直指工业文明在塑造"单向度的社会"和"单向度的人"。只要你看过卓别林的《摩登时代》，你就知道"机器奴役人"是怎么回事。但我们今天讲的，要比"识别出这种状态"多一点。这多的一点，就在你的脑子里，不是外面的什么东西。哈耶克把资本主义比作"牢笼"，这个思想的牢笼不在别处，在你心里。

我们今天的知识地图，总的特征是居于主流位置的系统世界，已经构筑起宏大的叙事体系，这一叙事体系已经能很好地"自圆其说"，能很好地"自洽"。在精神层面，它成功地将宗教的"救赎"替换为"解放"；在物质层面，它成功地将"欲望"合法化（通过为人的私欲正名，即霍布斯对人性的假设），美之以

"创富"。这种自圆其说的叙事体系，业已深入人心，并日益成为奴役日常生活的牢笼。

还原论到今天已经进入到了一种非常精致的结构。它的语言是以元素周期表、原子模型、DNA 双螺旋结构的面目出现的。这个精致的结构像一个巨大的迷宫一样，人在里面几乎是无所遁形，无处逃逸。揭露和了解这种存在状态，其实是我们这门课所想传达的内容。这也是你更加真实地看待互联网的基石。

我们要看到，我们其实是"带毒运行"的状态。内嵌在我们脑海里的操作系统，让我们运转于大量的词语、标签之中。我们的观察和思考，每每要与这些潜藏的话语交锋，但我们自己可能还没有意识到。我希望用这种方式给大家留下这么一个印象：这门课其实只是把我的焦虑传达给大家，很多问题我只有焦虑，没有答案。

我的焦虑在哪里呢？举个例子。我们常用这么一个词，叫"主体性"。主体性是一个很浓厚的哲学术语，这个词源于笛卡尔到康德、黑格尔期间的哲学传统。它对应的一个诉求，就是建立独立于宗教情怀背景下的人的完整性。人是这个世界完全独立的存在，人可以运用他／她的理性来认识这个世界，包括自己。不需要依赖什么神启，也不需要感官、知觉的辨识——那些都是靠不住的。"人从此独立行走了"，是文艺复兴以来最大的成就。人的主体性的确立，是告别神性之后人迎来的一次伟大的解放。

然而，现象学、语言学、存在主义将这个美丽的梦幻击得粉碎。生生不息的自然和流动着的世界，使得每一刻对主体的定格，都无法与上一个，或者下一个相重叠。这好像禅宗的启示：每当我们认为将"主体"攥在手中的时候，"主体"就远离我们而去。后现代者用反讽的语调，将涂抹在"主体性"话语身上厚厚的油彩剥落了。但是，值得注意的是，虽然后现代思想将批判的锋芒对准主体性、宏大叙事、权力、文本、意义，把多样性、个性思考表现得淋漓尽致，但是我想说，后现代思潮其实依然是"踏着现代性的节拍跳舞"。

在《新物种起源——互联网的思想基石》一书，我与姜奇平的对话中，我们有一个共同的感受，就是人类的思想文化幸好"投胎"在了互联网上。互联网提供很新的展现方式，让我们以全新的角度重新看待这个问题，但不是走老路，不是"拯救"什么。所以有人说主体性的重塑或者重构，是互联网的一个重大的命题。我的看法是，这是错的。

我们讲主体性，往往将具体的个体看得很重。如果说我们用画画来打比方，我们往往把一个人画得比较高，甚至以他为尺度审视大千世界（普罗泰戈拉说，人是万物的尺度）。反观一群人，我们就会将其看成"乌合之众"，整体上密密麻麻一大片，从高度上看就比不上单一的个体。这只是个形象的比喻。长期以来，我们强调个体，所以孔德的社会学也把注意力放在个体身上。那么在互联网的背景下，我觉得这幅画面应该倒过来，个体要画得矮一点，群体要画得高一点。为什么？关于主体的话语霸权，占据人们的思想世界时间太久了。这个时间太久不是指几十年，是几百年甚至上千年。如果我们认真去看一看、捋一捋从古到今的英雄史诗、创世故事、神话传说，思想上都是人这个个体的构建、再构建的过程。

在互联网上，突然我觉得风向大变。所以我们第二单元的内容，主要想探讨这样一个问题：主体将走向何方？或者说，把它用另外一个哲学名词来说的话，就是：我们将如何看待他者？人与他者是什么关系？这个思考着的、存在着的、感受着的主体和他者是什么关系？

在过去的哲学传统里，他者一直是一个配角。所以我说要把主体的"个头"缩小的意思，就是未来的主体，它至少要有另外一个"他者"会变得跟他（主体）一样高。这时候，重要的就不是主体，而是"主体间的关系"了。

3 复杂性的故事

1998年3月6日，在美国华盛顿白宫东厅举行的千年晚会上，著名的剑桥大学物理学家斯蒂芬·霍金发表了题为"信息与变革：下一个千年的科学"的演讲，建议大家到网上看一看霍金发言的全文[1]。霍金确实很伟大，不只是伟大的物理学家，还是伟大的思想家。他通篇发言的中心，我觉得就是讲了这么一个看法：他认为下一个千年（就是从21世纪开始）是"复杂性的千年"，或者说是复杂性主导的千年。这种复杂性首先从生物学、信息技术中体现出来。

复杂性的问题其实很早就有人提出来了，像冯·诺依曼。诺依曼在六十年前就提出来，认为20世纪应该着力解决的焦点问题是复杂性问题，就像19世纪的核心是对熵，对能量的理解一样。但是很不幸，20世纪这个问题只是提出来了，但远远达不到解决的地步。

我们先说说混沌这个领域的几个故事。你们可以去看《探索复杂性》[2]、《混沌：开创新科学》[3]这两本书，写得很好，翻译得也很棒。

洛伦兹是美国的一个气象学家。大家知道天气预报是一个很有挑战性的领域，气象学家、数学家、计算机科学家都对它感兴趣，因为它要用到大量的方

---

1 http://clinton4.nara.gov/textonly/Initiatives/Millennium/shawking.html.

2 ［比利时］G.尼科里斯、I.普利高津著，罗久里、陈奎宁译，四川出版集团，四川教育出版社，2010年4月。

3 ［美］格莱克著，张淑誉译，上海译文出版社，1990年8月。

程，对研究计算问题很有价值。天气预报很难，相比短期预报，中长期天气预报就更难。短期的天气预报，比如3个小时、半天、一天，还好办一些，预报的把握相对大一些。但是中长期，比如超过五天、七天，以至于十天、二十天以上的长期预报，这个就很难。

当时有了电脑，虽然很笨重，但比人还是方便、快捷了不少。气象学家洛伦兹在六十年代研究数值天气预报的时候，无意中得到了一个惊人的结果，这个结果导致了"混沌"的发现。

他当时的做法说起来有点偷懒，他把通常用的计算公式，写成了一种迭代的方式。迭代是什么意思呢？就是 $X_{n+1}=f(X_n)$。把这次计算的结果当作下一次计算的输入，循环往复地做。那时候的计算机很慢的，所以他就去喝咖啡。等他回来之后他发现，迭代之后的结果显示出乱七八糟的曲线。这是怎么回事呢？他仔细分析计算的过程，就算是累积的误差，也不应该这么乱糟糟的啊！十多年以后，他提出了一个名词叫"蝴蝶效应"，来说明这种现象。

精确的方程给我们描绘了一幅泾渭分明的画面，我们期待方程式给出的所有点，连起来就是一条漂亮、光滑的曲线。我们会认为，蝴蝶的轨迹其实就是这个样子，蝴蝶就是这样飞的。树叶的飘落、云彩的弥散，大约都是如此。我们之所以迄今尚未写出这个方程，是因为我们对蝴蝶、树叶、云彩的知识还不够完整——但它终将可以完整起来。这是牛顿力学、微分方程的信仰。法国数学家拉普拉斯曾有这么一句豪言壮语：只要给我初始条件，我将推导出整个宇宙！拉普拉斯假设，方程式本身不是问题，只要有初始条件，一切都 OK 了，多么复杂的曲线、图形，都如探囊取物一般，可以攥在手心。

即便我们给出的曲线，与蝴蝶的飞舞、树叶的飘落、云彩的弥散不那么一致，古典数学、物理学家的解释，也只是把这些差异看作是噪声、干扰，或者不值得大惊小怪的"瑕疵"。这只能说明我们的知识尚不完美，但它终将完美，这个方程式就是对这个世界运转的本质的刻画。

洛伦兹的发现不支持这种解释。这与知识是否完备压根儿就没关系，这本身就是我们尚不了解的"新知识"。英国哲学家波普尔[1]在1964年出版的《客观知识》一书中，区别了这样两种知识。他称之为"云"和"钟"。关于"钟"的知识，好比牛顿的方程、拉普拉斯的方程，是精确的、干净的、光滑的、漂亮的；关于"云"的知识，貌似写不出任何的方程来——这就是关于复杂性的知识。顺便说，我觉得，目前数学家还没有找到描绘"云"的工具和语言。迄今为止，我们所有数学的语言，本质上都是刻画"钟"的。我们勉强在使用这些"钟"的语言讲述"云"的故事。这个局面有点像当年爱因斯坦和量子力学的哥本哈根学派的论战。爱因斯坦坚持斯宾诺莎的上帝，坚持"上帝不掷骰子"，其实从根本上讲，这是爱因斯坦的话语体系，是"钟"的体系。钟的语言必然导向这样的哲学信仰。哥本哈根学派之所以看上去有点暧昧、有点左右摇摆，不得不既承认"波"又承认"粒子"，不得不在两种语言之间寻求平衡，盖因他们所勉强使用的语言，其实也是"钟"的语言——只不过，他们洞察到"钟"的语言在描绘量子世界时，本身难以自圆其说罢了。

关于这一点，哥本哈根学派的精神领袖玻尔，与骁勇战将海森堡之间，有一段有趣，且发人深思的对话（参见本书第83页）：测不准原理[2]的提出者海森堡，对这种不得不用"骑墙者"的语言描绘量子力学很是不安。他敏锐地察觉到，这

---

1 卡尔·雷蒙德·波普尔爵士（Sir Karl Raimund Popper，1902—1994），出生于奥地利，逝于英国伦敦，犹太人，20世纪最著名的学术理论家、哲学家之一，他的哲学被美国哲学家巴特利称为"史上第一个非实证批判主义哲学"（the first non justificational philosophy of criticism in the history of philosophy），在社会学上亦有建树。波普尔最著名的理论，在于对经典的观测—归纳法的批判，提出"从实验中证伪的"的评判标准：区别"科学的"与"非科学的"。在政治上，他拥护民主和自由主义，并提出一系列社会批判法则，为"开放社会"奠定理论根基。

2 在量子力学里，不确定性原理（uncertainty principle）表明，粒子的位置与动量不可同时被确定，位置的不确定性$\triangle x$与动量的不确定性$\triangle p$遵守不等式$\triangle x \triangle p \geq h/2$；其中，$h$是约化普朗克常数。维尔纳·海森堡于1927年发表论文给出这原理的原本启发式论述，因此这原理又称为"海森堡不确定性原理"。根据海森堡的表述，测量这动作不可避免地搅扰了被测量粒子的运动状态，因此产生不确定性。

或许是一个"语言学问题",而不是"物理学问题"。能不能指望将来有一种新的科学语言、物理语言,将这种暧昧的表述重新表述一番,之后呢,那种古怪的感觉就消失了,经典力学和量子力学共享同一个话语体系,彼此和谐共处,其乐融融。玻尔一口回绝了这种可能。玻尔用"抹布"这个生活的比喻反问海森堡,语言其实就是一块"抹布",你无法要求存在一块"绝对干净的抹布",可以在擦拭桌子之后,依然保持"干净"。

玻尔的话禅机深藏。后续量子力学和经典力学不再就这个问题打嘴仗了。他们沿用着这块不太干净的"语言抹布",各自表述着彼此的立场、主张和见解,且彼此"会意"地知晓,这块"抹布"其实并不干净。

洛伦兹发现的蝴蝶效应,其实可以比作数学中的"量子力学"。迄今为止,还没有什么好的办法,找到一块新抹布,来擦拭混沌理论。数学家、物理学家、气象学家、金属学家、化学家,都在各自的领域发现大量与混沌有关的现象,他们描绘这些现象、检验所发现的规律的数学语言和工具,依然是代数学、几何学、分析数学以来的传统。这个局面恐怕还得维持一段时间(也可能是很长的一段时间,比如以百年计),但我相信海森堡的直觉——虽然我也同意玻尔,不可能有绝对干净的"抹布"——终将会有一块"新抹布",即全新的数学语言。

第二个例子我们看看湍流。

什么是湍流?我们先得解释下层流。层流,其实就是流体力学对流得很慢的流体的描述。流得很慢,所以可以认为流体好像一整块果冻那样,具有整体特征。层流是一种相对理想的流体状态,如果你把流体看作一个整体的话,它的每一条流线(想象存在这样的流线);每一个流层(想象存在切得很薄的水平流层),彼此之间的力学特征是一样的。也就是说,他们彼此之间有相互作用,但并不彼此干扰。

这时候,假设河床,或者水槽中间有一个立柱戳在那里。水流的状态会受到干扰,接近柱子的部分,就会以某种方式"绕过"柱子,然后再向前流动。如果水流的速度不是很快的话,这种绕过的行为也不会有大的波澜。但假如水流的速度超过一定的数值的话，情况就大不一样了。流速一旦加快，在柱子前后都会出现旋涡。这个就叫作湍流现象。

湍流现象你可以从燃烧的烟卷中观察到。离开烟卷向上升起的烟柱，刚开始的那一小部分，比较混乱；随之是一长串较为规整的烟柱，再向上，烟柱似乎突然变得乱七八杂、迅速弥散开来。科学的解释，就是环境的温度梯度。离开烟头比较近的时候，温度场较为规整，温差涨落很有序；再远一点的时候，温度场就不那么规整了，温度梯度[1]的多样性迅速增长，气流会让烟柱迅速弥散开来。湍流现象，在气体、液体中比比皆是，空气动力学里有一个"卡门涡街[2]"，跟这个意思是一样的。比方说飞机、汽车为什么要做风洞试验，就是为了找到它的雷诺数[3]是多少。因为机翼，或者说流线体设计，它跟雷诺数有关系，它的形状不同，会影响雷诺数的高低。低于这个雷诺数，你的速度可以开到多少。开得快、形状不同，就会影响湍流出现的时机。

刻画湍流的工具，迄今为止还只能采用传统的数学语言，这种语言最大的特点，就是还原论，即把流体中任意一点看作一个质点，无差别的质点，然后转向方程式的构造。目前没有什么其他的好办法，能越过还原论来表述湍流。

1　温度梯度（temperature gradient）是自然界中气温、水温或土壤温度随陆地高度或水域及土壤深度变化而出现的阶梯式递增或递减的现象。在具有连续温度场的物体内，过任意一点 P 温度变化率最大的方向位于等温线的法线方向上，称过点 P 的最大温度变化率为温度梯度，用 gradt 表示。

2　"卡门涡街"是流体力学中重要的现象，在自然界中常可遇到，在一定条件下的定常来流绕过某些物体时，物体两侧会周期性地脱落出旋转方向相反、排列规则的双列线涡，经过非线性作用后，形成"卡门涡街"。如水流过桥墩，风吹过高塔、烟囱、电线等都会形成"卡门涡街"。1911年，德国科学家冯·卡门从空气动力学的观点找到了这种旋涡稳定性的理论根据。

3　雷诺数（Reynolds number）一种可用来表征流体流动情况的无量纲数，为纪念 O. 雷诺而命名，以 Re 表示，$Re = \rho vd/\eta$，其中 v、ρ、η 分别为流体的流速、密度与黏性系数，d 为一特征长度。例如流体流过圆形管道，则 d 为管道直径。利用雷诺数可区分流体的流动是层流或湍流，也可用来确定物体在流体中流动所受到的阻力。

第三个例子我们看分形几何。曼德布洛特[1]是 IBM 的一个科学家，他在六十年代的时候发现了一个特别漂亮的图形，后来人们称之为曼德布洛特图。这个图是用迭代的方式，画出来的。大家可以从网上搜到典型的曼德布洛特图形，非常优美。它的突出特点是，当你放大某个局部的时候，这个局部与整体有令人震撼的相似性（称为自相似）；而且，理论上你可以放大无数的层级，这种相似性依然存在。

与之类似的著名图形还有很多，比如"科克雪花[2]"。科克雪花有一个特性：它围绕出来的面积是有限的，但它的周长却是无限长。

这种图形是怎么回事？数学家发现，它虽然可以画在纸上，但不属于"平面几何"。平面几何是二维空间。这些图形的维数，算出来不但不是二维，还可能不是整数。于是有了一个新的概念：分数维。分数维相对应的图形，就是分形。后来人们发现，其实平面几何、立体几何，甚至更高的整数维度的几何学，都只不过是分形的特例。

这个图形让我想起三十年前听到的一个词叫"全息术[3]"。现在中学生课堂上就有用激光来做的全息光学实验。全息的含义是局部蕴含总体，它寓意局部和总

1　曼德布洛特（B.B.Mandelbrot，1924—　），1952年在巴黎大学获数学博士。美国 IBM 公司沃特森研究中心自然科学部高级研究员，哈佛大学应用数学兼职教授，美国国家科学院院士，美国艺术与科学研究员成员，欧洲艺术、科学和人文研究院院士（巴黎）。1975年冬他创造了 fractal 一词。著作《分形：形状、机遇和维数》法文版于同年出版。

2　设想一个边长为1的等边三角形，取每边中间的三分之一，接上去一个形状完全相似的但边长为其三分之一的三角形，结果是一个六角形。现在取六角形的每个边做同样的变换，即在中间三分之一接上更小的三角形，以此重复，直至无穷。边界变得越来越细微曲折，形状越接近理想化的雪花。它的名字叫科克曲线，瑞典数学家科克（Niels Fabian Helge von Koch，1870—1924）1904年第一次描述了这种奇特的曲线。

3　全息术，全息摄影（Holography），又称全息投影，是一种记录被摄物体反射（或透射）光波中全部信息（振幅、相位）的照相技术，而物体反射或者透射的光线可以通过记录胶片完全重建，仿佛物体就在那里一样。通过不同的方位和角度观察照片，可以看到被拍摄的物体的不同的角度，因此记录得到的像可以使人产生立体视觉。

体是一种相互映照、彼此相干的关系。这个特性在复杂性现象中比比皆是。

从这些展示复杂性的故事中，我们体会到这么一件事：过去我们接触过的科学原理，都是建立在还原论思想的假设之上的。这种还原论思想，可以说是近现代科学的一个"元命题"。不这么假设，一切科学原理的数学表述，都无从下手，也不可能展开。所谓数学的语言，所谓方程式，就是建立在这些假设的基础之上。

还原论思想的第一点，来自古希腊哲学传统，即"物质无限可分"，即相信可以通过无限切分物质，获得关于物质的精确知识；并且这种切分不损害知识本身（这一点与东方"相生相克，循环往复"的整体观知识假设完全不同）。

第二点，是一些貌似处理不确定性的科学知识，比如概率统计，需要假设"每个个体都是独立的"，彼此之间既不相互干扰，也没有个体差异（大家都一模一样）。假如不是这样，绝大多数统计规律就都不好使了。

第三个假设是，假设所观察、研究的对象的运动是连续的。还原论科学很难想象什么东西是断开了，就跟时间、空间的广延性一样。它一定是连续变化的，是充盈在整个运动的全过程的。我们很难想象这个世界就跟快门一样，它是间歇地存在着，比如啪嗒响一下、啪嗒响一下。其实我们每个人的眼睛都有快门功能。人眨一下眼的时间大概是0.2—0.4秒。我们从来不想，在你闭眼的一瞬间，这个世界是怎么样的，我们会天然假设"没什么变化"。当然，还是有一些哲学家比如英国大主教贝克莱[1]，很认真地提出这个问题，"月亮在你不看的时候是不是存在？"这个问题招来诸多坚定的唯物主义者的嘲笑。其实，思想这件事，你还别说，一点都别用自己的定见嘲笑别人。我早年看过的一篇物理学文献，说上世纪八十年代以来，就有一小批物理学家，在思考贝克莱所提出的貌似可笑的问题。现在，这一问题已经成了"多重宇宙"假说的一个很好的脚注。

---

1 乔治·贝克莱（George Berkeley，1685—1753），英国（爱尔兰）近代经验主义哲学家三代表之一［另两位是洛克和休谟（David Hume）］，著有《视觉新论》（1709年）和《人类知识原理》（1710年）等。

严格说，在一个流动的世界里，你的一眨眼工夫，这个世界已经发生了悄然的变化。表面上看，你似乎感知到这个世界连续的景象，其实这种心理上的"连续性"，是被你的背景知识"插值处理"过的。

可分的、独立的、连续的，这些假设打破之后，复杂性就呈现出来了。如何在整体上把握这个世界？如果不从"根部"重新审视这些假设，只是看到变量多了、空间维数增长了、方程式复杂难解了，恐怕难以有实质性的突破。所以我们说这些复杂问题，跟我们长期以来脑子里形成的"科学图景"完全不同。

复杂性到底是什么？或者说我们应该怎样认识复杂性？有这么一个定义：不可逆、不可预报的系统，以及结构、状态的涌现，统称为复杂性。这个定义给出了四个特点，一个是不可逆。我们从热力学里就了解过这个特点。热力学第二定律，关于熵的定律，就是说热总是从高温区流向低温区，熵就是对混乱度的描述。一个体系的混乱度总是倾向于由有序转换到无序。熵总是倾向于增加。这个系统就是不可逆的。再举个日常生活的例子，沙雕。沙雕的存活期很短，当它完工的那一刻，就注定了它的命运是死亡，而且是"速朽"。不可逆性，实际上定义了时间箭头。

第二个叫不可预测。就是说你通过系统过去的知识，能不能预测它下一步的行为是什么。比方说，天上的云团。我们在较大的尺度比如低空看，似乎觉得很好预测啊，你看我盯着它一小时了它还没怎么动。如果你近距离看的时候就不是这样。再比如你从高空往下看海岸线，好像蜿蜒的一条水陆分界线。近距离看则是此消彼长、汹涌澎湃。

"不可预测性"我觉得需要很细致地把它跟"不可知"区分开来。传统还原论的科学语言是这么说的：用我们现在的方式是没有什么办法预测出来。这样它就有了某种期许，就是将来兴许能把它预测出来。这个我们统称"可知论"。可预测和不可预测用科学的语言来说其实都属于可知论。就跟有人说"地震不可预报，但是如果……就可预报"，可以提高精度，这些统称可知论。在文艺复兴以来的科学传统里面，那些带有不可知"硬核"的东西，被归于玄学。这其实是一个严肃的话题。哲学家罗素曾在他写的《西方哲学史》中有这么一段话："一个人，倘若粗通哲学，他往往是一个无神论者；倘若精通哲学，则是一个有神论者。"不可知，被理性主义、唯物论逼到了墙角，认为亵渎了科学的纯粹性，降低了科学的本领。这种科学观不愿意给灵性留下任何地盘。索绪尔之后，语言学成为哲学思考的重要维度。不可知的问题被转化为"不可言说"的问题。这部分学者嘴上已经承认，我们人类书写出来、言说出来的东西，总是不那么"妥帖"，就好像把球面摊平在平面上一样，总会鼓出一个大包——但他们只愿意承认这是"意会言说"之间的缺憾，不愿意承认这真的就是人无法克服的空白。科学的世界不愿意"留白"，他们有"愚公精神"，愿意相信只要时间足够长，就一定能如何如何。这个问题，见仁见智，我觉得很有趣，值得深思。至少，这种深思是思想的体操，能让脑子不那么僵化吧。

第三个特点，我们说叫"状态的涌现"。这个事情很有意思。比如我们看我们的身体，假设我们还借用经典物理关于物质可分的层级结构，最底层的原子、分子一类的"砖头瓦块"，从这个角度看，人其实就是"碳水化合物"；再往上一层，是生物体的最小单元——细胞；细胞形成组织；组织形成器官；器官又联合成人体的各个子系统，比如循环系统、消化系统、血液系统等。这样的层级划分，给我们提出一个非常有趣、也令人困惑的难题，就是下层结构是如何产生上层结构的？可以说，这是迄今为止生物学还没有很好解释的问题。"产生"这个词本身就比较可疑。这个词就有"还原论"的味道。生物学家一直以来梦寐以求的，就是能"书写出"下层结构"如何产生"上层结构、功能、动力学行为的方程。一有写方程的冲动，整个事情就掉入还原论的窠臼。我觉得是另一个词，叫作"涌现"；或者说"生长"。也就是说，我们需要理解的，是下层结构中如何"长"出上层结构的。当然，在思考这个问题之前，要保持清醒，还是要小心反思刚才勉为其难地"借用"还原论的术语，比如"分层结构"、"上层"、"下层"等。

在复杂性思想里，其实很难打破这种"思想的语言"。分层模型、结构、功能、动力学，其实现代科学里面到处充斥着这些"可疑"的词汇。这的确很令人纠结。好像哪一个词语都暗藏了还原论的味道——你欲张口之时，就是"复杂性远离你而去"之时。这句话是不是很熟悉？对，禅宗里就有这么一句：当你以为"抓住"了禅，禅早已离你而去。

下层结构并不能"决定"上层结构，不要相信这种迷思：下层结构与上层结构的关系，超出了"上层下层结构"这种范式。阿基米德说，"给我一个支点我就能撬动地球"；拉普拉斯也说，"给我初始条件，我能算出整个宇宙"；生物学家相信，只要获得 DNA 的全部解码序列，我们就能重组一个生命。

但是，你真去认真研读两本"合成生命"的书的话，你就会觉得真的不靠谱。"合成生命"的野心是很大的，但假设条件太脆弱。他们相信"完全"的基因干预，相信"完全"的基因杂交，更相信自己有能力控制伦理底线，把令人恐怖的基因"失控"锁进保险柜里。我是外行，从朴素的生活角度说，我怀疑做实验的时候，那些"无法预知"的外界干扰、内在变异，甚至手的一个"哆嗦"，结果会南辕北辙。一旦它失控以后，它就变成科幻小说里的情节了。科幻小说就是在捕捉这么一点点的不可能，一点点的"万一"。当然，科学家会很谨慎地用各种"核查"的办法、制约的办法来防范风险，来保证这样的事情不要发生。但是，当他们说用这样那样的办法来保证它不要发生的时候，其实就是在冥冥之中告诉你，这种事它会发生。它不发生是不可能的，失控一定会发生。变异，不可被人觉察、控制的基因的变异一定会发生，在实验室里。所以，我们说"状态的涌现"是什么意思？就是说，你需要承认的其实是，"底层结构是不能控制上层结构的"。或者说，你需要承认透过认知底层结构，其实不能推导出上层结构来。假如你痛快地承认了这一点，其实你反倒获得某种解放。至少我们可以有两类"合法的"科学了。以前只有一种，即确定论的、还原论的、本质主义的、可知论的科学观。现在可以有第二种科学观，这种科学观可以说"道法自然"、"相生相克"、"阴阳调和"等一类的话，而且这两种科学观彼此尊重对方，彼此知道自己的信念只不过是假设。我觉得这是理解复杂性，最起码应有的思想状态。

换个角度说"状态的涌现","涌现"这个词所对应的还原论科学的术语，叫作"构造"。在还原论科学里面，状态是可以构造的，可以刻画的。科学家们使用大量的状态方程来刻画一个压力容器，一个蒸馏塔，刻画汽车马达的工作，电磁阀的分合。当然，我们要承认这在一定范围内、一定精度内是奏效的。用工程师的观点看，这种描述是够用、好用的。然而，另外一些难以刻画的东西，比如突然萌发、猝不及防的"涌现"，往往就被消除掉了。这里我们顺便说说线性、非线性。所谓线性，就是成比例的变量关系。比如施加的力如果放大一个单位的话，对象的行为也放大一个线性的比例。线性就意味着可预测。非线性则不是这样。非线性的特性，往往意味着"不可重复"。这次和下一次完全不同。

第四个特点，我们说它具有突变性。这东西很诡异，大有神不知鬼不觉的味道。虽然法国数学家托姆[1]创立的"突变论"[2]里，区分了若干种突变的类型，但这种描绘方式，依然是还原论的。托姆用不同的参数集来刻画对象的状态，并用稳态、非稳态来解释突变的类型。但需要注意的是，突变论并不讨论"机理问题"。它只是类似几何学的方法，从外观行为的曲线、图样，来把握突变这种行为。正如某些分形几何学的方法，可以产生非常逼真的雪花、树叶、一棵生长的树一样，它所声称的东西再怎么像，说到底是"塑料花"，是没有灵性的。但是，从1977年版的《大英百科全书》在"突变论"词条里，情不自禁加入的一句话，我们可以多少体会到，还原论科学观真的是透入骨髓了。这句话是这样说的："突变论使人类有了战胜愚昧无知的珍奇武器，获得了一种观察宇宙万物的深奥见解。"

1　勒内·托姆（René Thom，1923—2002），法国数学家，突变论的创始人，于1958年获菲尔兹奖。

2　突变论的主要特点是用形象而精确的数学模型来描述和预测事物的连续性中断的质变过程。突变论是一门着重应用的科学，它既可以用在"硬"科学方面，又可以用于"软"科学方面。当突变论作为一门数学分支时，它是关于奇点的理论，它可以根据势函数而把临界点分类，并且研究各种临界点附近的非连续现象的特征。突变论与耗散结构论、协同论一起，在有序与无序的转化机制上，把系统的形成、结构和发展联系起来，成为推动系统科学发展的重要学科之一。

所以说，以上解释的复杂的这个定义，即"不可逆、不可预报的系统，以及结构、状态的涌现，统称为复杂性"，大家不但要理解字面意思，还要知道传统还原论科学观，也使用这样的定义，但假设完全不同。

如果简单概括成一句话，我愿意说复杂性最重要的特点，就是"局部无法推知整体"。但是，从局部推知整体，恰恰是我们主流的认识论、实践论最重要的特征。不是有一句话，叫作"你要想知道梨子的滋味，你就要亲口尝一尝"吗？这既是实践论，也是认识论。对不对呢？我说它"几乎"是对的。"几乎"，就是说大体上这么说没啥毛病，但细想之后会有问题。因为就算你尝了"这一个"梨子的味道，你也未必知道"那一个"梨子的味道。所以我们说局部最终没有办法推知整体。认为局部可以推知整体，其实是"假设系统"出了问题。你要假设所有的梨子都一个味道，并且假设所有的"舌头"的味蕾都是一样的，并且还得假设所有尝梨子的人都能够用同样的语言表达自己的感受，你还得假设这种表达是毫无障碍的……如此等等。这样做假设的方式，就是典型的还原性的方式。

对假设系统的挑战，才是复杂性带给我们真正的挑战。复杂性并非对传统科学范式的"扩容"（如果仅仅是扩容的话，它早晚会堕入更加精细的还原论，即复杂的还原论）；而是对其假设系统的解构。复杂性对还原论的假设系统提出挑战，其实是挑战它的"信仰"。

还原论已经是一种信仰。如果你将还原论视为信仰的话，那么你会对复杂性的这类东西感到焦虑，你会急切地找寻更加好使的工具，以便让自己对复杂性剖析得更深、更透。这就好比一个人坚信斧头的锋利程度，决定着它的效率一样，你会期待更锋利的刀刃，并且坚信一旦你的刀锋磨得更锋利，一定可以把它肢解得七零八落。你相信还原论有如相信刀锋势如破竹、勇往直前的感觉。

当然，这种语境同样适用于复杂性。虔信复杂性的人如果做过了头，也会堕入玄想。就好比摇头晃脑反复吟诵"道可道非常道"的术士，你就可能异常的谨小慎微，你总是担心不经意间地吹一口气，就可能改变一片叶子的命运。冥冥之中，有如神助；恍惚之间，物象皆空。《道德经》面对的就是这样一种纷繁复杂、惚兮恍兮的状态。它让人沉浸其间，"寓居其中"，相互缠绕、彼此转圜。这种冥想、沉思、沉浸的状态，其实也是一种信仰系统。

今天我们看待复杂性，其实有一个非常好的契机，就是在互联网的背景下，在东西方文化"共在"的氛围中，可以审思这个"恼人的精灵"。我相信，复杂性有三重不同的寓意：其一，是对还原论科学观的反拨、矫正；其二，是对复杂性思维模式的呼唤；其三，是与还原论科学观的融合。从根本上说，复杂性思想并非截然与还原论相对立。我们今天看重复杂性，还只是对还原论科学观"霸占科学头脑"的局面表达不满。我相信，新的视角会在二者之间打开，新的科学观会涌现出来。

4 美妙的集异璧

前面对还原论劈头盖脸批了这么一通，大家可能多少会有一点感觉。但我还得说几句"公道话"，为这种批判"消消毒"，避免大家理解偏了：我们批判还原论，不是"抹黑"还原论，不能说还原论一无是处，从此要"驱逐出科学的殿堂"——如果这么看，我觉得离科学精神就更远了，而不是更近了。批判还原论，是认为还原论没有把握好部分和整体的关系。当然，这也是还原论本身的缺陷，它自身无法克服。那么局部和整体的关系问题，在还原论的语境中有很多诡异之处，在哪里呢？根子在于"无限和有限"的矛盾。我们结合美国科普大师侯世达的著作《哥德尔、艾舍尔、巴赫——集异璧之大成》[1]来说。

侯世达这部鸿篇巨制，中文版有上千页。虽然很厚，建议大家还是耐心读完。通过这本书，你可以领略美妙的数学、逻辑、音乐和绘画之间，令人惊叹的奇异关联。顺便说，中文译作是在当时北京大学计算机科学技术系的吴允曾、马希文教授的指导下，由郭维德等几位老师，联合原作者和多位学者历时十余年完成的，译笔优美，多处结合中文语境二度创作，非常巧妙地展现了原书的魅力。顺便说，这本书长期位列我的荐书单首位，我觉得可称之为"开天眼"之作，特别对深入了解、体悟西方科学思想的精髓，有极大帮助。该书将数学家哥德尔、艺术家艾舍尔和音乐家巴赫进行了比较，认为他们之间存在着人类思维不同领域

---

1 [美]侯世达著，郭维德等译，《哥德尔、艾舍尔、巴赫——集异璧之大成》，商务印书馆，1997年5月。

的共性。

简单介绍下这本书的三位主角：哥德尔、艾舍尔和巴赫。我们先从感性的艾舍尔和巴赫开始。

大多数中国人第一次看到艾舍尔的作品是在20世纪80年代初期。那时有一期《读者文摘》（今《读者》）的中心插页上刊出了艾舍尔著名的《瀑布》，这应该是艾舍尔在中国的第一次大众传播。

艾舍尔在中国知识分子中产生影响，一定程度上是由四川人民出版社"走向未来丛书"之一的《GEB——一条永恒的金带》（1984）引发的。这个小册子只是美国学者侯世达一部巨著的简写本，原书曾获美国普利策奖。十二年后的1996年，中文全译本《哥德尔、艾舍尔、巴赫——集异璧之大成》方才出版。值得说一句的是，"走向未来丛书"是改革开放之初编得非常棒的一套丛书，对当时的思想启蒙起到了非常大的作用。三十多年过去了，这套丛书依然有很强的可读性。

艾舍尔，英文名字 Maurits Cornelis Escher，通常简化为 M. C. Escher，荷兰版画家，1898年出生于荷兰北部的吕伐登（Leeuwarden），1972年3月27日逝世，享年73岁。

国内读者了解到艾舍尔，就是通过当年那本小册子《GEB——一条永恒的金带》。他的画作将超乎人们想象的视觉悖谬，展现在你的面前。侯世达用艾舍尔的版画来表征哥德尔定理的内涵和寓意，真是绝妙的创见。

艾舍尔给出的所有画面，如果说有什么共同的特点的话，我觉得是两个：一个是它不厌其烦地展现个体与整体的关系——悖谬的关系。比如上升与下降的水流、左手与右手的绘画、交叉缠绕的楼梯等；另一个是前景与背景的转化、互嵌，比如黑夜与白昼、飞翔的鸟、逆行的螃蟹等。

前者给出一个术语，叫作"自我指涉"；后者给出另一个术语，叫作"映衬"。自我指涉，是悖论的一个来源，比如理发师悖论就是如此。某个句子的语义，与这个句子"本身"构成自我指涉的关系，往往就形成悖论，比如著名的

"克里特岛人悖论"。罗素后来通过"类型论",一定程度上为避免这种悖论找到了权宜之计,即硬性地宣布知识是有层级的,比如句子的语义与句子本身,不在同一个层面。"映衬"则说的是两个对象之间彼此的交叉、缠绕、互嵌。这其实是自我指涉的更一般的情形。

很多艺术家被艾舍尔的版画成就所激励,甚至产生了一个可以命名为"艾舍尔主义"的流派。但人们对艾舍尔的研究往往各取所需,对艾舍尔的误解也十分常见。单纯从科学、心理学或者美学的角度,都无法对他的作品做出公正的评价。正如《魔镜——艾舍尔的不可能世界》的中文译者、北京大学哲学系田松所说:"艾舍尔其实是一位思想家,只不过他的作品不是付诸语言,而是形诸绘画。他的每一幅作品,都是他思想探索的一个总结和记录。"

我看艾舍尔,最大的震撼在于两点:其一,艾舍尔用画笔将"不可能的世界"展现在你面前;其二,一幅画面局部合理,整体看可能是"荒诞"的。《盗梦空间》这部电影中,就有一个场景,使用了艾舍尔的版画作为创意。

约翰·塞巴斯蒂安·巴赫(Johann Sebastian Bach,1685—1750),是一位巴洛克时期的德国作曲家,被称为"现代音乐之父"。他谙熟管风琴、小提琴、大键琴的演奏技巧,特别擅长即兴演奏。他的很多作品,其实都是即兴演奏的杰作。

有这么一个故事。1747年5月间,巴赫跟随他的三儿子(也是著名的音乐家,并且是宫廷乐队的指挥)访问了普鲁士国王腓特烈大帝的王宫,波茨坦宫廷的圣苏西宫。巴赫到了圣苏西宫后,腓特烈大帝向巴赫展示了刚刚引进的希尔博曼(Silbermann)钢琴。当时的报告写道:"陛下听说巴赫已经到达,立刻亲自下令允许巴赫入宫。巴赫一到,便立即在钢琴前坐下来,弹奏一首赋格曲[1]的主题,

---

[1] 赋格曲是复调乐曲的一种形式。"赋格"为拉丁文"fuga"的译音,原词为"遁走"之意,赋格曲建立在模仿的对位基础上,从16—17世纪的经文歌和器乐利切尔卡中演变而成。赋格曲作为一种独立的曲式,直到18世纪在巴赫的音乐创作中才得到了充分的发展。巴赫丰富了赋格曲的内容,力求加强主题的个性,扩大了和声手法的应用,并创造了展开部与再现部的调性布局,使赋格曲达到相当完美的境地。

事前毫无演练。不仅使大帝十分满意，在场众人也无不瞠目结舌。巴赫本人觉得这首曲子的主题非常美丽，于是打算将来写成一首赋格曲，以供出版。"

回到莱比锡后，巴赫重新对大帝的主题进行变奏创作，将整个曲子按两首赋格曲（Ricercar）[1]，四乐章三重奏鸣曲和十首卡农[2]的构成完成了整个曲子——这就是著名的经典名作《音乐的奉献》（*Musikalisches Opfer*）。

这里有一些音乐名词：巴洛克风格[3]、赋格、卡农、奏鸣曲[4]。我对音乐是外行，大家最好去看专业的文献了解这些术语。我的粗浅理解是，这其实是不同声部的巧妙配合。

音乐在古希腊时期，也被视为数学和谐的体现。这大约也是侯世达选择音乐作为诠释哥德尔的缘由吧。

好了，我们来看哥德尔。

1　两首赋格曲都题有"Ricercar"的字样，而不是"Fuga"的字样。这是"探求（ricercar）"一词的另一个意思。"ricercar"其实就是现在被称为"赋格（fugue）"的这种曲式的原名——引自［美］侯世达著，郭维德等译，《哥德尔、艾舍尔、巴赫——集异璧之大成》，商务印书馆，1997年5月，第10页。

2　卡农即Canon，或者Canong。卡农是一种音乐谱曲技法。卡农的所有声部虽然都模仿一个声部，但不同高度的声部依一定间隔进入，造成一种此起彼伏，连绵不断的效果，轮唱也是一种卡农。在卡农中，最先出现的旋律是导句，以后模仿的是答句。根据各声部高度不同的音程差，可分为同度卡农，五度卡农，四度卡农等；根据间隔的时间长短，可分为一小节卡农，两小节卡农等；此外还有伴奏卡农、转位卡农、逆行卡农、反行卡农等各种手法。

3　"巴洛克"是一种欧洲艺术风格，指自17世纪初直至18世纪上半叶流行于欧洲的主要艺术风格。该词来源于葡萄牙语barroco，意思是一种不规则的珍珠。意大利语Barocco中有奇特，古怪，变形等解释。作为一种艺术形式的称谓，它是16世纪的古典主义者创立，16世纪下半叶开始出现在意大利的，背离了文艺复兴艺术精神的一种艺术形式。音乐的巴洛克时期通常认为大致是从1600年至1750年，即从蒙特威尔地开始，到巴赫和亨德尔为止。

4　奏鸣曲（Sonata）是种乐器音乐的写作方式，此字汇源自拉丁文的sonare，即发出声响。在古典音乐史上，此种曲式随着各个乐派的风格不同也有着不同的发展。奏鸣曲的曲式从古典乐派时期开始逐步发展完善。

库尔特·哥德尔，1906年生于捷克的布尔诺。早年在维也纳大学攻读物理、数学，并在1926年参加由石里克[1]发起的，著名的维也纳哲学小组的活动。那时候，石里克组织大家研读罗素的《数理哲学导论》，哥德尔读完后，决定涉足逻辑。北大教授洪谦[2]是中国早期受过正统哲学教育的海归，参加过维也纳小组，见过哥德尔，他回忆道："哥德尔是个十分奇特的人。我时常在数学讨论课上见到他。后来他也讲课，但是听众寥寥无几。他至多讲过五六次，后来就停止了，因为没人听。我去听过几次。他在每句话之间都要停顿很长时间，并且每个字都要考虑。在小组的讨论会上，他也很少讲话。"

哥德尔对数学的伟大贡献，就是1931年发表的一篇论文，叫作《论数学原理和有关系统 I 的形式不可判定命题》。后来，这一证明被简称为"哥德尔不完全性定理"。粗略地说，它的含义是：即使把初等数论形式化之后，在这个形式的演绎系统中也总可以找出一个合理的命题来，在该系统中既无法证明它为真，也无法证明它为假。

这里需要了解一下哥德尔定理里面的一个巧妙方法。哥德尔（通过一个叫作哥德尔数的方法）把证明过程与计算过程挂起钩来，将证明等同于算术系统的计算，这是一次伟大的嫁接。然后他雄辩地证明了，一切证明系统都可以用计算系统去比拟，或者说只要计算系统的问题解决了，证明系统的问题也就解决了。在做了这样一个转换之后，他用"演算"的方式来审视这个数学世界。他认为数学世界，就是由"命题"构成的。这个"命题"集合的特征有两个，一个叫完备性，另一个叫一致性。"完备性"，就是说命题集合囊括了所有该有的命题。换句话说，就是没有哪个命题跑得出这个命题系统之外，所有的命题

1　摩里兹·石里克（Moritz Schlicklisten，1882—1936），出生于德国柏林，逝世于奥地利维也纳的德国哲学家，维也纳学派和逻辑实证主义的创始人，属于分析哲学学派。

2　洪谦（1909—1992），又名洪潜，号瘦石，谱名宝瑜，安徽歙县人，生于福建。当代中国著名哲学家，是维也纳学派唯一的中国成员。1948年后，历任武汉大学、燕京大学教授、哲学系主任，北京大学教授、外国哲学研究所所长，中国社会科学院哲学研究所研究员。1984年被维也纳大学授予荣誉博士学位。

都一网打尽了。

这个一致性是什么呢？是这样的：这个命题系统里面，所有的命题都相容，不能互相矛盾。比如说一个命题推导出了2+2=4，就不允许另一个命题推导出2+2=3。矛盾的命题在里面无立足之地。

哥德尔定理的伟大之处，就在于它证明了，这两个属性不兼容。他的结论是：如果一个算术系统是完备的，那么它一定不一致，或者说它一定包含有矛盾的命题，反之亦然。

哥德尔的不完全性定理自发表以来，获得了数学乃至整个学界的公认和普遍赞誉：称哥德尔为"20世纪最有意义的数学真理的发现者"，称他"横扫了《数学原理》这座堡垒，使之轰然倒塌变成了一堆瓦砾"，该定理也"被认为是对数学基础的根本贡献"。

这个事情要说起来，需要回顾一下19世纪末到20世纪初数学界的大体状况。建议同学们参考中科院胡作玄老师写的《第三次数学危机》（"走向未来丛书"，1985年版）。哥德尔八十年前的那篇重要的论文，其余波到了今天我觉得还没有完全消散。哥德尔是个划时代的伟大人物。他伟大在哪里呢？我觉得是他破灭了过去几百年来的数学家们的梦想。这个梦想就是，希望一劳永逸地解决问题。

在经历了欧拉的时代，经历了18、19世纪丰硕的数学成果层出不穷的年代后，数学家产生了一个梦想，就是能不能一劳永逸地把整个数学体系构造出来。这时候他们的光辉典范依然是欧几里得的《几何原本》。几何学通过少数几个公理，就可以把整个几何学大厦建立起来，多么完美啊。于是，数学家就希望把分析数学、代数学、几何学都装到一个完美的"筐子"里，从此剩下的事情，就是致力于定理的发现和证明了，这多爽啊。

19世纪末期，数学界的形势与物理学界相仿，一股"胜利在望"的乐观情绪四处弥漫。19世纪下半叶，德国数学家康托尔[1]创立了著名的集合论，在集合论

---

1 康托尔（Georg Ferdinand Ludwig Philipp Cantor，1845—1918），德国数学家，集合论的创始人。生于俄罗斯圣彼得堡。

刚产生时，曾遭到许多人的猛烈攻击。但不久这一开创性成果就为广大数学家所接受了，并且获得广泛而高度的赞誉。数学家们发现，从自然数与康托尔集合论出发可建立起整个数学大厦。因而集合论成为现代数学的基石。"一切数学成果可建立在集合论基础上"这一发现使数学家们为之陶醉。在1900年的国际数学家大会上，法国著名数学家庞加莱[1]就曾兴高采烈地宣称，借助集合论概念，我们可以建造整个数学大厦，我们可以说绝对的严格性已经达到了。于是，构建完备的数学体系的努力，在希尔伯特[2]、罗素、庞加莱等数学大家那里，都不乏跃跃欲试、身体力行的工作。德国数学家弗雷格[3]也是其中的一员。

1903年，当弗雷格的《算术的基本法则》第二卷即将付印之际，收到了罗素的一封信，这让他很郁闷。在这封信里，罗素告诉好友他发现的一个悖论，即"理发师悖论"。

话说，某位技艺精湛的乡村理发师，宣布了这样一条原则：他给所有不给自己刮脸的人刮脸。这句话乍一听，没啥毛病。但是，当理发师自己胡子长了的时候，问题来了："理发师是否自己给自己刮脸？"按照他自己的信条，他落入了"左右为难"的境地：如果他不给自己刮脸，他就违背了自己的原则，按原则他

1　亨利·庞加莱（Jules Henri Poincaré, 1854—1912），法国数学家、天体力学家、数学物理学家、科学哲学家。庞加莱的研究涉及数论、代数学、几何学、拓扑学、天体力学、数学物理、多复变函数论、科学哲学等许多领域。他被公认是19世纪后四分之一和20世纪初的领袖数学家，是对于数学和它的应用具有全面知识的最后一个人。庞加莱在数学方面的杰出工作对20世纪和当今数学有极其深远的影响，他在天体力学方面的研究是牛顿以来的第二个伟大的里程碑，他对电子理论的研究被公认为相对论的理论先驱。

2　希尔伯特（David Hilbert, 1862—1943），德国数学家，是19世纪和20世纪初最具影响力的数学家之一。希尔伯特因为发明和发展了大量的思想观念（例如：不变量理论、公理化几何、希尔伯特空间）而被尊为伟大的数学家、科学家。希尔伯特和他的学生为形成量子力学和广义相对论的数学基础做出了重要的贡献。他还是证明论、数理逻辑、区分数学与元数学之差别的奠基人之一。

3　弗雷格（Friedrich Ludwig Gottlob Frege, 1848—1925），德国数学家、逻辑学家和哲学家。是数理逻辑和分析哲学的奠基人。

该为那些"不给自己刮脸"的人刮脸；但是，当他一触及自己的胡子，他就又违背了自己的原则，因为这时候他正在给自己刮脸，按原则他就"不应该给自己刮脸"了。纠结的理发师，在"给不给自己刮脸"的问题上，左右为难，落入窘境。

罗素给出的这个悖论使整个数学大厦动摇了。无怪乎弗雷格在收到罗素的信之后，在他刚要出版的《算术的基本法则》第二卷末尾写道："一位科学家不会碰到比这更难堪的事情了，即在工作完成之时，它的基础垮掉了，当本书等待印出的时候，罗素先生的一封信把我置于这种境地。"

那么哥德尔的工作，对这次"数学危机"的意义是什么呢？我的理解是，它暴露了迄今为止数学领域内在的缺陷，即"一致性"与"完备性"无法两全。什么意思呢？数学一直以来被视为最牢靠、最严密、最无歧义的知识。从古希腊的传统到现在，数学是科学王冠上的宝石，其权威地位毋庸置疑。柏拉图曾说，大自然就是一本大书，这本书是用数学的语言写成的。从思想上，人们普遍认为，数学就是描绘客观真理最好的工具，优美的数学本身就是大自然内在规律的象征。那么，一致性和完备性无法两全的局面，的确让人愁容满面：追求干净、无歧义的数学知识，势必会片面化，成为局部知识；追求普遍的全局知识，又不得不容忍内在的悖谬。

哥德尔定理内部蕴含的深刻思想、哲理，一直以来是不同学科人们关注的重要维度。比如人工智能领域，围绕"机器是否能超越人的思维"的争论，就是如此。大家可以参考著名物理学家彭罗斯的《皇帝新脑》，以及塞尔[1]、西蒙[2]的著作，

1　塞尔（John Rogers Searle，1932—　），出生于美国丹佛。是一位在加州大学伯克利分校执教的哲学教授。他曾师从牛津日常语言学派主要代表、言语行动理论的创建者奥斯汀，深入研究语言分析哲学。他对语言哲学、心灵哲学和理智等问题的探讨做出了重要的贡献。他提出的"中文屋"（Chinese Room）思想实验和"意向性"，是强人工智能论者喜欢谈论的话题。

2　西蒙（Herbert Alexander Simon，1916—2001），中文名为司马贺，美国著名学者，计算机科学家和心理学家，研究领域涉及认知心理学、计算机科学、公共行政、经济学、管理学和科学哲学等多个方向。1994年当选为中国科学院外籍院士。西蒙不仅仅是一个通才、

这里就不详细说了。

通过对哥德尔定理的理解，我们看到这么一件事：悖论，这个数学家们千方百计试图驱逐的"怪物"，其实是数学花园里内生的"品种"。虽然看起来似乎超出了人们的常识（比如艾舍尔的版画所呈现的那样），但它依然是和谐世界的组成部分（如巴赫的赋格曲所呈现的那样）。之所以说侯世达的这本书是"开天眼"之作，我的体会是：它令人信服地展现出数学、艺术之间更加精巧的美妙之处——只不过，这种美妙之处，需要超越人们头脑中长期固存的偏见才能领略得到。这种偏见的一个版本就是：将世界的本源，看作《几何原本》那样精密、优美的体系而毫无瑕疵；将人类认识这个本源的能力，与逻各斯主义的表述方式，等同起来。简单说，这个版本在我们的脑海里建立起了"确定性世界"的信仰，而理性，则是通达这个世界的阶梯。

事实上，除了数学领域，在社会科学领域也有类似的洞见，告诉我们"不可能的世界"远比我们想象的世界来得真实。比如"阿罗不可能定理"[1]——经济学里一个经典的命题，它指出，试图将人的偏好加以排序，得出共同接受的偏好排序，是不可能的。与阿罗不可能定理类似，政治学里也有一个孔多塞投票悖论[2]。也就

天才，而且是一个富有创新精神的思想者。他是现代一些重要学术领域的创建人之一，如人工智能、信息处理、决策制定、解决问题、注意力经济、组织行为学、复杂系统等。他创造了术语有限理性（Bounded rationality）和满意度（satisficing），也是第一个分析复杂性架构（architecture of complexity）的人。西蒙获得了很多荣誉，如：1975年的图灵奖、1978年的诺贝尔经济学奖、1986年的美国国家科学奖章和1993年美国心理学会的终身成就奖。

1 "阿罗不可能定理"是指，如果众多的社会成员具有不同的偏好，而社会又有多种备选方案，那么在民主的制度下不可能得到令所有的人都满意的结果。定理是由1972年度诺贝尔经济学奖获得者美国经济学家阿罗（Kenneth Joseph Arrow, 1921— ）提出的。

2 18世纪法国思想家孔多塞（marquis de Condorcet, 1743—1794），法国启蒙运动时期最杰出的代表之一，同时也是一位数学家和哲学家。他提出了著名的"投票悖论"，也称作"孔多塞悖论"：在得多数票获胜的规则下，假设每位投票者按照他的偏好来投票，且

是说，任何号称民主的选举规则，最终其实都是不民主的。我们讨论的所谓民主，不但不可能设计出一致的游戏规则，还无法避免老大哥的出现。

通过这里介绍的一些关于悖论的内容，大家可以从新的角度来认识复杂性。复杂性是内生的，既不是说"我们的知识还有待深化"，也不是说"我们没有能力接近真相"。前者的潜台词，是假设可以无限逼近那个"客观如实"的世界；后者的潜台词，则是彻头彻尾的"不可知论"。我觉得，复杂性扩展了知识的范围，给出了另外一种知识的可能：这种知识不是前后一致的，也不能给出确切的含义。复杂性拒绝将"复杂"一语收编在任何既有的知识体系中的图谋，它本身就是结论：这原本就是一个悖谬丛生的世界。复杂这个词，它与简单、简化都没有关系。它不是简单的对立面，也不是简化的理由。

所以，我们需要把复杂性和难解性区分开。下面举几个小例子来解说这件事。

汉诺塔[1]是一个很著名的印度的古老的游戏。这边有三个柱子，有一些大小不等的圆片。游戏规则是这样的，要求把一根柱子上从大到小排列起来的圆片，全部挪到另一根柱子上；每次只能挪动一片，且必须保证小圆片在大圆片的上面。还有一根柱子，是用来中转的。如果只有3个圆片，那还好，也就7步就能完成。圆片数量增长以后，需要的步数会急剧增长。"急剧"增长到什么程度？加入圆片的数量是64的话，有人算过，就算你一秒钟移动一次，需要5,845亿年！要知道，宇宙大爆炸理论是说宇宙目前存活了137亿年，那它得爆炸多少次才行啊。

这就是一种难解性。它不是找不到算法，算法很简单。它是没办法计算出

偏好可以排序的话，在所有的备选方案中，没有一个能够获得多数票而通过，这被称作"投票悖论"（the voting paradox），它对所有的公共选择问题都是一种固有的难题，所有的公共选择规则都难以避开这种两难境地。阿罗用数学证明孔多塞悖论，结论是：根本不存在一种能保证效率、尊重个人偏好、并且不依赖程序（agenda）多数规则的投票方案。

1　又称"河内塔"（Tower of Hanoi），传说为法国数学家卢卡斯（François Édouard Anatole Lucas，1842—1891）发明。

来。数学家每每遭遇到这种情形，对他们的自尊心都是极大的挫伤。另一种是干脆连算法也找不到，比方说丢番图问题。问题非常简单，就是这么一个简单漂亮的 N 次代数方程。但当 N 大于 3 的时候，它没有整数解。

今天的计算机大家都知道叫作冯·诺依曼体系结构。这种体系结构有一个特点，就是它属于"串行"方式。它假设计算机一次只能计算一条指令。所以有人在想啊，可不可以有非冯·诺依曼体系结构的计算装置，使得计算能力大为提高之后，跨越这个"难解"的问题？现在最接近这个思想的是所谓并行计算机。但真实的并行计算机其实目前并不存在。我们所有的并行计算机，其实都是"假并行"，它只是把多个诺伊曼架构的中央处理器（CPU）并接起来，这个不算。

我们不妨畅想下，假如未来计算机体系架构的问题当真解决了，复杂性是不是就可以归并为简单性了呢？我觉得不是的。不要有这个错觉。复杂性是这个世界内生的属性，不是因为我们的知识不够（当然有不够的因素），也不是因为这件事很难；而是因为，它原本就该是这样子的——甚至我原意猜测，我们关于复杂性的描述语言（即数学语言和逻辑语言）本身有问题。当然，只是一点猜测，大家感兴趣的话，可以深入探究这个有趣的问题。

5　术语浅释

　　描述复杂性已经有了很多比较成体系的知识，主要集中在突变论、分形几何、非平衡热力学、非线性动力学、凝聚态物理学、流体力学、协同论等领域。下面我想提到这么几个基本概念，给大家通俗地解释一下，便于你在接触到这些名词术语的时候，心里有个数，不至于打怵。

　　大家知道，"耗散结构"是比利时科学家普利高津提出来的。先举个耗散结构的例子。假如有一个规则的容器，你就想象一口扁平的锅吧。里面盛满水，就好比一个圆柱体。下面用火均匀地加热。液体受热的范围，我们假设是各处均匀的。刚开始的时候，即便液体的底层和上层之间有温差，可以通过传导的方式，让上层液体温度也升高。但是，当温度越过某个临界点的时候，液体中会出现六角形的格子，格子中央的液体向上涌动、边缘则下沉翻卷，形成对流。从这口锅的上面往下看，就会有较为规则的六角形图案。这种图案叫作"贝纳特（Bénard）图案"。生活中其实有这种体验，这不就是水烧到一定程度的时候出现的情景嘛。当然，烧开水因为加热并不均匀，且锅的形状也并非规则的圆柱体，你一般看不到这个图案。

　　这种贝纳特蜂窝结构，就叫作耗散结构。耗散结构是一种有序结构。它有两个特点：其一是远离平衡态；其二是与外界有能量交换。普利高津发现，开放系统可以通过从外界获得能量的方式，在远离平衡的状态下依然获得某种秩序。这时候，我们关于"秩序"的概念就大大扩展了。在封闭系统里，所谓秩序，指的是某个排列整齐、井然有序的状态。但是，封闭系统有个问题，它随着时间的流逝，注定会变得越来越混乱。物理学上把这种衡量系统混乱读的指标，叫作"熵"。这也是热力学第二定律的内容。热力学第二定律说，不可能把热从低温物体传导到高温物体，而对系统内外都不产生任何影响。

大家还记得物理学里学过很多"守恒定律"，比如质量、能量、角动量守恒定律。这些守恒定律有个前提，即都是针对封闭系统而言的。所以我们说，都是理想状况下的物理定律。真实的物理世界都不是如此的，都是开放的状态。所以说，守恒系统可以理解为"死系统"，它毫无生机，在里面只会发生物理反应，或者一些机械的化学反应。从本质上说，守恒系统无所谓稳定和不稳定，如果侥幸有了秩序，它的秩序也会很快地崩塌、消解掉，很快走向平均态。封闭系统最终的归宿，就是均质化。

混沌系统则不然。混沌系统天生是开放系统。只不过它看上去毫无规律可言，乱七八糟。这里要强调的是，我们所说的系统，往往是人为划定的一个边界。我们在这个边界范围内观察、研究我们的对象（这已经是还原论的做法）。但我们往往并不能期望，这种可以划定边界的系统，就一定是封闭系统。这个话有点绕。举个例子。比如我们研究北京市的交通。方便的一个办法，就是划定北京市的市界作为系统的边界。但是，你知道，除非你假定既没有车辆进入北京，也没有车辆离开北京；否则的话这条边界就不是封闭边界，你也就不能按照封闭系统的规律来研究这个并不封闭的系统。开放系统是研究耗散结构的基础。它主要是研究什么呢？它主要是研究秩序是如何产生并且得以维持的。这个时候耗散系统给了一个结论：它必须不断与外界交换能量，它才能得以维持。

实际工作中，很多划定边界的系统其实并不封闭，它总是有"边界以外"的因素被有意无意地忽略掉了。这恰恰是复杂性的根源。研究复杂性，就得面对开放的系统；可是，很快就会有一个更大的困难：你所使用的各种公式、原理、方法，都会或明或暗地要求你圈出一个"范围"，或者"边界"——这种看上去不起眼的要求，其实已经把丰富的元素给"屏蔽"掉了。这是个问题。

热力学是研究复杂性最早的一个分支。18世纪是热力学大发展的时期，2002年诺贝尔化学奖得主，美国分子质谱化学家范恩在《热的简史》一书中，生动地讲述了这一历程。当你用打气筒给车胎打气的时候，打气筒会发热，为什么？这就是能量与做功之间的转换。系统里面保有的能量，等于它所吸收的能量所做的功的差值。能量大小的变化和热，以及做功，这三件事情要放在一个体系里面来考虑。

"能量"呢，是很中性的一个词，你说能量大或者小，靠什么来表现呢？是靠做功来衡量的。能量高者，做功就多一点。同时它还要有热量的交换，它会以散发热量的方式把能量消耗掉，同时它还可以吸收外界的能量，这样的话对于开放系统来讲就是保持某种秩序。对于生命系统来讲，就是新陈代谢。

对于系统来说，还有两个重要的概念，叫作"非线性"和"反馈"。反馈这个词好理解，就是采自系统输出的某个信号，再回转到系统的输入，成为调节系统输入的依据。比如典型的就是抽水马桶的浮筒，就是根据上升的水位，来调节进水阀的关闭，这就形成了反馈。非线性是什么东西呢？如果用一句话概括线性的特点的话，就是具有可加总的特点。线性系统的特点是可以求和，就是你可以做加法，相加之后系统的性质不变。一个梨加一个梨等于两个梨，是可加的。那一个梨加一本书，就不可加了，不可加就是非线性。

"相空间"与"相变"，又是什么意思呢？我们说，描述一个系统，你只需要注意两个方面就好，一个是它的格局（专业的术语叫作"结构"），这个意味着系统内在的某种关系；第二个是它的行为、演化，专业的术语叫作动力学。研究物理系统或者研究社会系统，往往是从这两个角度来分析的。结构与动力学之间的关系，是研究复杂系统的核心问题。

"相空间"是一种处理复杂系统的数学方法，指的是可以描绘系统全部状态的那个空间，这是一个想象中存在的高维空间。空间中每个微粒的位置、动量，都表达为哈密顿方程的一个点。微粒的行为，构成一条相空间中的曲线。

相变，是一个物理学概念，特别在凝固态物理学中，是指物质从一种态到另一种态的转变。比如从固态到液态的变化，比方温度高了以后，铁疙瘩变成铁水，冰变成冰水；温度再高一点，就变成气相。各态之间的相互转化，这个还相对好理解，比较好玩的地方恰好就处在转变的边缘状态，这个也叫临界点。在这种临界状态下，你会看到不同态交叉的复杂性，会看到某种态的秩序是怎么样从这里诞生的。所以我们说，相变最重要的是看临界点。

美国作家马尔科姆·格拉德威尔的《引爆流行》一书中，提到这样一个观念，即如果仔细探查许多难以理解的流行潮，必能发现隐藏其中的"引爆"因素。反过来说，要想推动一个流行潮，你就要看能量是怎么样流动、汇聚的。一个系统中的能量可能是杂乱无章地汇聚的，但是当它达到一个转折点、引爆点的时候，它随后就进入了势不可当的"态势"的转换，或者"相变"。这个就叫作"临界状态"。

下面再说"分形"是什么意思。前面提到科克雪花、曼德布洛特集合，大家大致感性地了解了分形几何的特点。分形几何与通常的平面几何不同，它的线型、面积、周长、边界的计算结果，突破了我们日常所知。衡量分形几何的基本指标，是"分数维"。与整数维不同，分数维给出的分形维数，不是齐整的2、3、4等，而是分数，比如2/3，5/8等。这个请大家看看相应的参考书。

除了分数维，我们还需要了解高维空间的情形，努力想象高维在我们日常的低维空间是如何表现的。我们一般说空间的维数，有一维、二维、三维。经过爱因斯坦教育大家，我们有了四维空间的想象，不过超过五维就不行了。高维的情景我们很难想象，不过，现在网络上有一些公开课，是专门讲利用投影的方式，教你如何努力想象穿越的过程：比如一个三维的球体，穿过一个二维的纸面的时候，在纸面上会留下它的痕迹。这个痕迹刚开始是一个点，然后变成一个逐渐放大的圆圈，达到球体直径这么大的圆圈之后，又渐渐缩小，最后又缩成一个点，球体穿越平面就完成了。好了，这个情景说的，就是假设我们是"二维人"，我们只能看到二维的图形，无法看到三维的球体。我们怎么想象它呢？就通过这个投影。突然有一天，我们"二维人"看到一个非常奇怪的现象，我们的视野内出现一个黑点，黑点变成一个圆圈，一圈一圈地变大，然后嗡嗡嗡又变成一个小点……二维人就会想，那是个什么东西呢？没有人告诉他是一个球体穿越了平面，但是凭借他的智慧，他可以想象那一定是某个超越二维空间的东西，他也许会推演出三维空间上的物体、形状是什么样子的。想象高维空间的物体穿越低维空间的情形，这是一个很好的办法。当然，根据轨迹的投影推想出的高维物体，不一定具有唯一性，这也是没有办法的，毕竟维数降低了，一些信息是不可避免地损失掉了的。

此外，还有"自组织"、"涌现"的概念，也需要有所了解。前面我已经解释了，就是一个体系、有机体的底层结构并不能完全说明它的上层结构，上层的某些性质、功能、形状，可能是由底层的某种机制孕育而成，但具有某种突现的特点。今天我们说"突现"，仿佛是说"无中生有"一般。你不能用底层的性质、参数、反应，推导出上层的性质、构成。但也不是说上下层之间就完全可以剥离。关于自组织的机理描述，目前还没有特别令人满意的理论。

关于复杂性基本概念的介绍，就到这里。对于我们文科生来说，这些内容或许有点"硬"，不要紧，你值得花一些时间硬着头皮啃一啃，并努力理解概念背后的含义。很多概念与我们初中高中学习数理化时候的感觉完全不同。中小学科学教育给人会留下这么一个印象：这个世界是连续的、光滑的、精确的。这是一个很大的错觉。我们面对了太多标准图形，三角、圆柱、棱锥，我们也见识过很多典型的物理化学过程，比如抛物线运动、氧化还原反应。这些内容给我们的错觉，就是误以为这个世界是被剔除掉了杂音、干扰、毛刺，变得十分妥帖。复杂性让我们看到了事情的另一面，这一面是本真的一面。上面这些古怪的术语，就是驾驭这些乍一看乱七八糟图景的武器。所以，大家一定要钻进去，掌握这些术语的基本含义。

6 复杂性的特征与流派

这些基本概念就说到这。下面呢，我们说复杂性的一些特征。帮助大家进一步了解复杂性。前面说到，复杂性是介乎秩序和混乱之间的边缘状态。这种边缘状态是意蕴丰富的状态，也可以说是活力四射的状态，是充满各种可能性的状态。由于系统是开放的，参与者众多，它会变得丰富多彩。我们对网络的常规研究，如果只关注静态的结构、性质和状态，是不够的，现在我们更多地需要关注它的结构变异、状态涌现、自组织行为、体系的演化。

比如从今天异常火热的社交网络、社交媒体来看，我们分析话语场、舆论场、新闻事件的传播轨迹、演化过程，就需要观察一个话题、一个事件是怎么孕育的，孕育的过程中不断卷入了哪些因素、哪些力量，话题是如何被引爆的，它又顺着什么样的轨迹出现了分叉、多级扩散或者二次演绎，它掀起了什么样的波澜，又经过什么样的波折，达到了什么样的状态，收敛于什么样的状态，并且这个话题怎样消散、隐退，最终销声匿迹的。这些问题的观察和研究，都不能简单地通过统计评论转发数，简单的加加减减就能得到。

所以目前微博、微信、淘宝上，都提供了大量的样本，积累了大量的数据，大家都觉得这些数据是金矿，都希望深入挖掘，但怎么挖呢？我觉得在方法论上还有待突破。目前的思路总体上还停留在探索现象的阶段，还是还原论的方法。比如很多研究论文在采集数据之后，急于拟合曲线、刻画度分布规律，对问题的复杂性的认识还嫌不足。

还原论的方法不是不可以用，但是一定要知道，我们今天所用的方法都是带"毒"的，还原论的毒。千万不要对这些还原论的方法进行过度阐释，不要以为拟合出来的曲线就是"普遍规律"，也不要试图发现"引爆点"就完事大吉。还原论往往对应着同质化，这是对异质性的最大伤害。所以要对不可知保持敬畏。这样的话，你才会用复杂性的思想方法去研究微博、微信中涌现出的行为。

我们把复杂性的特点，借用以上介绍过的名词，总结成这么五点。

一个是"高度结构化"。说到结构这个词，一般第一反应是建筑结构。结，是连接、联合之意；构，是构造、构型。结构讲的是部分与整体之间的排列、配合、搭载的关系。结构，同样是20世纪下半叶流行开来的语言、文本、组织、生态、宗教和社会形态常用的分析用语。比如索绪尔对能指和所指的划分，列维-施特劳斯对文化结构的划分，弗洛伊德对人格结构的划分等等。结构被看作超越元素、对象、个体，并安置这些元素、对象、个体的框架。结构的特征无法还原成对象和个体的某个属性，但它却鲜明地规定着对象和个体的位置、行为，并规定着整体的功能，比如DNA双螺旋结构，就是生命体基因组织的结构形态。

结构体现了整体论的思想，同时它又强调"共时性"的存在。它假设了所有存在物彼此之间的全局相关（无论这种关联有多么微弱），也假设了存在物在结构中所扮演的角色，需要透过彼此的关系才能显现出来。高度结构化的意思，是强调观察和思考的视角，必然是整体论的，无论这种结构我们是否能够辨认、释读出来。

第二个是"非高斯分布"。高斯分布[1]我们都知道，基本假设是均质、均匀的。所有个体都是独立存在，涨落是随机的。这是理想的情形。巴拉巴西对互联

---

1 高斯分布（Gaussian distribution）又名正态分布（Normal distribution），是一个在数学、物理及工程等领域都非常重要的概率分布，在统计学的许多方面有着重大的影响力。若随机变量X服从一个数学期望为 μ、方差为 σ^2 的高斯分布，记为 $N(\mu, \sigma^2)$。其概率密度函数为正态分布的期望值 μ 决定了其位置，其标准差 σ 决定了分布的幅度。因其曲线呈钟形，因此人们又经常称之为钟形曲线。我们通常所说的标准正态分布是 $\mu = 0$，$\sigma = 1$ 的正态分布。

网的洞察，就在于发现这种独立、随机的分布场是不真实的。互联网世界，越来越呈现出真实世界中的差异性、异质性、多样性。传统大量个体相互作用的统计力学模式不再奏效。

第三个是耗散结构下的非线性。耗散结构表明开放系统不可避免，表明任何试图描述某个对象的符号体系，都注定是"降维"后的结果，即降低难度系数之后简化的结果。这里特别需要注意的就是这个非线性。非线性，说到底就是不可重复性。传统科学总是假设光滑的、可微的数学物理方程，这固然有利于抓住要害（有时候也未必，可能恰恰是放过了要害），但也容易让人觉得"事情就是如此简单，如此漂亮"！

第四个是临界相变和自组织、涌现。物质的"相"，是格局的转变，也就是结构的转变。相变，就是这种存在样貌、架构的转换。液相到固相、气相的转变，就是这个意思。但相变并非是种性层面的变异，不是"变种"了，只是样貌不同了。顺便说，相这个词还是一个佛教术语。《金刚经》说，"凡所有相皆是虚妄"。这里的相，说的就是外在的样貌、表征。它表现出来的东西，固然能代表一定的本质，但不可误以为这就是本质。

临界相变，强调要特别关注内外条件作用下，相的转化和迁移。在这时候所激发出来的状态是最丰富的，也是最好的机缘来洞悉事物的本来面目。但是，需要切记的是，你不可能手拿把攥地把这种"本来面目"握在手心。你无论如何做不到。你需要耐心听候它自然地冒出来、长出来，这就是涌现的含义。它有它自身的美妙之处，不可能透过显微镜式的观察，就得出最终的答案。既然，你得有耐心聆听、期待它涌现出来，那么这里就有一个有意思的问题了——还是借用佛教的术语，叫作"缘"。你是否有缘得见这种涌现呢？这个就得看你的修为如何了。你的心性、修为，其实与这种涌现大有关联。

第五个叫"结构变异"，时空不对称。这是一个难以解释的特征。结构变异，是基于这样一种万物归一的假设。古希腊哲学家如亚里士多德，将万物归结为水、火、风、土四大元素（注意，这个元素与我们今天说的化学元素不同）；德谟克利特也称，原子是世界的基元（这个原子也与我们今天讲的不同）。东方圣哲们则认为这个世界就是太一。太一之下，万物都是"象"，都只不过是具体的象而已。这么一来，就允许斑斓世界中的纷繁万物，彼此之间可以相通，可以彼此转化。这个认识，是东西方共有的（这令人着迷，也令人深思）。那么，结构变异，其实说的是"结构的可变异性"，即可相互转化。其实，流传3,000年的古代炼金术（中国炼丹术）的思想就是如此。西方的炼金术士假设可以找到世界的原初物质，这个原初物质叫作"哲人石"，然后用这个哲人石点化万物，就可以促使物质转化的发生，比如让贱金属转化为贵金属；比如让肉身长存，长生不老。中国炼丹术的基本诉求也是如此。要么长生，要么点石成金。

在这种看上去玄虚的哲学思想的背后，是生生不息的、万物有灵的思想情感。这个思想情感需要完全不同的时空观，这个时空观完全不同于牛顿的时空观，也不是康德、黑格尔的绝对的时空观。生生不息的世界中，时空不是均匀分布、均匀流逝的，也不是空洞乏味的容器。时空本身既是载物之器，也是容道之法。时空不对称，正是让万物之联通、扭结、聚合、生化，有了一个生机盎然的所在。

以上简单总结了复杂性的特点。有些说法大家可能会觉得与书本上的怎么不一样啊，或者说还语焉不详啊。我承认是这样。我特别希望与大家一道，就这些令人兴奋的话题，持久深入地上下求索吧。

下面我们简单介绍下复杂性的三个流派。当然这是西方学术圈的流派。这三个流派人们一般对前两个流派比较熟，一个叫布鲁塞尔学派，是普利高津创立的比利时布鲁塞尔复杂性研究所；另一个叫圣塔菲研究所[1]。第三个流派大家不是

---

1 八十年代中期，由以盖尔曼（M.Gell-Mann）为首的三个诺贝尔奖获得者在美国新墨西哥州成立了以研究复杂性为宗旨的圣塔菲研究所（SantaFe Institute），该研究所号称世界复杂系统研究的"圣地"。在复杂性研究的大旗下聚集了来自世界各地跨学科、跨领域的研究者，这个伟大的探索群体被称为圣塔菲学派。圣塔菲学派开创了涌现论的新时代。

太熟悉，是法国哲学家莫兰[1]的复杂性学派。前两个流派有很多交叉重叠的地方，布鲁塞尔流派更多地是从物理、化学、生命科学的角度去研究复杂性，圣塔菲研究所更多地还是从数学的角度去研究。圣塔菲研究所受控制论、系统论和数学方法的影响很深，虽然提出了复杂适应系统（CAS）的方法，但是我自己觉得圣塔菲研究所的思想里，冥冥之中还是还原论的思想在作怪。西方思想中，还原论色彩还是根深蒂固的。即便它研究的是复杂性的问题，但它还是试图借传统的还原论之舟，驾驭复杂性。

第三个流派是法国哲学家莫兰开创的。即便在西方世界，莫兰的思想也未受到足够的重视，在中国那就更被忽视了。迄今只有少量的学者在研究莫兰。莫兰是一个人文学者，这提出了一个很好的角度，就是说"思考复杂性要使用复杂性思维"。这句话听上去很好理解，但其实不易。这要求我们从"底层结构"去考虑问题，我把这个叫作"根部思维"。根部思维的大敌，就是我们业已熟悉的、正在我们脑子里运转的"预装操作系统"。

这个预装的操作系统，包括我们习惯接受的所谓科学真理，也包括我们不假思索的思想方法。我们使用的，其实是老版本的科学观念。虽然我们说，新版本的科学观念也源自老科学，它有一定的继承的关系，但还会有很多东西，老版本的科学是无法适应的。比方说，不可预测、不可规约，不能用还原的方法，这时候我们如何表达秩序？秩序是如何涌现出来的？所以新版本的科学要面临这样的问题，要把被老科学肢解、抛弃的碎屑一并捡回来，让它重新进入思考的视野，同时要警惕这里头可能携带有的老科学"还原论"的色彩。莫兰所说的"对复杂事物的研究和设计，必须要用复杂性的思维方式"，是非常重要的忠告。

复杂性研究已经有了很多应用。比方说智能昆虫、人工生命。科学家已经在

---

1 埃德加·莫兰（Edgar Morin，1921— ），法国当代著名思想家、法国社会科学院名誉研究员、法国教育部顾问。从五十年代开始，莫兰针对西方文化中占主导地位的重分析的思维传统，尝试以一种被他称为"复杂思维范式"（complexit）的方法思考世界与社会，进而对人、社会、伦理、科学、知识等进行系统反思，以期弥补各学科相互隔离、知识日益破碎化的弊端。这一思维范式目前在欧洲、南美及英语世界都产生了强烈反响。

研究给蜻蜓做手术，不是说把它的头砍掉啊，而是在它脑子里植入微电极，给它的脚上绑个什么东西，让它具有两种功能，一个是观察功能，一个是通信功能。这种应用复杂性的视角，就是整体性的视角。它并不致力于让每一个蜻蜓变得多么神勇，不会赋予它太复杂的电子玩意。但是，一旦能培育出一万个这样的电子蜻蜓，这个群体所涌现出的集体行为模式，将会是十分惊人的。

今天的人工智能科学家恍然大悟了，不能像过去那样，指望造出越来越庞大、威猛的机器，来展现"机器智能"的本领。应该换一个思路。每个机器可以傻一点，制造成本会更低，但可以把大量的智能机器汇聚在一起，这样就呈现出有机体的、生命的特点。这就是社会昆虫、人工生命、仿生学的基本思想。

再比如复杂性在分形研究中的应用。化学反应研究催化剂的表面活性，其实是研究它的"形状"。过去的办法，是假设表面是干净的、平整的，用复杂性的眼光看，它其实是坑坑洼洼的，所以必须用分形方法来研究。所有这些事情其实都告诉我们，研究复杂性无非是回到事情本来的原貌，它的原貌是没有经过简化处理的，保持了"毛发丛生"的状态。你不能用奥卡姆的剃刀把它剃光，在这种情况下才能够真正"解决"复杂性的问题。不过，"解决"这个词得打个引号，复杂性的问题不是"解决"，而是"超越"。

7 复杂性告诉我们什么?

我们学习复杂性,并非要像专业的研究者那样,深入到湍流、纳米复合材料、免疫组学等前沿领域,从事严谨、专门的研究。我们希望了解复杂性的思想,以矫正我们已有的科学观念,并在此基础上对未来科学有较好的把握。复杂性给我们带来哪些启示?

我总结三点。第一点,复杂性提示我们还原论还有很大的生存空间。但是,如何理解还原论和整体论的关系?这仍然是个重要的问题。

早年贝塔朗菲[1]创立的系统论,其实也还是一种"巨型"的还原论。它的确倡导整体思维、系统思维,但不是莫兰所说的复杂性思维。它还是指望用清晰的、光滑的世界存在,来刻画所谓"终极真理",并且相信我们可以通过自己的理性思维来驾驭它。这些信心满满的理性主义还原论,骨子里有强烈的"收编欲望",它相信所有新的发现,新的原理,终将归并入同一个宏大的科学体系。它愿意保持谦逊,保持开放,但它的科学信仰坚持这种行事风格,认为科学就意味着普适性,意味着客观如实地呈现在任何人的面前,也意味着"不以人的意志为转移"。这种科学的理性精神或者说信仰,已经深入

---

1 贝塔朗菲(Ludwig von Bertalanffy, 1901—1972),美籍奥地利生物学家,一般系统论和理论生物学创始人,五十年代提出抗体系统论以及生物学和物理学中的系统论,并倡导系统、整体和计算机数学建模方法和把生物看作开放系统研究的概念,奠基了生态系统、器官系统等层次的系统生物学研究。

骨髓。如果你不可证，如果你不可重复，立刻有专业的科学家拒绝这种结果，甚至拒绝与之对话。

这种不可遏止的理性冲动，是现代性的来源。正如鲍曼分析的那样，它会让垄断企业、权势集团，让政治上的极权主义、集权社会，让老大哥式的宏大叙事不可遏止地生产出来。所以我们说，传统科学给我们诸多成果之余，也带来了一个"恶"，就是它让这些根深蒂固的思维模式，以光鲜亮丽的科学的名义扎根在这里，你很难与之以另外的语境对话。

第二个启示，复杂性告诉我们"确定性"和人的关系，以及"可知的限度"是什么。文艺复兴解放了人，让人直立行走了，同时把上帝冷落在一边，甚至"杀死"了上帝。人的存在，就变成了需要自己去历经千难万险求证的事情。这是一个孤独的旅程。带来的结果是什么呢？就是人从此失去了宗教意义上的确定性。确定性以及附着在确定性上的意义，其实被生动的、现实的世界——粉碎。但是，传统的科学精神不是这样，它许诺我们一个确定性的世界，好像宗教教义许诺我们的那样。

如果我们想象，互联网是一种什么样的状态呢？是一种窗明几净的、秩序井然的状态吗？如果是的话，那为什么我们会希望如此呢？这个问题我觉得还没有答案，但至少这是一个问题。所以我觉得，我们需要从复杂性思想的角度来思考。这种观点可能会被解读为"反智主义"[1]。我的辩词是，理性最可贵的品质不在于它能计算很多的问题并且算出来分毫不差，在于它可以用来怀疑自己。理性的这种"自我指涉"恰恰是理性最核心的品质。理性就是怎么将思考建立在悖论的基础上，而不是"驱逐悖论"、"回避悖论"。悖论这个词，paradox，由两个拉丁词组成，para 是超越的意思，dox 则是相信的意思，悖论就是怎么超越相信。

第三点我们说说科学与艺术的关系。这又是一个大词。斯诺谈论过这个问

---

1 反智主义（anti-intellectualism），又称作反智论，是一种存在于文化或思想中的态度，而不是一套思想理论。反智主义可分为两大类：一是对于智性（intellect）、知识的反对或怀疑，认为智性或知识对于人生有害而无益。另一种则是对于知识分子的怀疑和鄙视。

题，认为这是两种文化的分离状态。文艺复兴之后，这种人文与科学的分野日趋严重。曾有八卦说，英国牛津的人认为剑桥的人"不会算"，剑桥的人则反唇相讥，说牛津的人"不会写"。互联网是否为弥合科学与艺术提供可能？我坚信这一点，坚信互联网将迎来人文精神和科学精神的汇合。但这种汇合一定不是表面的一团和气，而是深层的，甚至痛苦的聚合。痛苦在哪里？就在于科学观的彻底转变。转变在哪里？如果集中到一点，我认为就是怎么看待悖谬的东西。传统的科学往往致力于驱逐悖谬。它致力于寻找一个干净的、纯粹的、自洽的科学图景。其实一百年前的科学进展已经说明这不可能。但至今关于这个重大的问题，科学界尚未取得广泛的通识，更不必说在大学课堂的通识教育中体现出来了。

互联网有这个可能，并非说互联网可以找到这种接纳悖谬的理论体系——不是如此。而是互联网将超乎传统社会学观点的人类日常生活，充分卷入之后呈现出新的观念土壤。这种土壤将容忍差异性，丢弃理性基础上的共识，更多的交流发生在会意层面而不是同意。默会神契的寓居生活，是互联网常态——所有这些，你都无法用两分法、还原论、确定性的思维模式去理解和驾驭。

悖论的存在状态，这值得深思。互联网可能提供这样一种生存状态、生活方式，让我们不再为悖论感到纠结，悖论在日常生活中会随处可见。实际上后现代艺术已经给我们展现了悖论可爱的地方，一种叙事不会再像西塞罗[1]那样雄辩，需要靠另外一种叙事去证明它的存在，而是用反讽的方式、戏谑的方式、恶搞的方式存在。前面介绍过的艾舍尔版画、巴赫的音乐，会让人意会到这种无法抽离的生活的样式。这时候，你为什么要通过提纯、升华，把活生生的灵

1　西塞罗（Marcus Tullius Cicero，公元前106—前43），古罗马著名政治家、演说家、雄辩家、法学家和哲学家。出身于古罗马阿尔庇努姆（Arpinum）的奴隶主骑士家庭，以善于雄辩而成为罗马政治舞台的显要人物。从事过律师工作，后进入政界。开始时期倾向平民派，以后成为贵族派。公元前63年当选为执政官，在后三头政治联盟成立后被三头之一的政敌马克·安东尼（Marcus Antonius，公元前82年—前30年）派人杀害于福尔米亚（Formia）。

魂给甩干呢？你为什么不能接纳这些碎片化的东西，接受"湿乎乎"的生命的存在呢？其实19世纪之后出现的有别于写实主义的各类艺术形式，已经超前于工业化的、现代性的技术与社会了。今天的所有艺术，除了招贴画、广告宣传画之外，都越来越呈现出在钢筋水泥的城市丛林中挣扎的迹象。但互联网让我们兴奋、惊讶。这不但是新的生存状态，简直就是新物种诞生的土壤。在这样的情况下再反过去看确定性的问题、意义的问题，以及还原论的可笑之处，你会有所感悟。

复杂性的问题，是理解互联网精神的重要支柱。我不是从复杂系统、复杂网络的角度去说的，也不想介入复杂科学的论争。我只想跟大家分享一点复杂性的思想。在这里，我还想提醒大家两点。第一点呢，一定要保持清醒。这个清醒倒不是提醒你，时时处处注意"信号灯"、"标志标线"。恰恰相反，未来恐怕会有一段时间，信号灯是模糊的、混乱的，标志标线也是错乱的、混杂的。要努力保持清醒。因为你一不小心，就会落入两分法、确定论、还原论的惯性轨道。在这个轨道里，你会很惬意，很舒服，也很习惯。但这会离"互联网状态"越来越远。当你一不小心落入到还原论的那种坚定、坚信，你就会同时落入对复杂性的纠结状态。所以要超越。我们只有一条路，就是超越。所以我说第一个提醒，就是保持清醒，谨小慎微。要对今天世界的种种变化迹象保持敏感，要知晓这种变化绝不是数量的变化、质量的提升，而是天翻地覆的变化——只不过，它暗藏在毫厘之间。保持敏感，你的传感器、你的触觉、你的接收器才能看到更细微的频谱。

第二个提醒是说，在我们认识复杂性的过程中，你会时不常地在不同的语境中跳转。你的逻辑未必连贯，你的语义也未必清晰。这不要紧。你会越来越习惯在"互文性"的语境下看问题。这个互文性，说的就是彼此为对方的语境和背景。有点像艾舍尔版画中，图画与衬底的关系。一切文本都是互文。在这个问题上，一定不要迂阔，不要有什么不好意思。你一定会在并非清楚自己立场的前提下，坚守自己的立场。这就是互联网能带给你的。过去所熟悉的那种坚守立场的姿态，反倒显得十分的荒唐可笑，因为它试图用"普遍性"来简化这个复杂的世界。你依然可以继续使用你熟悉的术语、概念，你依然可以在你理念的惯性下做出自己的判断和选择。那些还原论的方法并非全然失效。但你需要学会在双重、多重语境下思考问题。需要在思考、表达、呈现中意识到你运转在不同操作系统的影响之下。我们已经被预装了操作系统，你还无法完全卸载，还必须让它运行。但是，要有这样的认识——我们正处于大变革的前夜——所以，我们是幸运的，又是不幸的。

第六讲

社会网络分析

先来简要回顾上一讲的内容。复杂性，是互联网思想的重要基石之一，这一讲要谈的社会网络分析就是基石之二。这两个基石之间是有连带关系的。复杂性的要点，就是不确定性。不确定性在传统科学里是令人讨厌的东西，比如在做电子产品的时候，人们会追求所谓高保真，要把噪音削减到最低。噪声是人们所不喜欢的，认为噪声、电子干扰，会给有用的信号带来污染。这种带有"取景框"的科学方法，在传统科学里比比皆是。但现在，对于不确定性，就不能简单地归类为喜欢不喜欢。凯文·凯利的《失控》这本书，我认为实质就一件事：失控并不可怕。或者更准确地说，他讲的是"去控制化"。失控反倒是秩序涌现、生命诞生的活的源泉。这里有两个要点。

其一是，我们说"不要讨厌不确定性"，背后的潜台词其实是，要同你脑子里根深蒂固的笛卡尔的两分法和确定性、还原论的思维方式做斗争。但是，这里"做斗争"的说法，并非把两分法踢出去，而是学会超越、突破两分法、确定性和还原论，要学会"陪它一起玩"。其二是，我们说互联网是"活"的，互联网充满了有机体、生命的特征，我们想说的是它是多样性的、自组织的、共生演化的。互联网已经成为这个世界存在的背景，"交互"、"涌现"都是很重要的关键词。

了解了复杂性的基本思想，我们需要自觉地运用到观察社会、组织，以及语言、叙事、文本和交互等行为中去。今天我们就来谈互联网的第二个重要的基石：社会网络。

我们在前面谈过了小世界模型、六度分割、无标度网络，介绍了幂律分布这种比较"硬"的数学概念。社会网络分析里面，还会遇到一些类似的数学概念，比如图论、统计分析等。大家不必担心，我们重要的是理解其内在的思想，至于具体的方法，我们可以从大量的参考文献里继续学习。

讨论社会网络这个话题，希望大家一个是了解社会网络分析有哪些重要的议题，它的思想变迁是如何的；第二个就是希望大家深入思考社会网络分析和复杂性之间有什么关系。有两本比较好的参考书，一本是《社会网络分析讲义》；另一本是《社会网络发展简史》。

1 "社会学的绞肉机"

美国哥伦比亚大学的教授艾伦·巴顿（Allen Barton），在六十年代末（1968年）曾对社会调查做过这样一个评述，他说："在过去的30年里，经验性的社会研究被抽样调查所主导。从一般的情况而言，通过对个人的随机抽样，调查变成了一个社会学的绞肉机——将个人从他的社会背景中撕裂出来，并确保研究中没有任何人之间会产生互动。"

"社会学的绞肉机"，这个说法很形象。这种采用统计物理方法来研究社会现象，迄今仍然是主流方法。大家可以见到的各类抽样调查就是如此。统计分析将完全异质的个体，转变为完全均质的物理粒子。这种"把个体从他的社会背景中抽离出来"的方法，在今天的互联网环境下受到挑战。这是我们这一讲需要理解的中心问题。

社会学在早期导入统计的时候，基本上采用的是静态统计的方法。这个方法一直到现在我们还在使用。有些学者谆谆教诲我们不要把社会统计太当回事情，因为它的抽样方法、问卷设计、数据处理以及里面涉及的大量科学方法，且不说可能很少有人真正这样去做，退一步说，即使他这样做了，也要谨慎地外推，不要进行归因处理，不要外推。即使他做了大量的假设检验并且得到了什么东西，也要考虑其中的前提条件。所以我们说，社会学的一些调查方法也只是说勉力为之，或者权且如此。

社会学又叫社会科学，最初提出社会学的是法国学者孔德，他是社会学实证主义的先驱，把科学方法导入到社会研究里。孔德很典型地受了牛顿力学的影响，他把社会学分为静力学分析和动力学分析。静力学说的是一种关系、格局，动力学分析就是看一种演化，个体与个体之间群体与群体之间的作用和反作用。当然，孔德那个时候主要的研究要素或者说核心对象是家庭。关于社会学的研究，按照孔德的思想来讲，是从家庭产生的，从古至今就是一个家族的演化史，很多的神话传说就是一个家族的变迁史。其实我们说《史记》里的王侯将相，也是一个家族的历史。所以我们说，血缘关系、一个家族的演化过程，是过去社会学一直围绕的最核心的研究主线。

从孔德创立社会科学以来，社会学一直试图找到所谓"科学方法"来刻画、描绘社会中发生的种种行为、现象。比如著名社会家涂尔干曾通过统计学方法，研究过自杀的问题。他把自杀现象分为两个不同层次：个人自杀事件属于个人层次，而群体自杀率则属于社会层次。传统的社会学无意于探求导致个人自杀事件的具体原因，只是把群体自杀率达到这一社会层次上的社会事实作为自己的研究对象，从而避开了心理学的解释。涂尔干的这部《自杀论》1897年在巴黎出版。他在书中批判了以个体心理学解释自杀现象的传统理论，建立了用社会事实的因果关系分析自杀的理论，阐述了社会与个人的关系，认为当个体同社会团体或整个社会之间的联系发生障碍或产生离异时，便会发生自杀现象。涂尔干运用社会统计的方法，特别是以统计交叉表格的形式，展现了大量的经验资料，用以说明自杀现象受到民族、自然环境、性别、婚姻状况、宗教信仰、社会的稳定和繁荣程度等社会事实的影响。这一大胆尝试，结束了西方社会学中理论研究和经验研究长期脱节的状况。在书中，他把自杀划分为利己型自杀、利他型自杀、失范型自杀和宿命型自杀四种类型。

一般来说，将数学方法、物理学方法引入到社会学，主要在四个领域发挥作用。一个是个体与群体的关系，只不过这个关系在不同理论流派看来不一样，有的流派侧重动态的，有的侧重静态的。第二个，就是抽样分析。第三个，图形绘制，即分析结果的可视化呈现。最后一个，就是建立算机模型。

2 社会网络分析

下面我们谈一谈社会网络几个理论的架构。社会网络分析的理论经历了从大型化到中型化这样一个过程。早期的理论叫作大型理论。这个大型理论甚至延续到了八十年代。

社会网络分析出现的标志，学界公认是1934年的莫雷诺[1]。他写了一本书，最后还编了一本社会计量学的杂志，奠定了社会网络分析的基础。这个人后来转向了神学研究，研究神秘现象。之后有很多社会网络研究的流派，从哈佛大学到密歇根大学、哥伦比亚大学，再到麻省理工学院，后来又回到哈佛大学，大概有半个世纪的历程。这半个世纪，这门学科的传承经历了一番波折。

波折主要表现在对人际关系的发现。到二三十年代，科学管理深入企业实践的时候，美国西屋公司在霍桑工厂进行了一场断断续续、历时12年的著名实验，从1924年到1936年。实验的初衷是想证明电力、灯光等工作环境，对于人的工作效率是有正面激励作用的，然而实验结果恰恰相反。劳动个人的生产效率跟车间的灯光亮度并非显著相关。为什么会这样？ 1927年冬，哈佛心理学家梅奥[2]等人，

---

1 莫雷诺（Jacob Levy Moreno，1889—1974），美国心理学家，在三十年代创立了一种衡量团体成员相互关系的学说，叫作社会关系计量学，又叫作团体成员关系分析法。莫雷诺最初在奥地利维也纳的医院和研究所从事精神病治疗和研究，曾创立了所谓心理剧和社会剧的治疗方法。他于1927年移居美国，并创立了社会关系计量学。

2 梅奥（George Elton Mayo，1880—1949），行为科学的奠基人，美国管理学家，原籍澳

应邀参加了开始于1924年但中途遇到困难的霍桑实验。在实验的基础上，梅奥分别于1933年和1945年出版了《工业文明的人类问题》和《工业文明的社会问题》两部名著。霍桑实验揭示出，人不是经济人，而是社会人，不是孤立的、只知挣钱的个人，而是处于一定社会关系中的群体成员，个人的物质利益在调动工作积极性上只具有次要的意义，群体间良好的人际关系才是调动工作积极性的决定性因素。因此，梅奥的理论也被称为"人际关系理论"或"社会人理论"。霍桑实验的分析表明，管理者和分析者显然忽略了一个重要的因素，这就是人际关系。这是激励理论的一个重要实验，发现人际关系对于劳动生产力的影响，远比灯光亮度产生的影响大得多。

后来，研究霍桑实验的卢因[1]到了麻省理工学院，创立了群体动力学研究中心，继续进行情境研究、群体动力学研究。其实从二十世纪三十年代到五十年代这段时间，已经发展出我们今天看到的社会网络分析的主要内容。比如像人际关系、统计分析、静态动力学，也包括将分析对象纳入一定的情景。其实，莫雷诺提出的社会计量学，主要受到卢因理论的启发，不过莫雷诺早期的方法，还比较侧重于抽样统计，将受试对象完全看作独立的个体，并不关心这些个体的心理活动，只看他们呈现出来的行为。

六十年代之后的社会学研究，出现了一些很有意思的结果，比如对社会学、经济学关系的研究，对员工激励、职业成长轨迹的研究等。学科的交叉现象出现了。比如我们前面提到的，对互联网很重要的两篇论文，分别发表在1998年、1999年。一篇论文提出了"小世界模型"，另一篇论文提出了"无标度网络"模型。对于真正的数学家，这些模型一点都不新奇，甚至是班门弄斧。因为三十年代、四十年代的数学家，就对幂律、泊松分布研究得非常透彻。甚至可以说，19

大利亚，早期的行为科学——人际关系学说的创始人，美国艺术与科学院院士。

1 　卢因（Kurt Lewin，1890—1947），又译勒温，德裔美国心理学家，传播学的奠基人之一，社会心理学的先驱，也是首先将格式塔心理学原理用于研究动机、人格及团体动力学的心理学家。

世纪关于概率统计分布的研究成果基本是就绪的状态。那么小世界、无标度模型的价值在哪里呢？在于颠覆了人们对网络结构的假设。以往假设网络是随机模型或者规则模型；现在看这个假设站不住了。经济学和社会学的关系也是这样。孔德以来的社会学，一直被遮蔽在经济学的光辉之下。社会学的基础首先是经济学。是经济学给出了关于人性的假设；社会学只不过讨论了人是如何相互作用的。传统社会学是作为"上层建筑"的部分，建立在"经济基础"之上的。这么一来，其实经济学家对社会学研究的内容，是不拿正眼看一看的。他们认为社会学只不过是概率统计，是社会调查，是问卷分析而已。

颠覆这个观点的，是美国学者格兰诺维特。他在八十年代对这个问题有一个总结，就是他提出的"过度社会化"、"低度社会化"的说法。低度社会化，是指从亚当·斯密开始，到萨缪尔森，古典经济学将微观经济学和宏观经济学区分开来，然后导入大量数学分析方法，比如需求曲线、供给曲线。从数学上看非常简单，但是它离社会学也真的非常远。还比如美国学者帕森斯[1]，有人称他是社会学宏大叙事的最后一位大师。他在社会学理论里面构筑了大量的模型，比方以价值观作为统领社会学的重要的基石。在当时，理性选择是经济学、社会学研究共同的假设。有人曾调侃说，"经济学家讨论人们怎么做决定，社会学家讨论人们怎么样不能做决定"，因为有规则、道德、价值观等，会牵制你、约束你，或者说会"格式化"你。就像哈贝马斯说的，"生活世界是被系统世界奴役的一个世界"。所以低度社会化中，理论驱动模型体现的最为明显。

另一个极端，格兰诺维特称之为"过度社会化"。社会学家开始关注所谓社会互动，比方说像戈夫曼的团体动力学。格兰诺维特认为，过度的社会化忽略了个人的自由意志，强调大一统的理论架构，好像给每一个个体的脑袋上安了一个

---

1 帕森斯（Talcott Parsons, 1902—1979），美国哈佛大学著名的社会学者，美国现代社会学的奠基人。美国二次世界大战后统领社会学理论的重要思想家，20世纪中期颇负盛名的结构功能论典范之代表人物。主要著作有《社会行动的结构》、《社会系统》、《经济与社会》、《关于行动的一般理论》。他早期的主要理论倾向是建构宏大的社会理论，后期开始探讨从宏观转向较微观层面的理论方向。

芯片，或者插了一杆红旗，给我们标识了所谓的默认价值。过度社会化理论其实在制造着社会的牢笼。它希望用一个巨系统把每一个人的微行为一网打尽。在这种理论里面，它是剔除噪声似的做法。在社会学发展的很长一段时间里，基本上都是这两种社会化理论占据主流。

社会网络分析，目前还谈不上有什么一致的理论体系。但从四十年代到九十年代这五十年间，发展出若干社会网络分析的具体方法。罗家德的那本《社会网络分析讲义》，将其总结成七种理论。我们可以概略地看一看。顺便说，这些理论被称作"中型理论"，以区别于总体建构的大型理论。

第一个就是机会链理论。《机会链》是美国著名社会学家哈里森·怀特[1]1972年出版的重要著作，该书自出版后，在社会学、经济学、管理学等领域均产生了深远的影响，是经典的社会网络研究，也是社会网络领域"哈佛革命"的开山之作。社会学研究一直很注重人力资源的研究，这大概是因为作为工作状态的人，他的社会关系、在组织机构中的位置，人的流动性，都是很好的研究课题。机会链，描述了当社会角色和填补角色的个人分别独立时的社会流动模型。简单说，就是除了人的流动之外，大胆假设了空缺的"工作职位"也可以视之为流动的。

机会链理论的要点是什么呢？打个比方说，就跟我们学电子学时，电子和空穴的假设类似，电子和空穴是成对出现的，只不过极性相反。它们之间的关系可以看作是逆向的运动。机会链，说的就是工作和空缺的职位是一个逆动的过程，这打破了找工作的旧观念。找工作的假设是什么？是说有一个"空闲的职位"，就在那个地方等你去填补。你就像跑步者有个目标，或者爬山者登顶一样，努力去到达那个地方。但是你会发现，这个空闲的职位并不空闲——你还没到达那个地方，那个位子已经被人占了。位子之所以被占，是因为这个位子其实是可以流动的。机会链理论说的就是这种位子的流动性。不是位子在那里静候你的光顾，你不能等待出现空缺，也不能瞄准一个空位，你必须对职场的流动性有所领悟。不这样想的人，他在职场中就永远被动，不敢创新。

1　怀特（Harrison Colyar White，1930—　），美国哥伦比亚大学社会学教授。

第二个是二级传播理论。我们在传播学中见识过了。它是拉扎斯菲尔德[1]早期发现，又被科尔曼[2]重新发现的。二级传播的焦点是所谓"意见领袖"。科尔曼在病毒研究和流行病学研究里，重新发现了所谓的重度感染者在疫病传播中的重要性。由这个节点出发，感染更多人的概率会增大，所以隔离是很重要的。二级传播理论颠覆了以往"均匀传播"的假设。不能假设每个个体所起的作用是一样的。一定有个别意见领袖，对放大传播效果起到异乎寻常的作用。这里还有一个启示，就是别指望一次传播就可以达到你的预期效果。一次传播引发的辐射面非常有限。但多次传播，就需要充分考量传播的轨迹和路径，寻找最有价值的推手。

第三个是格兰诺维特的"弱连带"理论。这是格兰诺维特六十年代在哈佛上研究生的时候做的研究。当时他研究的也是劳动力市场，就是人们如何找到合适的工作。我们每个人都有自己的生活圈子、交友圈子。找工作呢，一般就两个渠道，一个是公开应聘，另一个就是关系推荐。公开应聘一般成功率比较低，成本又比较高。所以很多人都是双管齐下，甚至更仰仗自己的圈子。格兰诺维特发现，即便圈子也有很大的区别。圈子中的人分两类，一类是所谓强关系，比如亲朋好友、街坊同窗，这种关系往往因为局限在熟人圈子里，虽然跟你非常熟识，但他的扩散能力并不强；另一种人是所谓弱关系，即他横跨几个圈子，可以很容易地将你导引到另外的圈子中。1994 年 IBM 聘用了郭士纳作为总裁，期待郭士纳引领 IBM 走出困境。郭士纳此前是做饼干的，再往前是美国运通公司的首席执行官，可以说跟信息技术毫无关系。这种跨界的开拓，为 IBM 带来了一位"让大象学会跳舞"的优秀掌舵人。能够搭接不同圈子的关系，就是格兰诺维特所称的"弱连

---

1 拉扎斯菲尔德（Paul F. Lazarsfeld，1901—1976），著名的美国实证社会学家。哥伦比亚大学应用社会研究所的创办人。传播学四大奠基人之一。毕业于维也纳大学，先后获哲学、人文学和法学博士学位。与著名社会学家默顿共事多年。他提出了"二级传播理论"（后发展为"多级传播"学说），为传播效果、传播机制研究开辟了道路。他还提出了"既有政治倾向的作用"、选择性接触机制、意见领袖等很有影响的概念。代表作有《传播研究》和《个人的影响力：个人在大众传播中的作用》等。

2 科尔曼（James Samuel Coleman，1926—1995），美国社会学家。

带"。这种弱连带的关系被格兰诺维特认为在求职市场上是非常奏效的，用咱们中国人的话说叫遇见"贵人"。你的"贵人"往往不是你天天打电话联系的人，你的贵人是一旦有机会，他一定会首先想到你、找你、帮衬你的人。

第四个是镶嵌理论[1]。这是1985年格兰诺维特的一篇论文中提到的理论。镶嵌理论非常重要，我认为它几乎把传统社会学的成见打翻了，特别是颠覆了经济学与社会学的关系。前面提到，传统经济学认为自己比社会学更基础，社会学研究需要置于经济学之上才行。也就是你先得把生产力、生产关系搞清楚，你才可能把社会阶层、社会团体、组织关系，以及家庭、个人、社群的运转方式搞明白。社会学是经济学研究的一个子集。人际关系、人际传播、群体动力学等问题的解释，绕不开人的生产、物的生产和交易，绕不开对人性自私、资源稀缺的假设。这是长期以来经济学凌驾于社会学之上（或者说经济学自认为比社会学更"基础"）的状况。这个状况带来两个问题：其一是，社会学往往"被迫"去研究价值观、文化、组织形态、管理变革等宏观的话题，社会学没有，也不需要对人性做出更多的假设（这一假设已经由经济学做出了。比如霍布斯的"所有人对所有人的战争状态"的性恶假设，与古典经济学是一致的）；其二，是社会学被压缩到研究结构与行为的话语场，但缺乏对结构和行为的描述工具——除了孔德确立的牛顿力学方法和统计物理方法。格兰诺维特的镶嵌理论就把这个问题颠倒过来了。他认为，社会网络不但是社会学的基础，还是经济学的基础。镶嵌的意思就是说，经济行为是嵌在社会网络中的。人的关系、连接、交互，是看待结构与行为问题的基础。这个思想我觉得非常有启发。甚至我想，传播学也是如此。可不可以这么说，我们的传播行为其实也是镶嵌在社会网络之中的。我们要用这样一种思路想法，来重新看待传播行为。

第五个是结构洞理论。这个是波特[2]1992年提出的。结构洞理论跟机会链理论

---

1 ［美］马克·格兰诺维特著，罗家德译，《镶嵌——社会网与经济行动》，社会科学文献出版社，2007年1月。

2 波特（Ronald Stuart Burt, 1949— ），美国社会学家。

有一定的相似之处。在一个大型的社会网络中，有若干个小的群体，它们彼此之间有一些连带关系。这种纷繁复杂的网络结构中，你总会发现一些主要的节点，它处于枢纽的位置，几乎所有的小圈子都得通过这个枢纽产生关系。这个节点可以看成是一个转接器、一个"桥梁"、一条必由之路。假如说这张网络缺乏这样的节点，在这张大网上就会出现一个洞（hole），这个洞就是一个结构洞。结构洞展现了网络结构的联通性要求。结构洞的存在，使得网络的整体能量、秩序，向某个方向流动；一旦这个洞被填充或者占据，它的价值会大大增加，从而网络的特性也会大为改观。这个洞商业上叫作"先机"，或者说蓝海。最开始的时候，波特研究的是组织内部的权力运作。如果一个机构的重要位置出现了空缺，就会形成权力真空，也就会出现围绕这个权力真空的政治斗争。这就是结构洞的意思。

第六个叫强连带（strong ties）理论。这是魁克哈特（David Krachhard）提出的。它相当于弱连带的对偶状态。强调弱连带，说的是跨越不同的圈子的能力。强连带则标志着信任的强度。强连带在传统社会中，常见于血缘、亲缘关系。但在今天的社会网络中，强连带也未必总是需要有血缘和亲缘的保证。它更着眼纳入社会网络结构中的节点所获得的黏性、信任度和影响力。这是由情感网络和社会关系带来的巨大影响，这种影响进一步渗透到个体行为和组织行为。比如今天常见的偶像崇拜、明星崇拜，就是强连带新的类型。在研究社会网络的时候，强连带和弱连带都是不可忽视的。

最后一个是社会资本理论。关于社会资本理论，许多学者都进行了研究。布尔迪厄[1]是第一位在社会学领域对社会资本进行初步分析的学者。科尔曼对社会资本做了较系统的分析，他认为社会资本是一种责任与期望、信息渠道以及一套规范与有效的约束，它们能限制或者鼓励某些行为。普特南（Putnam）从政治

---

1 布尔迪厄（Pierre Bourdieu，1930—2002），当代法国著名的社会学家、思想家和文化理论批评家，法兰西学院唯一的社会学教授，和英国的吉登斯、德国的哈贝马斯并称为当代欧洲社会学界的三杰。本书有关内容，参考［法］布尔迪厄著，包亚明译，《文化资本与社会炼金术》，上海人民出版社，1997年版。

的角度对社会资本进行了研究，个体之间的联系—社会网络以及在此基础上形成的互惠和信赖的价值规范。20世纪90年代以来，社会资本理论大热，这一理论甚至被用来解释经济增长和社会发展。社会资本也可能因互动网络的紧密而有不同的层次，吉特尔（Gittell）与维达尔（Vidal）（1998）即循着社会连结亲疏远近的概念，将社区层次社会资本划分为"结合型社会资本"（bonding social capital）与"桥接型社会资本"（bridging social capital），这样的区分方式与魁克哈特和格兰诺维特的网络"强连带"与"弱连带"理论有相似之处。近来，关注到不同层级之个体、社群或公共机构之间的互动，学者们便将这种跨越层级界限的关系，归纳为所谓的"连结型社会资本"（linking social capital）[哈尔彭（Halpern，2005）]。综合而言，因个人或团体之间网络的强弱以及不同层级间的互动关系，一般可将社会资本归纳为三种类型：第一，结合型社会资本：指网络关系较为紧密者之同质者间的连结，其具有较强烈的认同感以及共同的目标，例如家庭成员、好朋友与邻居等，它能够促进成员间的承诺与互惠，并强化团体内部的连结。第二，桥接型社会资本：主要指网络关系较为疏远，但彼此拥有共同利益者所形成的连结，例如同事或社区团体等，是一种水平的连结机制，有助于外部资源的连结与资讯的畅通，能够促进相对异质之人群或团体间的联结与互动。第三，连结型社会资本：指不同社会层级的个人或团体之间的关系，例如国家或大社会等，属于垂直性的连结机制，能够协助人们、团体或社区超越既有层次之限制，透过与不同层级之间的连结，从正式体制中获得讯息和资源。

皮埃尔·布尔迪厄在其关系主义方法论的基础上率先提出"场域"和"资本"的概念。"场域是以各种社会关系连接起来的、表现形式多样的社会场合或社会领域。"布尔迪厄的场域就像一张社会之网，位置可以被看成是网上的节点，是人们形成社会关系的前提，"社会成员和社会团体因占有不同的位置而获得不同的社会资源和权利。"布尔迪厄认为场域作为各种要素形成的关系网，是个动态变化的过程，变化的动力是社会资本。他把资本划分为三种类型：经济资本、文化资本和社会资本。所谓社会资本，就是"实际的或潜在的资源的集合体，那些资源是同对某些持久的网络的占有密不可分的。这一网络是大家共同熟悉的，得到公认的，而且是一种体制化的网络，这一网络是同某团体的会员制相联系的，它从集体性拥有资本的角度为每个会员提供支持，提供为他们赢得声望的凭证。"

詹姆斯·科尔曼以微观和宏观的联结为切入点对社会资本做了较系统的研究。他认为社会资本研究的目的就在于通过对社会资本的研究来研究社会结构。科尔曼指出："蕴含某些行动者利益的事件，部分或全部处于其他行动者的控制之下。行动者为了实现自身利益，相互进行各种交换……其结果，形成了持续存在的社会关系。"科尔曼把社会结构资源作为个人拥有的资本财产叫作社会资本。他也认为，社会资本是与物质资本和人力资本相并存的，每个人生来就具有这三种资本。社会资本的形式有义务与期望、信息网络、规范与有效惩罚、权威关系、多功能社会组织和有意创建的组织等。

罗伯特·普特南在科尔曼的基础上，将社会资本从个人层面上升到集体层面，并把其引入政治学研究中，从自愿群体的参与程度角度来研究社会资本。普特南在《让民主的政治运转起来》中提出公民参与网络。认为由于一个地区具有共同的历史渊源和独特的文化环境，人们容易相互熟知并成为一个关系密切的社区，组成紧密的公民参与网络。这一网络通过各种方式对破坏人们信任关系的人或行为进行惩罚而得到加强。这种公民精神及公民参与所体现的就是社会资本。在普特南那里，社会资本是一种团体的甚至国家的财产，而不是个人的财产。普特南强调，如果认识到社会资本是重要的，那么它的重心不应该放在增加个人的机会上，而必须把注意力放在社群发展上，为各种社会组织的存在留下空间。

林南（Nan Lin）是一位华裔美国学者，他首先提出了社会资源理论。所谓资源在林南看来，就是"在一个社会或群体中，经过某些程序而被群体认为是有价值的东西，这些东西的占有会增加占有者的生存机遇"。他把资源分为个人资源和社会资源。个人资源指个人拥有的财富、器具、自然禀赋、体魄、知识、地位等可以为个人支配的资源；社会资源指那些嵌入于个人社会关系网络中的资源，如权力、财富、声望等，这种资源存在于人与人之间的关系之中，必须与他人发生交往才能获得。林南定义社会资本时强调了社会资本的先在性。它存在于一定的社会结构之中，人们必须遵循其中的规则才能获得行动所需的社会资本，同时该定义也说明了人的行动的能动性，人通过有目的的行动可以获得社会资本。

在六十年代的时候，美国学者舒尔茨[1]提出了一个概念叫人力资本。他把早期资本主义的生产关系、劳动生产，即生产市场、消费市场的两个市场的划分推进了一步。他认为人的知识是可以转化为资本的。布尔迪厄在人力资本之上又提出了文化资本的概念。文化资本其实具有规训、奴役的性质。社会文化资本将洗脑、灌输看作保持正统意识形态合法性的工具，从小对受众进行格式化和意义的罐装。在市场环境下，占据一定优势地位的企业，也学会使用文化资本教育消费者，使消费者成为充满期待的猎物。

在社会步入消费时代后，正如我们在第三讲提到的那样，文化资本转型为后现代的存在样貌，恶搞、戏仿、反讽，成为貌似解放实则更深的规训手法。比如"霸占"，有一个广告的例子"脑白金"。微博上有一句话我觉得说得很好，叫"脑白金霸占了送礼的概念达20年"。你随便去问问几个人，一说到送礼第一个想到的广告是什么？一定是它。虽然这个广告总是位列恶俗广告榜单，但它就是这样的表达方式。

社会资本有一个很大的特点，就是它不可占有。它跟其他的资本都不太一样。货币资本，实物资本都有所有权，很明确，我的就是我的。社会资本不一样。社会资本必须在使用中存在，也必须在与他者的关系中存在。社会资本是越用越有价值，越分享越好。这个跟互联网的精神是高度一致的。

---

1 舒尔茨（Theodore Schultz，1902—1998），美国芝加哥大学荣誉退休教授，人力资本理论创始人，较早研究发展经济学的经济学家，1979年获得诺贝尔经济学奖。

3 从结构到行为

社会网络分析方法，把群体和个体纳入相互连接着的网络环境下研究，这是长期社会学研究的基本框架。但苦于条件所限，没有互联网的时候，研究范围往往局限在小样本、局部环境的个案空间内。互联网提供了宽范围、大尺度、复杂网络分析的可能。无论微博互粉结成的好友网络，还是微信呈现的熟人圈子，获取关系数据、展现丰富多样的社区，已经不再困难。同时，将不同的网络结构叠加起来，组成有耦合的复合网络（超网络）的研究，也日益成为网络分析的热点。不过，无论哪种研究类型，以下七种问题是最基本的，大家需要了解。

第一个叫关系研究。传统网络分析中，所谓关系往往是对连接节点之间连接属性的描述。比方上下级关系、好友关系、血缘关系等。这里所说的关系研究，是用两只眼睛来看问题。一只是看刚才说的传统的连接关系，另一只眼睛要看关系场，即布尔迪厄说的"场域"（field）对关系的影响。场域是结构层面的概念。它首先需要度量一个完整的网络连接，如何形成了具备一定"场力"的辐射能力，比如家族血统的强弱、人脉势力的强弱。在关系研究里，会用到的理论包括社会连带理论（弱连带、强连带），还有镶嵌关系、结构洞等。对关系的表征，并非仅限于"连接"，还需要厘清连接的方向（有向图的概念），以及关系的紧密、亲密程度（含权网络[1]），也还要根据需要考虑关系随时间、空间的分布与变

---

1 含权网络（weighted network），即网络节点之间的边具有不同的"权重"，即为含权网络，也称"加权网络"、"有权网络"；在图论中，这种图形被称为"含权图"、"加权图"或"有

化（时空演化）。此外，关系研究还有很浓厚的文化背景。比如中国的本土社会结构，最著名的就是费孝通[1]提出的"差序结构"，以血缘为纽带、长幼尊卑为圆圈，向外逐级递减。日本对关系的研究呢，除了宗亲血缘关系外，还有武士道精神所说的"忠诚"、"效忠"的层面。

第二个研究类型，是关系怎样影响行为。这个研究除了用到前面说的几种理论模型外，很多是用社会资本的理论。比如我们把网络区分成两种：个体中心网络和企业组织网络。这两类网络研究的方向不一样。当个体纳入某个网络结构之后，他的行为受网络的制约、规定和影响。比如我们研究一个人的学习能力、自我管理能力，往往会看他的日常交往是怎样的，所谓"近朱者赤、近墨者黑"，这也是生活经验的总结。个体行为会有意无意地受网络关系的熏陶、传染。能不能比生活经验更进一步呢？你可以通过采集一个人社交圈和他的行为数据，来分析个体行为的影响因子，"易感"指数等等。企业组织网络也是如此，个体在网络中的行为，并非只是受与之直接相连的节点的牵制、影响；事实上还有整个"气场"的影响。过去我们研究网络，过于看重是否连接，其实"场力"这种看不见的因素，有时候更重要一些。

第三个是场力如何决定个体的位置。这个也很重要，刚才我们提到"气场"，说它会影响行为，这里说的是位置。当个体处于一张大网中的时候，势必会受到各种各样的影响，有些影响会改变个体的行为，有些则会改变个体所处的位置。

权图"。与此相对应的概念是"无权网络（unweighted network）"，即网络节点所有的连边，都具有相同的权重，通常默认权重为1。

1　费孝通（1910—2005），江苏吴江（今苏州市吴江区）人，世界级的社会科学家，国际应用人类学会最高荣誉奖获得者，中国社会学和人类学的主要奠基人之一。1928年入东吴大学（现苏州大学），读完两年医学预科，因受当时革命思想影响，决定不再学医，而学社会科学。1930年到北平入燕京大学社会学系，1933年毕业后，考入清华大学社会学及人类学系研究生，1935年通过毕业考试，并取得公费留学。1936年夏，赴英国留学，1938年获伦敦大学研究院哲学博士学位。论文的中文名《江村经济》流传颇广，曾被国外许多大学的社会人类学系列为学生必读参考书之一。

个体在网络中的位置，一个是静态的位置，是说你在哪里待着；另一个是潜在的位置，即你非常有可能下一步、下下一步落在哪里。你的下一个位置，大概就得看"天时地利人和"的条件是否具备了。从人力资源、社会资本的角度看，能影响你位置的节点，从好的一面看，大约可被归为"贵人相助"一类；从不好的一面看，就是"小人当道"了。这当然是生活中的例子。场力影响个体位置最常用的是多层线性回归模型，这里有很多软件工具可以帮你去做。关系如何促使一个位置的生成？我要强调的是，建议大家把机会链理论和结构洞理论好好研究一下，位置并非是"空闲"在那里，等待你去识别、发现。影响一个公司重要战略决策的可能是小圈子的某个人，不见得是总经理本人，甚至有的时候情形会让你很惊讶，可能会是局外人，就握有话语权30%—40%的投票。另外，位置的变化其实既是对个体的影响，又是对结构的再造。两方面同时存在。

第四类研究是个体在结构中的位置是怎样影响行为的？这个是对上两个问题的进一步深化。有两个层次的研究，一层是表层研究，一层是隐层研究。举个例子，这些年微博、微信大热，就有投资者说：考察一个创业投资者的能力，其实有一个很好的指标，就是看他过去半年的微博。为什么？这其实有几个用意：其一，你发微博不是刻意的，忙了你就不弄，闲了你就弄一弄，不会刻意安排，或者考虑那么周密的计划，你发这个微博的意义何在，有啥用处之类。所以，你发的微博基本上比较如实反映你的状态。其二，看看你关注谁，谁关注你，可以刻画出你的社交网络。你的社交结构可以进一步按照活跃程度、社交圈的属性进一步分析，所谓物以类聚、人以群分。第三，你关注微博的时间点，会反映你的工作与生活习惯，以及你与其他人的区别。第四，根据对你微博的文本分析，大略可以了解你"偏好"哪一类话题，你的兴趣图谱是什么，也反映你的知识图谱。这些，其实就是你在社会网络中的位置，与你的行为之间的连锁关系。

这个研究还可以逆向进行。即第五类研究问题，个体行为如何影响网络结构。个体行为并非孤立地在一张静态的网络中展现出来，在微小的范围内是这样的；如果个体行为是大幅度、大范围，或者是关键性的，就可能改变整个网络的结构。比如一个关键节点，如桥（Bridge）节点、Hub（中枢节点）的变化，比如微博上的大 V 的行为，就可能引发网络结构的动荡。

第六类问题，是网络结构如何影响群体行为。这一方面的成果比较少。网络结构的变化可能引发网络节点的多米诺效应，或者级联[1]崩溃，这就是典型的例子。电网、交通网络、流行病网络，都存在这种可能。当然，说多米诺效应、级联，是不够确切的。这两个词容易让人想象一条确定性的逻辑链条。在复杂网络下，这条清晰的链条未必如你想象的那么清晰，它不一定是决定论的。更多的情形是你可以发现某个区域、某个网络结构崩塌的临界点，但你未必能抓住所谓因果的链条。这好比研究复杂的社会网络、生物网络，我们可以大略锁定某些关联着的因素，与网络的稳定性、鲁棒性（Robustness）、脆弱性有关，但我们只能给出某种可能性的描述，概率的描述。我们很难写出确定性的方程来表达这种复杂现象。这是一类很重要的前沿课题。

第七类研究，是群体行为如何凝聚为场力。当我们可以识别出群体行为的时候，我们其实只是看到了表观的东西。如何理解这些行为背后的东西，是刻画网络场力很重要的一点。比如意见领袖、引爆点、多级传播，我们可以刻画出这种群体的行为，但这种群体行为如何度量为网络能量？如何进一步预测这种场力对其他个体的影响？这也是很实际的问题。

舆论传播理论、流行病传播理论都关注这个领域。比方说，我们想研究舆论传播，我们面临的情况和传统传播学最大的挑战，在于网络上是传受一体的，传统的传播学则假设传播者和受众是分离的。这个假设在互联网里站不住脚。实际上你很难识别出信息源在哪里，你也很难从容不迫地捋出一条清晰的传播轨迹来。互联网上信息的传播，是边生产边传播，边生产边消费的，内容或者文本在

---

1 级联（cascade），一个工程术语，指两个以上的同类型器件、设备，以某种类似串接的方式连接起来，起到扩容、增强负荷能力、扩大覆盖范围等功效的联结技术。常用在电气装置、电力线路、电信网络等工程应用场合。级联崩溃、也称级联失效，是指级联网络中，某种故障沿着级联网络的联结方式，逐级传递到下级网络，并迅速扩散到整个网络，引发网络大面积崩溃的重大事故。

传的过程中不断被添枝加叶，添油加醋，也不断地转换时空，转换场景。它的意义，是被逐渐附着，变异产生的。所以传播过程如何影响行为，很难说是由信息源、传播者来决定的，信息源可能只是一个胚胎，但绝不是唯一的胚胎。

上述七类问题，虽然是分开说的，但其实是互相影响的。分开说只是便于大家了解。这里是一个两层结构，从第一个到第四个问题属于上半区，即侧重整体如何影响个体；第五个到第七个问题属于下半区，侧重从个体行为过渡到如何形成场力。两个大的方向突出了不同的特点，前者是从整体、场力、结构出发，看如何决定个体关系、行为、位置；后者从个体出发，看如何从位置影响行为、凝聚为群体行为、形成结构、场力。这七类问题并非一定按这个顺序来走，它只是强调除了问题本身之外，你还应当有更加宽阔的视野，要顾及结构与行为之间的相互影响。

说到这里，我联想到德里达的一个名词，叫意义的播撒（dissemination）过程。播撒，是说你很难准确地将意义注射到、投射到某个对象，你只能碎片化地播撒出去。意义的播撒，不但意味着意义的存在、传递，还意味着意义的接收、释读，也是碎片化的。过去的意义理论是注入、灌输、注射式的，互联网意义的生产方式是播撒的过程，是碎片化的过程，并且是不断演化、延异[1]、聚合的过

1　自康德以来，西方哲学形成了一个十分重要的线索，即超验哲学的线索。作为超验哲学的20世纪形态的胡塞尔哲学，其自身也经历了若干发展阶段。正是在那个时代，德里达第一部公开出版的著作《胡塞尔〈几何学的起源〉导引》进一步将注意力集中在了以几何学为范例的科学知识的发生问题上，集中在了如何能够具有一种超验的发生现象学的问题上。这部著作孕育了德里达哲学思想的核心概念："延异"（la différance）。胡塞尔的现象学还原表现出对确定性不懈追求的精神。德里达却沿着这种哲学努力发现了对于任何超验哲学，也就是任何哲学反思来说无法确定的东西。德里达认为：广义的文本包含了哲学和理解的一切对象，则"延异"存在于任何文本之中，甚至因为"延异"的本原地位，它正是一切文本从而一切存在之源，这便是理所当然的了。"延异不仅不能还原为任何本体论和神学——神学本体论——的拥有物，而且甚至为神学本体论——哲学——提供了在其中产生它的体系和历史的空间，它包含了，纳入了并且永远地超越了后者。"（《哲学的边缘》）

程。延异也是德里达自造的一个术语，是差异化地推迟。差异化，就是表达的间隙（Gap），是索绪尔[1]所谓的能指和所指之间的间隙——推迟，则是意义呈现的推迟。在微博上，我跟随你是因为好玩，而不在于是否同意你。只是因为好玩，你推迟了下断语，你就没有阉割这个意义，你没有把意义剪切下来粘在自己的墙上。意义就依然是充满活力的状态。

我想到德里达的这两个术语，一个播撒，一个延异，主要的冲动是认为不能僵化地理解上述七类问题对理解实际网络分析过程的指导价值。要时刻警惕传统的还原论科学，是致力于肢解问题的。它们往往只做精确定义之后的问题分解，并在把对象刻画得"体无完肤"之后，就致力于放在显微镜下面细加端详。它们这时候往往会忘记把它重新装配回去，放回到原来的结构下审视（其实往往肢解过后，是放不回去的了）。社会网络分析，不能只分析结构对行为的影响，也必须看到行为对结构的影响。这就是我想说的。

整个的群体行为和个体行为，到底会呈现什么样的格局？这时候我们很难从一边看另一边，而是必须同时看到两边的相互影响。从第一到第七，再从第七到第一个问

因此，存在，一切关于存在和在者的思想，都源出于这个"延异"。索绪尔关于语言的能指功能仅仅在于差异的经典教条，给德里达提供了一个深刻而直接的凸显"延异"的书写学本体论形象的借口。而从"différence"到"différance"的"e"到"a"的替换则更加具有了一种本体论革命的象征性，因为在法语的读音规则中，这里的"e"与"a"是发同样的音：过去形而上学的"逻各斯中心主义"被颠覆了，逻各斯中心主义假设一种固定意义的存在，主张思维与语言的合一性。而延异则表示最终意义不断被延缓的状态。德里达认为，语言无法准确指明其所要表达的意义，只能指涉与之相关的概念，不断由它与其他意义的差异而得到标志，从而使意义得到延缓。因此，意义永远是相互关联的，却不是可以自我完成的。

1　索绪尔（Ferdinand de Saussure，1857—1913），瑞士语言学家。祖籍法国。现代语言学理论的奠基者。他把语言学塑造成为一门影响巨大的独立学科。他认为语言是基于符号及意义的一门科学。现在一般通称为符号学。从1907年始讲授"普通语言学"课程，先后讲过三次。之后，他的学生根据笔记整理成《普通语言学教程》一书。这是一部具有划时代意义的著作。

题，这个大循环才是真正值得研究的。这才是演化的思想，是真正动力学的思想。

社会网络分析的资料收集也有两大类，一类叫作自我中心网络收集，一类叫作社会网络收集，这两种收集方法大不相同，难易程度也不一样。以个体为中心的网络资料收集研究的是个人关系问题，比如连接的强度、差序结构。这个研究可以用随机抽样来做，但是反映不了结构，这是它的缺点。所以还有第二种社会网络的收集方法。我们要研究一个网络，首先必须要定义一种网络，然后再来研究结构。什么叫整体网络？这个很难定义，完全看你划定的这个圈子有多大，并且需要注意这个圈子并非是封闭的，而是开放的，是有内外流量出入、能量交换的。比如研究北京市的交通拥堵，你只划定五环还是六环作为边界还是不够的，你得综合考虑影响流量的各个因素，包括导入导出的流量，比如省市边界、航空港的状况。如果进一步研究动力学行为，还要考虑流量随时间和空间的分布，考虑交通管制、卖场促销、中小学放学、大型商业会议、游乐场周边等因素。要把整体结构和个体行为联系起来，它彼此是关联的。比如说路况提示牌、语音播报、导航，这种信息对路况的影响并非是单向的，即这种信息的作用并非都是改善交通的。它给出的拥堵指数，反馈到交通流量的变化中来，会实时地改变路况。这多少有点量子力学测不准原理的味道：每当你想预测道路的时候，你给出的导流信息，实际上已经改变了你的监测环境。

社会网络分析已经发展出一些较为成熟的方法，比如典型的度分布分析、中心性分析、关系分析等，基本目标都是分析网络的拓扑结构、网络的结构随节点变化的改变、网络的密集与稀疏程度、节点在网络中的位置与影响、消息在网络中的扩散，以及网络本身的稳定性、脆弱性和抗干扰能力等。学习这部分内容，已经有很多好的参考书，比如《网络科学与统计物理方法》（毕桥、方锦清著，北大出版社，2011年）、《社会与经济网络》（马修·O. 杰克逊著，中国人民大学出版社，2011年），大家可以参考。

研究社会网络，已经有很多成果，电子科技大学的年轻教授周涛[1]，最近有一

---

1 周涛，四川成都人，电子科技大学教授，互联网科学中心主任。2005年获中国科学技术大

个非常好的综述文章，叫作"人类行为的时空特性的统计力学"（《电子科技大学学报》，2013年7月，第42卷第4期），对人类行为的时空变化规律，给出了详尽的介绍，在呼叫网络、社会推荐、交通问题、城市规划、流行病学等领域，都有鲜活的事例。但是，我个人比较看好的一个领域，是他的论文里没怎么提到的，是中科院王飞跃[1]教授近十年来大力鼓吹的人工社会和ACP[2]方法。人工社会、人工心理、人工经济，是国内外目前较热的一个领域。基本思路是在计算机上建立某种仿真模型、仿真环境，同步捕捉过程信息，对特定对象的复杂网络过程进行模拟，并与真实的结果相比照，进而用于预测、机理分析、解释等领域。

仿真领域已经存在三十年的历史了。过去多用于工业领域生产工艺流程的培训和仿真训练。举一个例子，化工厂里有大量的反应容器，里面发生什么，那是看不见的。操作工人只能看到一排排的仪表墙。你只能通过仪表来间接地观察、干预物料流动、化学反应的进程。这是完全连续生产的状态。化工厂最担心什么问题？爆炸、腐蚀、泄露。所以压力、温度、真空度、反应物浓度等都是要严格控制。新工人来了怎么操作呢？新的物料反应如何控制呢？老工人碰到意外又如何处置呢？这个你会说，有操作手册、操作规程呢。其实不然。

学学士学位，2010年获瑞士弗里堡大学物理系哲学博士学位，师从汪秉宏教授和张翼成教授，主要研究方向为复杂性科学、网络科学、信息物理、人类动力学和群集动力学。参与撰写专著5册，发表论文180余篇，其中130余篇为科学引文索引（SCI）检索论文。

1　王飞跃，祖籍浙江省东阳市，2003、2005、2007、2011年中科院院士增选有效候选人。现为复杂系统智能控制与管理国家重点科学重点实验室（筹）主任，兼任中国科学院社会计算与平行系统研究中心主任，曾任中国科学院自动化研究所副所长、西安交通大学软件学院院长、亚利桑那大学机器人与自动化实验室主任、复杂系统高等研究中心主任和中美高等研究与教育中心主任等职。

2　中国学者王飞跃2004年在国际上首次提出基于ACP（A指人工系统 Artificial system；C指计算实验 Computational experiments；P指虚实系统的平行执行 Parallel execution）方法的社会计算和平行系统理论，构建了一个虚拟的人工社会，以平行管理的方式连接起虚拟和现实两个世界。参见：王飞跃，"人工社会、计算实验、平行系统——关于复杂社会经济系统计算研究的讨论"，《复杂系统与复杂性科学》杂志，2004，1（4）：25—35。

现场情况千变万化，手册和规程只能将所能列举的情况描述出来，万一有没有穷尽的工况呢？万一操作工人不熟悉、打盹儿呢？这些都要考虑，因为在现场，你根本来不及反应。

这里就有一个悖论，徒弟问师傅，万一出现这种情况那种情况，怎么办？师傅说我也不知道，我一辈子就是这样，只能按手册。越是事故出得少的车间（我们希望少出，甚至不出事故），工人见到事故的机会其实越少，越不利于大家在真实状况中得到有效的训练。你不可能故意设置一个错误指令，然后教大家怎么处置，不能这么干。这样一来，对操作规程的了解，对工况的熟悉，就不能只靠书本知识，还得靠经验。

还有一种情形，某些反应过程我们需要一再地调试反应参数，纸面的设计可能计算得很好了，但没经过检验毕竟心里不踏实。这种情况怎么办？这些都是仿真训练的用武之地。

仿真训练用数学模型构造真实的反应过程，然后将其对接到真实的仪表盘上，就可以低成本、多参数、多场景、多工况地训练和学习。工人在终端演练，有意外波动、突发情况，他才能训练应急反应。真正上岗操作的时候，要把手册的知识记忆，训练成下意识的"肌肉记忆"。

这个例子用来说明人工社会、人工生命的研究领域。人的复杂性、社会的复杂性，使得获取一些基本数据是非常困难的。你除了考虑成本问题，还有很多数据是很难准确捕捉、免打扰、无歧义地获得的。比如人工生命，定义一个网格中生命个体的基本行为，他如何位移、如何滋生、如何湮灭、如何竞争、如何合作。少数的几条规则，就可以较好地模拟大量具有自主生命特征的个体，如何在一个大的社会网络中通过交互作用，涌现出某种结构和行为。这种研究对理解真实问题很有启发，并且可以成为与社会网络研究相互参照的一种方法。王飞跃的ACP方法，就是将计算机模拟系统与真实的社会网络平行并列，采集同样的数据集，然后比较数学模型的输出和真实网络的输出。ACP方法可以计算出不同的情景，并且实时监测平行系统的输出状态，给出预测、优化的对照结果。这种并行模拟方法是一种探索结构复杂性的好方法。

对于我们做传播网络研究也是如此。传播动力学的研究，或者说对传播学的研究，也要纳入社会网络的背景下思考。社会网络的主要问题是网络结构是怎样的，以及群体对个体的影响，个体的位置对群体的影响。结构问题、个体对群体的影响、群体对个体的影响，这三类问题就是社会网络的三大基础问题。当前的前沿问题就是网络结构与动力学的演化，这里一定会涌现出大量富有价值的成果。社会网络对传播动力学和新媒体研究的影响，就是要用社会网络的思想和方法来看媒体使用的行为。2006年以来，已经有一些论文在研究新媒体事件下，新闻传播的规律、焦点事件的传播、放大机制，以及消息扩散的网络特征。比如2007年香港巴士阿叔事件[1]，可以用这种方法来研究，事件如何在社会网络的情境下孕育，出现转折，又出现二次传播，波及到了哪些人、怎样演化等等。

有了互联网，我们看待传播学的知识就要更新。这也是我多次提到的一个观点：传播学、社会学这些学科正在变"硬"。这些学科已经从更多的学理分析、抽样调查、个案解析，转换到利用社会网络、大数据的工具来做研究。社会网络分析使我们以后有更多的视角，来分析很多社会问题、传播问题。未来的发展方向，除了跟复杂性、动态性有关，也与网络分析相关，这一点大家一定要注意。

---

1 巴士阿叔事件发生于2006年4月27日，是在香港一辆公共汽车上发生的骂战，过程被在旁乘客拍摄后上传到网络上，引起大量网民的兴趣并对事件进行恶搞。经网民讨论及修剪后，逾50个不同的修剪版本在YouTube上流传，总收看次数在不足一个月已超过700万次，成为著名草根事件。片中骂人的词语"你有压力、我有压力"、"未解决"等，成为当时香港新兴的流行用语。

第七讲

隐私与知识产权

前面两讲，我们分别谈了复杂性和社会网络分析。这两个主题都有一个共性，就是你越分析、越深入，越会碰到人的隐私问题。隐私和知识产权，可以说是互联网发展中频繁遇到的一个话题。所以这一讲我们专门来谈谈这个问题。这个领域争论也比较多，纠结也比较多。之所以感觉到很纠结，是因为这个问题牵涉到每一个人，而每个人对这个问题的解读，又似乎各执一词。比如隐私问题，举个例子，最近这些年出现一些医患矛盾，说有些病人看大夫都到了要现场录音的地步，关系弄得很紧张。这种信息不对称、信任缺失，与隐私有相当大的关系。怎么看待这些问题呢？这是我们这一讲的主要内容。但讨论这件事，除了大家各抒己见之外，还需要对互联网环境下的法律观念、法的精神会有什么变化有所思考。这个话题很大，也很庞杂，我们试着梳理一下，思考一番。

讨论之前，还是简单回顾一下上一讲的内容。

上一讲社会网络分析，主要谈论这么几个问题：一个，我们大致回顾了社会、社会学、社会分析、社会网络分析这些概念的演变。大家知道社会学由孔德开始，着力于把科学分析的方法加入到社会学的研究领域。孔德当时是使用力学的概念，比如静力学、动力学。也难怪如此，所以我们今天脑海里社会学的概念，都带有物理学的味道。最近十几年，"社会物理学"也重新焕发青春。借网络科学的光，社会物理学家更加信心满满，坚定地认为社会学、心理学，可以归结为物理学。

按照格兰诺维特的观点，这种社会科学其实是"低度社会化"的分析，也就是大量使用数据分析、图论的办法。把人的个性给抹杀掉了。社会学家齐美尔，主张更多把注意力转向关注人际互动、人的关系上来。人的互动才是社会分析、社会活动中最精彩的内容。这个都已经被数学模型排除在外了。但是，社会网络分析从上个世纪三十年代开始走上了另外一条道路，格兰诺维特把它叫作"过度社会化"。这个过度社会化似乎走到了另外一个极端：更多地来——比方说帕森斯通过价值分析，进而试图发现抽象的、共同的、普适的、统一的社会基础——透过价值分析来看人与人之间的关系，团体动力学就是如此。

所以说，社会学理论曾经流行大量的"大型理论"，它的特点是宏大叙事，是追求终极真理和普适性，倾向于从总体上把握社会的演变及其内在的规律。中型理论侧重分析比社会的范畴小、比团体的范畴大的社会群体。它更多的是试图把握群体与个体之间的关系，以及彼此之间的影响。我们重点介绍了群体结构、行为到个体在群体中的位置、行为等七个研究领域。从上个世纪三十年代到八九十年代发展出了很多非常有创见的理论，比方说：结构洞、机会链、弱连带、强连带等等。这里面的重要思想是什么呢？就是试图把经济行为、社会行为纳入社会网络的结构中予以研究。这是非常有启发性的思想。18、19世纪的时候，社会学与经济学的关系是反过来的，那时候的学者认为，经济学比社会学更加基础。上世纪六十年代开始，这种关系逐渐逆转，社会网络的结构成为影响社会关系，进而影响经济行为的基础结构。这一思想对我们认识传播学是有启发的。互联网背景下，传播学也需要纳入社会网络的大背景、大结构下，对传播机构、文本与意义、受众与渠道等问题进行重新审视。特别是在移动互联网的情况下，社会网络分析的价值就越发重要。

同时我们也提到，社会网络分析有一个很明显的趋势，就是走向动态网络、超网络和复杂网络。这一领域探索的前沿，在自组织、涌现、结构演化、行为动力学等方面。

比如以微博为代表的社交网络，最近有一些研究课题非常有意思，也众说纷纭，就是微博的自净化机制。有人主张微博有自净化能力，不必担心所谓谣言泛滥。经过一段时间，清者自清。这种自净化机制跟他净化机制完全不一样：他净化机制，往往会将裁判权授予某个特定的对象，这其实会给某些人某些判官留下占领某些好点的机会。我觉得自净化还是值得期待的一种机制。但是，自净化可能会带来一些不太好的东西，比如"信息的雾霾"。恐怕要忍耐雾霾的存在。自净化不是通过强力的吹风机把这些雾霾一吹而散，不是这样的。所以自净化机制的研究，对微博也好，对新媒体舆论场形成、演化的过程也好，是很重要的一个课题。

1 "没有秘密的社会"

隐私问题，从根本上来说，我认为就是一个悖论（paradox）。好玩在哪呢，就是无论你从左边看，从右边看，同样有一大堆话可以说。这两种话交织在一起，势均力敌。强调保护隐私者，对窥探他者的隐私其实兴致勃勃。任何商业的竞争、政治的计谋，都离不了对他者隐私的窥探。声称隐私的放任主义者，无论多么大胆，都会为自己留下一片隐秘的保留地。所以，对待隐私问题，我觉得一开始就不必以非此即彼的眼光去看。不能在保护还是放任之间做选择题。这个悖论所引发的焦灼状态，引导我们去体会为什么隐私如此复杂、特别敏感，且难以获得广泛的共识。思考隐私、隐私权，恐怕我们需要新的视角。这个新的视角，就可以用上前几讲我们谈到的思想、术语、概念。比方说，如何警惕两分法的思维模式？如何在不得不采用定义、划界方法的时候，还不能忘记消除这种方法本身的毒素？

比方说，名誉权、隐私权、知情权的关系。要阐述清楚，你不得不定义、划界。司法实践中有大量的定义、划界的工作。但仅仅如此，是否还存在什么问题呢？这里有一句老百姓的话，说法律问题是情、理、法三个字的统一，西方传统这三个字的顺序是法、理、情，东方传统是情、理、法。这句朴素的话，本身就告诉我们，法律问题并非刻板的条文、僵硬的定义、划界问题。

我们想思考的是，在互联网的背景下，隐私的含义会发生什么变化呢？

汉语里面的隐私跟英语里面的"隐私"显然是不同的。当然，不能拿英语就代表西方世界，但是它有典型性。隐私是两个字：一个"隐"、一个"私"。那么汉语里面的"隐私"主要是避讳。中国人一说耻的时候，往往指"礼义廉耻"，四德之一。耻，主要是隐匿、隐藏、避讳。它的主观色彩会比较浓一些。据说这个"私"，在商周时代指的是衣服。衣服是用来遮私的。

《论语》里有句话："唯女子与小人难养也。远之则怨，近之则不逊。"有人考证说，后半句不是如此。焚书坑儒的时候，把《论语》当然也烧掉了。后来人们抢救挖掘出来的《论语》，就剩这前半句了，"唯女子与小人难养也"。有儒士在修订抢救出来的《论语》的时候，正在跟老婆吵架，一怒之下就加了那么一句，"远之则怨，近之则不逊"。原来那句话，其实是解释为什么唯女子与小人难养呢？"小人顽，女子无处不私。"

汉语里"私"字就是隐匿的东西、羞耻的东西，更多地跟身体有关，跟血缘有关、跟家族有关。英语里面的这种羞耻感呢，更多是个体独自的感受，或者指属于个人的秘密。隐私在中西方文化中有很大的差别。但是羞耻感这一点呢，或许是共性，更多地是来自对身体的呵护。

启蒙运动时，有个英国学者叫边沁[1]，提出了圆形监狱（Panopticon）的构想，为了帮助国王解决监狱不够用的难题。当然这个监狱到最后也没建起来，但图纸倒是传下来了，并且被社会学者大肆引用，可以作为看待隐私的很好的参考。边沁的圆形监狱里，包含大量的隐喻。虽然没有付诸实施，但却提出这样一种统治理念：就是用尽可能低的成本，让被监视者无所遁形。

边沁的圆形监狱设计，中间有一个高塔，旁边是一圈监舍，就跟我们福建土楼的样子差不多，所有监舍的窗子都对着中间的监视塔，没有死角。并且这种监视是单向的，监舍里面的人不知道监视者的存在。久而久之，那些待在监舍里

1　边沁（Jeremy Bentham，1748—1832），英国的法理学家、功利主义哲学家、经济学家和社会改革者。他是一个政治上的激进分子，亦是英国法律改革运动的先驱和领袖，并以功利主义哲学的创立者、一位动物权利的宣扬者及自然权利的反对者而闻名于世。他还对社会福利制度的发展有重大的贡献。

的人，就内生了对监视的恐惧感。这种内生的恐惧感，可以让犯人随时随地处在"被监视"的心理压力之中。如此看来，隐私变成了两种力量的对抗。一边是窥视、监视；另一边则是自我保护和抵抗，保护的就是自我的"隐私"。按福柯的分析，监狱当然是借助对身体的束缚、惩戒，进而实现对思想的改造和驯服的地方。所以，对隐私权的剥夺，就是惩戒的一种方式。

所以我们看"私"这个东西，不管是窥视、监视，都涉及一个很重要的概念，就像康德说的道德律令。这种道德律令，如同苍茫的天穹一样在你的头顶，成为规约你的行为的神秘之力。它永远不现身。其实你也知道它永远不现身，就像戈多，是等不来的。在这种情况下，人们对上苍的敬畏，竟然会产生一种自觉的自律行为。

这种自觉的自律行为对于社会秩序的形成，以及对于统治阶层的统治，都是非常有利的。所以说，隐私背后所隐射的东西非常的深厚，虽然表现为对一己之"私"的隐讳、保护、争夺，背后其实是人性的深层。我们说社会文化把一个人浇铸成型，还不是说给他灌输很多自然知识、逻各斯的东西，不是教给它算术和推理，这个还不是主要的，更重要的是道德律令的威慑。道德律令、宗教仪轨对人的浇铸塑型，要远甚于科学技术、文学作品。隐私就是这么一块很难"撼动"的石头，已经深深地嵌入人性、道德的底部。我们这里想思考的问题则是：在互联网之后，这块石头是不是可以挪得动呢？这是我们思考隐私的一点内心冲动。

有一种说法，叫"没有秘密的社会"。这个说法令人向往，也令人恐惧，这要看你在什么情景下来说。商业社会永远在呼唤"诚信"，也永远在与背信弃义做斗争；亲情、友情永远渴望"亲密无间"，但却屡屡受到"鲁莽闯入者"的威胁；乌托邦的政治版图中，试图用消灭秘密来达成最广泛的谅解与合作，但同时为无所不能的老大哥留下地盘。

到底什么是"私"？为什么要"隐"？假如我们不把窥视、监视看作下流的东西的话，可能这种"私之隐"，恐怕另有缘由。心理学家发现，躲在钥匙孔外面向内窥探，或者从猫眼里面向外窥探，这里面纵然有千万种动机，至少有一种动机是"好奇"。

好奇，其实是孤独感的另一版本。好奇的人窥探外界，他只是想得到一个回声。这个回声，可能是来自于他的同类，也可能来自一只小鸟，一辆路过的汽车。这种窥视的背后，其实是一种焦虑感——对不确定的焦虑感。假若他所窥视的世界，给他一个意料之中的回声，这会让他内心获得一点安逸，他将因此获得存在感。假如相反，他看到了意料之外的事情，他会惊慌失措。

"私"是自己的底牌。当一个人无法确认自己的底牌是博得外界的欢心、还是震惊的时候，他总是倾向于隐藏自己的底牌。动物学家们发现，无论何种动物，虽然它有攻击、侵犯、回避的行为，但这些行为都与"私"无关。公开的交配就是最直接的证据。动物可以因为惧怕而逃离，但决不因害羞而逃离。隐私是人的属性。更进一步说，是人的社会属性。

"私"是社会建构的强大的、潜在的力量。因此当弗洛伊德在分析人的性心理的时候，很多抨击他的西方人，其实自己的内心是受到震撼的。因为那些羞于启齿的说辞，经过了几千年、几百年的埋葬，已经到了奄奄一息的地步，失去了生命的光泽。所以，由弗洛伊德说出性冲动与生命本能的关系的时候，很多人是惊慌失措的。

围绕隐私的社会构建，是波澜壮阔的。乌托邦的社会构建，试图从消灭"私"字入手，希望很自然地消灭家庭、婚姻，让彼此都知晓对方，去掉任何的不确定性。无论人的生产，还是物品的生产，都没有了不确定性。生活，谁跟谁在一起，大家都知道。这里没有强制，只有意愿。没有秘密，一切都是公开的，都是共享的。这是一种乌托邦的"没有秘密的社会"。

隐私，还有一个隐喻，是窗户。窗户是什么呢？窗户代表光，代表外界的侵入、介入和干预。窗户同时还是闭锁的可能。柏拉图的洞穴隐喻，就是说人希望走到洞外、奔向光明。

那么这种"奔向光明"的道路，到了文艺复兴时期，找到了一把钥匙，就是理性。随着理性精神的高扬，人认为找到了照亮自己与他人的法宝，武装起来的

大脑，可以让人奔向光明。这种奔向光明的伟大目标，它竟然指向什么呢？指向
"没有秘密的生活"。

"没有秘密的生活"，即伊甸园的生活，虽然只是理想国的传说，但却成为
心向往之的梦想，成为纯粹生活的标志。

然而，真实的社会生活每每与此相背而行。用孔子的话说，叫"礼崩乐坏"；
用基督的话说，叫"原罪"。尔虞我诈、弱肉强食，以及爱恨离别、勾心斗角，
使得人类代复一代地饱尝"私欲"之苦。人类在"私"的问题上，事实上落入了
精神崩溃的边缘：意欲去之，心向往之。

奥威尔的《1984》里，描绘了一种思想罪。这种罪恶感非常熬人，也很微
妙。一个人总是焦虑自己内心是否僭越了纯粹道德的底线，是否忤逆了圣洁的灵
魂——他不得不时时谨小慎微、战战兢兢，常常自我审视、惊醒自身。索尔仁尼
琴[1]的《癌症病房》和1995年上映的美国电影《网络惊魂》的故事，也是这样。

《癌症病房》讲述一个军人科斯托格洛托夫，在部队里待过7年，又在劳改
营里待过7年，之后是在流放地度日，这时他得了癌症。直至奄奄一息时才好不
容易住进了"癌症楼"——13号楼的一个病房。20多年的苦难让他丧失了性能力。
经爱克斯光照射他病情好转。但是为了治疗癌症，下一步的"激素疗法"又将
使他"失去体会什么是男人、什么是女人的能力"，这代价在他看来"是太残酷
了"，他愤而反抗。作者描写的固然是苏联肃反扩大化，以及此前此后一次次清
洗的罪恶及其对千千万万人心灵的损害，但就在这个"癌症楼"里，透过主人公
的眼睛，我们一次又一次领略到焦灼、紧张，以及"秘密"和"没有秘密"之间
的纠结。无论主人公的同室病人，过去曾经何等显贵、颐指气使，一旦进入"癌
症楼"就原形毕现。主人公自己感受着"治愈"与"丧失"的巨大折磨，也冷眼
旁观着极为真实的世间百态。可以说，主人公无时无刻不在"剧中人"与"旁观

1　索尔仁尼琴（Aleksandr Isayevich Solzhenitsyn，1918—2008），苏联—俄罗斯的杰出作
　　家，苏联时期最著名的持不同政见者之一。1970年诺贝尔文学奖获得者，俄罗斯科学院院
　　士。他在文学、历史学、语言学等许多领域有较大成就。1968年在西欧出版《癌症病房》。

者"的撕裂和错位中煎熬着。

电影《网络惊魂》中，安吉拉是一个女程序员，每天的工作就是对着电脑，沉浸于虚拟空间。直到有一天，她应一位网友之请，修补了一个软件的 bug 之后，一系列难以置信的事情发生了。她在墨西哥邂逅的一位英俊男子，成为追杀她的杀手。回到美国后，发现自己的身份证、社会保障号码，以及所有与她身份有关的资料都被陌生人篡改，她成了没有身份且被警方通缉的罪犯。她需要洗白自己。她四处碰壁，深感绝望和无助。几乎所有的人都不相信她，只相信存在电脑中的信息。托夫勒曾经讲过那么一句话，如果我们把记忆力都交给网络，交给电脑，就会形成一种强大的"社会记忆力"。这种强大的"社会记忆力"替人们保留一切。所有的一切，都变成了赤裸裸的数据。

现如今炙手可热的大数据大师舍恩伯格，一下子推出两本书，一本叫《大数据时代——生活、工作与思维的大变革》，另一本叫《删除——大数据取舍之道》。这两本书合在一起，呈现出一个非常有意思的现象：前一本书中，无所不在的数据，将改变未来的生活形态、思维模式。其核心观点是：未来人们思考问题，将有可能基于"全体数据"而不是"采样数据"。后一本书则强调对数据需要做出"取舍"，因为遗忘是人的天性。这里难以拿捏的地方在于：你能确定，是你自己在"取舍"你的数据吗？

不要忘记，自从有了计算机、互联网，主流的声音对巨大的计算能力、海量的存储／记忆能力，始终是高唱赞歌的。比如过去五年调门一直很高的"云计算"。可是，当另外一种声音强调"信息过载"、"遗忘"、"删除"的时候，人们或许会担心：是谁？一方面号召人们拥抱大数据的时代，另一方面又贴心地关怀你的数据"取舍之道"？这种"社会记忆力"，是否又是一种新的统治方法、新的"监视"工具？再过几代之后，真正的"数字原住民"一生下来，或许就处在"没有秘密的社会"，那会是一种怎样的场景？

隐私问题，绝非"隐匿"、"秘不示人"这么简单。隐私已经成为"控制"与"反制"的角力场。兹事体大，值得我们从各个侧面去深刻地思考。

　　还有一个参考坐标，就是这个福柯。讨论隐私就不能越过权力，福柯对权力研究得非常透彻。福柯是医学博士，他对临床医学很熟悉。在他的考察中，医院与军队、学校、修道院是一回事，一脉相承的——它们都是监视人、规训人的地方。这就是圈养的场所。形式上把你的身体管束起来，比如用制服让你了解你的身份，用队列、喊操，让你明白命令—执行的含义，用张贴在墙壁上的标语口号，宣示某种信念。这些都是充满仪式感的程序、语法、象征。正是通过对身体的训练、管束，让思想得以潜移默化地转化、顺从于某种意志。福柯发现，权力事实上生产着"可重复性"。权力将"意料之中"不断注入被管束者的大脑，让他不断产生可以预期的、符合要求的刺激—反应。权力将这种命令—服从的意志管道予以打通，以身体为人质绑架自由意志，从而生产出好士兵、好病人、好学生和好公民来。

　　福柯解构权力的年代，还没有互联网。假如互联社会日渐成熟、深入骨髓的时候，隐私的含义会发生什么变化？我个人猜测，就是对权力的诠释上会发生变化。福柯所说的权力，并非是单边的惩戒或者支配的权力，而是施者与受者交互作用形成的规训机制。福柯解释这种权力发生的场所，往往带有一定的强制性、符号性和仪式感。然而在互联网的环境下，这种强制性逐渐为更加隐秘、更加柔性的机制所取代。施者与受者的关系也并非恒常不变。施与的行为是否来自明确的一方，也未必如此。也就是说，互联网存在"弥散开来的力"，但却未必投射、集中在某个"当权者"那里。

　　施者与受者"同体"，是互联网下身体、思想受到约束、规训的总体特征。当施与受无法分离的时候，隐私将不是一个个体与另一个个体的紧张、斗争，而是全部集中在个体身上的斗争。隐私不再是外在的压迫之下的选择，也不存在可以参照的普遍规范，而是完全内化于个体的选择和体验中了。这种情况下，我们需要审视隐私的相关概念，以看清哪些地方将发生重大的迁移。

　　下面我们由一些基本概念入手。

　　传统言说隐私，就要划分隐私的主体、客体和内容。好吧，我们沿用这种划分，但要意识到，这种划分本身就很勉强。

隐私的主体是什么呢？主体就是人。至于说机构、企业、法人，它不构成隐私的主体，在法律实践中这是有共识的。对于企业和组织机构来讲，它没有身体，就没有隐私可言。但你要注意，机构有秘密，比如商业机密。

隐私的客体是什么呢？它包含三个方面：个人的信息、个人的活动、个人的领域或者叫个人空间。个人信息就是包裹在我们身上的符号，这些符号是以身份信息（如 ID）为首的一系列符号。比方说，你的病历，上面会有你身体的种种记录、诊疗信息、康复信息，这都属于你的隐私。个人活动，也涉及你的隐私，比如你不愿为外人所知的，也不能被外人所知的私密活动。举一个例子，比方说你祭祀祖先、走亲访友、家庭装饰，你并不愿意到处张扬这些私密活动。私人空间指的是隐私的处所，典型的比如说住宅。我们国家的民事诉讼法第二次修订的时候，把住宅加进去了，住宅是个人的一个私密空间、私人空间。

关于隐私的内容。不同的法律观点和社会风俗，对此会有不同的归纳。我们举例来说，比方说个人生活的安宁权、个人生活信息的保密权、通信秘密权、个人隐私信息的利用权等。这些权力有一个共同的特点，就是免于打扰、获取、利用的权力。

隐私的权力是很脆弱的。这体现在权力的冲突中。人除了隐私权，还有很多别的权力。比如知情权、物权、言论自由权、人格权等。这些权力彼此之间有交叉、重叠。部分私权跟公权之间也很难划分清楚。比方说美国的《爱国者法案》。2001 年 "9·11" 以后，美国出台了《爱国者法案》，它高调倡导为了国家利益和国家安全，个人、组织、机构需要在一定程度上出让自己的部分权力，包括配合调查、允许国家监听个人通信内容等。虽然美国国会就此是否违宪听证过多次，但最终还是维持了《爱国者法案》的基本面貌。

另外，大家需要了解的是，不同的国家对隐私的司法解释各有特色。比如美国，隐私权往往与言论自由打架；美国的人权法案对这两种权力都持坚定的支持态度，但在实际执行中，两者并非两不相干。欧洲的隐私法，相对突出人的尊严和人格理念。比如英国，在隐私权与言论自由相冲突的时候，更倾向于保护隐私权。2011年7月10日，默多克新闻集团旗下的《世界新闻报》，因为窃听丑闻被迫停刊就是一例。比如《法国民法典》，被誉为人文主义法典的典范，明确倡导"任何人有权使其个人生活不受侵犯"。

相比之下，中国对隐私的立法进程要迟缓一些。迄今对隐私的保护只有名誉权、肖像权等具体的名目；更加基础的隐私权尚未写入民法。我们看到1994年的《新闻侵权法律辞典》里面，关于"阴私"、"隐私"是同义词。宪法只是笼统地写入了"人格尊严"，并将"住宅"纳入保护。

大家知道，目前流行的法系[1]是两个，一个叫英美法系，一个叫大陆法系。在具体实践中，遭遇隐私权和言论自由这样的冲突，往往有很多微妙的差别。言论自由跟隐私权出现对抗的时候，哪一个优先？这个问题在理论和实践上都没有定论，各国的实践也都不一样。如果我们假设言论自由更加基础，那就可能出现"满嘴跑火车、谣言遍地走"的状况。反过来，如果说隐私权占上风，那么就可能出现私域的扩大化。一些原本属于公域的信息，会被当作"隐私"藏匿起来，拒绝放到公域的阳光下。其实，公域和私域的界限，并非一成不变。这也是难点。任何一位上传过儿时照片的人，在你未成为公众人物之前，所有关于你的内

---

1 法系（genealogy of law）是在对各国法律制度的现状和历史渊源进行比较研究的过程中形成的概念。大陆法系，又称民法法系、罗马法系、法典法系、罗马—德意志法系，是以罗马法为基础而发展起来的法律的总称。大陆法系最先产生于欧洲大陆，以罗马法为历史渊源，以民法为典型，以法典化的成文法为主要形式。大陆法系包括两个支系，即法国法系和德国法系。法国法系是以1804年《法国民法典》为蓝本建立起来的，它以强调个人权利为主导思想，反映了自由资本主义时期社会经济的特点。德国法系是以1896年《德国民法典》为基础建立起来的，强调国家干预和社会利益，是垄断资本主义时期法的典型。

英美法系，又称普通法法系、英国法系，是以英国自中世纪以来的法律，特别是它的普通法为基础而发展起来的法律的总称。英美法系首先起源于11世纪诺曼人入侵英国后逐步形成的以判例形式出现的普通法。英美法系的范围，除英国（不包括苏格兰）、美国外，主要是曾是英国殖民地、附属国的国家和地区，如印度、巴基斯坦、新加坡、缅甸、加拿大、澳大利亚、新西兰、马来西亚等。中国香港地区也属于英美法系。

容都局限在狭小、私密的圈子里。一旦你成为公众人物，或者公务员，你必得出让自己的一部分隐私，以便博得公众的信任。

但是，需要进一步思考的是，互联网环境下隐私概念可能发生的变化。我觉得这是问题的焦点。现有的法律制度、社会规范，以及公众对隐私的理解，不可避免地带有现实社会的痕迹。这虽然很正常，但对思考互联网下隐私的变化并不都是积极的、有利的。总体而言，我认为当今的隐私观念，还处于"精神分裂"的状态。一方面，人们希望最大限度地保护自己的隐私（潜台词其实是对隐私泄露带来的危害的警惕、恐惧）；另一方面，充分连接的、无边界的、彼此日益交互的互联世界，客观上已经在打破各种隐私的边界。大数据、物联网、社交网络，以至于脑神经网络的发展，已经日益将每个人的所谓"隐私"转化为可见度很高的比特信息，透过你的不经意的注册、上传、购物、浏览、转发、点评等行为，"泄露"在公共平台上。换句话说，一个人的隐私边界，并非能通过划定一个物理的封闭空间，或者通过界定一个自我掌控的数据范围，就能够清晰地与非隐私信息区隔开来。

换个角度说，隐私这件事变得越来越难以确定，正是因为"个性化运动"的崛起。任何一个场景其实都是独特的，你无法用一个通用版的隐私边界，来区隔每一处完全不同、因时而异、因地而异、因人而异的私密需求。其实，人们对保护隐私的渴望，毋宁看作是对隐私信息遭到滥用的恐惧。私密信息本身并不会给你带来任何的伤害，能带来伤害的，是对私密信息的恶意滥用。所以，我认为未来互联网的隐私边界，将从定义什么是隐私，转向寻求对隐私的使用权、解释权的界定。

2　从侵权事例看隐私

下面我们来讨论一些具体的"侵权行为"，来理解下隐私在互联网环境中表现出的一定的复杂性。当你真正走在新闻媒体的第一线的时候，你一定会碰到这个问题。其实在所谓公民记者时代、自媒体时代，媒体传播已经泛化，任何一个架设网站、开设微博、微信账号的个体或组织，其实都是在做传播（当然，新闻与传播的区别还是很清楚的，我这里不涉及对这个问题的辨析）。从广义讲，人人都是传播者，已经不是说辞，而是现实。每个人都有这种风险。在微博上就很明显，你的转发、评述、评论，不能简单地按照"快意文字"的模式，你涉及公共空间的表达的问题。那么关于这个问题的思考，可能要有两条思路。

一是要看清楚现状。所谓的现状是指，在现行的法律制度下，在现行新闻工作者、法律工作者对这个问题的理解、解读、诠释的框架之下，调整自己的行为。另一条路线就是，当你面对实际问题的时候，不能满足于表面的信息采集、故事还原、线索追踪，还需要多一些思考，需要借具体事例，思考新闻事件的社会背景、理论价值，要善于从假设前提入手，推演它可能的变化。隐私权的立法实践，也不是一成不变的，也是与时俱进的，小尺度上如此，大尺度上更是如此。

关于新闻报道中的隐私侵权，的确是一个很严重的问题。说严重是指三个方面：一个是一些报道缺乏专业水准，比如泄露未成年人的照片，给受害人带来二次伤害。这种情况多出在报道者这边。另一个是一些报道为商业利益操纵，丑化、矮化、攻击某个报道对象，抹黑形象。这种情况出在报道者和商业利益集团的勾结中。还有一个是借保护隐私之名，干扰、打压正常的报道。这个出在被报道者或者与此有利益关系的方面。

从报道者来说，需要反思和警惕的是，互联网信息多元、渠道多样，你可以获得很多的爆料、网络信息，你如何甄别使用？还有就是你如何确定你的立场？注意，是"确定"，不是"预设"。很多与隐私有关的报道，势必涉及多方利益博弈，复杂度超出我这堂课讲的这几十分钟。但不代表你不能思考它。所谓立场预设，就是指不当的前提假设会干预、诱导受众，比如受害者立场预设，假设某某就是受害者，假设其中必有阴谋等。

关于采访权和知情权如何平衡的问题，实践中主要有这么三个观点：一种是说"不知者不怪"原则。这一原则很难操作。有些新闻机构就拿这个当保护伞，比如滥觞的暗访、入职式采访、引诱式采访等。一旦出现争议，就拿"不知情"为自己开脱。这在真正的司法实践上也是有问题的，一般不推荐这种方式。

第二种是"无过错原则"，即只要受访者没有声称受到隐私侵权伤害，报道者就没有过错。这个是把声称的权力交给受访者，由受访者主张是否受到伤害。如果把权力都交给受访者，媒介机构的负担就过重了。在英国是这种情形，只要受访者主张自己隐私受到侵害，媒介机构就会陷入无穷无尽的举证说明。英国媒体的法律部门都很强悍，每次重大事件报道的时候都要评估，看看有什么可以讨论，避免受访者申诉。

第三种比较折中，就是如果出现隐私侵害的争议，需要由采访者或者采访机构来"自证清白"，举证证明自己没有侵权。这一原则的约束下，媒介机构往往会倾向于"谨慎报道"。这个就比较现实了。很多国家，包括中国倾向于用这样的方式处理隐私侵权的问题。

关于名誉权和隐私权的冲突，这里也有几个特点。很多由于采访报道引发的侵权责任，有些人就以侵犯名誉权为名来捍卫自己的权利，这时候有可能会妨碍报道者的权力和公众的知情权。当这两种权利出现冲突的时候，有一个例外原则，叫"权力的打折"，这种打折更多是针对三类人群。第一类是政府官员，第二类是名人，第三类是实践中的当事人。这样的案例很多，特别是2006年、2007年的时候，人肉搜索盛行，踩猫事件[1]、铜须门事件[2]、周老虎事件[3]等，互联网发挥着巨大的能量。在这种能量背后，或多或少有一些权利侵害发生。

名誉权和隐私权的保护范围也是很不一样的。名誉权遵循"不扭曲原则"，也就是说报道只要不影响公众评价，就是不扭曲。你没有歪曲、没有添枝加叶和篡改，就谈不上侵权。你只是披露。当然，这里面会有文化冲突、理念冲突，甚至偏好冲突的问题。举个例子，有一年辽宁的一位资深篮球教练，网友评论他是"骨灰级教练"，他不高兴了。其实网友说的"骨灰级"是说资深的意思，但是他不懂，所以他生气，还要摆出打官司的样子。这就是话不投机。还有就是《一个馒头引发的血案》[4]，恶搞陈凯歌[5]的《无极》，陈凯歌不接受这种后现代风格的反

1　2009年10月29日晚21时，广州市真光中学一同学，在去饭堂买宵夜的路上，在众目睽睽下踩死了一只食堂职工养的小黑猫，并四处"炫耀"。一时间，"真光中学踩猫门"成为网络热议话题，事件当事人后遭遇网民的"人肉搜索"。

2　2006年4月，热门网游WOW（《魔兽世界》）中的一位玩家"锋刃透骨寒"在网上发帖自曝，其结婚六年的妻子，由于玩《魔兽世界》并加了了"锋刃透骨寒"所在公会，和公会会长"铜须"（一名在读大学生）在虚拟世界里长期相处产生感情，并且发生一夜情的出轨行为。"铜须门"之名便是由会长"铜须"而来。该事件一时引发网民大量围观和热议。

3　事件源起2007年10月12日，陕西林业厅公布陕西镇坪猎人周正龙，用数码相机和胶片相机拍摄的华南虎照片。照片真实性受到来自网友、虎专家、法律界人士及中科院专家等方面质疑，并引发中国乃至世界的关注。2008年6月底，陕西省政府宣布周正龙拍摄虎照造假，13位与该事件有牵连的大小官员受到处分；11月17日，周正龙因诈骗和私藏枪支弹药罪，被判有期徒刑两年六个月，缓刑三年。2010年4月，周正龙因在缓刑期间违反监管规定，被撤销缓刑，收监服刑。2012年4月27日刑满出狱。该事件被舆论称为"周老虎事件"。

4　《一个馒头引发的血案》是中国大陆自由职业者胡戈2005年12月创作的一部网络短片，其内容重新剪辑了电影《无极》和中国中央电视台社会与法频道栏目《中国法治报道》。对白经过重新改编，只有20分钟长，无厘头的对白，滑稽的视频片段分接，搞笑另类的穿插广告。在网络上，《一个馒头引发的血案》的下载率甚至远远高于《无极》本身。

5　陈凯歌（1952—　），出生于北京，著名电影导演，中国电影家协会副主席，中国第五代导演的代表人物之一。执导过《黄土地》、《大阅兵》、《孩子王》、《霸王别姬》、《风月》、《荆

讽手法，过度反应了。其实这些都是网友并无恶意的后现代表现手法。很多人都喜欢看恶搞版的《元首的愤怒》[1]，据说已经有几百个不同的版本。呵呵一乐而已。当然，恶意的恶搞是不该鼓励的。

隐私权，朴素地说其实就是免遭打扰的权力。不是有那么一句很有名的话：风能进雨能进，国王不能进。当然隐私问题非常复杂，也很微妙。很多信息一旦撒播出去，覆水难收。此时无伤大雅，彼时可能就是伤害。比如无意中披露某人的家庭地址，可能就会带来间接的伤害后果。传统新闻报道中的"马赛克原则"，在一定程度上还是有用的。

根据侵权事实的分析，法律界定的救济方式也有不同。举例说，对名誉权和隐私权的救济方式就不一样。名誉权是可以恢复的，隐私权是不可恢复的。这个区别很大。名誉权，你可以通过公开的赔礼道歉，给本人恢复名誉，在公开场合下一定程度上可以恢复。但是隐私权就有不可恢复的特点，一旦造成损害，后果是无法挽回、无法弥补的。

这里我们要思考这样一个问题：传统媒体里，事实的核查是由媒介机构自行完成的。新媒体时代，事实的核查除了由自己完成，还可以借助广大网友的力量来"纠错"、"纠偏"。比如一幅照片，在有限资源下，你可能完全看不出来它是不是 PS 的，但一放到网上，很快就有网友给你指出这幅照片的毛病。周老虎的老虎照，其实是一幅老虎年画，这就是网友发现的。再比如，网络上会有一些寻求救济的帖子，经网友甄别发现是假的。这其实是网络固有的纠错机制，也可以说是我们前面讨论过的"净化机制"。

当然，这种纠错机制、净化机制存在一个问题：滞后性。也就是说，它需要有一定的扩散量，需要扩散一段时间，这样才可能得到纠正。还得注意，是"可

轲刺秦王》、《无极》、《梅兰芳》、《赵氏孤儿》、《搜索》等电影作品，多次荣获国内外大奖。陈凯歌至今仍为唯一一获得戛纳国际电影节金棕榈奖的华人导演。

1 《元首的愤怒》是网友对《帝国的毁灭》这部电影片段的多部恶搞作品的总称，用来发泄对某些现象或人物的不满。自从《帝国的毁灭》上映之后，网络上就已经有《元首的愤怒》桥段的恶搞视频出现。

能"，不是"必然"。这里就提出一个严肃的问题：如何看待网络的这种纠偏能力？有人担心，说这样放任一些未经验证的信息在网上散布，可能会带来一些不良后果。比如事实如果最后证明是谣言、中伤，那就可能给当事人带来损害，甚至无法弥补的损害。但是，如果僵硬地理解"事实核查"，甚至以核查为门槛，行舆论干预、控制之实，就大大偏离我们讨论问题的范畴了。

其实，相信网络具备自我净化能力，是出于对互联网的基本认知。这个认知就是，互联网注定是建构未来公共空间的基础结构，这一结构更多是自组织的，而不是他组织的。这是要点。

第一讲我们介绍了无标度网络模型，从传播动力学的研究来看，有这样一个结论：互联网环境下，信息传播的门槛为零。换句话说，信息不可能不被传播。互联网越发达，这种状况越可能出现，而不是相反。除非你做一个割裂得七零八落的孤岛网络。互联网注定是越来越多的连接，越来越深的连接。信息在互联网上传播，从根本上是无法控制的。传统的打马赛克的方法，是有限度的。裸露状态，是互联网无可避免的一种局面。

托夫勒讲，未来我们会迎来没有秘密的社会。无论我们高不高兴，喜不喜欢。基于这样的思考，我们希望一方面在现实的挑战中，平衡好隐私、名誉、知情权的诸多关系；另一方面，我们希望不要放弃思考，不要认为隐私的定义亘古不变。要积极思考，多一些维度思考，要深入到既有认识的"底部"，询问为什么会有这样那样的局限性？这样那样的藩篱？认真辨析哪些观点和认知，其实只不过是包裹了的、伪装了的一己之私？在更加宽广的土壤中思考未来的隐私和隐私权，我相信我们对互联网会有更深的理解。

3 自由，还是版权？

这里我们谈知识产权的问题。知识产权大致分两种：版权和工业产权。版权和著作权可以相提并论。版权、著作权最重要的体现是文学作品。到了电子时代，版权的外延有了拓展。除了包含传统的小说、戏剧、音乐、绘画等以外，还包括游戏、软件。工业产权典型的就是商标权和专利权。我们主要讨论版权。现在看，著作权可以分成两大类，一大类是传统的以文学作品为代表的著作权，第二大类是以软件为代表的新型著作权。

软件作为新型的著作权，它和传统版权最重要的区别在于，软件有目标代码和源代码之分。传统著作权中，可以认为只有一种"代码"，一种文本。你不能想象，狄更斯的小说《远大前程》有1.0、2.0版。商业软件虽然纳入著作权保护，但它卖的是目标代码，源代码不提供给你。1996年、1998年，我在《计算机世界》上两次撰文讨论过这个问题[1]。把软件放到著作权法的框架里保护，会有两个问题，第一个是刚刚说的版本问题，软件永远是最新的状态，它有不同的版本。第二个是，软件属于"不完全交易"。什么叫"不完全交易"？就是你买到的只是使用权，是目标代码，而不是源代码。这就是套装软件经销商赚钱的秘密。他拥有源代码，并且不断地升级换代——技术进步毋庸置疑——但对消费者却产生了锁定效应。文学作品没这个问题，你看了狄更斯的作品之后并不影响你看欧·亨

---

1 "软件是一种文学作品吗？"，《计算机世界》，1996年第21期；"版权与自由"，《计算机世界》，1998年第33期。

利的作品、看雨果的作品。文学作品之间不打架。软件就不同了，你的电脑只能装一种操作系统。而且一旦你搭载了很多应用软件之后，你就被套牢了，你想迁移到另一个系统，代价非常高昂。这就需要提到软件知识产权的一个叫法，"两分法"。

知识产权其实是一个比较新的叫法，是1967年世界知识产权组织公约提出来的。在此之前，知识产权更多体现的是商标权、专利权。软件知识产权的两分法是美国提出的，它说的是把软件知识产权划分为两部分，一部分叫创意（idea），另一部分叫呈现，或者实现（expression）。美国法律界认为，法律保护的只是呈现，不保护思想。这就是两分法。但它带来的问题是，什么可以归为思想，什么可以归为呈现呢？比方你画个流程图，按照六十年代看，它不属于呈现。比方你设计一个推荐算法，没变成代码前，你画出来说申请著作权，是不可以的。只要是基于共有知识，比如科学原理给出的模型、算法，只要你没有变成代码、程序，就无法得到保护。现在不同了，现在商业竞争很惨烈（或者说，叫作商业模仿很容易），软件界越来越多地用专利法保护软件权益。同时，兼顾到软件的外观设计，把屏幕界面、样式，都拿来申请外观专利。一些做手机、移动端的，就把软件固化到芯片里，成为固件来保护。知识产权带来的竞争优势很明显，保护手段也日益翻新。但这种"两分法"的思路，直到现在还是纠缠不清的。在我看来，属于本末倒置了。

其实，软件领域最重要的问题，我觉得依然是发展模式的问题。传统的版权体系拿来做软件保护，根子上就是有问题的。这个我们看看自由软件运动就比较清楚了。

自由软件可以上溯到 UNIX 时代。UNIX 是六十年代盛行的多用户、多任务、分时操作系统。当时计算机界主要是学术界驱动。学术界秉持开放原则，当时的软件源代码完全公开，并且在不同大学和研究机构，甚至商业公司之间共享。IBM 在推出 IBM 360 机器之后，一个创新之举就是把软件拿出来单独出售。这些商业软件催生了前面我们说的"借用著作权框架保护知识产权"的状况。这条路线我们称之为 Copyright 路线。

1984年，麻省理工的一个人叫斯托尔曼，前面我们多次提到他。他是个黑客，他特别痛恨 IBM 的做法，所以创立了自由软件基金会。他认为，软件是人类共同的智力财富，不应该由商业公司据为私有。当然，法理上他无法与Copyright 的体系抗衡，所以他设计了一个巧妙的版权体系，叫作 GNU，并为这一体系设计了版权规则，叫作 Copyleft。为什么用这个名字？他说过这么一句话："凡是其软件，承认 GNU 规则的软件，都是自由软件。"

自由软件的作者除了拥有署名权之外，放开一切权力，比如改编、编译、重新装配、分发、多次安装等。只要你愿意，你可以做任何事情——只有一条例外，你不能据为己有。你只要接受 GNU，你的软件就受 Copyleft 保护——Copyleft 这个文本，受现行法律 Copyright 保护，你无法修改。这的确是非常巧妙的构想，既开放版权，又不违反现行法律框架；甚至还借助现行法律框架的庇佑。

自由软件的信念，就是软件是全人类的共同资产。斯托尔曼有很深的乌托邦情结，他认为凡是人类的智力成果都应当分享，而不是独霸并以此作为赚钱的工具。他不断受到微软等大公司的诋毁，生活过得并不好，但他对自己的信念依然执着，令人肃然起敬。自由软件主张是很彻底的共享主义。这一做法除了与商业软件公司势同水火以外，也面临一个实际问题，就是如何养活社区庞大的志愿者？如何激励志愿者工程师？如何持续发展？ 1990年前后，自由软件群体出现了分化，雷蒙德提出一个概念，叫作开源软件（opensource software）。他把Copyright 和 Copyleft 进行了折中。折中的意思，就是他承认软件应当开放源代码，但也不能完全排斥软件可以卖钱。他提出软件的社区化运营，很多大侠、黑客英雄都是社区的活跃分子。他们醉心于自己的作品，但他们需要有一帮人帮助运营整个社区，有人愿意付费，你也可以收费，得赚钱养家糊口啊。今天开源软件公司的境况也还没有到舒服的地步。商业公司对开源社区的侵蚀、并购，也带来了很多问题。比如一些开源公司被商业公司购买了，交易合法，但开放度下降。开源都无法彻底解决问题，说明自由软件的确是一个乌托邦情怀的梦想。

除了软件，在数字文本、内容领域也出现了抵抗工业知识产权的新动向，比如莱斯格提出的知识共享（CC）协议[1]。刚才说的 Copyleft，某种程度上还是激发了软件社区的创造热情。但这一概念在纯粹的文学作品，比如一幅照片、一段视频的共享方面不适用。CC 版权解决了这个问题。它把权力细分为四种：署名权、修改权、获益权和以相同方式使用权。这是一种知识共享的新主张。从 Copyleft、CC 版权的变化，我们可以隐约感受到对隐私、知识产权的定义，其实也在探索，也有一些新的变化和主张。

从上面对隐私、知识产权的简要介绍，大家可以感受到隐私的确是个大问题，而版权则是工业时代遗留下来的东西。版权的冲突越来越缩小，越来越不成为问题；但隐私的问题则越来越扩大。

网络隐私涵盖的数据量很大，个人信息、财务信息、偏好、家庭、社会、交易、交往……将来会更大。我们现在就需要瞪大眼睛关注这个问题。这里有两方面的特点大家要了解。

第一，我们今天知道的可以归于隐私的信息，貌似是明确的，比如财务信息。将来所谓隐私的信息，很可能是完全不明确的。什么意思呢？在充分互联、充分交互的情况下，你每时每刻都在上传下载，每时每刻都在生产信息，哪些是隐私哪些不是，你根本无法事先确定。这的确是个挑战。一旦你成为某个事件的当事人，原本你觉得未必是隐私的信息，很可能变成你的"隐私"信息。说句调侃的话，这年头，没点"隐私"你都很难说你是大 V！还记得杜尚给艺术品下的定义吧？安置在艺术殿堂里的时候，便池也成了艺术品。

第二，网络隐私有个特点，叫作时间拼贴。根据你的过往记录，根据你数

1　CC 协议即 Creative Commons，中国大陆正式名称为知识共享。它是一个非营利组织，也是一种创作的授权方式。此组织的主要宗旨是增加创意作品的流通可及性，作为其他人据以创作及共享的基础，并寻找适当的法律以确保上述理念。知识共享在 2001 年正式运行，劳伦斯·莱斯格（Lawrence Lessig）是创始人和主席。知识共享的最初版本在 2002 年 12 月 16 日发布。

字化生存的点点滴滴，你的数字印象、行为踪迹、交往记录、浏览轨迹等，总会有人根据大量散落的信息重新还原出你的肖像。时间线，就是这样一种企图的产品。

这里引出一个问题：其实隐私保护的争论焦点，不在于是不是"泄露"，而在于是否允许"还原"？今天的智能装置，还只能根据一个 ID 号码，或者一个 IP 地址来猜测这个数字账号、号码背后的"那个人的特征、行为、习性"等。由于碎片化的缘故，不同的场景下这些账号彼此之间并不能"互联互通"——现在幸好是这个样子，所以这些账号背后的算法，也只能猜猜"账号所代表的那个人"他／她喜欢什么或者不喜欢什么。按说，商人们到达这个地步也就可以了。但技术天才们似乎对此感到不过瘾。他们试图抹平"账号"和"他／她"之间的最后一层薄薄的"鸿沟"。技术天才坚信，能够运用技术手段、算法和模型，准确地把账号背后的"那个人"扒光。如果你的数字皮肤、可穿戴、可吞咽、可植入的数字玩意足够丰富的话，这一点看样子已经距离不远了。

问题的关键恐怕已经转移。现有对隐私的恐惧，往往集中在两个层面，一个与财富有关，另一个与名声有关。泄露私人信息的后果，不是破财，就是污名。对普通人来说，前者的恐惧远远大于后者。甚至对一个一文不名的人来说，他或者她倒是巴不得用哗众取宠的方式，以自己的隐私去换取声名呢！

但是，当我们前面说的充分的连线，充分的数字化使得可计算嵌入生活之后，我认为对隐私的恐惧——即便对普通人而言——已经从担忧破财，转向了担忧污名化。一个人被"冒用"的风险，并非是支付账户被盗用，而是他或者她最亲近的人，会因为这样的"冒名"受到伤害——更要命的地方在于，这种伤害，可能未必一定源于恶意。就像你无法事先划定隐私与否的边界一样，你真的很难事先定义一个行为是善意还是恶意。

这就是隐私的难题所在。传统的隐私观，集中在对泄露隐私带来的伤害的恐惧——无论是丧失钱财还是担忧陷入窘境。互联网环境下，新的恐惧感恐怕在于我们已经很难定义"隐私"。因为瞬息万变的网络存在、错综复杂的网络关系、川流不息的网络数据，都使得任何一种试图"遮蔽起来"的愿望，变得不可能实现。开关已经打开，不可能关闭了。

最后，结合新媒体我们简单讨论两件事：一个是隐性采访，一个是网民暴力。

隐性采访迄今在学术界依然存在争议。实践中，隐性采访作为逼近关键人物、获取重要信息的手段大量使用。隐蔽摄像录音、假借某个身份接近采访者或关联区域，甚至于有意布设某种情景令某个行为重现等，都属于隐性采访。这里暗含很多风险，主要有两种。

第一，你可能不经意泄露、甚至触犯对方的隐私，虽然你可能是无意的。第二，某些采访方式或带有引诱犯罪、诱发危险的嫌疑，比如说重新恢复某个现场。恢复现场就是重新犯罪。

有时候，在新媒体上有报道者为了满足公众的窥视欲，或者某种其他的目的，有意模糊舆论导向，导致或者操纵网络舆论向某个方向发展，这个叫作哄客。这种行为，在一定程度上会引发网民暴力。在新媒体环境下，出现网民暴力似乎是一件轻而易举的事情，而且这东西来得快、消散得也快。这些东西离我们很近，需要结合实际的例子深入思考。

分享一下我自己的一些观点。总括起来，我把它叫作"悲观的乐观主义"。第一点，悲观主义。比如凯文·凯利的《失控》这本书，我们第一眼看去，认为失控的本意就是大崩盘。真正复杂系统的崩溃，其原因反倒是系统的自主性、秩序很高的时候就越容易崩溃。泰恩特在《复杂社会的崩溃》[1]一书中详细阐述了这一点。把这一思想转化成为我们普通人的生活经验，那就是太干净反倒容易受到病毒的侵扰。人们常说，没有得过大病的人，大病一场绝对受不了。我说的悲观主义，是指我们处在剧变的旋涡当中，但我们看不清这一剧变。原因是我们的底层思维固化在深厚的、数千年的传统背景之中。传统规训的力量可能远比福柯想

---

1 《复杂社会的崩溃》，海南出版社，2010年5月。作者约瑟夫·泰恩特（Joseph A.Tainter），美国犹他州立大学环境与社会系教授，是可持续发展研究的先行者。

象到的要大得多。有形的监狱可以看得到，无形的监狱你看得到吗？每个人已经拥有了多张面孔、多层皮肤、多种情怀，都在伪装自己，我也不例外。在这种情况下，我们还有没有能力在思辨的道路上走得更远一点？我不知道。

第二点是希望。通过前面几讲的内容，大家可以了解到，群体的重要性在增长。这不但是互联网、社交网络迅速发育的结果，而且是从根本上对社会学、人类学基本理念的转换。我们可以了解到，构建伟大社会的梦想固然感人，一旦涉及"构建"一事，多少有点僭越的味道。传统科学将上帝"第一推动"的事情彻底抛弃了，但社会学、人类学似乎并未抛弃"构建伟大社会"的迷梦。构建，它背后一定有设计师、建筑师，一定有老大哥存在。但是，"涌现"思维告诉我们，在群体社会里，老大哥并不需要驱逐，也不必替代。老大哥本身就是景观社会中的一个符号，一种存在。不必用另一个老大哥代替这一个老大哥。群体的世界并非传统社会学中所描绘的人的团体，而是指与生物智能密切耦合的人机共同体。机器也是群体的组成部分，甚至是不亚于人的一部分。未来在你身上、皮肤下、脑海里，会有成百上千个生物、电子、纳米材料的传感器。大家读一读库兹韦尔[1]的那本《奇点临近》，就可以感受到这种智能生命出现的那个年代。我认为希望在这里：我们未必真能解决某个问题，但时代的发展，会让某个很成问题的"问题"，变得不是问题了。

当然，最后不要忘记批判意识。这种智能社会的局面，其实当我在这里用这样的语言描绘的时候，有人会惊恐，有人会忧虑，也有一类人是非常喜欢的，因为他们乐于成为拿着最后遥控开关的人。他未必就是技术狂人、极客。还可能是和他捆绑在一起的商人、政治家们。未来的社会将会呈现怎样的格局，还很不清楚，但我坚信柔软的部分一定会有，人性不会灭失。

---

1 库兹韦尔（Ray Kurzweil，1949— ），发明家、人工智能专家，现任美国奇点大学校长。其著作《奇点临近》，2011年由机械工业出版社出版；《如何创造思维》，2013年12月由湛庐文化出版。

第八讲

公共领域的转型

前面我们讲了互联网思想的两个基石，一个是复杂性，另一个是社会网络。第三个就是"公共领域"。作为互联网思想的基石，我觉得"公共领域"是非常非常重要的一块——甚至可以说是一块巨石。互联网思想的天空，将奠基于这三个领域思想的滋养。

复杂性，这个词汇已经不限于物理、化学、应用工程方面的含义了，当然那也足够复杂。这里主要指生物学、心理学、认知科学，以及与电脑技术、互联网嫁接之后的复杂性。复杂领域正呈现三大变化：大数据支持下的复杂科学研究与呈现；超网络（复合网络／耦合网络）结构、演化、动力学机制；复杂系统、复杂网络、复杂生态的跨学科综合，比如社会学／生物学／经济学／认知科学／传播学等的跨界。复杂性的思想，并非只是面对数量庞大的个体、事务、过程，更要面对盘根错节的关系，以及物种、种群的演化和动力学，所以它更多是生物学、社会学、心理学和人类学意义上的。"复杂"既是思想又是认知框架、分析方法；运用复杂理论与思想，需要超越两分法／确定性／还原论；需要克服"简单化"和"同质化"思维，看到多样性和异质性，并找到正确的问题表述。

社会网络分析与复杂性学科已经形成交叉地带。互联网、移动互联网背景下的诸多实际网络，都成为社会网络分析的典型对象。比如微博社群的结构分析，某种言论的传播轨迹分析，意见领袖在网络中所处的位置，以及与网络结构的交互影响。比如交通网络的车流、人流，与城市道路结构、商业网点、娱乐场所的关系，与交通导流措施、信号标志标线的关系等。比如电商交易网络中，买家卖家结成的交互网络，对交易行为的影响；商品品类分布与消费者口味偏好、购买行为的关联关系；消费者偏好转移，与营销渠道、社交网络的关系等。

这些实际问题，都大大刺激了社会网络分析领域的发展。特别是与复杂性思想和方法结合之后。比如说，考虑交通网络，就需要考虑不同交通工具所形成的网络之间的"超链接"。城市轨道交通、公交网络，与机场、码头、车站所代表的更大范围的航空、水运、铁路、高速公路网络之间，其实是相互影响的。任何单一网络结构都不能反映交通网络的全貌。这样多层网络就构成了"超网络"，这就是复杂性与社会网络分析的一个前沿问题。

这一讲，我们讨论互联网思想的第三块基石：公共领域，或者叫公共空间。这两个术语之间有一点细微的差别。一提到公共领域，很多人第一反应就是哈贝马斯的《公共领域的结构转型》一书。这本书原名为 *Strukturwandel der Oeffentlichkeit*。对于"Oeffentlichkeit"一词，在汉语学界有"公共领域"、"公共论域"、"公共空间"等不同译法。根据国内哈贝马斯研究大家曹卫东博士的理解，这个词涉及两个不同的层面，即社会层面和思想层面。从思想层面看，"Oeffentlichkeit"指的是个体和共同体（包括社会和国家）的一种特殊观念，是一种韦伯式的理想范型，兼有批判的功能和操纵的功能；就社会层面而言，"Oeffentlichkeit"指的是一个话语空间，它介于国家和社会之间，充当二者的调节器和修正仪。思想层面上的"Oeffentlichkeit"可以翻译成"公共性"，而社会层面上的"Oeffentlichkeit"则应当翻译为"公共领域"。我们这里不去详加区分，大家进一步研究的时候，需要深入辨析。这里，我推荐大家去读胡泳老师的《众声喧哗》这本书。

下面我们讨论公共领域前，还是先回顾上节课隐私的内容。为什么这里把隐私和知识产权当作专题来处理？除了因为隐私和知识产权很重要，还因为这一话题很纠结。隐私和知识产权，充分暴露了互联网领域里面的利益纠葛、理念冲突和认识困境。在利益场里，如果说互联网思想带来了什么对撞和冲击的话，通过隐私你就可以看得很清楚。这里我们主要谈了若干主权国家对隐私的定义和看法。主要从两个角度来说，一个是中国人看待隐私的方法和西方有所不同。中国人更多地是从主观感悟去看，而且归结为家庭伦理。西方人更多将其视为秘密、隐秘，比较客观地去看。关于隐私，有几对关系值得关注：隐私权和名誉权，隐私权和知情权。这几对关系的冲突充分体现了，对立法精神的思考远未达成共识。在出现冲突的情况下，优先保障谁的权益？它本质上是一种张力结构。

然后我们讨论了知识产权，特别是将 Copyright 和开源系统的 Copyleft 进行对比，同时也简单回顾了著作权保护里边，为什么会在六十年代把软件纳入著作权保护。软件作为一种著作权，和文学作品的著作权有着天然的不同。比如它不是一次完整发布，它有源代码和目标代码的区别；第二个，它有版本。这两个差异导致，直到今天，商业软件在法理精神上都有严重缺陷。九十年代开源软件出现以后，对商业软件是个巨大的冲击，但是自由软件迄今为止没有太成气候，在1998年左右出现了一个调和的运动，就是开源软件，著作权里面也出现了一个反叛的运动，就是 CC 协议。它里面透着开源的精神。在移动互联网迅猛发展的今天，我们看到"开放"运动已经波及更多的领域，比如开放平台、开放数据、开放信息存取、开放源代码等。所以，我觉得对隐私和知识产权进行重新思考，已经摆上了议事日程。第一条，关于隐私的含义可能重新定义，到底什么是隐私？以前被个体视为重要的东西，比如隐匿的数据，隐匿的行为，在互联网上，我们的第一直感就是它可能无所遁形，这种情况对隐私可能形成巨大的挑战，隐私的边界可能发生变化。甚至极端地来说，过去认为是隐私的，现在可能会逐渐放宽它的标准，过去可能不认为是隐私的，重新进入隐私。第二，关于隐私的处置，当隐私和其他权利对撞的时候，怎么处置它？这个更显得是一个空白。比方说最近几个月，QQ 账号的隐私权纠纷就体现了这个，在虚拟资产交易上已经有立法，关于游戏的虚拟资产保护，但还没有普遍性。

1 公共领域理论的三个人

谈公共领域思想，最著名的当属哈贝马斯的书《公共领域的结构转型》。这本书总体上说了两件事，一件是十八、十九世纪公共领域是怎么兴盛的，另一件是，公共领域又是怎么衰落的。迄今为止，我们今天所存在、感受到的，依然是那个"衰弱了的"公共领域。但是，互联网是否是公共领域重建的契机？这是我们将公共领域视为互联网思想基石的一个重要原因。

有一次我跟姜奇平聊天的时候，我们有个共同的感觉，就是公共领域找到了一个很好的"投胎"对象，就是互联网。当然，也不要因此过度兴奋。

第二个是怎么理解在互联网背景下的公共领域？互联网到底提供了什么可能？这个公共领域还是哈贝马斯思考的那个公共领域吗？我认为不是。哈贝马斯所处的环境，他思考的是现代性背景下的公共领域。互联网背景下的公共领域，一定是交织在现代性和后现代性之间的那个公共领域。

第三个，我们希望讨论新媒体和公共领域构建之间的关系。

桑内特这本《公共人的衰落》写得非常好，文笔很优美。这本书里，他自己在开篇把哈贝马斯、阿伦特和他自己对公共领域的看法认为是"公共领域的三条边"，这种总结多少有点攀龙附凤，但概括一下总还是很好的，至少可以有个比较。

桑内特更多是文人，不是哲人，也不是更高量级的思想家，他是社会学者。他的处理方式和前面两位还是很不同的。前面两位思辨的广度、缜密程度要远远高于桑内特。当然从观察的细腻、叙述的清晰度方面，桑内特也不输给他们。

　　这三条边的显著区别在哪里？一个，先看阿伦特。虽然，阿伦特女性思考的痕迹相当浓厚（哈贝马斯相仿，男性思考的痕迹也相当浓重），但她更是亚里士多德政治学很纯正的继承者。亚里士多德讲，人是政治性的动物，阿伦特在努力地还原到亚里士多德那个语境的政治观。这个政治观，与马基雅维利[1]的政治观是背道而驰的。马基雅维利的政治是世俗的政治，而亚里士多德的政治保有一定的崇高的味道。

　　第二个，阿伦特跟哈贝马斯很大的区别在于对待理性的态度。阿伦特是个行动主义者，她看重行动，当然她也看重言谈。但言谈的含义，更像奥斯汀所说的"以言行事"。哈贝马斯看重的是什么？表面上看，哈贝马斯从对资本主义的批判入手，通过商谈互动、回归生活世界，建立普遍价值和共通的存在感。他同样看到了言谈和行为的重要性，但并没有放弃理性的终极作用。阿伦特跟他很大的不同在于，阿伦特基本上没有用理性这个词思考过公共领域，这一点上，她是尼采式的。尼采就非常痛恨"沉思"这个词。

　　桑内特是从社会意义上来看公共领域构建的问题，在这种情况下，他提出了跟当今互联网思想非常契合的问题，就是怎么和陌生人相处。他认为这是非常重要的问题，这个在《公共人的衰落》这部书的后三分之一有很多阐述。

　　按桑内特的说法，在十八世纪公共领域的兴起中，有两种符号非常重要，一种是服饰；另一种是言语。服饰与言语是很直接的社会阶层的区隔符号。贵族、

1　马基雅维利（Niccolò Machiavelli, 1469—1527），意大利政治思想家和历史学家。在中世纪后期政治思想家中，他第一个明显地摆脱了神学和伦理学的束缚，为政治学和法学开辟了走向独立学科的道路。他主张国家至上，将国家权力作为法的基础。他是名副其实的现代政治思想的主要奠基人之一。马基雅维利是中世纪晚期意大利新兴资产阶级的代表，主张结束意大利在政治上的分裂状态，建立强大的中央集权国家。他在其代表作《君主论》（1513）中认为共和政体是最好的国家形式，但又认为共和制度无力消除意大利四分五裂的局面，只有建立拥有无限权力的君主政体才能使臣民服从，抵御强敌入侵。他强调为达目的不择手段的权术政治、残暴、狡诈、伪善、谎言和背信弃义等，只要有助于君主统治就都是正当的。这一思想被后人称为"马基雅维利主义"。

骑士与市井阶层的服饰和语言是完全不同的。你一眼就可以看出，挤奶工、家佣、裁缝的衣着和言谈，与他们的身份完全契合。这是公共空间兴起之前的状况。十八世纪中叶，伴随工业化初起的，是欧洲现代城市的膨胀。大量乡村农牧场主的后代、手工业者的后代涌入城市。当他们与这个陌生的城市接触的时候，他们需要模仿城里人的言谈举止，需要将所有泄露自己身份的痕迹掩盖起来，需要尽快成为某个社交圈子的一员。这其实就是公共领域得以兴起的某种真实的驱动力。

当然，公共领域的兴盛，首先得益于公共场所的大量崛起，比如剧场、咖啡屋、公园、公共广场。在这个公共场所里，你原本的身份是被忽略的。大家热衷于无拘无束（当然要符合这个圈子的社交礼仪）地交换趣闻，散布消息，打听别人的隐私。然而，这样的公共场所毕竟不同于雅典的广场辩论和广场政治。这里没有公共利益，只有小道消息；这里没有对"他者的关怀"，只有对陌生人的恐惧和提防。所以，当这样的公共场所"介质化"之后，就势必使某种公共空间走向衰落。

所谓介质化，就是它成为某些固定圈子、确定的腔调、某些流派聚集的场合。它不再变得模棱两可，而是出现了自己的品位、立场。这种言谈方式更多地把人包裹起来了，使得人和人之间的相处，和陌生人之间的相处变得更加困难。桑内特认为，那是公共人衰落的必然象征，公共人必然在那种情境下走向衰落，什么礼貌的寒暄啊，认同感啊，以貌取人啊，真可谓人以群居，很多仪轨都指向一定的圈子，这种圈子实际上都是对陌生感的恐惧。

无论阿伦特、哈贝马斯还是桑内特，不管他们三个人对公共领域的见解是什么，有一点是共同的，即他们的分析都是基于"公和私"的两分法。这种"两分法"恐怕很难让古典公共空间精神得以"复活"。虽然，公和私的确能展示人类在政治生活、经济生活、文化生活里边波澜壮阔的与意识形态斗争的过程，但在整个社会结构、社会形态日益复杂化的今天，公和私的划界就远远不能概括丰富多彩的社会存在。特别是，两分法的世界无法在互联网背景下实现公共领域的重构。我们简单来看几位另类的哲学家。

一个是巴塔耶。巴塔耶很难进入主流，因为他比较色情，可谓"黄色"哲学家的极品。他所信奉的萨德侯爵就是个浪荡贵族。长久以来，巴塔耶始终处于公众视野之外。但所有这些进入巴塔耶世界的阻碍也恰恰正是其独特所在，如汪民安[1]在他编辑的《巴塔耶文选》的序言中对巴氏做了足够精确的定位，说巴塔耶是"尼采的信徒，科耶夫的忠实听众，萨特潜在的对手，布朗肖[2]和列维纳斯[3]的同道，后结构主义者——福柯、德里达、鲍德里亚、克里斯蒂娃等——频频致敬的先驱……"。

抛却世俗对巴塔耶的评价，我觉得他的思想是有可能在突破公私两分法的问题上走得更远的。他思想的基点是"人性和兽性"是怎么分离的。我觉得这个问题已经超越了古希腊，甚至超越了当时的很多神话传说。也就是说人是怎样穿上衣服的？"穿"是一个象征，也就是人是何时、如何、为何产生了羞耻之心，将兽性的冲动伪装起来、克制起来、掩饰起来的？巴塔耶认为，我们长期以来对情欲的理解完全错了。情欲，肉欲，被视为龌龊、肮脏、不堪入目的。欲望，被视为万恶之源。人们对情欲的解释是完全不诚实的。情欲、欲望，被看作纯粹消耗

1　汪民安，文学博士，现为北京外国语大学外国文学研究所教授，博导。主要研究方向为批评理论、文化研究、现代艺术和文学。

2　布朗肖（Maurice Blanchot，1907—2003），法国著名作家。作品艰涩，为人低调，许多读者都对他不太了解，但他的思想对法国的许多大知识分子和大作家如萨特、福柯、罗兰·巴特等都有很大的影响。当年，他是唯一可与乔治·巴塔耶相比的作家。布朗肖的作品很多，主要有《死亡的停止》《文学空间》《未来之书》《无限的谈话》《等待，遗忘》等，《黑暗的托马斯》是他最著名的作品。

3　列维纳斯（Emmanuel Levinas，1906—1995），法国当代著名哲学家，1923年进入法国斯特拉堡大学哲学系，开始其哲学生涯。他是最早把德国现象学介绍到法国的哲学家。1928—1929年，在德国弗莱堡师从胡塞尔、海德格尔等人研究现象学。其主要著作有：《从存在到存在者》《和胡塞尔、海德格尔一起发现存在》《整体与无限：论外在性》《困难的自由：论犹太教文集》《塔木德四讲》《论布朗肖》《来到思想中的上帝》《上帝、死亡和时间》等。

性的，甚至毁灭性的。那些道德的文本，世俗礼仪的节制，都将欲火看作毁灭人的劣根。艺术家深处这种焦灼之中。弗洛伊德也仅仅把性欲看作人的精神冲突的一个动因。在巴塔耶这里，情欲、性冲动，都是"生产性"的，是积极的，是创造力之源。

张一兵[1]教授在"巴塔耶：没有伪装，没有光与影的游戏"一文中指出："巴塔耶的哲学理念用一句话来概括，即是反抗占有性的世俗世界，追求非功用的神圣事物。"占有，表面上看是进攻性、主动性、追逐性的行为。但占有的结局却是遭遇奴役。这在黑格尔著名的"主人与奴隶"的辩证法中已经分析得淋漓尽致。那么，出路在哪里？恐怕就在于找到另外一种生产模式、生产理念。巴塔耶将此称作"普遍经济学"，用来反抗以占有为目的的"有限经济学"。这里的关键是巴塔耶所说的"能量"。生命的本源其实是能量。太阳是一切能量之源。但阳光是可以标价的吗？空气可以出售吗？水可以标价吗？在巴塔耶看来，所有这些生命本源、生产之源，都不是售卖品的话，那我们的经济学为何要建立在买卖、交易、价格的基础上？我相信很多主流经济学会认为巴塔耶的想法不是天真就是浅薄——天真固然，但真正浅薄的，恰恰是这些世俗经济学家们。

巴塔耶认为，从自私、占有、稀缺这些假设出发，只能得到"有限经济学"，即目光短浅的经济学。而基于貌似没有目的、非生产性的消费（耗费），则人们得到的是精神的滋养。比如诗歌、狂欢、祭祀等。普遍经济学必然是承认一切异质性，排斥任何人的图谋（比如占有），试图与灵在的世界分享喜悦的经济学。巴塔耶的思想，我觉得是值得深入研究和学习的。他简直就是为互联网思想准备的一个人。

还有一些哲学家，比方说列斐伏尔、波普尔，他们提出了"三种空间，三个世界"的思考，为我们在新的空间架构上考虑公与私的关系奠定了良好的基础。列斐伏尔也是被忽略的思想家，他1901年出生，1990年去世。他的著作被翻译

---

1 张异宾（笔名张一兵），祖籍山东茌平，1956年生于江苏南京。1981年8月毕业于南京大学哲学系。哲学博士。现为南京大学哲学系教授、博士研究生导师。

成英文是七十年代末期，他七十多岁的时候。在九十年代，他去世之后，他的著作才在西方哲学界、社会学界引起反响。但我觉得，波普尔世界三的观点照列斐伏尔的思想来讲，还真是差了一个数量级。波普尔的世界一，就是活生生的、自然的东西，世界一也可以看作哈贝马斯的生活世界。波普尔的世界二，则是观念的东西，理念的东西。这部分内容，有点类似鲍德里亚的拟象世界，是符号世界、言语世界等等人造的东西。前两个世界其实貌不惊人。差别在世界三上。

波普尔的世界三是什么？实际上是作品。比方说绘画作品、建筑作品、道路，这种作品是波普尔的世界三，人的精神作品是世界三。但是，列斐伏尔的第三空间是社会空间，并且是交往着的社会空间。在这点上，我认为波普尔的世界三还只是面向"个体"的。不奇怪，古典哲学思想家们，很多都将注意力集中在"主体"、"个体"身上。即便说到关系，关系也是第二位的、从属于个体的。这是波普尔的局限性。

2 阿伦特的公共思想

哈贝马斯关于公共领域的很多思想，直接受到阿伦特的启发。或者说公共领域（public sphere）首先是阿伦特把它很认真地梳理、提炼出来的。阿伦特的思想有三个来源，一个是亚里士多德的政治学，一个是存在主义，即海德格尔"此在"的观点，第三个是基于她本人的生活经验。

阿伦特的祖辈是来自俄国的犹太移民。1924年，她慕名来到马堡大学哲学系，投师于海德格尔门下，此后一生便与海德格尔结下不解之缘。1925年她转学到弗莱堡大学听胡塞尔的现象学课。1926年又经海德格尔推荐来到海德堡大学在雅斯贝尔斯门下攻读博士学位。1928年她完成了博士论文《论奥古斯丁"爱"的概念》，并获得博士学位。但由于她是犹太人，无法获取教授学术资格认定，她也就不能在任何德国大学授课。1933年希特勒上台后开始大规模迫害犹太人，阿伦特放弃书斋生活，主动帮助犹太人、共产党人和社会民主党人逃亡，曾被盖世太保抓获。获释后逃离德国，经布拉格流亡到巴黎，并在那里与马克思主义者沃尔特·本雅明[1]结识并成为好友。

1940年，巴黎沦陷后，阿伦特只好去了美国。十年后她得到美国的公民权。

1　本雅明（Walter Benjamin, 1892—1940），德国人，思想家、哲学家和马克思主义文学批评家，出版有《发达资本主义时代的抒情诗人》和《单向街》等作品。有人称之为"欧洲最后一位文人"。本雅明的一生是一部颠沛流离的戏剧，他的卡夫卡式的细腻、敏感、脆弱不是让他安静地躲在一个固定的夜晚，而是驱使他流落整个欧洲去体验震惊。

她和海德格尔的师生恋也是很有意境的故事。特别是在她1950年回到弗莱堡见到海德格尔之后，她对海德格尔的挂念、理解和帮助，持续到海德格尔去世。甚至可以说，她后半生的学术生涯几乎是献给海德格尔了。不过，我忍不住想说一句，海德格尔这个人在这方面的确很差劲。他顽固、刻板，有时候表现得像个不成熟的孩子。阿伦特与海德格尔的故事，大家有时间去读一读，不亚于林徽因[1]和徐志摩[2]啊。

阿伦特公共思想的根源，是亚里士多德政治学。在古希腊的时候，按照现在学者的研究，公域和私域是这样的：公域真的是指政治领域，比如选择执政官、讨论征伐中的义与德。经济生活都在私域里面，借贷啊买卖啊这些东西。牲口市场、贸易集市，这都属于私下的交易，不是公开的。古希腊城邦的政治生活，真的是在思考纯理性的东西。他们在思考世界是怎么构成的，辩论世界的本源、人应该如何。古希腊更多是从"应该如何"的角度考虑问题的。

阿伦特的知识背景又是存在主义的。海德格尔的"此在"对她影响巨大。海德格尔也很焦虑，他发现思考本质的东西，总是绕不过具体的现象层面的存在。所以他认为"在"具有优先权，并且具有绝对的优先权。你必须先"在"那儿。你不在那儿，一切都谈不上。"在"被他提升为哲学概念，特别是在你面对死亡问题的时候。什么是对你的"在"的最大威胁？其实就是死亡的恐惧。海德格尔把生死问题变成哲学问题。他的确开启了存在主义思想的大门。

1　林徽因（1904—1955），福建闽县（今福州）人，出生于浙江杭州，原名林徽音，其名出自《诗·大雅·思齐》："大姒嗣徽音，则百斯男。"后因常被人误认为当时一作家林微音，故改名徽因。中国著名建筑师、诗人、作家。人民英雄纪念碑和中华人民共和国国徽深化方案的设计者。建筑师梁思成的第一任妻子。三十年代初，同梁思成一起用现代科学方法研究中国古代建筑，成为这个学术领域的开拓者，后来在这方面获得了巨大的学术成就，为中国古代建筑研究奠定了坚实的科学基础。文学上，著有散文、诗歌、小说、剧本、译文和书信等，代表作《你是人间的四月天》、《莲灯》、《九十九度中》等。

2　徐志摩（1897—1931），现代诗人、散文家。原名章垿，字槱森，留学英国时改名志摩。徐志摩是新月派代表诗人。代表作品有《再别康桥》、《翡冷翠的一夜》。

亚里士多德的政治学加上存在主义，会发生什么变化？我们从阿伦特的三本书中，或许可见一点端倪。这三本书分别是，《极权主义的起源》（1951）、《人的条件》（1958）、《艾希曼在耶路撒冷》（1963）。

阿伦特1951年出版的《极权主义的起源》，是从政治学角度对纳粹德国屠杀犹太人的反思。她提出一个基本问题：为什么极权主义陷入屠杀手无寸铁的"顺民"的狂热？在她看来，政治迫害往往发生在一小撮政敌的阵营之间，但纳粹德国却能掀起如此的狂热，将集体改造、大屠杀，作为政治意志的最高纲领，整个社会充满欺诈、伪证、撒谎的氛围。这是为什么？阿伦特详尽分析了极权主义产生的土壤，乃在于一大批工业时代教化的"臣民"，他们普遍感觉"无力"、"无助"，自感是"多余"的人。工业社会塑造了这些追逐物欲、表面繁荣，但内心孤独、与世隔绝的社会原子，在他们丧失对生活意义的感知的同时，他们也同时丧失了对社会共同体的彼此认同，成为"异乡人"，进而成为驯服的羔羊，而"极权主义不但对人进行专制统治，而且还要对人进行全面统治，要使人像自发性的傀儡一样，仅能做出有限的反应，从而使其权力得以维护。"[1]

柏拉图以降，思与行严重分离，沉思传统日益转向形而上的论辩和对本体、本源的持久追问，但却丧失了对社会现实和日常生活的关注；文艺复兴与资本主义兴盛的近五百年，貌似精神解放的理性张扬，其实伴随着人的机器化、刻板化、单调化和同质化。人性和灵性被泯灭在追逐财富、彰显理性、空洞的乌托邦信念之中。受物所役的社会民众，日益沉溺、周旋于虚假的公共场所而并非公共空间的社会格局中。整个社会为宏大叙事所蛊惑，进入了"迷思"的境地，为极权主义提供了土壤。

阿伦特分析极权主义的心境，与著名的德国牧师马丁·尼莫拉[2]如出一辙。尼莫拉曾用诗句表达了这种内心孤寂无援又渴望拯救的沉默者的存在境况。这首

1　［美］阿伦特著，《极权主义的起源》，林骧华译，生活·读书·新知三联书店，2008年，第55页。

2　尼莫拉（Friedrich Gustav Emil Martin Niemoeller, 1892—1984），德国著名神学家，信义宗牧师。

著名的诗是这样写的：

> 他们追杀共产主义者的时候，
>
> 我没有说话——因为我不是共产主义者；
>
> 他们追杀犹太人的时候，
>
> 我没有说话——因为我不是犹太人；
>
> 他们追杀工会成员的时候，
>
> 我没有说话——因为我不是工会成员；
>
> 他们追杀天主教徒的时候，
>
> 我没有说话——因为我是新教教徒；
>
> 最后他们奔我而来，
>
> 已经没有人能为我说话了。

《人的条件》是阿伦特政治思想的集中表现，也是她公共领域思想的系统表述。在这里，她的一切思考都围绕"什么是人"。作为海德格尔的弟子，这本书也是一次对海德格尔"沉思"思想的清算。阿伦特主张，人只有在公共领域与他人分享的信念下直接行动，才有可能达成共识并构建良好的公共秩序。

她提出了三个非常重要的概念，这三个概念分别是三个极其平常的词汇。一个叫"劳动"（labor），一个叫"工作"（work），一个叫"行动"（act）。但是大家要注意，这三个词与我们日常理解的还是有一些不同。

阿伦特认为，"劳动"对应私人领域。劳动的根本特点就是亲力亲为。劳动的结果一旦生产出来，迅即就被消费、消耗掉了，它保存不住。说白了，它是即时消耗的。比如你吃饭，你织毛衣，你给盆景浇水，你擦地板，你逛商场——这些都是私人性的，它是你生活劳作的组成部分，它的意义只是指向你自己，为你自己所感知、消费，完全为你自己所用。而且，它还是速朽的，你自己的劳作旁人既不关心，也不在乎。

第二个"工作"。这个领域在阿伦特的建构下显得非常饱满，她提出用"无意义"代替"意义"，就是 work。为什么要用无意义代替意义？比方说，纺织工人、建筑设计师、赛车手，甚至诗人、作家，他们在生产有形产品的同时，伴随着个人技艺的纯熟、精湛。前者可以被消耗掉的，后者则"历久弥新"、"纯然天成"；前者是具象的，消耗性的；后者是抽象的，永在性的。阿伦特认为，具象的产品、作品的生产，如果仅仅局限于交易、使用、消费的场景，则总是与人类社会的基础活动关联，它固然有意义，有价值，但并非是人类活动的目的。那种凝结在产品、作品中的技艺、能力、符号，才是社会存在的恒久力量，而这些，用具象的使用价值看，貌似是"无意义"的。或者说，我理解阿伦特所谓的无意义，并非说了无用处——她恰恰要升华这种为了某种"用处"的工作，将这些世俗的所谓"意义"延展到"超越"的无意义层面，把无意义的工作看作社会凝结、社会构建和社会关系的真实纽带。工作，属于社会领域，当然也部分地与私人领域相衔接。这些技艺和能力，是"耐磨"的。我们指望它的生存期越长越好，最好能够亘古流传。

所以在 work 这个场域，很多东西和 labor 的区别是，我们并非将工作视为生产一件消费品的劳作，也并非只是将劳作看成生命存在的全部。我们希望赋予工作更多的"意义"，但这种"意义"并非是世俗层面的"用处"、"好处"，如果以此为参照的话，阿伦特宁可使用"无意义"这个词，来取代"意义"。为什么要用无意义取代意义？因为意义更多存在于 labor 的层面，它的功用、效能只是为了获得生命延续的价值。而无意义不是 nothing，不是什么都没有。无，是最饱满、最丰富、概括力最强的价值存在。

如此说来，工作其实就是一种社会领域。这种社会领域里，人们透过类似波普尔"世界三"里的作品，彼此来印证对方的存在，通过交往获得存在感、存在的价值。当然，这里也可能产生社会的分层结构、权力架构，也可能产生交易行为。但是，从根本上来说，这个领域里的社会现象，跟 labor 私人领域比较起来，它所关注的产品并非局限在人的生活必需品，而是升华为确保社会存在感、社会地位的符号，是荣誉、权力的象征，是品牌。工作领域中人的目的，只是为了让这些精神的存在活得更长一些，它其实并未解决"在"的焦虑，反倒可能带来更大的焦虑。虽然，阿伦特的这个社会领域也是在触摸人与兽的关系问题，但与巴塔耶所谈的人与兽的分界线不同。巴塔耶认为就是"言说"成为人兽的界限；而阿伦特的社会领域还没有上升到这个层面，她刻画的社会领域，有点像鲍德里亚说的消费社会，是工业化大生产、城市化必然带来的社会凝聚。这种社会凝聚所展现出的社会关系，是按照经济基础、生产关系来认定的，一切心灵的、精神的东西，都被物役于这种基于分工理论、自私假设的社会结构中。我把这种社会表达叫作"哼哼"，巴塔耶的"言说"和阿伦特的"哼哼"的区别就在这里。

到这个层次，阿伦特思考私人领域和社会领域，已经涵盖了过去社会学家思考的整个范畴，但是她并没有在这里停止。正是因为阿伦特刻骨铭心的记忆，是极权主义，所以她对社会构建、公共领域的反思，能够超越历史上任何一位男性思想家。她发现，在这个层面（即立足沉思，基于理性）的社会构建，依然停留在对规则，对秩序，对权力的追逐。当对永恒、长生不老的渴望，变成（男性的）理性冲动的时候，就会导致极权主义作祟。她认为，传统公共领域的思考范畴，其实是在私人领域和社会领域之间划界。人的问题通过这两个领域的划界，总是无法完满的。

阿伦特的公共思想里有几个重要概念。一个是"人是复数"。在阿伦特所谓私人领域和社会领域中，人都可以是单数的存在，甚至可以说是以自己为中心的。他的劳动和生产，都围绕自己的需要而展开。这当然是合理的，但仅仅这样，就是有问题的。所以阿伦特在公共领域中提出了人是复数的存在，即人存在的价值必须以他人为前提。人必须以他人为前提，这也是存在主义的一种思想，但她比存在主义更加阳光、更加积极。存在主义者萨特有一句名言：他人即地狱。但是在阿伦特这里，不是这样。她认为只有他人的存在，才能证明自己存在的价值。

第三个关键概念是"行动"。这里是体现她作为女性思想家的最为重要的思想，和哈贝马斯非常不同。哈贝马斯的讲法是"沉思"。就是罗丹著名的《思想者》雕塑的那个样子。沉思就等于理性。沉思的目的是什么？就是将这个世界的终极真理一眼洞穿。沉思就是试图得到超越个体、超越群体，甚至超越时间的见解，希望一劳永逸、永恒地解决内心的疑惑。康德、黑格尔都是这个样子的。这就是男性哲学的突出特征。在阿伦特看来，柏拉图以来的"政治哲学不再是建立在行动者的真实政治经验上，而是建立在哲学家的经验之上。哲学家孤独地思考，然后再从思考中回到现实来处理他们并不理解的世界。即自柏拉图以来，政治哲学是从哲学家的观点，而不是从政治行动者的角度发展而来的"。[1]

在公共领域里，阿伦特的观点是行动。这个行动并非单一的指称某种具体的行为，而是与言说共同交织在一起的意义的存在。这种意义并不是像油漆一样，随便在那个对象上一刷就有了意义。意义不是刷上去的。意义并不先于人而存在，意义也并不先于行动而存在。意义不可能预先灌制在某个地方，只等你去打开它、看到它、消费它。不存在你在行动前就能知晓、洞察，并且在下一步即将迈向那里的什么伟大的意义。这是有问题的。这是历史决定论。某些社会历史学家们，按照历史决定论的思维模式，假设了人类历史的伟大进程，又告诉我们这一进程被切分成几段，又告诉我们下一阶段一定比上一阶段好，告诉我们这就是历史的必然，是不可逆的——这种东西在阿伦特这里是毫无价值的。

更进一步，把复数的人和阿伦特的行动的含义放在一起，你可以更好地理解阿伦特的公共空间。她说："行动，是唯一无需借助任何中介所进行的人的活动，它对应于人的复数性条件，即对应于这样一个事实，是人们，而不是单个人生活在这个地球上并居于世界之中。尽管人的境况的一切方面都以某种方式与政治相关，但这一复数性尤其是所有政治生活的条件——不仅是必要条件，而且是充分条件。"[2]

她认为所有与意义有关的东西，都蕴含在真正的行动中。并且你不是一个人

---

[1] 陈高华，"哲学与政治：阿伦特的政治哲学之思"，《社会科学》，2006年第5期。

[2] ［美］阿伦特著，竺乾威译，《人的条件》，上海人民出版社，1999年，第1页。

在单独行动，因为你是复数。你只有在行动的过程中才能获得意义。这种行动的思想，既不是第一个私人领域里的艰辛的劳作，也不是第二个社会领域里的思虑盘算、勾心斗角。第三个领域，即公共领域里的行动就更加映衬了一种共属于个体与他者的"间性"的存在。它是一个过程，是一种状态，一种真正的精神解放的状态。

这是阿伦特《人的条件》这本书令人耳目一新的地方。也有一些男性思想家批评阿伦特的理论太过简单，比方说她硬生生地把三个领域区分开来，中间没产生更多连带，而且认为她的这三个领域之间的规则都不一样，没有一个通行的诠释可以适用于三个领域。但阿伦特自己并不认可这一点，她原本也不是顺着这个方向去思考的。可能很多男性思想家对此会感到不踏实，为什么这里是红色，这里是蓝色，那里又是白色呢，他会不踏实。但是阿伦特不关心这个问题。

阿伦特的博大，可以从对审判艾希曼的深度报道中可以看出，这篇报道后来以《艾希曼在耶路撒冷》的书名出版。艾希曼是一个纳粹分子，在纳粹德国屠杀犹太人中犯下血债，1960年在阿根廷被以色列特工抓获，押回耶路撒冷受审。1961年，阿伦特作为《纽约客》的特约记者，旁听并采访了对艾希曼的审判。她深入阅读了案件卷宗，并全程聆听了对艾希曼的审判，最后形成了这篇著名的长文。作为一名二战期间亲受其害的犹太人，在她旁听这个站在被告席上的恶魔为自己辩护的时候，阿伦特察觉到更深的伦理困境。当艾希曼亲手签署杀害犹太人的命令的时候，他似乎像机器一般麻木不仁；这个双手沾满了犹太人鲜血的罪犯，在法庭上自我辩护的时候，也看不出来他有一丝一毫的不安，或者一丝一毫的内疚。他用乏味、空洞、近乎机械的语言，来解释自己的行为。阿伦特十分真切地感受到，这个十恶不赦的魔鬼，既谈不上过人的智商，也没有过人的勇敢，他其实是个非常平庸的人。在这样的思绪牵引下，阿伦特发现，这种平庸无奇的恶更加可怕。阿伦特运用她早年分析极权主义如何诞生的思想，发现这种挤压进意识形态，在纳粹狂热的思想洗脑中凝结成的所谓信念、忠诚，由于受到国家的操纵，这种平庸无奇的恶，使得数万盖世太保、数十万党卫军集合起来，成为像机器人一样的"勇猛战士",竟然是轻而易举的。盲从与愚昧被填充进漂亮的,甚至貌似高尚的词汇,"特殊处理"、"解决"、"疏散",最终成为"杀戮"、"灭绝"的同义语。

阿伦特的批判曾经引发她的部分犹太同胞的不解甚至抗议。但平心而论,阿伦特的反思才真正触及问题的本质。在这一点上,阿伦特与同为犹太人的齐格蒙特·鲍曼的反思是一致的。整个社会出现平庸的恶,是毁灭社会的更可怕的力量。这种平庸的恶,以丧失个体的感知力、判断力和对生命独特的伦理信念为特征。而导致这种平庸的恶的出现,理性似乎扮演着某种令人不安的"坏"的角色。过分强调冰冷的、冷漠的理性,可能会毁掉这个世界。

3　"大门打开了"——哈贝马斯的思想源泉

哈贝马斯是德国当代最重要的哲学家之一，思想庞杂、体系宏大。哈贝马斯被誉为"当代最有影响力的思想家"，在西方学术界占有举足轻重的地位。英国著名城市社会学家阿德恩·约翰·雷克斯[1]认为哈贝马斯可与黑格尔相媲美，英国资深记者彼得·威尔比，则称其为"后工业革命的最伟大的哲学家"。

哈贝马斯1929年6月18日生于德国杜塞尔多夫，历任海德堡大学教授、法兰克福大学教授、法兰克福大学社会研究所所长以及德国马普协会生活世界研究所所长。他曾经是法兰克福学派的创始人阿多诺的研究助手，后成为法兰克福学派第二代的中坚人物。

对于他自己的成长历程，哈贝马斯在其自传演讲中说："1945年之后，大门被打开了，我们知道了表现主义艺术、卡夫卡、托马斯·曼[2]、赫尔曼·黑塞[3]，知道

1　雷克斯（Arderne John Rex，1925—2011），出生于南非，英国利兹大学毕业后，在英国多所大学任教。英国著名的城市社会学家。

2　托马斯·曼（Thomas Mann，1875—1955），德国作家。1924年长篇小说《魔山》的发表，使作家誉满全球。三十年代初，托马斯·曼预感到法西斯的威胁，发表了中篇佳作《马里奥与魔术师》（1930），对法西斯在意大利制造的恐怖气氛做了生动的描述。因《布登勃洛克一家》获1929年诺贝尔文学奖。

3　赫尔曼·黑塞（Hermann Hesse，1877—1962），德国作家、诗人。1923年入瑞士籍。1946年获诺贝尔文学奖。爱好音乐与绘画，是一位漂泊、孤独、隐逸的诗人。作品多以小市民生活为题材，表现对过去时代的留恋，也反映了同时期人们的一些绝望心情。主要作

了用英语写作的世界文学、萨特的存在主义哲学和法国左翼天主教义，知道了弗
洛伊德和马克思，还有约翰·杜威[1]，他的学生对德国的再教育影响深远。同时期的
电影也传递给我们许多振奋人心的信息。现代主义的解放精神和革命精神通过蒙
德里安[2]的建构主义绘画、包豪斯[3]建筑学派的几何风格和丝毫也不妥协的工业造
型得到了充分的视觉展现。"哈贝马斯这段话里所列举的数位学者、思想家和思
想与艺术流派，成为观察其思想孕育、发展、演化的绝好视角。

解说哈贝马斯思想的文本汗牛充栋，我在这里只取一点来谈：为什么说他对
公共领域的思考，带有很强的"男性"色彩，带有很强的理性色彩？我们就从哈
贝马斯自传中的这段话，管窥一二。

第一个是艺术的表现主义。艺术的表现主义思潮除了体现在绘画作品中，还
有音乐、小说、戏剧等丰富的表现形式。表现主义者首先感觉到他们手里拿着的
画笔、写作的笔，或者弹琴、谱曲的手在哆嗦。哆嗦什么？心里有一种强烈的对
以往艺术形式的不满。他们被物质、环境、技术所异化，有强烈的反抗意识。表
现主义艺术是在资本主义工业化大生产达到一定高度时产生的，他们发现人对世

品有《彼得·卡门青》、《荒原狼》、《东方之行》、《玻璃球游戏》等。

1　杜威（John Dewey，1859—1952），美国最有声望的实用主义哲学家。美国早期机能主
　　义心理学的重要代表，著名的教育家和心理学家。1879年毕业于佛蒙特大学，后进霍普金
　　斯大学研究院师从皮尔士，1884年获博士学位，此后相继在密执安大学、芝加哥大学、哥
　　伦比亚大学任教。五四运动前后他曾来中国讲学，促进了实用主义在中国的传播，主要哲
　　学著作有《哲学的改造》（1920）、《经验与自然》（1925）、《确定性的寻求》（1929）等。
2　蒙德里安（Piet Cornelies Mondrian，1872—1944），荷兰画家，风格派运动幕后艺术家
　　和非具象绘画的创始者之一，对后代的建筑、设计等影响很大。
3　包豪斯（Bauhaus，1919—1933），是德国魏玛市的"公立包豪斯学校"（Staatliches
　　Bauhaus）的简称，后改称"设计学院"（Hochschule für Gestaltung），习惯上仍沿
　　称"包豪斯"。在两德统一后，位于魏玛的设计学院更名为魏玛包豪斯大学（Bauhaus-
　　Universität Weimar）。她的成立标志着现代设计的诞生，对世界现代设计的发展产生了
　　深远的影响。包豪斯也是世界上第一所完全为发展现代设计教育而建立的学院。"包豪
　　斯"一词是格罗披乌斯生造出来的，是德语Bauhaus的译音，由德语Hausbau（房屋
　　建筑）一词倒置而成。

界的"逼索"（海德格尔的术语）和世界反过来对人的侵蚀是同步展开的，他们充满了焦虑感、焦灼感。大批的人涌入城市，大都市拔地而起，交通四通八达，但每个人的冷漠感却与日俱增。熙熙攘攘的外观的热闹，难掩内心的孤独。艺术家试图努力追求激情的释放、反抗压抑的感觉——但是，怎么才能做到？怎么才能让激情释放出来？挪威画家蒙克[1]的《呐喊》，这幅画作创作完成的日子，恰逢1893年世博会召开。画面中扭曲的人脸所发出的喊声，你仿佛能清晰地从整个画面中天空、河流、桥梁的线条中聆听得到；捂着耳朵、张大嘴巴的人脸，与扭曲的身体，一起似乎在抗拒难耐的、刺耳的尖叫声。蒙克自己曾叙述了这幅画的由来：

"一天晚上我沿着小路漫步——路的一边是城市，另一边在我的下方是峡湾。我又累又病，停步朝峡湾那一边眺望——太阳正落山——云被染得红红的，像血一样。

"我感到一声刺耳的尖叫穿过天地间；我仿佛可以听到这一尖叫的声音。我画下了这幅画——画了那些像真的血一样的云。——那些色彩在尖叫——这就是'生命组画'中的这幅《呐喊》。"（Thomas M. Messer 著《爱德华·蒙克》，Harry N. Abrams, INC, Publishers, New York，第84页。参考百度百科"呐喊"词条）

蒙克的画就是"表现主义"。这种扭曲的线条完全不是写实主义，当然也不是印象主义的绘画风格。这种倾尽全力宣泄情感的线条、轮廓、色彩，将自然对象的刻板一扫而光，只留下瞬间凝固的切肤感受。然而，就在陷入绝望、忧郁、惊恐、彷徨的情绪下，表现主义绘画依然没有放弃一个追求，就是追求所谓"大写的人"。

---

1 爱德华·蒙克（Edvard Munch，1863—1944），挪威表现主义画家和版画复制匠。伟大的挪威画家，现代表现主义绘画的先驱。爱德华·蒙克是具有世界声誉的挪威艺术家，他的绘画带有强烈的主观性和悲伤压抑的情调。毕加索、马蒂斯就曾吸收他的艺术养料，德国和法国的一些艺术家也从他的作品中得到启发。他对心理苦闷的强烈的、呼唤式的处理手法对20世纪初德国表现主义的成长起了主要的影响。

这种对"大写的人"的赞颂、向往，或者由此而生的倦怠、阴郁和煎熬，其实是文艺复兴以来欧洲思想的一条暗线。理性的思想解放，并未完全伴随着情感的解放，甚而情感被冰冷的、坚硬的理性绞杀、逼迫到狭小的空间。一边，是机器的轰鸣，伴随着财富的创生和人的伟大能量的释放，比如高尔顿发明了优生学，在一战期间，美国人用智商测验来选拔士兵；再比如行为主义心理学家斯金纳[1]，制造了一个箱子，把自己亲生女儿放在里面，试图"培养出合格的人"来。另一边呢，则是尼采式的愤懑和蒙克的嚎叫声。透过这种紧张关系，单向度的社会依然在试图建构大写的人、大写的人生、大写的社会。表现主义艺术家们，他们在神情恍惚、濒临崩溃的状态下，痛感机器的齿轮正在毫不留情地榨干最后一滴血泪。

第二个是萨特的存在主义。抱歉，我习惯说萨特的存在主义，其实这是一个很大的误解。萨特这个人可以说是1978年中国思想解放运动以来，进入公共话语视野为数不多的国外思想家之一。存在主义的思想渊源，一般认为是丹麦神学家、哲学家克尔凯郭尔[2]、德国哲学家尼采和胡塞尔。创立者被认为是海德格尔，萨特是发扬光大者。存在主义非常在意人的感受。虽然存在主义也有很多流派，但笼统说来，在存在主义者眼里，人的快乐、情欲、痛苦、忧郁、荒谬、摇摆不定等，是最为真切、最为生动、最为直接的体验，这是人之存在的基础——甚至极端地说，是人的全部。萨特的通俗名言，"存在先于本质"、"他人即地狱"，为众多信

1　斯金纳（B.F.Skinner，1904—1990），美国行为主义心理学家，新行为主义的代表人物，操作性条件反射理论的奠基者。他创制了研究动物学习活动的仪器——斯金纳箱。1950年当选为国家科学院院士，1958年获美国心理学会颁发的杰出科学贡献奖，1968年获美国总统颁发的最高科学荣誉——国家科学奖。

2　克尔凯郭尔（Soren Aabye Kierkegaard，1813—1855），丹麦宗教哲学心理学家、诗人，现代存在主义哲学的创始人，后现代主义的先驱，也是现代人本心理学的先驱。曾就读于哥本哈根大学。后继承巨额遗产，终身隐居哥本哈根，从事著述，多以自费出版。他的思想成为存在主义的理论根据之一，一般被视为"存在主义之父"。他反对黑格尔的泛理论，认为哲学研究的不是客观存在而是个人的"存在"，哲学的起点是个人，终点是上帝，人生的道路也就是天路历程。

奉和包容存在主义思想的人们所接纳。第一次世界大战，事实上开启了基督神学和宗教衰落的进程。存在主义者义无反顾地抛弃了任何试图构建宏大存在本体、挖掘世界本源、寻求人的意义的努力，他宁可接受一个令人沮丧、充满哀伤与绝望的世界，也不愿再度聆听来自神启和所谓思想者的深邃洞见。海德格尔说，首先是"在"，然后才成为"在者"。存在主义对哈贝马斯的冲击无疑是很大的，特别在成长于纳粹德国时期，亲眼目睹杀戮与狂热交织在一起的时候，他愈发迫切地需要对这种秩序与混乱剧烈对立的思想状态，找到令自己心安的解释。

第三个是马克思和弗洛伊德。这两个伟大的犹太人，他们从不同的角度去探索人。一个是从社会学和经济学的角度，另一个是从心理学的角度。马克思的"人"是纳入到家庭、社会关系中的"节点"，是经济学里出售"劳动"，赚取"工资"的劳动力。这是典型的传统社会学、经济学套路。弗洛伊德则在透析人的心理结构，他试图发现是什么在操纵和左右着一个人的理性、情绪、欲望。如果说，马克思的"人"及其"关系"是"物理层面"的分析的话，弗洛伊德的人多少有点"化学分析"的味道。但这两种分析，都无法令哈贝马斯很好地解释错综复杂、纠缠不清的人与人之间的亲昵、憎恨、暧昧、表里不一。而那些花样翻新的所谓公共领域的辞藻和人类活动，比如自由、平等、人权，以及演说、竞选、广告、新闻管制、罢工，都无法真正揭示背后到底发生了什么。

比如说，依据哈贝马斯的论述，他心目中理想的公共领域是18世纪自由资产阶级的公共领域，在那个时候，资产阶级中有教养和卓见的阶层，自发地聚集在被称为公共领域的公共空间如咖啡店、沙龙等场所，自由论政、高谈阔论、臧否时代，充分发挥公民社会制衡政府的作用。但是，这种理想的公共领域却在伴随资本主义日益发育的过程中，不可避免地走向空洞、虚饰，甚至反动。哈贝马斯说："尽管它依据一种理想来表达自己，比如所有公民都可以参与讨论，但在实践上这种理想远未达到。劳动阶级被排除在外，这就意味着一些根本的问题被排除在讨论之外。在权力和经济利益方面，公共领域的参与者是同质的。资产阶级任何成员之间的个体差异主要是经济利益，并在市场中表现出来。存在于劳动阶级和资产阶级之间的巨大经济利益冲突并不在讨论之中。实际上，这种利益冲突甚至在政治上不被承认。"[1]

18世纪建立起来的公共空间，之所以注定会走向衰落，根由就是哈贝马斯总结的"系统世界对生活世界的殖民化"。在日益臃肿、官僚的资本主义国家制度、上层建筑建立起来之后，商业机构和媒介机构，政党门派和权势集团各自找到了自己在庞大社会阶层中发声的位置。社会公众被编排进工作计划、生产计划的同时，也成为选举计划、罢工计划、斗争计划中的"棋子"。公民丧失了独立批评的可能，并非因为他无法发声，而是因为他的发声无法与体制化的声音相抗衡。

第四个是杜威。杜威是实用主义哲学很重要的代表人物。当然杜威也是一个伟大的教育家。杜威的教育理论迄今为止在很多国家的教育实践中依然是有用的，比方说教育就是生活，学校就是社会，要干中学、学中干，要重视儿童早期教育等，这些都是杜威的教育思想。实用主义哲学，有一个很大的特点，正像这个名称所概括的一样，它在本体论上采取折中主义立场，既不是唯理的，也不是唯心的。但说老实话，实用主义所谓的"折中"，其实是它不太关心终极问题，放弃对本源、本体问题的提问。它不在所谓的终极问题上浪费时间，不去思考这些玄虚的问题。它只就现实的问题发问。

此外，实用主义在认识论上采取相对主义策略。所谓相对主义，基本上离无政府主义也差不远了。简单说就是"怎样都行"，一切认识取决于你的立场，取决于你的观察角度。它不评价彼此之间的优劣，也不区分对错。在社会历史观方面，实用主义完全是多元主义。实用主义放弃价值判断、道德判断，一切围绕"这是否奏效"、"是否有用"作为取舍的标准。当然，并不是说实用主义不关心价值判断和道德判断，而是说，实用主义者的价值判断和道德判断首先要服从"实用"这个准绳。

---

1 [英]埃德加著，杨礼银等译，《哈贝马斯：关键概念》，江苏人民出版社，2009年，第125—126、126、127、38页。

好了，透过上面这些简单的介绍，大家可以看到，哈贝马斯所说的"被打开大门"的这些东西，其实充分暴露了他内心深度的纠结。一方面，他摆脱不掉西方精神文化的那个伟大画面，即"理性的光芒"。他总是试图想在这个基础之上干点什么。很多他那个年代的思想家，可以说都有这样的雄心壮志。但是另一方面，他心里也明白，那种"干点什么"的"干法"，即他的先辈们，启蒙运动、工业主义、资本主义的思想家们、实干家们的那种干法，是有问题的。这里他陷入了很深的纠结。正如韦伯悖论所描述的那种状态，理性精神怎么样解放了人，又怎样成为奴役人的牢笼。所有这些东西，都有一个共同的特点，就是"相信这个世界是可以如此这般地绘制、设计"的，相信人的大脑有这种能力可以构造出一个美好的世界。但是，当看到了这种理性光芒和"社会构建"的实践所带来的并非全部是"实至名归"的美好社会的时候，哈贝马斯完全明白，他必须另辟蹊径，找到自己的解说词。

法兰克福社会研究所创立之后，哈贝马斯给阿多诺当过一段时间助手。阿多诺的启蒙辩证法和美学思想也影响了哈贝马斯。阿多诺和霍克海默[1]主要反对康德哲学、黑格尔哲学中抽象的同一性，或者叫抽象的本体观。

作为德国古典哲学的集大成者，康德、黑格尔都认为存在抽象的人性，抽象的本体。康德认为这个抽象的本体是善，是真。抽象的本体中孕育着真理。阿多诺旗帜鲜明地说，本体论是虚伪的。阿多诺的美学思想即他的否定辩证法，是在如下层面展开的。

举个例子说，阿多诺认为任何艺术作品都是"对不可言说的言说"。这个思想非常深刻。在过去的批判理论里，大家总是认为论辩是可以摆在桌面上，摊开了说的。但在阿多诺这里，认为不能指望这种"摆出来"的言说。这有点像孔子

---

1 霍克海默（Max Horkheimer，1895—1973），德国第一位社会哲学教授，法兰克福学派的创始人。在20世纪30年代致力于建立一种社会批判理论，他认为马克思主义就是批判理论，提出要恢复马克思主义的批判性，对现代资本主义从哲学、社会学、经济学、心理学等方面进行多方位的研究批判。

的"知其不可，强为之"的感觉。很多艺术表达，很像宋代大诗人陆游讲的"功夫在诗外"一样。

很多艺术的语言，艺术的表达其实都是在诗外的。有些东西是不可言说的，作者抽身而逃，是一种隐藏很深的潜台词，是一种逃逸。阿多诺说，很伟大的艺术品是对"尚未存在"的东西的把握。这个"尚未存在"也有很丰富的含义。或者是你没有意识到它存在；或者是你意识到了，但表达不出来，憋得慌；或者你说出来了，却词不达意。所谓"书不尽言，言不尽意"。你试图表达的过程中，你发现它像泥鳅一样滑，难以手拿把攥地把握得住。艺术作品就像海德格尔讲的那样，真的是一种"死亡"。当一种颜料在画布上着色的时候，这种颜料就已经死亡了。

艺术家对死亡是很敏感的。如果他试图用无奈的"死"去表达向往的"生"，他应该怎么做呢？难道能听命于所谓理性的召唤，听命于工具、透视、材料匠人的点点画画，是这样吗？一定不是。艺术家在这种左右为难、上下忐忑的境况中，时常会陷入把持和崩溃的边缘。他们貌似夸张、扭曲的手法，无视透视法则、色彩规律，恣意挥洒的色块和线条，并非有意为之，而是忘我的倾诉。以我等俗人之眼看，你或可说他是故意这样的；但我相信，即便他是故意的，这种"故意"也并不是"理性的故意"。我有一位艺术家朋友，跟我讲他的绘画、书法体验。某日，在他一气呵成写了六十多幅字之后，大汗淋漓，之后竟大病一场。他的这种表达，不是理性的故意，他其实在跟理性激烈地抗争。

前面简单介绍了阿伦特、哈贝马斯的观点，以及他们的思想渊源。下面我们看哈贝马斯这部重要的著作《公共领域的结构转型》里面，有些什么关键词。哈贝马斯的公共领域有三个条件，一个叫作"公共性"。公共性也不是他的发明，是黑格尔的术语。公共性说的是一种共通性，也就是我们说的"人心都是相通的"。这种共通性在物理学上叫"可达性"。共通性这个词显得有点笼统，借助可达性这个词，你就会看到细微的差别了。牛顿力学里讲可达性的时候，要叮嘱一句话："可达"与"可入"不能画等号。即可达性不等于可入性。两个物体可以无限接近，彼此无限接近地"可达"，但彼此是相互独立的，而不是"你中有我，我中有你"的。那么，我们需要问的是："不可入的可达"是真正的可达吗？共通性实际上是一个假设，源于笛卡尔对主客两分之后的推论，即"主体同一"。两个彼此不同的主体，他们的主体性是相同的，是可以相通的。有了共通性，才有了所谓的公共性，说白了就是作为人的共性。公共空间或者公共领域里，一个"公"一个"共"，这两个字眼我觉得以后恐怕要重新诠释。公，表达的是公域，是与隶属于个体的私域相对立的。共，则指相通性之下"共有"的含义。但是，在批判的眼光看来，公与共，可能都不是很容易界定清楚的，即很难说发现一个抽象的、绝对的"底色"那样的东西（一个领域或者一种特质），是可以指称为所有人的"公共属性"的。

第二个，哈贝马斯认为需要有一种表达机制。媒介在里面起很重要的作用。在哈贝马斯眼里，报刊就是公共领域构建最重要的机制。顺便说，现代媒介从业者们，特别喜欢哈贝马斯，就是冲这句话来的。甚至有学者说，哈贝马斯给媒介政治学、媒介公共领域构建提供了强大的理论支持。第三个，叫作公共舆论。

那么，什么是公共领域呢？哈贝马斯的说法是："公共领域是由私人集合而成的、介于国家和社会之间的形成公众舆论的场所，它以公众舆论为媒介对国家和社会需要进行调节。公共领域最初曾被用来反对专制王权，其后一直被用来对国家行为进行民主化的控制。"他讲的跟阿伦特所说的，与私人领域相对的公共领域有所不同。哈贝马斯所说的公共领域介乎国家和社会之间。国家在这边代表一种权力意志，代表一种政治学；社会更多的是代表一种经济学，代表一种生产关系。公共领域在这里则代表公共舆论，一种媒介的力量。

现在人们在世俗意义上思考公共领域的时候，国家、社会和公共领域的关系往往是这样的：国家和社会是一种二元结构，在考虑公共领域之后变成了一个三元结构。六七十年代有一些学者用"第三部门"这个词，来解释处于社会、国家二元结构之外的制衡力量。其实这个概念，就是从哈贝马斯的国家社会两分法来的。国家叫第一部门，社会经济叫第二部门，用互联网的语言说，一个是 .gov，一个是 .com，第三部门则是 .org。也有叫作"非营利组织"（NPO）、"非政府组织"（NGO）的。当然，NPO、NGO 与第三部门、公共空间，严格说也还是有差异的，大家可参考相应的书籍。总之，这个第三部门就是一种权力的制衡机制。我说世俗的意思，就是它承认这是一种权力，也是一种结构运作的方式。所以公共领域的三个条件转化成现在的话语，就是大家喜欢哈贝马斯的理由：因为他在理论上给出了一个解释。

哈贝马斯的《公共空间的结构转型》，前半部阐述资本主义公共空间的兴起，后半部解说公共空间的衰落。他认为这是由于"国家的社会化"和"社会的国家化"导致的，这个理论很多人也是认可的。

什么叫国家的社会化呢？就是福利资本主义。那什么是社会的国家化呢？就是垄断资本主义。福利资本主义就变成了国家大包大揽，大政府、小社会。社会的国家化，导致垄断资本主义权势远远超过了国家的力量，跨国资本的流动、全球化，导致社会经济领域里边有少数垄断势力在急剧膨胀。这两种情况下，都导致对公共领域的侵蚀。哈贝马斯认为，国家和社会的这种"互动"，破坏了国家社会的平衡状态，所以公共领域就衰落了。

事实上，我们从思想层面来看，国家与社会的互动、垄断资本主义的兴盛，其实也体现了科学主义和人文精神的背离。这也可以看作公共领域衰落的一个重要特征。换句话说，叫作"科学家向工程师让位"。过去那些带有思辨色彩的、综合的、跨学科的那些思想家、学者的光环，被那些设计机器的、生产大型机器的工程师夺去。

关于公共领域的衰落，哈贝马斯有这样的评价。一个他归结于媒介的工业化；另一个他认为是批评精神的丧失。在哈贝马斯看来，媒介虽然是一支很重要的力量，但是"媒介工业化"之后，伴随着消费社会的兴起，媒介的职能越来越沾上铜臭味以后，媒介自身也丧失了肩负公共领域构建的职能。批评功能的丧失，就不光是媒介的批评功能丧失了，哈贝马斯认为，大众文化中的批评功能也在丧失。

4　理论的逃逸

公共领域的衰落，导致出现了一种"逃逸"。不光是理论的逃逸，还包括实践的逃逸。其实，很多理论在存在主义哲学之后，就变成了一种理论的逃逸。看社会学、历史学和思想的发展史的时候，人们总会冥冥之中有一个很朴素的想法，就是认为后来的人比前面的人聪明，后来的人继承与发展了前人的成就，修正了前人的谬误。我们时常会有这么一种念头一闪而过。这种念头，其实是"线性史观"。也就是说，假设了历史就是这样直线式发展的，历史是有方向的，前进、进步是历史的必然。所以说，当尼采发现自由意志，海德格尔发现"此在"的重要性，胡塞尔看到直觉、当下、现象的魔力的时候，笛卡尔、康德、黑格尔的哲学的确显得丑陋不堪。那种装腔作势的宏大叙事，的确让人感到味同嚼蜡。

但是，现象学的眼睛固然可以痴迷"存在"，可也没有必要对宏大叙事一脚踩翻在地，挂大牌子游街。要批判它，甚而否定它，但还是要承认它的合理内核，承认它的历史价值，甚至要允许它继续存在，而不是将其驱逐出思想的殿堂。

遗憾的是，后现代之后、现象学之后，理论是逃逸的。对理论问题，对本质问题，对本真问题，对本体问题，理论是不敢正视的，不敢面对的。好像面对太阳的光芒一样，非常刺目耀眼，令人不敢直视。但是我们说，人类思考本真问题、本体问题和本源的、本质的这些问题，已经有几千年的历史了。就算按照胡塞尔讲"悬置"、"本质直观"这样的话，告诉你把那些"终极拷问"、"本源关切"打包起来，挂在你的横梁上，回归到现象层来，这种对终极问题的思虑，它就永远不发声了吗？显然不是，不可能。所以我们说，存在主义之后存在着理论的逃逸。

存在主义、结构主义，乃至繁育而成的后现代思潮，拒绝标签化的语言，不站队、不立门派、不搞山头。纯粹的后现代者，为了与其批判的锋芒一致，往往拒绝承认任何"主义"的标签。但是，这样其实也给他自己，也给我们造成思考的屏障。这个屏障就是"建设性缺失"。一旦你要建设性，你就必得构建某种基石、体系、假说、原则，你就落入他自己唾弃、批判的窠臼。这有点像"理发师悖论"了，是不是？后现代者宣称的口号，颇像1968年法国"5月风暴"的一句铿锵有力的口号：禁止一切禁止！后现代的很多话语策略，是自指的、悖谬的、反讽的。这其实是一种理论的屏障。哥德尔之后，思想界为哥德尔的深邃洞见、精致表达所折服。悖论，这个以往被当作噪音、杂音、干扰、污染，总是力图驱逐的东西，原来就这么大喇喇地摆在我们面前——更要命的是，我们尚未准备好安置它的思想座椅，你是总会面临"一安就错"的禅机窘境。

要突破这个屏障，就不能在传统我们熟知的话语体系上打补丁。但那样没用。后面我会讲，我认为打破僵局只有一个机会，就是互联网。

刚才谈了理论的逃逸。这的确是未来的思想家们、理论家们必须面对的问题。那么实践的逃逸，在哪里体现呢？就是那些与主流保持距离拒绝标签的后现代主义，比如拉康、德里达、福柯等人。他们从来不认为自己是某个主义，小心翼翼地与一切"格式化语言"撇清关系。他们洁身自好，沉醉于批判的快感之中。他们愿意沉醉于自己的自我表达，乐于构建、打磨、把玩与呵护自身后现代话语的"纯洁性"和"一致性"。他们无法面对构建一个自己曾经批判过的"宏大叙事"的可能。消解中心、消解权力、消解意义，使得任何试图重构中心、重构权力、重构意义的图谋，都变成"自反"的悖谬。他们指认出"不可言说之说"，但此刻，他们已经无法言说；他们指认出牢笼和藩篱，一旦他们张嘴，他们就会掉入自己的陷阱。

这是一个非常纠结的两难状态。理论和实践的双重逃逸，为后世学人和后来者们，无形中制造了一个难以名状的玻璃天花板。

其实，这就是我们探讨互联网背景下的公共领域的一个初始条件。

我们需要静心感受互联网在公共领域构建上，到底面临何种挑战，有什么特点。我们现在已经拥有了很多直观的材料，比如恶搞、拼贴、反讽、人肉、卖萌，很多新媒体事件都能展示出公共空间里正发生着什么。但是这些直观的材料，同时可能会让你无法打开自己的思想空间。因为你一旦萌生思考的冲动，你就已经掉在庐山中了。你所看到的东西，比如参与、互动、自我表达啊，还有虚拟空间、海量数据啊，等等。你可能觉得，OK了，万事俱备，只欠东风。只要谁挥挥手，公共领域就可以水到渠成。就差给这个空间一个"命名"了。

但是，我觉得这里头潜藏了很大的问题，即这个公共领域的"构建"，将会是工程师的风格，工业主义的逻辑，还是互联网的风格，自组织的涌现？用工程师的观点来看，建构就是勘测、度量、设计、施工，是确定性的过程。建构，就是一定能把它造出来，一定可以顶层设计。

计算机工程界流传一句朴素的话，就像尼葛洛庞帝在《数字化生存》里所讲，"预测未来的最好办法，就是把它造出来"。他们倒是货真价实、不打折扣的行动主义。但是，这种行动跟阿伦特讲的"行动"根本不在一个层面上。工程师的公共空间的构建，其实更像哈贝马斯说的公共领域。第三部门，或者叫公共部门，或者叫NGO、NPO。那个已经在实践中做过了。这种哈贝马斯式的公共空间，它背后是有信条的。这个信条是什么呢？

第一个信条，就是它会潜在地假设，这样的格局（即哈贝马斯说的公共空间）是好的；第二个，是认为这个领域要"理性地"构建；第三个，即认为这是普适的善。如同康德哲学，理性主义最终要在真、善、美之间找到非常贴合的啮合关系，让三者之间相互印证，从而为理性的合法性背书。好的，就是对的，最终也一定是理性的。所以说，在互联网背景下，到底如何"构建"公共领域？能否全然依靠哈贝马斯所说的理性、沉思？是不是能如此地奏效？这还真是个值得深思的问题。

互联网目前给我们提供了三个思考的维度：技术维度，媒介维度，制度维度（这个制度不是政治制度，而是指产业制度）。但目前看这三个维度，对于互联网背景下的公共领域构建是不是足够了？我的观点是，差远了。极有可能的倒是，我们在互联网眼花缭乱的催促之下，你只会听到机器的轰鸣声，就像中世纪的神甫听到钟声一样。互联网的号角在华尔街听得到，在风险投资家那里更听得到。因为太多人想要把自己的梦想寄托在一个 big bang（大爆炸）的重大转折上，希望用神奇的互联网魔法，在极短的时间里，完成洛克菲勒、福特、摩根家族上百年的创富梦想——假若互联网只是这样子寄托人们的梦想，那么构建公共空间的希望是渺茫的。

前面我跟大家讲过，互联世界将会迎来全新的"物种"，这个新物种会降低作为主体的人的位次，提升作为关系和群体的、复数的人的位次。在人的膨胀的主体性（或者叫自我中心主义）没有降格之前，需要警惕互联网可能会让一些人、一些机构误认为自己变成了呼风唤雨的巨人。互联网界有这么一些商业巨人，他会认为掌握了 500 万、5,000 万账户，或者他每天的交易额是数十个亿，他就会觉得自己太伟大了。这个时候他对问题的思考，已经没有坐标系了。对他来讲，什么是 business（业务，商业，生意）呢？business 的含义，除了两眼放光地看着让这个机器转得越来越快之外，他再也不会有内心的宁静。

真正理解互联网思想的人，他一定要"反向"去做。"反向"是什么意思呢？如果工业时代的思维特征是"自我中心"、"由内向外"的话，信息时代的思维特征则是"关系中心"、"由外向内"。关系中心，即关注他者的存在；由外向内，即从关注外物到关注内心。不过，这种"关注"不是居高临下地俯视，不是看见另外一个人匍匐在你面前。要想发现一个跟你比肩而立的"他者"，其实对人而言是一个很大的考验。"他者"这个哲学命题这么多年来并没有解决得很好。跳过哈贝马斯，你会更喜欢阿伦特的那个抽象的、朴素的公共领域，虽然她的公共领域在现实中也许玩不转。

公共领域本质上是一种"无"。公共领域其实无法承受其他两个领域（私人领域和社会领域）的挤压。在公共领域里真的不可能有太多的东西，让你"指望"

它什么。如果公共领域太饱满、太多、太耀眼，那就好比一句话：不怕贼偷只怕贼惦记了。其他的两个领域，会把公共领域作为寻租的场所—盗而空。那些以抽象的公众的名义，以人民的名义，以大多数消费者的名义，做出的欺世盗名、浑水摸鱼、尔虞我诈的事情，在历史上还少见吗？我们乐见公共领域保持着饱满的状态，但是它的内在其实是"无"，它不以任何可以换算成利益、果报的方式存在。我觉得，这是一种非常重要的情怀。如果不是这样，任何你所看到的公共领域的建构，一定是"尘土飞扬式"的建构。

还有一个问题，就是新媒体和公共领域构建之间的关系。新媒体让我们进入了触觉时代。这个要感谢乔布斯。触觉感知和以往通过视觉、听觉的感知很大的不同就是：触觉是非线性的，你能真实地感受到非线性。你要知道，这真的是一个伟大的进步。传统媒介之所以受到互联网、新媒体的巨大冲击，就是因为过去的广播电视、报纸、新闻稿，它是线性叙事。线性叙事的法则，就是"先说后听"。但是触觉叙事是可以边"摸"边看的，它可以同时进行。这种媒介内容生产与消费的"并置性"、"同时性"，是新媒体非常核心的特点。但是我们看到现在很多传统媒体机构在忙不迭地干什么呢？他们试图在"触摸"的动作中，塞入更多的线性文本，填鸭式的传播。他们依然以为，"送"出去越多的内容，自己的控制权、主导权就越牢靠——这已经错了。

《南方周末》2008年，有一篇梁文道、莫之许[1]之间，对信息时代的争论。梁文道的观点属于保守派，他担心新媒体会产生越来越多的声音，但这些声音其实是越来越多的自言自语。大家彼此越来越疏离，所以梁文道认为未来很可怕，会产生自我封闭的孤岛。莫之许认为恰好相反。虽然表面上看是一个一个的孤

---

1 梁文道，1970年生于中国香港，少年长于中国台湾，毕业于香港中文大学哲学系。1988年开始撰写艺评、文化及时事评论，并曾参与各种类型的文化及社会活动。现为凤凰卫视《开卷八分钟》主持人，凤凰卫视评论员，中国内地、中国香港及马来西亚多家报纸杂志专栏作家。莫之许，1969年生于四川乐山，原名赵晖，知名独立学者，1990年毕业于厦门大学，曾任《战略与管理》杂志编辑、《华夏时报》评论部主任。后为独立图书策划人，策划出版《非常道》、《哈耶克传》、《我反对》、《美国草根政治日记》等图书。

岛、社群，但其实更多的资讯、更多的交互，会引导人们自由穿行在不同的孤岛之间。借助这个事例，我想说的是，即便这反映了某种焦虑，也是一种初级的焦虑。因为他们两位仍然在使用着朴素的、还停留在工业时代的话语在论辩。

他们在为那个工业时代的理性留下空间。这是一个很重要的问题。他们的争论提出了这样一个问题，就是有没有所谓的集体理性呢？也就是哈贝马斯说的这个"共通感"，或者海德格尔说的这个"觉悟"？觉悟这个词，在修道的过程中往往指个人的觉知，它是私人的，不关涉他人的行为。那么，有没有所谓"集体的觉悟"呢？要是有集体觉悟的话，是不是会有赖于一个"场"——比如思想的、非言说的"场"呢？有没有"觉悟场"这种东西，我今天面对大家，觉得很难说。这是个不可言说的问题；但我会满心期待有这个所谓集体的觉悟场的存在。如果没有集体的觉悟，或者共在的状态，这种集体的理性就没有立足之地。如果连这个都没有的话，那么公共空间会是一个什么样的版本呢？但是，我旋即会担忧，这个"觉悟场"的存在，或许会成为另一个攀附权贵的道场。

不管怎么说，这是一个问题。互联网对公共空间的构建，是一个难得的历史机遇。但"构建"一语，并非是指我们有能力去画画图纸、顶层设计、大兴土木，就可以的。是什么，我们现在不知道。不过也没关系，孩子总是要长大的。

我们对构建公共空间会有什么样的期许呢？可能是这么几个方面。一个就是——我们知道，工业时代的大众媒介把公众变成了大众（Mass），变成了大批量生产。信息时代的新媒介怎么让它重归公众？我比较喜欢"公民社会"这个词，虽然"公民社会"还是要打个引号，因为在公共领域里，任何一个我们熟识的词语，可能都会拽个工业思维的小尾巴，都会携带它过去的味道。公民社会指的是集体共通感的"涌现"的可能，而不是某种可以塑造的标准模式。

第二个，我认为媒体的把门人规则可能被颠覆。传统社会里，记者被称作"无冕之王"，媒体被视为天道良心的载体。目击者、见证人、把门人的身份，在新媒体里需要重新思考。互联网初起之时，有一个口号叫"去中心化"。金字塔结构被指为落伍的结构，甚至是逆历史潮流的腐朽的东西。很多组织急吼吼地

"扁平化"、"下放权力"，去除中间阶层。事实证明，形式主义害死人。去中心化与驱逐威权，成为草根的狂欢。今天的互联网，现实的一面却是"再中心化"。我们前面提到的巴拉巴西的"无标度网络"，所给出的恰恰是一个存在"中心结点"，一个"权势"结点。巴拉巴西其实印证了"马太效应"，长尾定律。但是，需要注意的是，这个中央结点，它自身千万别有什么"一览众山小"的自满——水能载舟亦能覆舟。互联网并不是什么与传统一刀两断的"圣洁怪物"，千万别这么想。但互联网又的确有这种冥冥之中的神奇魔力，它可以让整个世界的"气脉"流转起来，物极必反、否极泰来，这样的思想将会转化为行动。

对媒体这个"中介"来说，互联网首先会有一个含义叫"去中介化"。媒体首先是信息的中介。"去中介化"即意味着媒介扮演的传统的信息中介，特别是信息的"物理中介"的角色将被颠覆。在印刷机时代、纸媒时代，媒体的一个使命就是把信息从这边搬到那边去。好比一个送信人、一个信使。互联网在去中心化的同时，也在去中介化。很多传统媒体的焦虑正在这里。中介性是媒介的立足之本，这一点似乎无可争辩。媒介作为一个行当，特别是作为靠发牌照才能获得合法性的特殊行当，中介的合理性，就被误以为也是靠发牌照来保证的——这一点恰恰害了媒体。发牌照，只是说你的运营合法性，但不是你的"中介合法性"。很多传统媒体没有看清楚这一点，于是就希望官方总是用牌照来设置门槛。互联网对这种做法是嘲笑的。

这种嘲笑不能说毫无道理。有牌照会有秩序，在工业版图下有他的合理性。去中介化之后，把门人规则失效了，门槛变成零了。传播学或者新闻理论，对媒介身份的认定，恐怕就不能将"中介"看作一个本质特征了。当然，媒介依然担负着传递信息的责任，但在"去中介化"趋势下，媒介不能将"中介"视为自己独特的权力。每个人都可能成为目击者、报道者，真相有赖于社会网络的长期质疑，而不是哪一个媒介观察者的断语。可以说，不管你高兴不高兴，传播是零门槛。

第三个我们来看商业化浪潮。媒介与商业机构联盟，这在现代媒介诞生之后就存在了。媒介的"二次营销"理论，就是基于与商业环境的共生关系。一次营销把内容卖给受众；二次营销把有购买力和消费欲望的受众，卖给广告主。新媒体环境下，仍然有人希望这个二次营销继续奏效，并且是以"武装到牙齿"的方式，即媒体人操弄着微博、微信、客户端等新式的媒介武器，一边更快地售卖内容，另一边更精准地售卖广告。这是媒介的未来吗？或者说，这是我们期待的，肩负公共空间构筑使命的那个媒介吗？我觉得这是很深层次的核心问题。媒介的立足之本受到挑战。我们需要问：未来媒介跟商业是何种关系？

我认为，试图回答这个问题，就需要重新审视什么是未来的商业。今天我们熟悉的商业环境，是与工业化进程相伴随的商业化。在这个大的框架下，你可以看到 GDP 主义、增长导向、创富故事、金融大亨，你也可以继续看到对确定性的迷恋，对预测、控制的无可遏制的偏好。今天的商业化已经变成了癌症。这不单是人和环境、人和自然的关系问题，人和人的关系问题，还有国家和国家的问题，群体和群体的问题，还有人和人自身的历史的问题。全球都是如此。很多拯救地球、绿色能源、救助欠发达地区的儿童的事情，最后都不得不变成一个又一个的项目，纳入到工业化的滚滚巨轮中，苟且存在。在工业化的话语依然强大的时候，探讨未来新的商业生态、商业文明，我觉得注定是贫乏的。"GDP 导向"批判，不是喊两句口号，也不是把 GDP 刷成"绿色"就能够实现的。这需要根本上的转变，当然也不是一两天就能够发生的。

什么转变呢，就是我们能不能从 GDP 导向转到"快乐经济"，转到全民总酷值？能不能从有限经济转向普遍经济[1]（巴塔耶的观点，我觉得值得系统研究）？不要去衡量全民生产总值，不要总是采取"生产和消费的两分法"思想。互联网时代最本质的经济特征，是生产者和消费者合一；生产与消费不再是相互剥离的过程，而是"同时"、"并发"的历史进程。什么是生产？什么是消费？必须看到，生产中凝结着消费，生产本身就是消费；消费中孕育着、滋生着生产，消费本身就是生产。在"产消合一"的总框架下，什么最重要呢？Happy（快乐、

---

1 ［法］乔治·巴塔耶著，汪民安译，《色情、耗费与普遍经济：乔治·巴塔耶文选》，吉林人民出版社，2003年。

幸福）最重要，玩儿 high（玩儿得尽兴）最重要。其实真正的 happy，并不需要消耗很多东西。95% 的东西是被浪费掉的，而不是被消费掉的。正如白炽灯泡一样，白炽灯 95% 的电能是被消耗掉的，而不是被用来点亮的。白炽灯是工业时代的象征。对真正的快乐和幸福来讲，95% 都与它无关，都被浪费掉了。不是消耗在这个领域（比如经济领域），就是消耗在那个领域（比如社会领域），或者消耗在某些"伪公共领域"。

公共领域的构建，我有个愿望，就是公共领域要与快乐经济结缘。公共领域的职能，已经超越了批判阶段，它并非要杀富济贫，也不要自恃正义。公共领域并不是要介入到传统工业经济的某种游戏中，扮演某个仲裁者、制衡者的角色。它需要新的游戏。这种游戏事关人、人的行为、人的关系。关于人的游戏，要重新改写、重新改版。这才是互联网对公共空间真正的颠覆。公共领域的理论支撑还是要到阿伦特那里去寻找。比如阿伦特就特别强调，公共领域的行动，与物质利益无关。

按照桑内特的观点，资产阶级公共领域的衰落，与传统媒体的侵蚀不无关系。今天的媒体新生代已经感受到了自己所肩负的双重使命，就好比一个身患绝症的人依然要拉家带口，要支撑家业一样。传统媒体就处于这样一种状态，它自己已经身患重病，但依然不得不受到商业变革的胁迫、政治对垒的绑架——更重要的是，它迫切需要自己的新生！

从这个极度痛苦的煎熬中，我们看到，公民记者、自媒体、公民新闻这些东西已经在噼里啪啦地冒泡泡，在风起云涌地展开。我觉得，这好比春风化雨一样，在不知不觉的过程中尝试着为我们找到一条此前并不存在的道路。展开的过程中我们会遭遇到很多现实的焦虑。你会遭遇到很多揪心的问题，比如你依然会问：是否存在新闻真实？新闻的价值到底是什么？但无论如何，一定要常怀"超越"之心。"超越"和"求解"是两种不同的心态。求解就是典型的工业思维，认为这道题总是可以解出来的，解不出来要不是你笨，要不就是这道题出错了。但超越思维不是这样，它是承认这道难题之所以"难"的合理性，这句话说给上小学的孩子听他就特高兴。为什么不会做？因为我不会做，所以我就先不做它，这其实是对的。"超越"就是先把它放下，搁置起来。但"放下"也不要把"题目"踹到一边去。放下的意思不是忘掉，而是悬置起来，时时念想着。

在这种处处两难、时时纠结的情况下，我们需要的是更大的画面，是远景的画面。这就是互联网对人的重塑。以上这些话，可以看作我留给各位同学的，我的自言自语。互联网一定是对人种的重新塑造，这种重生、新生、再造，并非全然褒义，也许还有贬义呢。

从根本来讲，信息的自由流动其实是很朴素的、其貌不扬的一句话。就像微博上说的一句话：转发就是力量。比如"公共领域"这个词的确不错，但是它忽略了很多难题。其中一个难题，就是无论哈贝马斯还是阿伦特，他们都没有见识过"草根的世界"。草根的世界，今天看貌不惊人，其实里面蕴含着大量前所未有的新意。

比如学生学习哲学，应该怎么学？传统教科书的办法，大概就是三条线：一条哲学史，一条哲学流派，一条哲学家及其著作。这种学习办法，得到的收获是"知识性的"，不是体验型的。那种知识与今天的世界已经不能对接了。今天的虚拟空间和公共空间出现了越来越多的哲学意味。为什么呢？因为它直接用视觉语言，用触觉、感知去触碰他人的体验，去触碰你是谁。如果赛博空间出现多个你的"版本"，这时候你会怎么办？

随着人们对触觉的开发，对体感的开发，随着传感器嵌入人的肉体，电脑和人脑的对接，我们的身体会发生很大的变化。夸张一点，比如说未来五十年内，一个生下的婴儿可以给她就像打牛痘一样，注入一些纳米芯片，或许是很自然的事情。你想学希腊史吗？打一针就好。其实很多赛博朋克的科幻作品，都在做这样的构思。这听上去荒诞，但认真看看前沿科技已经发生的那些事情，你就不会觉得那么荒诞了。

其实，不管这是否荒诞，我们需要承认，未来虚拟空间这个领域不能忽视。我们现在还是在用传统的视角在看待和使用互联网，但是将来它要变成你真正的生活场所的时候，会怎样？那时候康德和黑格尔，就只是一种思想的道具，人们还会有其他的思想的道具，那时候新的哲学思想会是什么？我觉得，公共领域的构建，真的忽略了机器进步的步伐，忽略了互联网带来的变化，也忽略了脑神经网络对社会记忆的颠覆。托夫勒曾经说，互联网是一个巨大的社会记忆体。三十年前他就预言，我们有很多记忆会交给网络，人脑的记忆体将来的分工会发生变化，人脑中80%的东西将来要清空，要让互联网承担记忆的功能。如果集体记忆发生转向的话，会是一种什么惊人的画面啊！

所以，当我们真正站在互联网和新媒体的角度下看待公共空间构建的时候，我们不能仅仅把互联网当作工具，当作物理性的。当然现在互联网的成熟度还很低。我主张说，现在的互联网还是幼年期，甚至胚胎期。今天的互联网不要看它很牛，很让我们张皇失措，但其实它还很小很小。这其实还只是互联网的史前史。它需要经历艰难的"解毒"过程。解什么"毒"，就是解工业化之毒。说到这里，大家可能会以为互联网与工业化是势不两立的。不是这么简单。互联网脱胎于工业文明，一定继承了工业时代的特质，比如对速度的热衷。但互联网一定有它独特的、反叛工业文明的思想基础，比如拒绝确定性、拥抱复杂性，因为复杂性才是孕育生命的土壤。

我们的下半身其实还浸泡在传统文化的"溶液"里边。传统的理性思维、科学精神、历史的进步论，这些术语都需要打上引号。但是，"批判"一语的含义需要更新。批判并非驱逐，更不是替代。利奥塔反对"宏大叙事"，德里达消解"意义"，福柯颠覆"权力"，他们都对建构一语保持缄默。他们担心一旦建构，便成为新的宏大叙事，新的、僵化的意义和权力。这说明后现代者对现代性的批判固然深刻，但对现代之后可能是什么一无所知。现代之后，我们迎来的互联网，也许会给宏大叙事留下地盘——给宏大叙事留下地盘，本身并不错——关键要看留下什么样的地盘。如果对这个问题没有很好的反思，或者反思没有变成集体记忆的话，宏大叙事早晚会卷土重来。

这个时候，我们需要警惕对宏大叙事的批判，并不是把它扔到历史的垃圾堆。互联网本质是一个快乐的世界，快乐的特点就一个字："玩"。"玩"不是玩世不恭的"玩"，"玩"就是当下的快乐，但又不是世俗的"及时行乐"。比如拿"老大哥"来说，我概括为"跟老大哥一起玩"。因为"老大哥"总会以这样或者那样的方式出来，这里不能用"纯净水"思维。所谓"宏大叙事"的要害在"宏大"而不是"叙事"。不要试图从外到内地感动自己，以为自己可以手拿把攥地掌握终极的真理，成为正义的化身，也不要试图用一种暴力去取代另一种暴力，两种暴力在实质上是一样的。所以需要跟"老大哥"一起玩，陪"老大哥"一起玩。这才是互联网的公共精神。它不是把某些东西藏在自己背后，然后去攫取资源、攫取权力，为自己背后的那点东西忙活。这些问题不解决，我们就依然生活在工业时代的延长线上。

最后，对于哈贝马斯和阿伦特，我还想说两个评注。

一个是哈贝马斯和阿伦特公共领域的差异。我认为一个叫女性哲学，一个叫男性哲学。阿伦特是女性哲学，哈贝马斯是男性哲学。有学者评述阿伦特，说她颠覆了几千年来男性学者们沉思的装模作样。我高度认同，就是这样的。当然我认为这种颠覆仅靠她一个人的力量是远远不够的。凯文·凯利有句话说，今天的互联网是男性的，假如有一天互联网的女性色彩更强一些的时候，这个互联网才是成熟的。我也很赞同。所以在座的各位，你们都肩负有很重要的使命。

第二个，我认为公共空间本质上是一种间性空间。通俗地说，就是公共空间本质上是一个"你中有我，我中有你"的空间。你必须承认这一点，而且要心甘情愿地承认这一点。其实过去一百年来的思想已经触摸到它了，比方说荣格的心理学，阿尼玛和阿尼姆斯的原型，本来就是雌雄同体的。这种间性思维非常重要。公共领域是一种饱满的空，而不是一种充盈的实。我非常欣赏阿伦特把它叫作一种行动的领域。行动，通过对话、通过言行来完成完全脱离物质利益狭隘视角的空间。这是一个非常好的隐喻。

下面我们需要把第二单元的内容简单小结一下：互联网的三个基石和一个困境。

互联网的第一个基石是复杂性。这个复杂性，不要从物理、数学上去理解，而要从生命的意义去理解。生命是结构的、演化的、共生的，要从这个角度去把握它。我相信顺着这个思路会有一大批研究成果、学术论文发表。过去十年互联网领域蓬勃发展，证明了添加复杂性维度，可以大大拓展思考的空间。复杂性领域是一个交叉学科，它跟传播学、社会学、经济学、心理学、神经科学、认知科学、哲学等，都会有交叉。

第二个是社会网络。重视社会网络，特别要重视过去两百多年来，经济学和社会学关系的演变。孔德以降的社会学，基本是以经济学为基础的，即社会学的思想是建构在人的经济关系、经济利益共同体原则之上的。互联网之后，这个关系是完全倒转过来的，即经济学嵌入社会网络。任何人的行为、关系，首先是纳入一个广泛连接的社会网络中的。这是前所未有的情况。人的社会属性、社会行为，不再是经由血缘、经济这样一种传统的纽带来连接，而是纯粹的连接。可以想象，一个高度互联的社会，信息高度流动的社会，它的社会学、经济学将会怎样？我觉得这是非常值得深入研究的大问题。

第三个是公共领域。其实，西方上世纪七十年代以来，第三部门、NGO/NPO已经开始了大量的实践。国内在十多年前也已经有了相关领域的研究和实践。但这些貌似公共领域的实践，如果放在互联网和新媒体的背景下来看，多少显得不足。大家知道，中国周易的体系博大精深。周易有三个表征：一个叫作"数"，一个叫作"象"，一个叫"意"。"数"是表象，是物理世界，就是阴阳五行配合的关系。"象"是寓意。比方说阴阳五行对应在天气、季节上、对应到一个人的运程变迁。"意"是意义，是最后想要传达的信息。中国把这三个层次的关系说得很清楚，叫"得意忘形"。就是说，"得意"之后，不要执着于"形"。"得意"不是得意洋洋的那个得意，得意就是抓住了那个东西。忘形、忘言，不是说努力去忘掉，而是提醒你，这时候你再表达，已经是多余的了。国外公共领域的理论和实践，往往是执着于"有"的，但这个有不是大有，而是小有。大有，几近于无。公共领域的氛围、玩法，很多难以用西方的方式去摹状，这个得用东方的话语。用波兰尼的话说，我们正是因为寓居其中，所以我们才必然有一些难以名状的东西，存在于知识谱系、观念的深处。

我们思考互联网，需要拓展自己的思维坐标。互联网将来会迎来新的"泛在网"[1]状态的哲学。这时候，假如还要勉强用传统术语的话，我想问：什么是存在？谁在存在？在哪里？等等。存在的形态、特征，人在互联网中的位置，或者人群，复数的人在互联网中的位置，意义是怎么诞生的，意义感又是怎么传达的？当我们再看互联网的时候，我们不能只看到比特的流动，符号的流动，关系的流动。我们需要看到的是意义的流动，或者说流动中的意义。"意义的流动"被传统的工业社会缩编在私人领域和社会领域这两个领域里进行，或者缩编在国家权力意志的系统世界和经济社会的日常生活世界里进行。它并没有在一种交互的，人与人之间的，关心、照顾到他者存在的一种公共舆论的环境下存在。这就是我们今天互联网面临的困境。

1　泛在网，又称 U 网络，源于拉丁语的 Ubiquitous，是指无所不在的网络。最早提出 U 战略的日韩给出的定义是：无所不在的网络社会将是由智能网络、最先进的计算技术以及其他领先的数字技术基础设施武装而成的技术社会形态。根据这样的构想，U 网络将以"无所不在"、"无所不包"、"无所不能"为基本特征，帮助人类实现"4A"化通信，即在任何时间（anytime）、任何地点（anywhere）、任何人（anyone）、任何物（anything）都能顺畅地通信。

第九讲

互联网与新媒体观察

这一讲，我们主要讨论互联网与新媒体转型。安排两次课的内容，一次谈"战略方向"、"战略路径"；下一次课主要谈策略和行动。"战略"和"策略"是有区别的。"战略"是司令官干的事情，"策略"就是营长、连长、排长，在前沿打仗的人需要掌握的事情。"战略"问题有两个：方向和路径，即目标在哪里，路径是什么？战略问题要讲大格局，关心未来的发展趋势，关心暗流涌动的事情。

在开始之前，还是需要简单回顾一下第二单元的内容：互联网与复杂性、社会网络分析和公共领域。这三件事情我把它归纳为互联网思想的三个基石，从三个不同的角度来说明互联网的丰富性、多样性和内涵。

互联网与复杂性总结为两条：第一是要拥抱不确定性。凯文·凯利的《科技想要什么》这本书非常好，推荐大家去读。不确定性在凯文·凯利的《科技想要什么》和《失控》上表达的还是有点差别。《失控》里面更多地是从一些相对孤立的案例，比方说生物圈、热力学等角度，《科技想要什么》是从科技发展史这个角度来看，里面有很多材料，时间跨度很大，超越了几百年工业史，甚至几千年文明史。第二个是作为生命体的互联网。互联网本身是有生命的，要把互联网看成"活"的。这里有很多概念，比较理科化，大家还是要费些力气去理解、消化，比如自组织、非线性、相变、临界点、多样性、共生、共生演化，这些都是互联网复杂性里边比较重要的概念。

第二个我们讲的是社会网络分析，主要是想让大家理解社会网络分析颠覆了过去社会学跟经济学、政治学相剥离的倾向，出现了社会学、经济学、政治学嵌入到社会网络的过程。用格兰诺维特的语言说，社会网络纠正了"过度的社会化"和"低度的社会化"。"过度的社会化"比方说团体动力学、社会学，跟过去的心理学走得更近，但是自然科学方法用得比较少；"低度的社会化"就是指那些调查统计方法的滥觞。调查统计方法把人抽象出来，人失去了个性，成为无面孔的人。在这种情况下，在上世纪的三十年代、四十年代开始，逐渐有社会学的"中型理论"，侧重从结构、行为、场势、位置的相互影响入手，研究社会网络的演化动力学。这一进路是颇有启发性的，传播学也应如此，应纳入到社会网络的框架下去思考，这个很重要。

第三个就是公共领域的思想。公共领域思想是传播学、政治学、社会学与互联网的一个交叉地带，也是一个非常重要的地带。如果说未来会发生什么重大的社会变局的话，"公共领域的构建"一定是相当重要的、重量级的一个历史进程。公共领域之所以重要，有两点原因。第一是传统的工业社会所发育的公共领域，按照哈贝马斯的观点，已经经历了一次衰落，也就是说传统的公共领域已经变成了权力的附庸、势力集团的附庸，变成了寻租的场地，传统的公共领域甚至只是华丽的伪装。第二，传统的公共领域用戈夫曼的"表演论"来说，那就是个表演的道场，什么东西都可以视为表演。当然，这些思想是有穿透力的，因为它看到了在这个社会的公共空间中，演员和观众是同台演出的。但是，这个思想对互联网背景下新的公共领域的构建，显然是不够的。在传统公共领域里，我们看到太多的理性的、男性的痕迹。他者的存在，彼此的关爱和呵护是非常少的。大家似乎只是在方便的时候想得起来，这是一个公共空间，不方便的时候就完全围绕"私欲"、"权力欲"去展开。

把第三个公共领域和第一个复杂性相对照，你会发现一个相当有趣的现象：在探讨复杂性的过程中，我们认识到工业时代相信确定性的世界，他们即便讨论复杂性，内心深处惦记着的，依然是确定性。在工业思维的复杂性中，噪音是被屏蔽在外的，人们其实都喜欢漂亮的曲线、光滑的曲线、连续的曲线，那些噪音、毛刺、尖峰都是被屏蔽在系统之外的，这些东西进而被我们认为是坏的，是干扰、扰动。这是"伪复杂性"。真正的复杂性思想不这么看。它认为不确定性、不可预见性就是这个世界本质的一部分（假如借用"本质"这个词的话）。在未来互联网下的公共领域思想，显然也需要作如是观。

这是什么意思呢？就是传统的公共领域其实是"outdoor"（在外面）的，只是某种便利的说法，而不是内心的东西。就跟我们看待噪音的态度一样。工业社会的公共领域，其实是把公共精神排除在外的。或者我们不妨说得刻薄一点，公共精神其实就是一个借口，也就是公共精神是被权势集团强暴的、绑架的，是政客的一种说辞或者商业的一种手段。

这意味着什么呢？真正支撑起公共精神的，无论是理念、方法，今天还不能登上这个为传统思维所占据的思想殿堂。那怎么办呢？这时候你就要考虑到社会网络意味着什么？社会网络已经成为社会的底层结构，好比水电煤气航空高速，已经成为现代社会的基础设施一样，社会网络（甚至未来的脑神经网络）已经是基础设施了。虽然，今天的社会网络分析方法，还停留在建模、拟合、测算、趋势分析的阶段，还只是关心了所谓网络结构和动力学的关系，只是关心了类似几何学的点、线、面、体。用一句话来说，今天的社会网络分析是没有温度、没有生命的。未来的社会网络分析，是相对有温度的网络，所谓"有温度"，就是这里面多少夹杂了情感，夹杂了人际互动、人机交互中的复杂要素。

如此说来，当社会网络分析试图用昨天的数学表达式，表达出点和连线的关系、演化的时候，灵性的东西是被剔除在外的。所以说，复杂性要求用"活"的眼光看世界，与社会网络希望一个有温度、有生命的网络世界，公共空间希望真正进入人的内心，这些都最终围绕互联网的灵性复归。复杂性、社会网络分析、公共领域构建，这三件事情之所以是互联网思想的基石，其实是在向你招手，它希望你不要把它看"死"了，它希望能充满灵性地与你共在。它也并不是原地踏步，它还要继续往前走。所以我说，这三个领域的研究现在还处于初级阶段。这么看的话，你就知道今天的互联网真的处于胚胎期、幼儿期。这孩子还正在努力地发育之中，离成熟，还早着呢。

1 热身问题

下面我们讲第三单元，第三个单元之前我有两个热身问题：第一个问题接着刚才的话茬，叫"空杯心态"。思考战略问题，最大的纠结就在于"错把战术当战略"。当一个"急所"出现的时候，就不是战略问题了——打个比方，马晓春、李昌镐这些围棋高手，当他们真正坐在棋盘面前对弈的时候，具体的某个棋局，就已经不是战略问题了，这只是一次搏杀。"战略"跟"战术"的区别在哪里呢？在于"战术思考"往往想的是应该怎么打、在哪里打，"战略思考"往往思考的是该不该打、和谁打。

二战的时候，有一个《苏德互不侵犯条约》[1]，就是个战略条约。其实苏德双方都是为了获得腾挪的空间。德国人不愿意两边作战，所以就跟苏联议和，其实进攻苏联是早晚的事情，当然这是后话。斯大林也如此，他只要跟德国人讲好波兰问题，就不情愿直接卷入战争。所以，"战略思考"其实是在"没有"的地方

---

1 《苏德互不侵犯条约》（英文：Molotov-Ribbentrop Pact，又称苏德条约、莫洛托夫–里宾特洛甫条约或希特勒–斯大林条约），是1939年8月23日苏联与纳粹德国在莫斯科签订的一份秘密协议。苏方代表为莫洛托夫，德方代表为里宾特洛甫。该条约划分了苏德双方在东欧地区的势力范围。而斯大林为了保护苏联的安全及利益，决定放弃与英、法共同对抗纳粹德国，反而与之保持表面上的友好关系，以争取时间及空间应对纳粹德国在日后可能进行的军事行动。另一方面，希特勒为了执行1939年4月3日制定的闪击波兰的"白色方案"，避免过早地与苏联发生冲突，陷入两线作战的困难境地，所以也愿意与苏联签订非战条约。

感受到"有"。

那到底战略是什么呢？我们说，战略问题其实就是想解决一个问题：你存在的理由是什么？公司想成为什么？这就是战略。要想达到战略，或者战略共识，需要的并非只是单一层面的共识，它有多个层级。2005年诺贝尔经济学奖获得者，一个叫奥曼，一个叫谢林[1]。他们的研究是关于博弈论的。他们指出了诸多社会互动现象，都可以看作包含了共同利益或者利益冲突的非合作博弈，博弈均衡的取得，有赖于博弈各方如何达成共识，以及共识是什么。博弈均衡，大家知道是博弈论应用在经济学中的一个标准概念，说的是博弈双方根据彼此的偏好、策略所达成的某种稳定结构。我们举个例子。

骑自行车的时候，我们每个人都有基本的行为准则，第一不要撞人，第二不要被人撞，这个道理你学会骑车子的时候就懂了。但是，知道"不要撞人和不要被人撞"，只是第一层级的知识。这个层级的知识是显性的，是通过交通规则的教育，通过撞了人会疼的生活体验，通过爸爸妈妈的叮嘱，来得到的。我们要问的是，彼此有第一层级的知识，是不是能避免相撞？经验告诉你，不可能。因为缺乏第二层级的知识，或者说共识。

第二层级的知识是什么呢？就是你对对方，和对方对你的相互了解。你不知道他骑车的习惯，也不知道他是否真正理解交通规则，以及他如何使用规则。所以才会出现当你往这边躲的时候，他正好也往这边躲。我们经常会因为误会而撞车，其实大家心里都是要躲，并不是要撞。总之，第二层级的知识，就是指这些彼此交互的背景知识。这些背景知识有一个共同点，就是关于你的既往记录所能显示出来你的口味和偏好。你经常是用左手干什么，右手干什么；楼道里走路，你是贴墙根走呢还是踩中线走？这个跟人的性情、习惯、环境等有关。但是，假设彼此都有了第二层级的知识，就可以避免撞车了吗？还不一定，因为还有第三

1　奥曼（Robert John Aumann，1930—　　），美国和以色列（双重国籍）经济学家，因为"通过博弈论分析改进了我们对冲突和合作的理解"与谢林（Thomas Crombie Schelling，1921—　　）共同获得2005年诺贝尔经济学奖。

层级的知识。

第三层级的知识，是关于第一、第二层级知识的一个"回声"（Echo），即彼此是否真切地了解，对方所了解的自己？用绕口令式的语言说，是这样的：我知道你知道交通规则，你也知道我知道交通规则，这只是第二层级，这叫关联背景知识；我知道你知道我知道什么，这意味着你对我的认知，是我的认知集合的子集；同理，你也知道我知道你知道什么，这是第三层级的知识。大家会立刻领悟到，这其实是一个无穷倒退。更高层级的知识，只是对更低层级知识的某种"回声"，这个回声虽然弱小，但足以使彼此关于对方的认知，出现某种"盲点"。这个跟战略问题有什么关系呢？就是你要理解，战略问题往往需要靠一点大智慧，去弥补这个"回声之洞"。任何知识都会有盲区，战略洞察就是要试图看到盲区吗？错了。不是"看"到。你不可能"看"到。战略家的决定，就是要在盲区存在的情况下，依然凭借直觉做出让收益大于平均可能的那个决定。

再举个例子。体育运动员要反复训练，训练什么呢？重复枯燥的动作，表面看没什么，其实是训练出一种心智的状态。这种心智状态并非让你去领会动作要领，熟记方法步骤，而是将心智状态和肌肉记忆合为一体。所以战略问题，就是对这种心智状态的追求。空杯心态，意味着对战略问题的领悟。空杯，并不是说把杯子倒了之后，好把新的知识再装进来，那就不是空杯心态了。真正的空杯心态，好比武术大师说的：拳要虚握，握似不握。真正的搏击手懂得这个道理，比如李小龙。

第二个热身问题，我们问这么一个问题：第一株梨花什么时候开？

互联网千变万化，很多人感觉眼花缭乱，跟不上趟。这样就普遍弥散着焦虑的心态。大老板在焦虑，年轻人也在焦虑；内行人在焦虑，外行人也在焦虑。为什么呢？他怕错过了行情，被甩在了后面。他们看到的，仿佛那句古诗，"忽如一夜春风来"，一觉醒来就已经梨花遍开了。这时候总会横生许多的感叹或者哀叹，总觉得那些站立舞台中央的，带上光环的那些人真的是好运气。如果用这样的眼光去看互联网，我说你看到的永远是繁花似锦，你永远是赏花客。那么，你是否知道,第一株梨花什么时候开?

这个问题的寓意,是想告诉你,当有人问你"第一株梨花什么时候开"的时候,其实在检验你是不是个有心人。公园里的第一株梨花,也许是在16天前开的,谁知道呢?公园里的园艺师,或者看门的老头儿知道。他天天在公园里起大早遛弯,他熟悉那片梨园的每一株梨花。他知道,但赏花的人并不知道,因为没到梨花遍开的时候,赏花人是不会来的。第一株梨花开,其实开得很孤独。你要想知道第一株梨花什么时候开,你就得坚持不懈地知晓第一株梨花没有开之前的时光才行。洞悉第一株梨花,需要坚守,需要融入那片梨花园,需要在纷繁嘈杂的世界中保持宁静的心态。

许多人在面对互联网的时候,看到的大都是眼花缭乱,所以他就认为互联网就一个字,"快"。这是被动的。如果你在互联网中见到"快"的一面的同时,也能感受到"慢"的一面,即互联网与传统产业、传统文化抵牾、交锋、融合中的艰难,这时候你就有了比较敏锐的知觉,能体悟到"第一株梨花"的时刻了。

再拿读书的事情说一下。读书的时候会有很多焦虑,其中一个就是感觉该读的书太多,读不过来。如果你没有一点内心的宁静,你就会变成这样的状态:时常囫囵吞枣,累得半死,总觉得这书该看,那个书也该看,面前摆了10本书、20本书,但苦于不得要领,你就陷入到焦虑之中了。读书,快读、慢读需要兼顾,这是方法。但更重要的是,要学会反刍、咀嚼。这是慢功夫。这就意味着你需要在读的过程中,学会跳出书本,不断地梳理、不断地整理、不断地清理。渐渐地,你可以有一颗宁静的心。

说到这儿,我岔开一下话题。我觉得这个可能对你们有用。日本的车间管理是非常好的,窗明几净。除了日本人是一个爱清洁的民族之外,这里面还有别的道理。日本工厂的车间管理,流行一种方法叫5S[1]。它是5个日文单词的首字母。

1　5S 是整理(Seiri)、整顿(Seiton)、清扫(Seiso)、清洁(Seikeetsu)和素养(Shitsuke)这5个词的缩写。因为这5个词日语中罗马拼音的第一个字母都是"S",所以简称为"5S"。开展以整理、整顿、清扫、清洁和素养为内容的活动,称为"5S"活动。

第一个叫"整理"，第二个叫"整顿"，第三个叫"清扫"，第四个叫"清洁"。

什么叫"整理"呢？你们肯定都整理过东西，宿舍、书桌、衣橱什么的，一旦乱得不成样子了，你会整理。但你理解什么是"整理"吗？（同学答：归置。）对，归置归置，但只说对了一半。还有什么？整理，其实是"分类"的过程。"整理"就是通过分类，把用的和不用的分开。车间的操作台上，经常要用到很多零件、刀具、工具，干不同的活，这些零件、刀具、工具的使用频度并不都一样。你需要花一点时间，把常用的和不常用的分开。这不单是为了工作效率，而是需要养成这样提问题的习惯：什么物件是常用的？你是否有这样的习惯呢？如果你没有，就说明你的思维是平面思维，不是立体思维，你是眉毛胡子一把抓的。

"整顿"是什么意思呢？整顿就是"归位"，就是让你常用的物件触手可及。你需要时常做出决定，丢弃那些不用的东西。什么是有用的？经常问这个问题的人，脑海里一定有一个很好的"地图"，它把你工作的逻辑、方法、路线图标记得一清二楚。没有这张地图，你就总会在不同的层级上蹿下跳，很辛苦，但不得要领。

什么叫"清扫"呢？"清扫"就是打扫卫生，擦桌子，整理文件、工具。这个看上去太平常了，是不是？但里面的道理却是：一旦你发现某个东西沾满灰尘，说明你前面整理、整顿的工作没有做到位，有死角。清扫看上去是做卫生，实则在训练、调养你的心智状态。我常去讲课，发现一个普遍问题：白板笔打开就能写，是个稀罕事。很多单位的白板笔，打开是干巴的。同时也一定有很多人接触过那只干巴的白板笔，但并没有立刻扔掉。所以，清扫的含义，就是"即刻行动"，不要拖延。你会说，需要即刻行动的事情很多，我怎么安排？回想一下刚才说的整理、整顿的两个词吧，那两个词里，就蕴含着为你即刻行动所做的准备和铺垫。"清扫"的含义，就是确保没有死角，确保所有的东西都在整理、整顿的状态下。

第四个词叫"清洁"，就是"保持整洁"（keep clean）的意思。确保这种状态。怎么确保？给整理、整顿、清洁，留出必要的时间和空间。人们一说干活，眼里似乎只有"活"本身。这其实是误解。卡文迪许实验室的卢瑟福，是伟大的原子物理学家。有个小故事，说他有一次到实验室里转转，发现他的研究生在埋头干活。他就问，你每天都这样吗？学生答曰：每天都这样。学生以为老师会为他勤奋工作表扬他呢。结果老师又问：那你用什么时间来思考呢？清洁，就是要意识到，"审视自己的状态"也是工作的组成部分，甚至比工作本身还要重要。

第五个 S 是什么呢？一说大家都会恍然大悟。第五个 S 叫"素养"。前四个S 都是一些操作性的指导，这一个 S 概括了前面全部的修为。你只有洞悉这样的车间现场管理，你才是一个合格的现场工人、车间管理者。你才能从内心深处涌出踏实的认同感。你不会觉得整理、整顿是多余的事，有时间就做，忙了可以放一放；你更不会觉得，清理、清洁是做给别人看的，只是让人觉得脸上有光。你更不会把整理、整顿、清扫、清洁，看成累赘和负担，满心怨气地去做。你会在做的时候，非常愉悦地在更高的层级，在距离你的工作稍远一些的地方，审视自己的工作，检阅自己的功课。这就是素养。

讲这么长的热身问题，是希望在这一讲跟大家讨论案例的时候，大家学会从多个层次去感受、去看问题。不要只是从"学两招"的角度，从过去你们习惯的"解题思维"看待这些案例。既要看到案例本身的特点、情节、语境，也要看到前因后果。

"新华08"是2008年见诸报端的一条财经新闻的主角。这是新华社主导的一个多媒体财经资讯平台，它就是一个战略决定的产物。2006年，是中国加入世界贸易组织（WTO，以下统称 WTO）后的第五个年头。按照承诺，中国在加入WTO 之后五年，将逐步在金融服务业给出一个开放的时间表。到2006年之后，中国的金融市场和金融服务业市场要逐步向国外开放。国际三大财经服务业的巨头彭博、路透、道琼斯[1]，早就等着这一天了。我们知道，金融数据对宏观经济、

1　彭博新闻社（Bloomberg News）成立于1981年。在全球拥有约130家新闻分社和约2,000名新闻专业人员。创始人迈克尔·布隆伯格（Michael R. Bloomberg）。彭博社是全球最

产业发展、社会生活的重要性不言而喻。对一个国家来讲，金融数据和资讯服务的重要性也不言而喻。所以2006年国务院做了一个重大决定，由新华社牵头设立一个机构，这个项目被命名成"新华08"。"新华08"这个项目要干什么呢？就是要在金融资讯服务领域，建立起一支国家队，在更加宽阔的平台上与外国金融信息服务巨头共舞。

举这个例子的目的是什么呢？在我们普通人的眼里，新华社是世界五大通讯社之一，肩负着报道、传播、导向、宣传的多重使命。但在互联网的冲击下，传统媒体的生存方式、表达路径、展现手段都发生了巨大的变化。你不但传递信息，你还在生产大量的信息。尤其在移动互联网、社交网络的环境下，你每时每刻都在与受众交互信息。这时候，你就需要考虑你的战略转型该怎么做。当你每天生产、传播的资讯，达到百万、千万级的时候，传统的手段就跟不上了。比如你怎么从海量数据中快速发现有价值的信息？比如你如何有效利用网民生产的内容，来充实、补充、完善、纠正信息传播过程中的差错？再比如你如何深度挖掘数据，从中发现更深层次的关联？"新华08"就是为了应对金融信息服务的挑战应运而生的。

我举这个例子，还是因为一般我们说新媒体，往往聚焦在微博、微信、客户端，聚焦在消费者这一端。消费者这一端很重要，量级也很大，有很多的创新。但面向行业应用的新媒体转型，也需要关注。这部分内容能见度比较低，它可能不如消费端的应用"热闹"，而且还需要有一定的业务场景。在"泛媒体"时代，我们需要拓宽对媒介的理解，所以我这里会多谈一些行业应用的事情。

大的金融信息服务供应商。

路透社（Reuters）是世界前三大的多媒体新闻通讯社，提供各类新闻和金融数据，在128个国家运行。2007年5月15日，加拿大汤姆森集团和路透集团发表声明，就合并事宜达成一致。

道琼斯公司（Dow Jones & Company），创立于1882年，旗下拥有以对商业、财经领域深度分析报道著称的《华尔街日报》报系和提供实时财经报道和市场评论的道琼斯通讯社，以及知名投资刊物《巴伦》杂志等。其中，《华尔街日报》是美国历史最悠久的报纸之一，发行量全国第二，是美国乃至全球商务人士的必读。

2 格局与态势

战略问题一要看格局,二要看态势。也就是人们常说的"形势判断",古人云,远看为"势",近看为"形"。格局与态势结合起来,既有结构要义,又有演化、变迁的要义。两者结合,才可以做出完整的战略判断。

首先我们看发展格局的变化。下面讲几个背景。

第一个是"现代信息服务业"。这是2006年,"十一五"规划开局之年的一个说法。为什么要重视现代信息服务业呢?它对传统媒体提供了什么样的成长空间呢?这是一个很大的问题。我们先来看看"信息化"的历史。大约1995年、1996年开始,信息化的口号是叫得很响的。1998年成立的信息产业部,提了这样一个说法:信息化带动工业化,工业化促进信息化。这也就意味着IT产业和传统产业之间是一种共生关系:IT产业提供设备、技术,装备新的理念、方法,然后传统产业要进行转型。很多行业投入大量资金、人力,搞会计电算化、库存管理、生产自动化,上马了一大堆的开发项目。但是,在企业享受到效率提升、流程改善的同时,也有一种负面的调子在增长,国外也是如此。

1999年,麦肯锡[1]发表了一个报告,提出一个问题:IT产业对传统产业的改

---

1 麦肯锡公司是由James O'McKinsey于1926年创建的,同时他也开创了现代管理咨询的新纪元。现在麦肯锡公司已经成为全球最著名的管理咨询公司,在全球44个国家和地区开设了84间分公司或办事处。麦肯锡目前拥有9,000多名咨询人员,分别来自78个国家,均具有世界著名学府的高等学位。

造，对生产率提高的贡献，其实并不显著。麦肯锡的报告引起了轩然大波。也让人想起来1987年的诺贝尔经济学奖获得者索罗提出来的"索罗悖论[1]"。大家知道，在经济增长的过程中，技术进步是一种非常重要的生产要素，可以促进生产力的大幅提高。但是索罗发现，技术在早期有很强的推动作用，但越到晚期，似乎就是强弩之末了，对生产率的贡献就很微弱了。为什么会这样？制度经济学家认为是制度因素，即与先进生产力相伴随的生产关系需要变革，制度的发育没有跟上技术前进的步伐。

2004年，《哈佛商业评论》发表了一篇文章，尼古拉斯·卡尔写的"IT不再重要"（"IT doesn't matter"）。这篇文章又引起轩然大波，很多IT厂商对此愤愤不平，奋起反击。卡尔是拿工业时代晚期的电力、铁路来比附IT。他认为，电力和铁路已经成为工业时代的基础设施，IT将来的宿命也是如此。今后将不再有一个独立的产业叫作IT产业。变革已经步入稳定期、成熟期，IT的重要性不需要过分强调，道理很简单：今后所有的企业，都是IT企业。卡尔说的有一定道理。的确，很难想象，现在某一个企业还要成立一个电力促进中心，不需要了。我们今天成立一个信息化促进中心是必要的，但明天一定不需要，因为它已经融入行业本身了。

为什么十多年前的世纪之交，会出现这些看似"逆流"的，对IT、对互联网批评的声音？想想2000年前后纳斯达克股票市场的疯狂高涨和大跌，再看看"9·11"事件，我觉得其内在的关联就在于，它意味着传统的产业、制度，乃至文化，已经被IT技术为先导的社会变革的力量深深地撼动了。时代已经向另外一个场域切换，传统的IT产业正在向信息服务业转型，IT产业里的制造业成分将变得不那么重要。与此同时，传统的产业已经不再是传统的制造业、服务业，

1　经济学家索罗（Robert Merton Solow, 1924—　）上世纪八十年代曾说过一句立马风行起来的话："到处都能看到计算机时代，就是在生产率的统计中找不到！"这便是著名的"索罗悖论"，又称"生产率悖论"。这个悖论的含义是，理论上而言计算机的普及肯定能提高劳动生产率，然而无论在劳动生产率还是在全要素生产率统计中都找不到计算机应用对于生产率增进贡献的影子。索罗获得1987年度诺贝尔经济学奖。

它的结构也需要升级，它要向现代服务业转型。现代服务业，你可以看到大量文章、报告，我觉得其精髓正在于未来社会的生产方式、消费方式的演变。这个演变的核心，其实就是托夫勒曾经预言过的，"产消合一"。

产消合一是什么意思？简单说，我觉得是三层。第一层，生产者和消费者的身份划分，将日趋消弭。这是标准化、大规模、流水线生产的终结，是个性化生产的开启。可能你会觉得，大规模、标准化还是需要的吧——需要，但不是今天这个存在形态。消费者会在生产的前期就介入生产，消费者有能力、有途径介入生产了。第二层，是工作形态的变迁。人与组织之间的雇佣关系将转变为合作、联盟关系。我们不需要终生服务于同一个雇主。甚至今后雇主这个词也会消失。我们都是合作者。第三层，组织方式会从"他组织"转向"自组织"。没有哪个组织会追求传统的百年老店，有什么理由你成为一个百年老店呢？那是怪兽啊。

与产消合一的经济—社会形态相适应的，一定是新的产权体系、新的交易体系、新的组织形态，以及新的价值观、伦理准则和社会行为准则。那种占有式的经济假设、自私的个体假设，将让位于信息丰裕时代的合作。我坚信这一点。

在这种环境下，我们如何理解新媒体呢？理解新媒体，我们需要一些技术概念，以便与市场面的大趋势对接。比如，我们说计算模式的深刻变革，是思考新媒体变革的重要的出发点。在这个版图中，有六种力量蜂拥而至。一个叫内容提供商，一个叫设备提供商，一个叫平台服务商，一个叫网络传输商，一个叫终端制造商，最重要的还有消费者、受众。这六种力量都在移动互联网、社交网络的世界中彼此交织、相互渗透。很多风险投资者和IT领域、互联网领域的从业者，都认为机会来了，边界已经打破，无论是做轻量级游戏的、手机应用的，还是做设备、做平台运营的，都觉得遇到了难得的发展机遇。

再比如数字出版。数字出版这个概念早就有了。特别在激光照排大量应用之后，引发了印刷业、出版业的革命。这个革命并没有停下脚步，它逐渐渗透到了内容制作、发行、播出领域，进而影响到了消费领域，影响到了数字阅读。最近几年的国民阅读率调查，你可以看到，平面媒体的阅读量在下降，电视开机率在下降，传统媒介的受众在老龄化，在大量流失。很多国际传媒集团也都面临这样的挑战。雪上加霜的是，除了传统的传播机构之外，软件公司、技术公司、互联网运营商，比如腾讯、阿里、百度、谷歌、苹果、微软等，他们都声称自己也是媒介。媒介一词在泛化。IT、互联网企业都成为媒介的新物种。这就是为什么这些年电子杂志、数字视频、数字出版的玩家，基本都是新兴的互联网公司，而不是传统媒体。出版业、新闻传播业需要深刻的反思。反思的焦点并不是你是否掌握技术的主导权，反思的焦点，应该在媒体的立足之本。

传统出版业和新闻传播业，它的基本假设是：它认为自己存在的理由，有三个层面，其一，它肩负着信息中介的作用；其二，它肩负着报道真相的使命；其三，它承担着公平正义的责任。坦率说，这三点我觉得今天看，哪一条都缺乏支撑。新闻媒介出现的机遇，是信息不对称。在谷登堡的年代，少数精英掌握着知识的生产、传播、诠释的权力，大众识字率很低，阅读率也很低。识字水平、地域限制、获得成本高昂，以及缺乏足够的传播渠道，都是媒介这个行当存在的理由。更不必说，新闻机构在众多有责任感的知识分子阶层的推动下，日渐成为构建公共空间，平衡利益集团的重要力量。事实上，这种平衡机制的存在，一方面是历史的机缘，另一方面也是权力的合谋。

前面我们不是说过吗，哈贝马斯笔下公共空间的衰落，正是媒介权力与世俗权力的结盟的结果。

今天看来，媒介存在的理由已经受到了极大的挑战，甚至颠覆。首先，中介的作用大为萎缩。媒介已经不可能充当目击者、现场报道者，技术上来说，你不可能时时处处都在第一现场。既不可能也不必要。其次，媒介所谓的"事实真相"，其实是传统工业思维下的媒介理念，是确定性思维在媒介中的折射。再次，谈到社会责任的时候，恐怕更是落入利奥塔的宏大叙事的境地。你不可能占据一个道德的高地，然后对这个充分互联的世界指手画脚。

从技术上来说，互联网解放了人，让人的自由表达在充分连接的网络结构下，获得自我组织。信息是流动的，意见是流动的，意义也是流动的。主流媒体和社交媒体之间的相互渗透，带来了新闻出版业的重大变化。这个变化可以用五个方面来说明。

首先是受众和生产者的关系。这个前面说过，消费者和生产者之间的传受合一的状态。第二，是"格式"的变化，也叫作多媒体化。文本、视频、音乐、图像，都可以自如地彼此镶嵌在一起，组成"富媒体[1]"的呈现形态。请注意，这种格式的变化不要小看，它意味着你生产者的叙事方式，已经从线性叙事、完整的故事叙事，转为非线性叙事、情景叙事、视觉叙事。第三，是媒介的分发渠道发生了变化。特别是移动互联网、社交网络，使得"随身携带"、"贴身"的媒介传播成为可能。界面，已经不是传播者定义的，而是传播者与受众共同定义的，完全个性化的界面。第四，就是内容的生产方式。这里面，我们作为新闻传播业未来的从业者，你一定要理解"边生产边消费"的重要性。任何文本都是未定型的，待定的文本，开放的文本。意义不可能固化在文本中，它作为张力结构存在于生产者和消费者的交互之中。这个就是互文性、间性。最后一个，就是我们需要理解媒介机构的存在方式，以及它的生存之道。前面提到过，传统媒介的经营奥秘，在于二次营销，即把优质内容售卖给受众，然后把优质的、有购买能力的受众售卖给广告主。然而在今天的媒介营销环境中，内容、渠道、品牌、消费行为之间，很难找到清晰可辨的边界。媒介不再是售卖者，而是组织者、召集者、聚合者和导引者。虽然这一身份看上去还比较传统，但在不断流变、涨落的信息空间里，毕竟需要有一种秩序框架——但是切记，不能以为这是对媒介的某种赋权，媒介不能以此就充当某种代言人。你只是一个平台，一个承载河流的河床而已。

在这种情况下，未来的传播空间不单是要跟文本、内容打交道，它要满足各种难以确认身份、难以刻画面孔，但个性十足的人的交流的需要。未来的传播空间要跟交易、交换、交往发生重叠，交织在一起。传播空间、交易空间、交流空

1　富媒体（Rich Media），大量采用数字技术展现内容，包括多媒体（二维和三维动画、影像及声音）。

间、交往空间彼此会相互嵌入，相互渗透，这就是我们说的格局之变。

然后，我们看看态势的问题。

我们还拿信息化来举例子。从单机应用到整合应用，信息化走过了大规模建设的阶段。很多企业都有自己的计算机系统、应用软件，信息化已经成为业务的核心内容。比如银行跨行交易清算系统、电信骨干网交换系统、海关电子口岸、全国农业基础信息监测系统、淘宝、天猫的电子商务平台、腾讯 QQ 空间和微信平台、百度百科和百度搜索等。这些系统的运转，支撑了我们今天国计民生的绝大多数应用，你才可以感受到即时跨行转账的便利，感受到无处不在的通信的便利，感受到便捷的网购和游戏。今天我们说，计算已经不是问题、存储已经不是问题，带宽也不是问题，技术都不是问题了，那什么才是问题呢？信息化到了一种什么转型阶段呢？打个比方说，好比我们说大张旗鼓搞基础设施建设，盖大楼、修机场、建铁路。在基础设施相对饱和的时候，什么最重要？宜居最重要，智慧城市的含义不是盖大楼了，而是宜居。这里就有一个挑战，即信息化一定要从盖大楼式的系统建设，转向提升服务能力、运维能力的能力建设。这个能力建设，对所有的行业都适用。比如过去是垦荒，现在要育种；过去农业机械化是战斗力，多拉快跑是战斗力、生产力，今天优质优化是战斗力。能力建设是未来信息社会的核心战斗力。这就叫把握态势的变化，这是一个。

第二个态势的变化是这样的：1993 年以后，互联网的变迁可以说经历了三个阶段。这三阶段我这里概括为三个字，堆、搜、得。原来的信息是堆积，这是门户时代，即"堆"时代；十五年前进入了搜索时代，即"搜"时代；现在面临一个新的问题，叫"得"。"得"的意思就是，最终用户希望省掉一切中间环节，只要结果。你看很多人已经不去辛辛苦苦地自己找信息了，他喜欢提问题，然后直接得到社区、微博、微信好友的解答。今天我们说"得"，是说"哪里都有答案"，没有求解的过程了，时时刻刻都会有人给出你一个结果。这样跟以往对结果的态度很不一样，我们渐渐都接受版本的概念，也接受演化的概念。即任何结果都只不过是中间结果。基于此，我们学会了分享，学会把自己的"盈余"知识，也拿出来分享给需要的人，学会了与人合作来共同给出自己的答案，而不是把某个答案据为己有，藏起来、掖起来。"得"的另外一个好处，是大家随时随地都能看到结果。比方举个投票的例子。在互联网上，大家都见到过很多网上投票。网上投票有一个好处，就是随时随地大家都看得到结果。这个现象很有趣，你可以实时观测民意。有人担心会不会彼此受影响啊，一定会的。但是大家喜欢这样子的结果。本来在任何投票过程中，中间力量总是摇摆的，没关系，那就让他体验投票的飘忽不定吧，这有什么关系呢？其实，实时投票更加美妙的一点，是理论上我们随时可以就任何事情进行全民公决。这样的好处，是我们对任何事情的决策，都最大限度依靠自己的直觉，依靠群体智慧。当然，瞬时统计并非一点坏处也没有，它会给人带来紧张感、甚至压迫感。不过我相信未来的一代，他们会调适自己，面对这些挑战的。

第三个态势，可以概括为 Media 2.0。前面我们也提到了，新媒体对未来公共空间构建的重要性。在泛媒体时代，每个人都是传播者、沟通者，也是行动者。如何达成更有效的共识，就是一个非常重要的问题。我们恐怕要告别以往熟悉的线性叙事、宏大叙事、确定性思维的模板了，我们一定会进入互动的、碎片化的、充分链接的、彼此依存的叙事模式。在这种情况下，你会发现任何打算"装逼"的叙事，都成为笑话。反讽、拼贴、恶搞、混搭，是创造力的源泉，也是这个时代的特征。必须放弃两分法的思维模式，学会接纳不那么确定、不那么绝对、也不那么单一光谱式的结论。当然，老大哥也不必害怕，没有人对推翻一个老大哥感兴趣，您就搁那待着，大家跟老大哥按照新的游戏规则一起玩。未来并非是纯净水的状态，而是说可以协调众多的口味，达成"众乐乐"的欢快场面——不是大家都欢乐，而是大家都"可以"求欢乐。"可以"，不是谁许可的，是互联网赋予人的基本人权。目前虽然有大量的交互工具，但我们还处于2.0的消化期。真正到了云媒体的时代，它才可能变成2.0的状态。这时候我相信我们的很多基本思维模式会发生变化，比如我们对隐私的态度，我们对财富、合作、情感的理解，都会发生重大的变化。变化的方向，就是我们彼此的关系不再那么紧张，而是彻底地舒缓下来。我们并非致力于彼此说服对方、教化对方，因为我们不指望这个世界存在"一致同意的真理"，我们变得越来越默契，我们接受更多的"会意"，学会了"诗意地栖居"在互联网上。

3　从媒介转型看路径之变

　　传统媒体要从传统的生产方式、消费方式转到新的媒体生产与消费方式，这里面它应该走怎样的路径？我们再回顾一下历史，就拿 Web 2.0来看，它最早的萌芽是从电子公告牌（BBS，以下统称为 BBS）开始的。BBS 可以随时发布信息，开设聊天室、讨论组，网民可以自由地发表意见，彼此"对表"，进行"会意"的训练。博客、微博、微信兴起之后，内容碎片化了，时间碎片化了，注意力也碎片化了。碎片化的过程，有人感到忧虑，但更多的是逐渐的接纳、理解、并乐在其中。

　　Web 2.0的根本目的，就是解放了消费者，实现了网民的赋权。他有了自主发声的可能，他有了自己独立的风格，独立的姿态来介入到文本、内容，甚至意义的生产。Web 2.0给人们带来了怎样的新鲜体验呢？第一个是去中心化。去中心化已经不是物理上的概念，而是社会学的概念，即没有一个中心节点，是没有一个威权节点的意思。第二个是共同创作，作者、文本与读者之间的边界消失了，大家你中有我，我中有你，广泛混搭。第三个是它可以重新聚合。内容生产和消费不再是注入式的，而是聚合与消散同时存在，它是快闪式的快聚快散。很多人观察到网络有这么一个特点，来得快去得也快，于是就担忧，网络真的捉摸不定，而且没有"常性"。这是个习惯问题。沉淀、积累、下降，并不是"消失"。某些东西退出人们的视野，不是网络的过错，其实是人们固有思维观念的错觉。这只是记忆在人脑、社会记忆和网络记忆之间的重新分配。

媒介转型，我们需要抓住核心价值。那么什么是新媒体的核心价值呢？传统媒体会有这样的焦虑：它会觉得网络上大家众声喧哗，真相是什么？真理是什么？它会觉得这样众声喧哗的状态导致泥沙俱下、鱼龙混杂，真相反而变得扑朔迷离。这种对事实真相的顽固偏好，的确是人的朴素情感，我们希望脚踏在坚实的土地上。但另一方面，人对真相的认知又很容易带有自己的"光谱"，这也很难避免。在过去五年间，关于真相的求索，有两种声音：一种是积极的乐观主义，一种是消极的悲观主义，这两种声音经常处于对垒的状态。这方面我更欣赏凯文·凯利的观点：互联网提供了更多的"选择"。选择是自由的前提，既是自由表达的前提，也是自由取舍的前提。人的共通感，不是建构在纯粹理性的地基之上的。不是那么硬生生的东西，好像就在我们外面，等着我们去摘取回来。可能有人会不踏实，觉得如果没有一个一致的理性基础，那岂不天下大乱？我认为不会。在过去，相互抵牾的东西摆在我们面前的时候，我们往往被迫站队，这其实不是选择，而是被选择。接纳悖谬，欣赏悖谬，宽容悖谬，是每个人内心深处需要的心智的训练。

回到现实的层面，现在有很多传媒机构热衷建立新的营销界面，比如微博、微信、客户端，一个都不能少。这固然有其存在价值，但这并非新媒体的根本。今天我们看到的无论是苹果的 Appstore，还是某些公共服务平台，它依然是封闭的。或者说有限开放。平台运营者的目的依然是设卡收费，制造一个貌似免费的消费市场，然后通过另一个收费的市场来赚钱。商家所声称的开放还不够彻底。一提到开放平台的运营，商家自然会问你这样的问题："我们怎样赚钱呢？"这其实是商业思想的局限。

在彼此嵌入、产消合一的分享型经济里，衡量一个平台是否开放的标志，是"1+1>2"，即创造财富的过程与分享财富的过程同步的状态。怎么理解呢？举个慈善的例子。2010年9月底，巴菲特、比尔·盖茨到中国来宣传慈善，一些企业家有抵触，觉得这不是真正意义上的慈善，而是"被慈善"。不管这些企业家心里怎么想，我倒觉得这种感觉提出了一个问题：工业时代的慈善观，是先致富再慈善。先满足自己，然后有能力再去尽力帮助别人。这个你不能说不对吧。的确如此。但中国的企业家们不这么看，他们认为不需要"先后"顺序。慈善是广义的，是对公共事务的关切，是对他人的关切，是爱的传递。一个人任何时候都可以奉献爱心，做出自己的善举，而不必以财富的多寡、先后划界。这个认识，是充满互联网精神的。开放的目的是为了分享，而不是独享，不是占有。分享经济颠覆的正是传统经济学关于人性自私、物质稀缺的这个假设。物质主义令我们太过看重有形的产物和回报，忽略了无形的东西。那些流淌着、洋溢着的快乐，正是在互联网上弥漫、散布、传播着的人性，以及温暖人心的灵性。这些东西该怎么衡量呢？用工业主义、理性主义的尺度来看的话，很容易把这种脆弱的灵性给杀死。

从上面的讨论，可以得出这样几个启发。

一个启发，就是传统媒体要意识到"风向"变了。风向变了，需要从眼球经济走向人脉经济、网络经济。眼球经济是十五年前，第一代电子商务弄潮儿的信条。那时候问题的焦点是怎样赚取眼球？怎样赚取人气？今天的电子商务和社交网络，它变得越来越朴素了，它知道人的关系、人的网络更重要，真正的人际传播更重要。对媒体来说，就是从阅读到体验，那种严肃的阅读在互联网上越来越被解构，解构成带有娱乐性的认知、体验。一说娱乐、游戏，一些人就不太放心，觉得不够严肃，严肃不起来可不行。我觉得多虑了。你可以把这种游戏、娱乐的做法，看作对故弄玄虚、装模作样、宏大叙事的反拨。虽然说，这好像是后现代者的生存法则，但平心而论，这里蕴含着深刻的变革：意义的生产方式，再也不是预制罐装式的，不是"把持"式的。任何人再也无法成为全知全能的"怪物"。这会影响人们思想的深度吗？恰恰相反。反讽的叙事具备强大的自我消解能力，它恰好可以避免思想的僵化和板结。我们迎来了流动性的世界，流动性，是活力的源泉。媒介需要融合，即便你按照传统的术语，比如采访、编辑、出版、发行、广告，来制定你的工作计划，但你也不能忘记，你身处一个流动、融合的时代。

第二，规则变了。即从先生产后消费，转移到边生产边消费。这个我们前面说过多次，此处略过。

第三，行为模式变了，从"传播"到"传染"。传播的目的，是构造流行；传染，则是捕捉流行、引爆流行。未来的传播界面会消散于无形。或者你还可以说，界面随处可见。你需要找到那个 API[1]，即接口。新的 API 必须有提取功能、聚合功能，必须把散落的信息凝聚起来，归结为一定的结构。但这个过程又是有机的、自然的过程。你可以催化它、关注它，你不能拔苗助长。

总的来说，Web 2.0 从根本上颠覆线性的方式，它是非线性的。有人提出所谓的 3.0，我觉得也有一番道理，但所谓 3.0，也只是从语义网络[2]、智能计算、脑神经网络的角度来说的，根本上还是开放、交互、融合。2.0 的变化是根本性的，它从线性过渡到非线性，从确定过渡到不确定，从对秩序的营造过渡到接受悖谬和混乱。2.0 的另外一个特点就是，生产、消费合一；传播者与受众的合一状态。3.0 应该是我们前面说过的更高层级的共识状态。或者说更高的"次元"[3]。是 2.0

1　API（Application Programming Interface，应用程序编程接口）是一些预先定义的函数，目的是给应用程序和开发人员提供基于某软件或硬件以访问一组例程（routine）的能力，而又无需访问源码，或理解内部工作机制的细节。

2　有两个语义网络的概念。一个语义网络（semantic network），是自然语言理解及认知科学领域研究中的一个概念，上世纪七十年代初由人工智能学者西蒙（R.F.Simon）提出，用来表达复杂的概念及其之间的相互关系，是一个有向图，其顶点表示概念，而边则表示这些概念间的语义关系，从而形成一个由节点和弧组成的语义网络描述图。

　　1998 年，万维网联盟创始人之一的蒂姆·伯纳斯 – 李，提出与万维网相对应的下一代互联网概念，语义网（Semantic Web）。语义网的核心是：通过给万维网上的文档（如：HTML）添加能够被计算机所理解的语义"元数据"（Meta data），从而使整个互联网成为一个通用的信息交换媒介。语义万维网通过使用标准、置标语言（markup language）和相关的处理工具来扩展万维网的能力。

3　次元，一个日渐流行的网络术语。原初的意思来自数学中变量的"次方"，以及物理中对多维空间的称谓。日本 ACG（Animation, Comic, Game，动画、漫画、游戏的总称）作品当中，所指称的"次元"通常是指作品当中的幻想世界以及其各种要素的集合体。例如一个规则与秩序和读者现存的世界完全不同，比如说魔法或钢弹所存在的世界，经常被称为"异次元世界"，或简称为"异次元"。另外，在传统上以平面的媒体所表现的虚拟角色，成熟到一定的高度，达到你中有我、我中有你的交融状态，并且彻底解构了传统的组织形态、商业形态，解构了传统的消费方式和生产方式。一种新的社群、社区会不断地涌现、湮灭，新的行为会生长出来。

当然，不管怎么样，平面媒体跟新媒体、互联网媒体，它们的共同点都应该是媒介，但是媒介的含义会发生变化。在经历了"去中介化"之后，媒介会迎来"再中介化"的蜕变。"再中介化"，就是将物理中介视为基础，将化学中介、生物中介当作存在的要义，不止满足于弥合信息的间隙，更要注重维系和构建新的公共空间，维系和构建新的意义空间。所以，我觉得传统媒体死不了，它一定会重新找到适合它的新的土壤。

如漫画或动画中的人物，因其二维空间的本质，而常被称为"二次元角色"，以有别于现实（三维空间）的人物。但是，以三维电脑图像所制作的角色，因其处于虚拟世界又具有立体性的概念，而被称为"2.5次元角色"。

4 案例分析

前面我们谈了一些"大道理",即新媒体带来的战略变化,以及可能引发何种变革。其实,很难画出一条泾渭分明的界限,说这一刻、那一刻,新媒体就应运而生了。还记得我说过"第一株梨花什么时候开"的问题吗?我想通过几个实际的例子,让大家了解一下这种转型,是如何悄悄地在孕育、积蓄能量、试水的。

先说这么个事。大家知道,有一个标准版的说法,说1956年,美国的白领工人超过蓝领工人,这预示着美国知识经济时代的到来。这句话是后人总结的。这种话语,虽然比较好地抽取出一个时点,把所谓"第一株梨花开"的日子,锚定在1956年,有助于大家串接历史事件和历史背景,但也会有一些误会。好像这一年如何如何。还比如,有人说资本主义工业革命,起源于1807年,因为这一年是英国修士发明炼焦法的一年,焦炭是钢铁生产的粮食,有了炼焦法,意味着大规模钢铁生产成为可能。这些都是史学方法的一种技巧,切莫误以为历史就在这一天掀开。我们下面提出的案例,你单从时间上看,会觉得不对茬,因为它比你接触到、感受到的 iPhone、iPad 要早很多,比微博、微信也要早很多。这恰恰是孕育的过程。技术手段对媒体的冲击,其实早就开始酝酿了,这些先知先觉的机构,很早就敏锐地感受到了可能出现的变化。

我们之前谈到的"新华08",就是一个很重要的战略棋子,尽管我们国家在很多战略布局中还都处于"后手",但有一手总比没一手好啊。"新华08",意味着国内在金融信息服务业方面缺乏一个拳头产品，国外的路透社、彭博社、道琼斯已经发展了很多年，他们在金融信息服务业方面占据了全球90%以上的市场。这三大巨头在我国也占据了很重要的市场地位。下面我们先看看这三家机构的概貌和他们的思路。

汤森路透[1]是加拿大汤姆森集团与英国路透集团合并而来的。合并后，成为全球金融信息服务业的"巨无霸"，全球市场占有率超过35%。汤姆森以前主要从事科技文献、法律、医疗信息服务，路透则主要从事新闻出版和金融信息服务。合并后的集团业务，主要包括投资咨询、产品销售、新闻媒介、信息服务等。汤森路透的核心能力，就是提供专业性、高附加值的知识服务。与其他媒介集团不同，媒体业务在汤森路透集团整个业务版图中不超过5%。

早年汤姆森集团是做科技文献服务的。高校里面考核教授的一个指标，叫作SCI论文，这就源于汤姆森。1968年，汤姆森设立了科技文献研究所，专注于科技文献的引文分析，通过引文分析说明科技论文的文献价值。结合网络技术，这项引文分析的价值就大大凸显出来了。比如你可以看到论文发表的作者所形成的合作网络，可以看到某个时期学者关注的主题词表，看到论文中披露的专利技术形成何种继承关系，甚至可以就某个化学分子式、反应式，检索相关的论文文献。

汤姆森把科技文献的分析和利用给做透了，它已经形成了一个完整的知识生产框架。这里有四个彼此关联的组成部分。

一是写作撰写论文的时候，你需要做很多文献研究、数据梳理等案头工作，你可以用这个写作辅助平台，做自动标记、自动索引，提高工作效率。它还可以自动生成你的参考文献，并提供2,300多种期刊的参考文献格式。这是汤森路透的看家本领。当然，这个写作辅助平台不仅汤森路透有，很多科技论文写作辅助工具提供商也有。

1　汤森路透（Thomson Reuters）成立于2008年4月17日，是由加拿大汤姆森公司（The Thomson Corporation）与英国路透集团（Reuters Group PLC）合并组成的商务和专业智能信息提供商。

二是检索。检索是汤姆森的老本行。它有两千多种学术期刊，而且学术期刊库已经可以追溯到一百年前。除文献之外，它还可以检索三千多万种发明专利信息，六万多个学术会议信息。

三是分析。这是基于文献库、数据库的知识发现过程。在文献情报学里有一个提法叫知识图谱，特别是在专利文献图谱中，你可以很容易地看出专利的变化轨迹，哪些属于核心专利，哪些属于衍生专利。同时，引文分析也可以发现作者群、学术流派，比如芝加哥学派、纽约学派、多伦多学派。还可以通过引文分析，发现不同学术圈子的关键词偏好，看到科技文献素材的分布状况、学术传承的相继关系等。

四是科研工作者可以通过这个平台，实现项目管理、工作管理，实现定题跟踪、引文跟踪等。

以上四方面是汤森路透提供的整合学术研究平台。这个平台是基于这样的理念：过去我们对科技文献以及图书馆的理解，只是一个馆藏功能，最多用到标引、题录、检索。其实在基本的文献资料之上，还有更加重要的关联信息值得深入挖掘，这些信息包括文献的发展演化过程，文献的分类以及分类的变迁，学术群体的形成与变化等。在此基础上可以提炼出馆藏文献无法直接呈现的、"活"的、动态的知识，为研究者提供进一步的帮助。现在图书馆学中一个非常重要的前沿，就是探讨基于本体的知识体系的构建。把语义知识抽取出来，建立起知识的谱系，可以更好地为研究者、应用者所使用。

我们今天的知识表达方法，绝大多数还是严格地基于字符和字符串的。无论题录还是标引，都是基于关键词的。且不说关键词背后的多义性，就连多媒体呈现也对此束手无策。很多图表、生理结构、分子结构、照片，都无法成为检索的对象，也无法形成有效的关联。还有，跨学科、跨历史、跨语种的关键词转译，也是一个难题。基于本体的方法，就是给它一个知识表征的有机组织框架，真正实现"让知识自己能找到知识"，知识自己能刻画与其邻接的知识关系。这就是"从信息到知识"。

汤森路透的观点是，除了要发现知识，还要发现智慧。这里所谓的"智慧"，除了自动标引、自动翻译、自动索引等功能外，它更需要具备一定的语义理解能力，归纳推理能力和知识谱系的构建能力。这时候，你恐怕得有思想上的突破。如此巨大的、海量的信息处理，固然需要很强悍的硬件设施，但更重要的你要转换思维模式，把"我处理"变成"大家一起来处理"，你需要引入群体智慧、众包的模式，这样的话，知识的生产方式就完全不同了。

人们现在对海量的资讯有点恐惧，这个叫信息过载。其实"海量"有双重意思，过去我们说海量，往往是从收藏、继承的角度说的。今天的海量，还包括实时产生的、碎片化的内容。过去你看伦敦图书馆、美国国会图书馆、中国国家图书馆，拥有藏书多少万册，那是已经沉寂的知识，凝固的知识。今天互联网上有大量鲜活的内容，也需要纳入"知识"的范畴。

比如2004年4月份，美国国会图书馆决定收藏推特的全部数据，这很有意义。图书馆过去收藏的，都是固化的东西，目的是传承。微博上是什么？微博上尽是些嘟嘟囔囔的、碎片化的，貌似意思不大的内容，为什么要收藏这些东西？我认为这折射出图书馆的重大变革。信息存储成本已经下降到完全可能收集全部的信息，无论是高度秩序化的文献，还是碎片化的呢喃。一个全景式的信息快照，久而久之，是难得的历史画卷。汤森路透重视历史文献的挖掘和利用，我觉得用意也在于此吧。顺便说，今天热闹非凡的大数据，也意在于此。

第二个我们需要简单从路透的角度说一说。路透是世界上最大的金融信息、新闻信息的供应商。作为一个新闻巨头，路透在百年经营史中，经历了多次媒体变革的冲击。它是电讯公司出身，当年做通讯社也顺理成章。但后来它四面出击、多种经营，兼并兴办了大量的报纸和杂志，这也还算务正业。但到了上世纪末、本世纪初的时候，它的资金就顶不住了。在与汤姆森合并之前，路透已经实施一个叫作"快速前进"的瘦身计划，大量压缩全球业务，几乎压缩掉了90%的业务，裁员也很厉害。2004年通过裁员就省下9亿英镑，相当于当年成本的30%。杂志和报纸都变卖掉了，只保留了一个核心业务：金融信息服务。调整之后，汤森路透的生产流程大大扁平化了，比如北京、上海的记者站的内容发布，归集到一个统一的发布平台。金融信息服务的撒手锏，就是信息终端，一般在证券公司、金融分析师、交易所都能看得到。汤森路透把全部资源都盯在了一个非常有价值的富矿，就是金融信息服务上。并且它在科技文献、健康管理、法律咨询、金融信息服务四大领域之间，很好地打通了内部信息整合、知识生产的平台。所以从这一点看，汤森路透的合并是成功的，也是媒体转型值得研究的范例。

第三个说彭博。彭博是八十年代早期设立的一家公司。彭博社的市场份额增长很快，从八十年代初期创业到二十年之后，几乎与汤森路透比肩而立。它真的像（美国）有线电视新闻网（Cable News Network, 简称 CNN，以下统称 CNN）一样，是快速成长的典范。当年 CNN 创业时，美国电视台网已经非常成熟，巨头林立。CNN 提出的口号就是要做大海中的海盗船，从别人那里抢新闻。彭博社也是如此。彭博成功的关键，是把路透那样的信息终端机做到了极致。彭博大肆发展它的信息专线、终端机和数据源一条龙业务，专注数据的深度分析，提供24 小时滚动新闻，包括彭博财经和世界市场分析。很快，彭博的业务模式就建立起了一种专业的标杆。很多在金融市场上寻求合作的商家，都被要求在彭博提供的环境中进行路演，彭博已经形成了一个专业的、高水准的社交圈子。在这个圈子里，你可能不仅能得到第一手的信息，而且能够得到一些很微妙的"味道"，这就是彭博的特色。今天，彭博的业务架构依然很清晰，就两部分，媒体业务和彭博终端。彭博终端还拓展到了客户培训、彭博大学。

彭博的架构在国内有很多机构特别愿意模仿、学习，比如和讯网、第一财经、"新华08"等，但国内机构普遍"兵器"还都不完整、不硬朗。技术明显是短板。另一个是，国内机构对数据的重视程度不高，或者即便重视，也只是重视表面的数据利用，深度挖掘还欠缺手段，当然就更不用说我们在社会网络分析、文本挖掘、多媒体应用方面的差距了。这方面还是有很大的空间的。

5 媒介走向何方

我们前面说了很多转型的话题，这里有一个很深的误解，就是错把转型当作学习新的模式、引进新的技术、设置新的流程，反而忽略了自己内在的转变。对于一个机构来说，真的要实现转型，要内外兼修才行。所谓内外兼修，对媒体机构来说，比较难的是理解和处理好技术与业务的关系。因为媒介机构是"文官多，武将少"，绝大多数人对技术不了解，也缺乏概念。虽然话说技术不是问题，但你对技术的领悟成问题的话，你往往是花了一大堆钱，换回来一大堆软件硬件，但很难跟你的业务融合起来。这样的教训并不少见。文科生在理解技术问题的时候，往往有畏难情绪，觉得那么多的名词术语，很难啃下来。这个我要跟大家说，你得有信心，要敢于碰这些硬骨头。但也要善于驾驭技术，理解技术的本意、脾性，你不可能绕着走。

技术层面的挑战有三个方面。一是基础设施。他必须知道自己最重要的战略资产是什么。信息时代任何组织的战略资产，都是数据，无所不在的数据。你必须透彻理解数据在电脑、网络、应用系统中是如何表征、如何存储、如何转换、如何使用的。二是业务集成的重要性。业务要靠技术驱动，不能简单把技术的东西当作工具。过去我们说信息系统，总是觉得它就是提高劳动生产率的，今天它的意义已经完全不同。在今天的业务系统里，你不得不借助大量的人机交互获取资讯，你也不得不随时随地与同伴、合作者交换信息，彼此协作，你还得瞪大眼睛，随时随地监测舆论环境的变化，捕捉舆论场的迁移和动态——所有这些，都得仰仗一个强有力的业务支撑平台。第三个是良好的人机界面。很多系统人与机器是两张皮的，业务人员不喜欢用，理由很简单，就是不好使。开发部门费了很大的力气，但总是不能满足需求，根本上就是界面笨拙，无法扩展，只能满足循规蹈矩的需求，一点灵活性也没有。

没有强有力的基础平台、支撑系统，向信息服务业转变就是一句空话。技术平台在支撑业务时，有三个核心功能。一个是监测外部环境的变化、随时跟踪舆论场以及受众的变化，帮助媒介机构做出快速反应。一个是全新的内容生产流程。信息系统可以支撑交互的、协作的、多角度、多媒体、多层级的信息制作流程，满足个性化、碎片化的内容需求。再一个是对商业运营的巨大支撑。精准营销、客户服务、数字分发、渠道管理等，都需要数字平台的支撑。新闻出版业转型为增值信息服务商，要以品牌为龙头，以受众为中心，以平台为支撑，以数据为驱动。出版者、资讯提供者已经变成了服务者。一定要重视这种转变，因为audience 已经变成了 users。在这个意义上，我认为新闻学、传播学的教科书也需要改写了，需要在传受合一的大框架下，构建新时期的媒介理论。

第十讲

思想的"千高原"

这一讲，我们来总结整个课程，总结的题目叫作"思想的千高原"。为什么叫这么个题目，我先卖个关子，先说一些别的事情。

在我心目中有这样一幅真切的画面，互联网的思想及其前沿状态，正在热气腾腾地四处冒着泡泡。新的思想层出不穷，新的尝试不断涌现。很多东西或许只是昙花一现，但依然热度不减。略微思想保守的人，或许期待"泡泡"冷却下来的那一天，我觉得不会——甚至我想，这些泡泡本身还不够，其实还会有更大的、令人难以置信的爆发孕育着。互联网在改变着时代，以我们难以料想的方式，我们对它的想象千万别有任何的局限。先讲一本书的故事作为引子。

有一本书，大概是我二十多年前读到的，叫作《展望21世纪：汤因比与池田大作[1]对话录》[2]。这个对话录在上世纪改革开放之后翻译出版，在国内掀起不大不小的一股旋风。风暴眼是什么？就是汤因比对中国未来的判断。汤因比在书里断言："21世纪是中国的世纪。"这个说法让很多学界、公共知识界的人很受鼓舞，也很感兴趣。汤因比是一个虔诚的基督徒，池田大作是一个虔诚的佛教徒，可以说他们俩代表了东西方有很深宗教情怀的人。汤因比比池田大作差不多要大40岁，所以也可以看作长辈和晚辈之间的对话。他们碰在一起，能激发出什么思想的火花呢？这是人们非常好奇的。据说这次对谈之后不久，汤因比就去世了。我现在留下很深印象的，是对话中处处弥漫着悲天悯人的情怀。总体上说，他们对人类的未来充满忧虑，因为他们所虔信的宗教，似乎无可避免地衰微了，无论是西方的基督教还是东方的佛教。工业思想主宰下的人类生活，似乎不再需

---

1 池田大作是日本创价学会名誉会长、国际创价学会会长。迄今，池田大作被誉为世界著名的佛教思想家、哲学家、教育家、社会活动家、作家、桂冠诗人、摄影家、世界文化名人、国际人道主义者。1983年获联合国和平奖，1989年获联合国难民专员公署的人道主义奖，1999年获爱因斯坦和平奖。

2 《展望21世纪》（FORECAST 21st CENTURY）是根据英国著名历史学家阿诺德·约瑟夫·汤因比和日本宗教文化界著名人士、社会活动家池田大作关于人类社会和当代世界问题的谈话记录整理而成，先后出版过英文、日文、德文、法文、西班牙文等多种文本。1997年由荀春生、朱继征、陈国梁等译，中国国际文化出版社发行的中文版面市。

要，也不再指望宗教情感了。这是非常令人忧伤的话题。当他们对未来的期望，全部寄托于"爱"这个字眼的时候，你可以看出，他们是强打精神的。与其说他们坚信如此，不如说他们期盼如此。他们把拯救未来的期望，投向了东方的智慧，就像汤因比所关切的中国智慧一样。他们认为，只有这一个字——爱，能够拯救世界。但是很不幸，当他们彼此反复将这个圣洁的字眼说出来的时候，我仿佛能感觉到他们浑身在颤抖。他们多多少少有点不自信，但是，除却"爱"，还有什么字眼，能让他们充满希冀，哪怕一丁点？只要没有灭绝，就有希望。在我们为这种深切的宗教情怀感染、感动的同时，我想说，我其实特别想探究一下，让宗教情怀衰落的那个冲击力，除了来自私欲极度膨胀的时代、弱肉强食的现实、毁灭人性的灾难之外，是否还有什么更加隐匿的冲击力，是以我们尚未察觉的方式，在冥冥之中起作用的？我怀疑，有这种力量存在。

下面我摘了一段书中的话，我们看一下。

人类的永久性精神课题乃是扩大自我，将自我主义扩拓为与"终极的存在"同样广延的东西。事实上，自我和"终极的存在"是不能余割的。印度教中有"汝（人类）即梵（终极的存在）"的格言，阐述了"人"和"终极的存在"的同一性。但说到底这不过只是一个命题，无论如何还需要通过严格的精神努力在现实生活中实现它，唯有这种每个人的精神努力，才是导致社会向上的唯一有效的手段。人与人的关系是构成人类社会的网状组织。而所谓各种制度的改革，只有当其作为上述每个人的精神变革的先兆，并作为其结果出现时，才能是卓有成效的。

这是这本书序言中的一段话。序言是池田大作撰写的。请大家注意这句话：人和终极的存在的同一性。可以说，这句话我认为点出了两位学者、宗教家对话的全部意蕴。他们悲天悯人的对话，最终是想追寻、阐释"人"和"终极存在"的同一性。这是何等伟大的情怀啊！几乎所有具备这种情怀的人，都试图描绘出这幅"终极画卷"的最后一笔，计算出"终极公式"的最后一个答案，演奏出"终极乐曲"的最后一个音符。像汤因比这个年纪，一战的时候他正是年富力强的时候，他对人类世界的悲惨命运体会很深。再加上他又是一个历史学家，开创了跨文化历史研究的先河。所以，两位思想家念念不忘"终极存在"，以及追寻这种"同一性"的存在是非常正常的，也是合乎情理的。

一代又一代的思想家，绵延两千多年的思想家们，一个挥之不去的、共同的焦虑，就是人的意义。人是什么？终极存在的意义在哪里？思想家们前赴后继地试图揭开这些谜题——虽然，他们思考得越深入，就越发滋生出某种悲悯情怀，因为这终究是"知其不可强为之"的难题。但是，这种情怀被大大地误读了。误读成什么了呢？就是人们在阅读这些思想的足迹和文本的时候，误以为思想家们都在干一些"探囊取物"的工作。更要命的是，思想家们也不能免俗，认为自己真的就是做"探囊取物"的工作。"终极真理"的诱惑实在太大了，特别是这种诱惑跟窥见上帝的秘密，与世俗的奖赏和光环联系在一起之后，这条路上就始终不乏前赴后继的勇者。

如果你用这个视角去检视东方史、西方史，去看哲学史、科学史，这样的"终极宣称"不绝于耳。康德与黑格尔的体系，爱因斯坦的统一场论，希尔伯特的数学公理化，都不可遏制地流露出这样的冲动：做最后一位阐述"完全真理"的人。

东方的智慧在这一点上与西方不同。唯识宗要求空掉一切，连这个"空掉一切"也还不干净，也必须"驱逐出去"——但是，它依旧会提醒你，别试图"驱逐"，因为你不可能驱逐。西方智慧（特别是以基督文化为代表的西方智慧）有很强的时间箭头。原罪—救赎的信念，给这个世界一个清晰异常的走向，这个走向是单向度的，是义无反顾的，是注定会抵达的。西方文明就是这样被延展开来的（我这里提到的西方文明，就特指基督文明；事实上，西方文明的内涵是十分丰富的，是多元的）。我不知道，这是否就是西方文明"失乐园"的那个隐喻，即它命定要历经磨难地回归天国，寻求拯救，由此便命定要挣脱与自然、宇宙分离的痛苦，奔向融洽的合一？东方文化的不同在于，东方智慧洞悉到了终极的答案——如果借用"答案"这个词语的话。东方智慧已经"活"在了此处，而不是"活"在了此处的外面。没有失去就无所谓追寻。

在这种状况下，当我们听到两位睿智的思者，当他们的命题竟然还是"人与终极存在的同一性"的时候，或许我们嘴角会掠过一丝微笑：她原本"就在这里"，回头，我们就看得到她。

还是用现代性的术语说，现代性不但毒害了西方人，也毒害了东方人。无论是现代意义上的东方人还是西方人，都共同将成就自己、获得存在意义的目光投射到外界，都试图努力成为"抓到最终真理"的最后一人，成为登顶的冠军。通俗地来说，就是一劳永逸地解决问题。这已经成为人们提出问题、思考问题、解决问题，乃至彼此交换问题的方式。这就是我们看待这个世界的取景框。

借助上面这本书，我想说，要思考或者讨论互联网思想，如果我们无意中内嵌了一根指挥棒，内嵌了这个取景框，显然是不够的。追寻、探讨同一性的冲动，无可挽回地属于我们的父辈、祖辈了。背后支配他的激情、欲望和冲动是什么呢？是对确定性的迷恋。他们坚信这个世界有因果报应，坚信这个世界有创世，有灭亡还有拯救。虽然，不同的宗教都假设有自己的宇宙观，但经过几千年的文化传承，这些宇宙观的框架大体已经定型，剩下的似乎就是修修补补。后代所需要做的，要么就是去吃斋念佛，要么就是苦修打坐，你所需要做的，只是去求证、印证，去证悟它。至于背后的信念，无论是衰落也好、高涨也罢，背后支撑他们的信念，就是汤因比和池田大作所说的：他们相信这种同一性，一定是存在的。这是他们孜孜以求的东西。这种对终极关怀的信念，对终极真理的渴求，延续了三千年。

今天我们探讨互联网思想，需要看到这样一种可能：在座的各位，或许会经历、见证某种伟大的转变（请注意：伟大这个词要加引号。一般用到这个词，往往会伴随"大的动静"、"大的激情"；这里所谓的"伟大"，是用其"前所未有"之意。或许还是静悄悄的"伟大"呢）。这一转变是深刻的，几乎所有过去我们熟识的一切，都需要重新界定、重新思考。我们也不必贪婪，好像一下子能一了百了地洞悉一切。我们只是采撷几个花瓣而已。

在思考的旅途中，我们当然需要参照，需要坐标点。比如汤因比和池田大作，众多的思想家睿智的结晶，都是我们可以依托的"座架"（海德格尔的术语）。透过这些有情怀、有信仰的思想家的足迹，透过他们所探究的人的问题、宗教和社会的问题、历史问题，我们可以看到他们的话语空间，以及我们头顶的天空。我们可以了解在这"共相"的天空下，弥漫着的是怎么一种味道，怎么一种格调，是怎么一种旋律在鸣响。当我们在屏气凝神地沉浸在这片天空之下的时候，我们一定不要仅仅局限于，受制于过去的旋律，过去的味道，过去的主张。奏鸣着的乐曲混合了几千年间人类文明的诸多要素，今天的互联网当然是从那个背景音乐中脱胎而出的，不可避免带有背景音乐的味道，携带了大量的，甚或是99%的背景基因。但是，总会有1%的不同，这个不同，就是互联网思想孕育新生命的可能。它到底在哪里呢？在你玩手机，玩电脑的时候，你已经在接触它，已经在体会它。但是，你会觉得和那个呼之欲出的精灵，会有一道很深的鸿沟，这个鸿沟是谁画下来的呢？这就是"人与终极存在的同一性"带来的遗毒。

以上的开场白，作为总结的前奏。你或许猜到了，我们这次总结课，其实就是想约大家一起，进行一次思想的体检，检视我们透入骨髓的思想沉积，以及我们坐在课堂上十多年被"耕耘"之后的思想土壤，看看我们如何出发，从哪里出发。辨认出自己的出发点，有时候会比了解你的重点更加重要。走得太久，会忘记是为何出发，以及从哪里出发的。

1 什么是"思想"？

那到底什么是"思想"？关于思想，很朴素的解释就是拆字法：思，是思考；想，是想象。前者是逻辑过程，后者是情感过程。连思带想的状态，看上去难以剥离，我们其实可以勉强把二者分隔开来看。"思"的过程，背后往往有某种支配它的逻辑。叙事逻辑、表达逻辑、论辩逻辑，或者思想逻辑。这种逻辑在你背后以显性或者隐性的方式发挥作用，就像信号灯一样指挥你往左转还是往右转。"想"这个东西呢，大多是一种懒散的、慵懒的状态，你在自由地游走，你的意念自由游走。如果我们把两个字合体来看，思想指的是一大堆观念的集合。思想史就是这么形成的：有一堆人物，提出了 N 多概念，他们或者自说自话，或者授业布道，或者以行代言。思想就是诸多观念流传、交锋、积淀的集合。无论是分开看还是合体看，思想在你我的脑子里都可以从背景和前台两个角度去看。背景是思想的天空，也是思想的藩篱；前台是思想的橱窗，也是思想的舞台。总之，不那么苛求地说，每个人都有思想的状态，你能感觉到脑子里会活跃着那些有意义的、令你欣喜或者纠结的东西，它不是梦呓，也不是梦游，这些东西都叫思想。

哲学，可以说是思想的大本营。但古典哲学在黑格尔之后进入沉寂状态，而在现象学之后则渐渐改变了往日刻板、倨傲的模样。年轻人终于可以按照自己的方式来思考哲学问题了，这是个伟大的解放。今天的思想家们，不是那些主流的、学院派的哲学家，也不是那些胸前挂满勋章的哲学家。而是一些意气风发的年轻人，并且，提出哲学问题的学者，很多都是自己专业领域的领军人物。比如达马西奥[1]，是美国神经生理学教授。他提出一个基本的问题，叫作："注意"和"意识"，哪一个在先？谁先发生？比方说这个地方放着一个水杯，你要去拿它。请你想一想，你是因为看见它在这儿（先注意到），然后让大脑指挥你的手臂向杯子移动过去，做出拿杯子的动作；还是你首先意识到"要去拿杯子"，然后才发动你的视觉神经去搜寻到杯子的位置？这是一个看上去很容易混淆的事情，我们平常不会动这么多心思。去拿水杯、喝水，完成这些动作似乎都不假思索，太简单、太容易、太司空见惯了，所以我们不大理会哪个在前的问题。

达马西奥所提的这个问题，其实是心理学这些年关心的一个核心问题，即"意识的研究"。关于意识，以往的心理学从来不把它作为研究对象。原因也很简单，因为很难。心理学创生以来，似乎约定俗成地将意识划归哲学思辨的范畴，心理学只关注感知、情绪、认识、行为之间的关系——这已经足够复杂了。

刚才提到的意识和注意的关系问题，原来也根本不是个什么问题。很自然地，心理学家也会假设人的感知过程，好像舞台上打出的追光灯，一旦光柱扫在哪个区域，这个区域被照亮，意识自然就投射到这个区域。但是，神经生理学的实证研究，表明这个问题没这么简单。

有一位心理学家叫李贝特[2]，他曾经做过一个令人困惑不已的实验。当把电极分别接触到大脑中，联通人的手臂痛感神经的部位，以及接触到手臂皮肤的末梢神经的时候，李贝特发现一个现象：按理说，手臂处的刺激所激发的大脑反应，

---

1 达马西奥（Antonio Damasio，1944— ），美国南加州大学戴维·多恩四弗（David Dornsife）神经科学与心理学教授、脑和创造力研究中心主任，同时担任索尔克研究、艾奥瓦大学兼职教授。作为当今世界公认的神经科学研究领域的知名学者，他还是美国国家科学院医学研究院院士，美国艺术与科学院院士。他曾获得多项荣誉（其中几项与同为神经科学家和神经病学家的妻子汉娜·达马西奥共同获得），其著作《笛卡尔的错误》、《感受发生的一切》、《寻找斯宾诺莎》备受赞誉，成为世界各国高校及研究机构的必读书目。

2 本杰明·李贝特（Benjamin Libet，1916—2007），美国加州大学心理学教授，人类意识研究的先驱之一。

传导到大脑神经的时候，应该有一个合理的滞后。比如人的大脑正常情况下，能够在200毫秒的滞后时间，察觉到手臂皮肤的刺激。奇怪的是，当手臂上两次刺激的间隔在200毫秒以内的时候，大脑反映出的是一连串的刺激。

这是一个非常有趣的现象。神经生理学家给出的解释，是大脑对刺激的记忆，其实并非都是"过脑子"的。有一部分记忆，其实储存在躯体里。人们称之为"皮肤记忆"。通过习惯养成的大部分记忆模式，都可以被看作是这一类型的记忆。我们将这些记忆看作是下意识，或者叫作本能的反应，比如足球守门员扑点球的时候，汽车司机为躲避道路上的皮球，本能地躲闪。这些本能的反应，如果按照正常的"意识—反应"循环来完成的话，不但反应速度会慢下来，甚至会弄巧成拙。我们都有这样的生活经验，每当我们努力提醒自己，试图在打靶的时候瞄得更准、在画圈的时候想画得更圆的时候，结果往往适得其反。心理学家和神经生理学家解释说，因为你日常养成的记忆已经潜入你的躯体，而不是从脑部记忆调出这部分经验，然后再去重现的过程。这种自然的反应，看上去不过脑子，但它已经被训练塑形了。

心理学、神经生理学等跟哲学结缘，我觉得是哲学的一大幸事。心理学、脑科学、神经生理学和哲学结缘，意味着人的身体进入了哲学。这个身体是具象的、有温度的、有情感的，这个身体不再是传统哲学中"无器官的身体"（梅洛–庞蒂对传统哲学的描述）。身体进入了哲学，是哲学史的重大事件。传统哲学是缺乏身体的。传统哲学有主体，但没有身体。这是个非常奇怪的事实：一门关乎人的学问，在滔滔不绝谈论人是什么、人如何认识、人又如何行动的学问，竟然不关心身体！

从这个角度看，你会恍然大悟。哲学意义上的主体是什么东西呢？是供那些哲学家思考终极存在、人的抽象本质的一个假想对象。这个对象，在笛卡尔假设"主体同一"（即天下主体一个样）之后，就没有人再去关心两个主体之间的差异——即便有差异，也不是身体意义上的差异，而是认识阶段、层次、水平、能力上的差异，是抽象的差异。主体，就是一大堆概念、观念、信念的加减乘除四则运算。主体的任何具象性的东西，最终都被所谓的奥卡姆剃刀剃得干干净净，整理得规规矩矩，安放得妥妥当当。

这种主体哲学的观念，长久积淀之后成为信念。信念，就是一种无由的崇拜，无由的追随，一种骨子里头终生都会接受的一种东西。笛卡尔确立的主体哲学就是这样一种哲学思想。在今天看，这是一种"坏"的哲学，因为人的身体被大大忽略了。

最近的二十年，西方哲学有两个重要的转向，一个是前面我们曾提到过的空间转向，还有一个就是身体转向。身体转向是非常重大的哲学转向，要特别关注这个转向的意义和价值。身体转向我觉得要比胡塞尔的现象学转向来得猛烈，甚至猛烈百倍。为什么呢？胡塞尔的哲学虽然戳破了主体的迷思，但仍然是西方哲学整个链条中的延长线，它虽然具有一种张力和反叛精神，但它的解构能力远远大于它的建构能力。而身体哲学的转向，可以说让我们看到了一片新的天空。

身体转向重新唤醒了哲学对人的关注。这一次关注的是有生命的、具象的人，而不是抽象的、无面孔的、大写的人。主体哲学的思想、观念都是一些冷冰冰的东西，可以说哲学在笛卡尔到黑格尔、胡塞尔之间，其实已经是死掉的，没有灵气的。今天，我们互联网哲学、互联网思想，如果说还把这个思想寄希望于笛卡尔、康德、黑格尔、胡塞尔、海德格尔的话——虽然这里面一定有养分，但是它也一定缺少了某种画龙点睛的东西，它一定不是"活"的。

很自然，这里就有一个问题：为什么主体哲学热衷于纯粹的"思"，而忽略了身体？

帕斯卡尔在他的《沉思录》里面有这么一句话："人只不过是一株苇草，但是呢，我要做思想的苇草。"这是一句饱含深情的话。帕斯卡尔讲，思想成就人的伟大，这个话影响了后继的思想家几百年。帕斯卡尔跟笛卡尔是同时代的人。我们可以看到，"思"、"思想状态"对那个时代的人有多么的重要。那么，帕斯卡尔也好，笛卡尔也好，他们那种"思想"的状态，我们可以叫作"沉思"，就是罗丹《思想者》雕塑所刻画的那个状态。

当我们面对罗丹的《思想者》的时候，我们能感受到那种紧张的、焦虑的、饱受重压的、面对苦难的人的忧虑。这样一个人，他忧郁的眼神到底在注视什么？就这么一尊雕像，在今天看来似乎它的味道有点怪怪的。怪在哪里呢？就是人在告别神灵、告别上帝之后，不得已要学会独立行走，但是他不幸又再次落入了神的桎梏。他无法确信自己，他渴望独立行走，但在上帝已经远去的时候，他不得不自己来扮演那个万能的神的角色。黑格尔说得好，人开始独立行走了——但却是大头冲下，人是倒立的人。为什么倒立？用脑袋，用头脑中抽象的观念和纯粹的理性，支撑着他的躯体。黑格尔很有洞察力，他认为这是很可怕的事情。但他的所想跟他的所做，显然是两个不同范畴的事情。他依然试图编织出完满的"理性大厦"，以便能让支撑身体的大脑更加强劲。

在我看来，思想是什么呢？我认为，思想是一种焦灼的游移状态。思想，是一个失眠的人的常态。他是一个操心的人。这个操心，不是对日常小事的操心，比如操心米缸里有没有米——当然他也会操心米缸里有没有米，但是他至少不会那么焦虑。"游移"就是指这种徘徊、举棋不定、左右为难的境地。那又为何这种"游移"是"焦灼"的呢？这种焦灼，比康德、黑格尔的焦灼要更进一步。因为他面对的，不只是问题本身。问题已经被前人勾勒出来了，就是要确证人的价值，确证人和这个世界、这个终极存在的合一性。前辈思想家们，已经给出了思想的公式，留给后人的，就是把公式解出来。

所以，这种"焦灼"状态，其实有三重含义：第一，对求解的焦虑；第二呢，对这个公式本身的焦虑；第三，对焦虑的焦虑。我们这个时代的思想家与过去的思想家不同的是，过去的思想家他们面对的只是问题，或者说他们与问题的关系是清晰的，是两分的。所以过去的思想家们，能够气贯长虹地生产宏大叙事，生产思想的教科书，生产里程碑式的思想事件。思想的展开过程，被解释为知识的累积过程，是一个拾级而上的自然过程。

但是，对今天的我们来说，思想的状态不是这样的。思想的基本状态，甚至根本状态就是焦虑，是充满焦虑。它的无奈之处是，很多时候你看上去在前进，其实是在不停地倒退、从前人的阵地上退却。就像禅语一样，当你抓住禅的时候，其实禅早已离你而去。这句话就是说，如果你用一种解题思维，你最后一定会得到一个封闭的，甚至是权宜的结果。当你得到封闭的、权宜的结果，并且乐在其中的时候，你可能就会忘掉问题是什么，忘掉驱使你焦虑的问题是什么。这时候，你的焦虑会转移成另外一种焦虑。就是由于你对思想的焦虑被忘掉了，所以就变成柴米的焦虑。当然不是说柴米的焦虑不好，我们说"毛吞巨海，芥纳须弥"，柴米油盐中也有玄机，但那是另外一个层次。我们说，思想的焦虑已经被条块化为商业焦虑、政治焦虑、生活焦虑的时候，焦虑本身已经被格式化了。焦虑被格式化，意味着我们是按照这种已经赋好旋律的格子去填报我们的焦虑。焦虑，只是"焦虑状"而已。在这种状况下，思想到底发生在什么部位，是大脑？还是在心？大脑，是西方思维的符号；心，是东方的符号。我们怎么参悟这个又转回来了的问题？

2 回到身体

思想的转向，意味着这样一个过程，即从"对身体的敌意"状态，转向"对身体的唤醒"。

尼采是一位伟大的哲学家，如果说要给后现代思想家画一个谱系肖像的话，尼采一定居于核心的位置。尼采的文体，包括下面我要说到的德勒兹、巴塔耶，这些人的文体惊人地相似。这种文体不是四平八稳、娓娓道来。它完全是跳跃式的，整个看起来就是一种梦呓的语言、游走的语言。它不着力去刻画、固化或解释一个什么概念，更不醉心于构造什么样的叙事体系，然后拿这个体系，挥舞狼牙棒去吓人，它不是那样的。他们自己，把自己放在了思想、哲学的溶液里浸泡。我们通过身体转向，可以领略到这种思想的转向。

从柏拉图开始，思想史、宗教史和哲学史中的身体，要么被驱逐，要么被压抑，要么被漠视。之所以提柏拉图，倒不是说精确地以他本人为界。这里其实说的是以古希腊哲学为界。古希腊之前，人类处于泛灵论阶段，身体是神圣的，万事万物都是神圣的，都有神性。古希腊之后，情况有了很大的变化。古希腊开始提一个"本源"问题，即"世界是什么"、"人是什么"一类的所谓追根溯源的问题。他们希望找到这样一个"基本的质料"、"构造"、"原初推动"，来说明整个世界的起源和人的本质。这就是逻各斯思想。

为什么会有逻各斯构想？为什么逻各斯构想发生在古希腊而不是别的什么地方？这个问题我自己很好奇，但我没有答案。甚至我倾向于怀疑这个问题的正当性。人类有文字记录的历史,大约在3,000年至4,000年之间。"有文字记录"这句话,更准确的说法是"幸亏留传下来的文字记录"。也就是说,对于"业已失传的文字记录"(这个一定是大多数的情形),我们已经无从知晓了。这是个天大的遗憾,但已经无可挽回。如果仅就我们流传下来的,有文字记录的历史而言,给出"古希腊是逻各斯思想的起点"这个结论,显然很脆弱。不过没关系,这里也仅仅是为了说明,逻各斯在西方思想史中是重要的一环就够了。

在古希腊寻求世界本源的过程中,关于人的一个问题就是灵魂与人的关系。这个问题,其实是身体与灵魂的关系。身体作为灵魂的巢穴、承载物,一旦死亡之后,灵魂会怎么样?这个问题本身,就显露出对永恒、纯粹问题的偏好。死亡是人最为直接的痛苦体验,也是人最大的生存恐惧。在最开始的时候,身体和灵魂是相互对立的。古希腊哲学简单说就是追求灵魂之不朽、纯粹的哲学。

高级宗教诞生,一直到中世纪这一段大约1,500年的历程中,身体被裹挟、藏匿起来了。身体被认为是不洁的、肮脏的,是藏污纳垢的所在。人的一切罪孽,皆因身体而起。身体就是淫荡、贪婪、欲望的容器。救赎的过程就是惩罚身体的过程。你只要看看但丁的《神曲》,你就可以了解为什么但丁花那么多的笔墨,不厌其烦地讲述拯救灵魂的故事。这些故事是以对身体的折磨为符号的。罪孽深重的人子,要承受刀山火海、荆棘毒蛇的考验,下油锅、受刀剐,历经十八层地狱、炼狱的考验,才能完成对灵魂的救赎。但丁的《神曲》,充满了对身体符号的摧残,甚至是夸大其词的摧残,让你有恐惧感,这种恐惧感的目的只有一个,就是贬损你的身体,把它忽视为零。

文艺复兴之后,表面上看身体回到了正常的状态,比如米兰三杰的写实主义绘画,让普通人的身体成为视觉中心。但是,这些"完满的身体视觉"、"栩栩如生的身体视觉",其实预示着身体的理性主义时代的命运——身体,其实是被忽视的。中世纪以前,身体本身是个问题,而且是个"坏"问题,即身体本身是"带来问题的"问题,是万恶之源。文艺复兴之后,身体就不是个问题了,因为它被完全忽略掉了。就像下面这个场景:偶尔看动画片《夺宝幸运星》,唐僧一行取完经，回到大唐，皇上设宴款待，夸奖师徒一路辛劳。结果呢，最后一表功，凭着一双肉脚板、驮着一堆人马走完取经全程的沙和尚，就硬生生被忽略了，他很委屈，就嘟囔："皇上，还有我呢！去西天的路可是我一双肉脚走出来的啊！"皇上说："咦？他谁呀？让你进来已经很不错了，你就悄没声儿待着吧。"沙和尚，就是一路走，一路被忽略的。

身体的价值和主体的价值完全不同。主体价值在于"思"这个字。笛卡尔认为身体和意识对立，而理性是主宰。主体即是理性的承载者，这个承载者不需要任何具象的功能——这些功能还可能帮倒忙，比如情欲、贪婪的肉体。即主体拥有思考的权力和可能。主体思考是通向完全的人的唯一途径。尼采对"思"深恶痛绝。他说，人为什么要沉思？为什么要如此做作，为什么要装？在启蒙运动之后、工业革命之后，身体这个话题很不幸被埋葬了。身体是什么？身体只是劳动力，是吃饭的工具。包括互联网初期，让很多知识分子兴奋的那个词"智本家"，或者说"知识就是生产力"，也不过是把"靠肌肉吃饭"，转换成"靠脑子吃饭"，都是吃饭而已。

工业革命之后，对身体的深入思考只有一次冲动，就是弗洛伊德。弗洛伊德对身体的思考，体现在他关于梦境、性欲的解释中。他学的是医学、精神医学，他只是要给人的欲望找个出口。其实弗洛伊德理论，真正变成临床医学之后呢，胡说八道的成分要大一些。但他开始严肃地关注身体，看到身体是个问题，这是一次灵光闪现。

对身体的唤醒，从尼采开始。尼采质问，为什么要发明一种沉思冥想的生活？沉思冥想，其实就是灵魂出窍啊。如果"灵"都不在了，你在思什么，你在焦虑什么？一个灵魂出窍的躯体，当他具备强大的思考能力的时候，他思考的事能有什么？尼采这个问题是后世结构主义、存在主义、后现代学者思考的一个核心问题。尼采重新发现了身体。重新发现身体，意味着必须对"存在"重新思考。"存在"这件事，在黑格尔以后原本是盖棺定论的事情。大家知道，哲学的第一次转向，就是由本体论转向了认识论，转向了方法论。这次转向，其实是哲学堕落的过程。

有几种关于本体的解释方法，一种是归之于神学，一种是归之于数学、理性，还有一种解释方法，是东方人的。认识论是什么意思呢？认识论就是取景框。认识论就是把眼睛放进来，一起来看主体和客体之间的关系、相互作用。但是当他这么看的时候，主体到底是什么，其实就变成了一个定义的事情。这样的转向之后，哲学就倒退了，倒退到了辩证法。主体和客体的关系已经被规定好了，主体是什么的问题被搁置起来，重要的是主体认识客体的逼近过程，这种过程就是黑格尔所称的"正反合"。主体和客体一定是处于胶着、紧张、彼此相互接近、相互依赖的状态。其实古人也不傻，这种状态就是悖谬的状态，是古希腊时期早就有的东西，只不过一直没有找到好的安置办法。到了主体哲学这个层面上，他们找到了辩证法，这时候我们说，那个身体，那个喘气的那堆肉，其实早就被抛到三界外了，甚至被踩在脚底下。身体那个东西，就只能给他一个出路，就是"俗"。奥古斯丁，在他建立基督教神学的时候，就很明确地区分了上帝之城和世俗之城。世俗之城，就是俗的东西所存在、盘亘的场所。

尼采真的是人类思想史上非常重要的一个人，他开启了一个时代。这还不是一个短暂的时代。到现在很多人仍然在重新发现他，重新认识他，重新阅读他，就是因为他重新发现了身体的重要性。在黑格尔时代以来，有很多哲学家，特别典型像克尔凯郭尔这样的人，他在阅读黑格尔哲学的时候，得不到任何思想的快乐、精神的解放。但他在阅读尼采的时候，他觉得找到了真经，就是尼采告诉他要退回到现象、退回到存在本身。也就是说，两千年的思想史认为存在已经不是问题的时候，尼采却认为"存在"这两个字还必须重新看待。到了胡塞尔这里，又找到了讨巧的办法，把它打包之后，悬在梁上挂起来。胡塞尔认为，因为我们没有能力解决好本体的问题、本源的问题，我们就先老老实实把这个问题敬畏地悬挂起来。胡塞尔的办法其实是比较讨巧的，他先悬置起来，承认在有生之年未必能得到真解。但私下里，他内心的信念和冲动还是说："我真想把这个扣解开啊！"

工业革命让沉思变得不那么重要了。工业革命首先是速度革命。速度革命的寓意就是，煮八宝粥应该2个小时，高压锅就可以简化为20分钟。这就叫速度的革命。速度革命意味着养猪、养鸡、养羊、下蛋，都脱离了它的天然状态。速度革命改变了世界的结构、力量的对比、生命的周期，在这种情况下人们还有时间思考吗？在机器的轰鸣下，人们听到的既是号角，催人奋进，又是追债的钟声。他要在有限的此生证明自己，用财富、成就的获取，来证明自己存在的价值。

工业革命的确埋葬了沉思——因为来不及，没时间。但它并非对沉思的反思。已经没有人理会胡塞尔挂在悬梁上的东西了。大家都变成了行动主义者和实用主义者。所有人都像卓别林演的《摩登时代》一样，在流水线旁，拿个扳手不停地塑造自己，把自己装到机器里。不管高兴还是痛苦，每个人都在践行中折算自己的价值。实用主义哲学的基本态度就是只要结果，不问根由。实用主义支配下的科学，跟阿基米德时候的科学，一定是大不同的。今天的科学是实践科学，是工程师战胜科学家的时代。他们到底在践行什么？我们先且慢回答，我们先看看今天的互联网思想家们、创意工场们、投资者和创业者等，他们践行的脚步已经汇聚成洪流——"预测未来最好的办法，就是把它造出来！"践行，已经强大到足以让人对新物种的创生，产生浓厚的兴趣和信念，对新人机共同体的喜悦和展望，已经抵达了全新的高度，世界已经不再需要沉思这个东西了。

然而，我认为，对沉思的反叛在工业革命时代，与其说是主动反叛，不如说是对沉思状态的遗忘。后现代主义者们与其说是在批判现代性、批判工业社会，不如说是在调侃，甚至调戏。他们的小工具，不是工厂里的老虎钳子，而是小手钳子，几乎手无缚鸡之力，没法改变什么。虽然这些很重要，比如德里达对意义的分析、福柯对权力的分析、利奥塔对叙事的分析、罗兰·巴特对词语的分析，他们的刀很锋利，扎得也很深，但没有大面积扩散的可能。作为一种哲学思潮，后现代一直没成为主流，也不可能成为主流。但它一定会唤醒人，到那时人们突然发现"践行"一词有了新的含义。工业时代践行的东西，现在的人也在践行，表面看是按工业时代的逻辑，但又加了一些恶搞和调侃。他们多了对宏大叙事的不屑和消解，而这种消解又是在实践的意义上。后现代主义给我们的思想提供了大量养分，它在施肥浇灌，但它本身不是种子。别指望它长成参天大树。我觉得身体才是种子，互联网是对身体加以重新看待的土壤，在这个土壤上会长出一批新的人来。我跟姜奇平写了本新书叫《新物种起源》，经过互联网催生会长出一批新的器官、身体，我们总说“人机共同体”，我想经过一段时间之后，这个词就不会再提了，因为没有人会说“你是这样一个人，机器与生物基因的共同体”，但其实你是，只不过太平常了，以致没必要大惊小怪了。

因此我们说德勒兹、巴塔耶等人，他们很大程度上看到了身体的重要性。德勒兹的哲学叫“欲望哲学”。他认为身体与力是合一的，力是能量，或借用弗洛伊德的话叫力比多，那是一种能量，都是力。德勒兹认为身体与力是合二为一的，反抗对欲望的压抑，认为弗洛伊德根本就是错了。工业资本主义和工业经济学的基本假设，就是世界充满了稀缺性，稀缺就会产生达尔文式的竞争，就会产生恶，产生霍布斯所说的“所有人对所有人的战争”。这时候欲望是万恶之源，是要被按进葫芦瓶里的那个东西。德勒兹认为，古典哲学思想就是这么展开的，并且迄今为止我们都处于在这个思想操控下。工业社会也就是这么发展而来的。古典哲学思想的基本特征就是，不相信欲望、反对欲望，认为欲望根本就是对理性的干扰和病毒。德勒兹是尼采的忠实信徒，认为欲望不是负面的、消极的、消耗性的，而是积极的、生产性的。身体只不过是欲望的携带者。德勒兹没有把身体与欲望割裂开来，而是认为身体和欲望的角逐，产生了五彩斑斓的生命。他和瓜塔里合写了几本著名的书，一本是《反俄狄浦斯》，另一本是《千高原》。

有一位在巴黎大学读哲学博士的旅法学者在八十年代请教过德勒兹，千高原的法文如何翻译成中文，直译是一千个高台。在了解中文语境之后，德勒兹认为“千高原”的翻译比较好。这就是荒原茫茫、此起彼伏、连绵不绝的感觉。弗洛伊德讲，梦境是欲望的达成，之所以有时梦很荒唐，会嫁接很多东西，就是因为自我对本我的管束。本我秉行的是快乐原则，而自我是现实原则，自我告诉本我要举止得体。另外还有个超我，扮演仲裁者的角色，让本我与自我之间的张力保持平衡。弗洛伊德确实用心良苦。但在德勒兹之前，对欲望的解释都是认为，有欲望就要达成。这种达成无非是合法与不合法而已，但千高原则是把目光投向欲望未达成时的状态。千高原，每座山峦的顶点可被看作对欲望达成状态的隐喻，但如果你只在某个山巅，那就会有更少机会到达其他山巅。所以对欲望不用粗暴压抑，也不用有意悬置起来。德勒兹描绘了这样一种欲望未达成的状态。看待欲望，不要只是"满足"、"不满足"这两种开关的状态，非此即彼，非零即一。德勒兹关注的，是"尚未达成"的欲望。有一本关于他的思想的书，叫作《游牧思想》[1]，这本书值得大家去看。

如果你一定要攀登、征服，那就是被自己给定格了。你占据在某个欲望的山顶，这时你确实达成了，但用物理学术语讲，你是个"缩编的量子包"。

物质到底是粒子还是波？量子力学哥本哈根学派认为，要看是在什么尺度上来看。在微小尺度上看就是波，有干涉效应；在大尺度上看，就是边界清晰的粒子。后来薛定谔给出了波函数的数学形式，认为跟尺度无关。我们不要一想到物质，就是固化的形态。不管是什么形态，所有物质都能用一个波函数来描述。但这个公式所呈现出的图像，有点像肥皂泡，你不去动它，它就处于弥散状态，把波涂上蓝色，整个屋子里就都弥漫着蓝色。然而，它在"忽"地动作的那一刻，破了，在那一刻就凝聚为占有某个具体位置的固体。缩编，就是指那些蓝色在其他地方都没有了。

所以说，"游牧思想"就是一种游走状态，不甘心定居，也不是聚居。我们

---

1 《游牧思想：吉尔·德勒兹 费利克斯·瓜塔里读本》，本书是法国哲学家吉尔·德勒兹和费利克斯·瓜塔里的代表性文选，陈永国编译，吉林人民出版社2003年出版。德勒兹是法国当代最重要的哲学家之一，法国六十年代复兴尼采的关键人物，在对尼采的创造性重读中，将其运用到资本主义的批判中来，由此而同瓜塔里合作写成《反俄狄浦斯》和《千高原》，获得了世界性声誉。德勒兹在哲学、政治学、精神分析学、电影、文学等方面的研究都具有无与伦比的创造性和开拓性，是名副其实的实验哲学家，尼采式的未来哲学家，博识多学的概念大师。在他这里，哲学脱离了原有的范式神话，成了思想无拘无束的游牧高地。

过去的生活中，哲学总是教给我们非此即彼的东西，总说得不到就等于失去，谁教给你这样的鬼话？"得不到"与"失去"是两个概念，得不到只是"未得到"的状态，而非失去。所以有人失恋之后会悲痛欲绝，这都是受那种哲学的毒害太深了。游牧思想是把"思"和"行"合二为一，它虽然是思的状态但思又居无定所，既然思无定所为什么行要有定所呢？

说到这里，你会发现德勒兹与巴塔耶一样，都把色情作为自己讲述的必要篇章。德勒兹说，"阅读不是精神交流，而是身体之间的色情游戏"。罗兰·巴特也讲，"文本中埋藏快感而不是意义"。福柯也是如此，他研究权力哲学，其实也是在探究对身体的解放。福柯与德勒兹共同发现的问题就是"重复性"。他认为这是权力的可疑的来源。身体既然是"力"的合一体，那么欲望就会产生权力、占有欲望。他认为这种权力正是对人的一种奴役以及规训，所以福柯对人的身体的研究是从监狱、精神病院这些角度来看的。他认为对身体的规训是权力的落脚点，今天看到的这些权力意志，是以占有控制身体为落脚点的。

很多人把权力意志理解为是对权力的追求，就是手握大权的"爽"的感觉，在哲学上的权力意志不是那样的，而是身体和力合一之后，所承载的一种"可重复"的状态。这其实是个很伤感的东西，因为世界在尼采、德勒兹这些人看来，是不可重复的，此刻与彼刻的太阳完全不同，我们所看到的规律只能叫"规律的权宜之计"。所以在这个意义上，德勒兹、尼采、福柯认为，权力的目的就是要让"它"（即所谓规律）重复出现。人们之所以喜欢权力，就是因为喜欢确定性，喜欢"重复出现"的东西。它希望自己拥有这个权力。

3 互联网思想的源泉和动力

互联网思想面临的重大玄机，就在于下面这个问题：互联网发展的源泉、动力，到底从哪里去寻找？我想引用凯文·凯利在《失控》里讲的"有尊严地放手"。让谁放手？放什么手？对谁放手？所有的这些问题都会出现，但你要知道，你所探知的答案，也只是其中的一个版本，你必须给其他另外版本的生产留下空间。不要把那张纸都写满，你也写不满，那张纸上的墨迹一定会褪掉、褪色，这也是正常的。不要试图找到一根如椽大笔，镌刻上一个千百年不变的答案，不要有这种图谋。

在这个意义上，互联网思想的源泉动力在两个方面展开：一个方面，就是我们已经感受到的，互联网叙事方式的变化。互联网饱含隐喻，它是多个文本之间的对话。不要来一个三级跳，直奔主题追问"人是什么"、"互联网之后人是什么"的问题，我不知道，也不想知道。这是不同文本之间持续不断的对话。就像"植物大战僵尸"游戏的场景，"战争"正在继续，僵尸在往上冲，投手们还要不断地投出弹药，所有的文本正在对话，正在产生新的文本——这些对话，其实充满了隐喻。

德勒兹的思想中，除了"流动的空间"、"千高原"、"游牧状态"之外，还有一个词汇可以借鉴，就是"块茎"。德勒兹的"块茎"不是一棵树的意思，他对"一棵树的思想"深恶痛绝。一棵树是什么隐喻呢？是金字塔体系的隐喻，就是总有一个根，总可以归结到那个根上去。他认为不是根，是土豆那样的块茎，蔓延滋长于地下。这些块茎总是在不断地长大、膨胀，又盘根错节，相互关联。你要说，这每一个块茎就相当于是每一个主体吗？德勒兹说不知道。在他眼里，就是这么个玩意，你就让它长吧。

还有一个词汇，是巴塔耶的，叫作"游戏"。胡塞尔把主体问题、本体问题悬置起来，巴塔耶认为"快乐"问题，也需要悬置起来，因为我们的"快乐"已经被灌装了很多古典意义下的、传统的那些快乐。这些"快乐"屁股后面都要打一个问号。也许我们以后写作、讲述、交流的每一个名词后面，都要跟一个注释或者打一个问号，然后才能勉强地往下写，因为我们不太知道它确切地是什么，只是勉力为之。

另一个方面，就是所谓"开放包容"。"开放包容"是一个很俗的词，其实我想说的是一种悖论（paradox）的生存状态。

互联网思想的主线，就是围绕对 paradox 的理解、把握、诠释，跟它和平共处。不要试图驱逐 paradox，不要试图对这种 paradox 状态不喜欢。首先要习惯它，不要不习惯。我们对待 paradox，就像你亲昵地拍宠物一样，用充满禅意的兴致去拍那个 paradox 的脑袋，跟它好好玩。

所以说，古典哲学的两个关键词"思"和"存在"，笛卡尔的"思"和黑格尔的"存在"，将替换成为"词"与"物"——这恰好是福柯写的一本书的名字。我认为进一步说，还会替换成为"觉"与"感"。"思与在"是用宏大叙事来画出自己的句号的；"词与物"是用悬置的、不断推衍的方式来画句号的；"觉与感"将会用什么画句号呢？我也不知道。所谓"画句号"，我指的是某种自洽的状态。这个"觉"，我指的是觉悟，"感"就是感知。其实我们未必能"觉"，但是我们有"感"，就可以让思想处于"觉"的游走状态。这也是一种边缘状态。可能我们未来的生活是"edge life"。就像列斐伏尔说的，"daily life"和"everyday life"的不同一样，"everyday life"是日复一日地重复，它一方面给造物主宏大叙事留下了巨大的空间，我们只是流水线上的人，但是这种"daily life"每日更新，日日不同。我说的"edge life"，我想指的是生活中的人的易变性、可变性。我强调这种"游走"的状态，是每日更新的前提。

下面我们互动一下。请问大家觉得，这一路听下来，印象比较深的词语、人物、思想是什么？

赵亦楠：互联网上的思想自由，反而会导致身体上被收紧，就是你自身可能有更强的解放身体的欲望，感觉是悲观的。

我觉得你提到的"悲观"很有道理。就跟最近媒体上热议的实名制一样。我理解你说的互联网给人以思想的自由，其实是给人透明化。一个方面，其实从现实来讲，还谈不到身体的解放，甚至都谈不到对思想的解放，它只是身体、思想的躁动，或者只是表达方式的尝鲜，离你说的思想自由、身体解放或者"收紧"还远着呢，可能连那个桅杆顶都还没有看到。

为什么这么说呢？打个比方来讲，今天农民种地的铧犁是五千年前就有的，你会想：什么东西，能透过几千年的"隧道"流传到今天？我们今天身上有很多东西的遗迹，其实也是缘于千百年的文明之河的流传。那我们再过多少年，又会有什么样的东西流传下去？不知道。但我想，互联网将是一个重大的转折，这个转折将决定我们什么东西将流传下去，什么东西将不流传下去。

但是这里有个问题，或者请允许我猜一下你提这个问题的动机：我的理解是，你有很强的现世报的图谋。为什么呢？所有的问题都是某种焦虑的体现，如果说你觉得思想解放，或者对身体的解放、不解放，对你真是一个问题的话，这个问题所携带的焦虑，就是"我能不能看得到它？"我愿意赌这不是一个短时间能看到的景象，这样我心里会好受一些。这个东西很遥远，不是一天两天。我们对焦虑的克服，过去习惯的做法是找拐杖。找到了能自洽的解释，就不焦虑了，就迎来一个晴朗的天，云开雾散。但这是短暂的，只是把焦虑掩盖起来了。还有一种办法就是开释、麻醉，让你感觉到不太焦虑，让你不那么难过，不要太当回事。

关于互联网的词语、人物、思想，我熬了一锅汤。这锅汤你不要试图还原它的成分，但我希望你咂巴它的味道。大家再提一些问题，你先思考着，边听我再给大家煲一煲汤。

我们强调网络社会从个体到群体的转换，并不是说一个人变成一群人，一群人形成一个社区，就算完事。不是的。这里，有一个我认为很大程度上没有被认真对待的问题。

比如我们说研究大雁这个群体，它的动力学机制是什么？过去没有充足的数据支撑，很难深入研究。人的群体也是如此。群体的动力学机制是什么？深入研究这个问题正成为可能。为什么这个问题如此重要呢？我简要介绍一下十年前美国提出的"聚合科技"的概念作为铺垫。

2002年，美国政府总统科技顾问委员会给出一个研究报告，这个研究报告是美国商务部、自然科学基金会联合主持的一项研究[1]。这项研究所提出的问题是：什么是下一个千年重大的科技趋势？这份报告最后给出的答案，是 NBIC 四大科技的聚合。NBIC 就是纳米技术、生物技术、信息技术和认知科学这四个词合起来的。我记得这个报告里有这么一句话：NBIC 聚合科技，将成为未来改变人类物种的一次重大转折。

为什么会如此？我们看一看这些年研究的一些领域：纳米技术已经在跟医学、制药、工程技术紧密结合。学者们在研究分子级别的纳米机器人，未来可能生产出可吞咽的、含有纳米机器人的智能药丸，或者智能体内病灶定位装置。未来的纳米技术与智能技术的结合，将使得"人机合体"不再是梦想。再比如在生物芯片、认知计算、脑神经网络领域，已经出现大量捕捉脑神经信号用于信息交流的实验装置，未来人与人之间的交流，不但将大大突破传统的工具，还将突破意识的底线。你可以冥想，可以感知到另一个存在——这不是痴人说梦。还有，

1　参见蔡曙山著，《聚合四大科技　提高人类能力——纳米技术、生物技术、信息技术和认知科学（清华大学认知科学译丛）》，清华大学出版社，2010年。

基因工程、干细胞技术的成熟，将使得制造可干预的生命体、智能生命体成为可能。美国奇点大学校长库兹韦尔大胆预言：2029年，将出现第一款通过图灵测试的智能电脑；2045年，生物学意义上的人类将不复存在。

先放下伦理争论不谈，技术的高速列车仍然在加速前行。人工生命、人工社会、人工神经网络，这些东西已经不是科幻，而是日益成为现实。这方面的研究，已经是如火如荼地在实验室展开着，有大量的研究成果出来，也大量的金钱投放进去。很多有"眼界"的商人们都在这个领域里面下赌注在大干。比如可穿戴计算。未来当你浑身上下、里里外外都充满了智能计算装置的时候，你的记忆、意识将被重组。你将会很容易地（同时是下意识地）与这个世界产生更加广泛的连接。你的言谈举止、思情萌动，都将被转换成数据、图像，都将参与到你了解，也可能不太了解的计算过程。你将大量消费数据并产生数据——数据消费将成为比衣食住行更加重要的消费内容。这时候，我们再回头看个体是什么？群体如何构建的时候，有些术语估计你自己也会觉得，已经老掉牙了。这时候，你还会忧虑所谓"老大哥"吗？我认为不会了。老大哥不会消失，但对老大哥的忧虑会消失。

好了，进入最后的讨论环节。我们这门课一开始就问大家一个问题，你心目中的互联网思想家是谁？一路跟大家讲下来，让我们还从这个问题起步：你心目中的互联网思想家，以及他们的思想，你有什么话要说？

陈磊：我觉得我还是选卡斯特。刚开始选的时候不知道他的思想是什么，只听过他的名字……

陈梦溪：凯文·凯利、卡斯特、鲍德里亚。他们讲述了三个不同的维度。

陈磊：我觉得我选卡斯特的理由，在于他能够缓解我们的焦虑。我们这个时代发展太快了，好像被绑架了一样，蒙着头、车在开，但我们不知道被绑架到哪里了。卡斯特会明确告诉说，给你一些概念，比如说工业时代或者互联网时代这些很简单的概念,卡斯特能够告诉你,你正处于哪个点上。

吴红毓然:我比较喜欢莱斯格,见过凯文·凯利之后,就更喜欢莱斯格了。因为去年凯文·凯利来过嘛,他来讲的时候我觉得一般,没有他在书里讲得那么好。他在书里涉及您上课一直强调的"复杂性",他自己也是比较中西混合的一个人,所以他的东西是很有魅力的。莱斯格是一个比较典型的美国知识分子的形象,我个人确实很喜欢他的开放精神,他的《代码》、《思想的未来》都写得挺不错的。

万安凤:我特别想说凯文·凯利的"人的机器化"和"机器的人化",这句话给我的震撼是特别大的,之前从来没有想过这个问题。

赵亦楠:我特别喜欢鲍德里亚,其实之前接触他的思想,觉得跟互联网没有关系。后来我发现鲍德里亚的体系一致性特别好。就是当你产生这样的行为的时候,鲍德里亚的理论基本是可以无缝移植的。我觉得他的理论很具有解释性。(段:对,他很自洽。)

靳戈:我觉得我说的可能比较玄。我对您提到的每一个人,都有肯定的地方。每一个学者提出的观点,都是互联网未来的一个方面。但这可能就是您之前说的"难解性",因为他们整体构成了互联网的一种复杂性。我认为真正的互联网思想,包括您提到的每一个人,以及尚未展示出来的每一个人。我也不知道谁是真正的思想家,我觉得每个人都是思想家。落实到技术上,我还是支持一开始我提到的那个"云计算"。因为"云"把每个人的状态都"悬空"了,你真的不知道他究竟是谁?是具体的那个人,还是我们大家一起,组成了一个我们无法描述的东西?

段:嗯,还记得《时代周刊》2006年的那个封面人物"你"吗?你说得非常对,非常好。我们对我们自己的认知——特别是这个认知对我们这些可能"横跨两个时代"的人来说,非常具有挑战性。不过,假如要退而求其次的话,你还真得知道是"谁"。你不能说,这云里的这堆,好像说谁都是。"好像"是一种"民间"

版的宏大叙事。民间版，就好比点菜的时候，大家说的那个"随便"。"随便"是什么呀？"随便"不是个菜名。久而久之，这种随便会给你一种心理暗示，让你的确进入"悬置"状态，不去寻求答案（哪怕一个勉强的答案），不敢于面对答案，久而久之它会有问题。所以，我想在你这段思考后面，加个"补丁"，如果你真的碰到了值得思考的问题的时候，一定要敢于去做假设，一定要往前走，不要停留在笼统的、左右逢源的"随便"上。你还真得找找，这个"好点"在哪里。

靳戈：其实您刚才说的就是您刚才提到的问题，您说的词语、人物、思想，我刚刚说每个人都是思想者，那这个共同的词基本上就是"焦虑"。人，我不知道是谁，但思想就是您上节课说的那句："尝试着把给出答案的思路抛在一边，然后把自己的视野放在最远的地方。"可能我就把它曲解成了一种"不知道怎样"的一种混沌的状态。尝试着不给答案，也就是说把假设给抛弃掉了。

陈梦溪：老师我觉得鲍曼，还有一个南非的学者叫西里亚斯（Cilliers, P.）。他写的《复杂性与后现代主义：理解复杂系统》对我还是有一些启示。

吴红毓然：我之前听到有的老师用儒家的角度去解释后现代性的建构主义，我觉得这在冥冥之中跟凯文·凯利的想法是差不多的。

段：我说后现代性的建构主义不去建构，只是说它难以启齿而已。这些学术阵营里的争斗还是比较尖锐的。

好了。时间也差不多了，最后我再讲一点点我们就结束。

在思想的问题上，我想给大家提个醒，这个课我把它叫"互联网前沿思想"，这其实是一次漫游、一次探索之旅。它会有一定的目的性，但是它的目的性，跟成熟体系的目的性还不完全相同。它是一个"正在进行时"的状态。有些时候你觉得看清楚了，其实我们还在这个海洋里扑腾，包括我在内。扑腾的时候呢，会冒泡泡，会手脚并用、乱抓乱挠。扑腾过后有人会把你拎上岸，这个人也别指望是别人，最后就是你自己。在岸边你再看一看，然后你还得跳下去，继续扑腾，不扑腾不行。

"思想"这个东西，它既让你觉得快乐，同时它还会呛着你。它会在哪些时候呛着你呢？我总结几个方面。一个是，思想可能会被装扮成战斗的武器。西方启蒙运动时期，思想就作为一种战斗的武器，作为一种宣言书。这时候，你对待这类思想要保持警惕，更多的不是要看他说了什么，而是要看他怎么说。也就是你要进一步去看他的假设系统。一个思想，一旦变成战斗的武器，就是目的性的、固化的东西，它就是石头瓦块，可以用来打人的。所以这种战斗的武器式的思想，你要小心提防。

第二个，它可能是一种麻醉品。思想可以把你导入宗教领域——请注意，我没说导入宗教领域"不好"。但假如这种导入，被视为天然的信条，并嫁接到现实中的时候，可能会演化成人间悲剧和战争苦难。比如世界史中，你会看到克伦威尔怎么把苏格兰杀个片甲不留，作者在后面加了句话：这就是导致现在苏格兰跟英格兰敌对的五百年前的种子。何止五百年？有的科学家在研究，人的记忆深处，记忆的深海里面，其实不光是潜意识的暗流，血缘、基因、人种其实都包含一些埋得很深很深的痛感记忆。所以，以宗教为名的信条、思想的麻醉品，如果跟武器结合在一起的时候，真的是很多战争灾难的起源。

第三个方面，对于我们普通人来说，思想可以变成你的扶手、拐杖。但更多的情况下，它可能会变成你的托辞和借口。用一个思想家的话来说："所有的思想都是解释学。所有的历史都是现代史。"也就是说，思想具有很强大的解释能力，思想的解释力是你自己感知到的"药效"。我使用"药效"这个词，是想说它极有可能扮演了某种托辞和借口。说白了就是让自己有个舒服的姿势，躺在那个沙滩上，沙子就是你屁股底下坐的那个形状，你认为它就是那个形状，那就是你的思想。

所有的思想，都要提防"灯下黑"——包括这个思想。

4 结束语

在结束这门课的时候，我要说点感谢的话。感谢你们听，尤其是认真地听，饱含渴望地听。你们的聆听，会激发我的动力。大家看到的我的备课笔记，就是我与这样聆听的眼神的对话。我很自豪，很享受这个过程。谢谢大家。

但是，刚才在讲完结尾的话的时候，我还是有一些忐忑。

主要有两个原因：一个是，互联网思想，这个题目太大太大，这里涉及的人和事，也太多太多。每一位都要把它钻深钻透，恐怕耗尽终生也未必可行。我现在找到一个阿Q的办法，就是我在读一手文献的同时，也大量去读二手文献。像德勒兹的文献，我看不了原文，它是法文的。英文被转译过后，已经丢了一些东西了。没办法，你只能从你熟悉的文本中，多找一些版本来彼此印证。看了凯文·凯利的《失控》以后，我突然觉得这个办法还是站得住脚的。他说，大自然其实是很浪费资源的，大自然让那么多东西去浪费，就是为了让那些能站得住脚的东西有足够的"池子"能够冒出来。你如果只有两个选择，那你就立刻变成赌徒了。你如果有 2MB 的选择，中间只冒出来一两个东西，那一定是自然选择，是"天算"的结果。

第二个就是，这只是个开始。在互联网的天空热闹非凡的时候，我愈发觉得这只是个开始。我努力在整个课程讲述中，试图把镜头拉得更远一些，让大家体会到纵深感。如果没有这种大尺度的思维，我怕很容易就滑落到具象的纠缠之中——这恰恰是我讲述这门课的又一个软肋。用流行的话说，叫"不怎么接地气"。希望我以后再有机会补充一些这方面的内容吧。

徐泓老师：段老师容我说两句。段老师，我们特别荣幸能够听您的课。感谢胡泳老师当时对您的力荐。这门课对我自己来讲，让我整个面目一新。您的课我就因事空过一节，一直感到一种享受和追随思想的快乐。第一个我觉得您给了我们一种颠覆性的思路，这点对于我们的学习其实非常重要。每次上您的课都有非常痛快的快感，颠覆了很多东西，让我们重新思考。第二就是您"打通"的本领，我们很难找到一个老师能把社会科学和自然科学"打通"。这课也是我从来没听过的一种讲课方式。这次我们还给专业硕士的同学设计了一个《西方社会思想专题》的课，您其实也把这课给我们打通了。别的课都是分专题讲，而您用您的思路把这整个给我们贯穿了。我觉得这没有功夫，是不可能的。所以也觉得是好老师。第三，您的表达和语言也往往给我们带来一种享受和快感。昨天我听同学说，您讲的比您写的好。听您的课非常舒服，非常流畅，而且语言非常漂亮。有可能您在给我们讲完课之后写的书就更好。我们知道您现在也在写书，而且我们的同学已经全部把您的课录音了，他们假期里准备全部整理出来，这也是他们对您的辛苦觉得应该做的事情。我知道您现在正在思想的"千高原"上进行游牧的思考，希望所有思考中间出现本我的快乐的时候，能够跟我们及时有个交流。特别希望跟您分享一种您在思想上的自由，我觉得这个东西带来很多的思考，对我们非常有益。您是我们专业硕士的导师，希望下个学期您再有思想所得的时候能跟我们的同学再进行讨论。

这门课我觉得有个小小的遗憾，这门课里您讲到的现实的东西，特别是我们在现实互联网上遇到的一些问题，这些问题您给我们的直接呼应比较少。但其实您已经有所针对地提出一些大的思路，那下个学期我们可能针对一些具体问题请您给我们做出一些分析。包括实名制，虽然您觉得没有多大意思。希望能再跟您针对具体问题做一些交流。因为下个学期没课了，希望您再次教授我们的课，也请您继续做我们专业硕士的业界导师，同时也荣幸地请您有时间再回来跟我们交流、上课。谢谢段老师！

　　谢谢徐老师，再次感谢各位同学的聆听。感谢你们，帮我圆了一个从小就想当一名老师的梦。尽管在很多场合给媒体、机构、企业做过一些讲座，也在大学里讲过几堂课，但作为一门课程来说，这是第一次。下了课，我要做的第一件事，就是给我的母亲打个电话，告诉她老人家，我做到了。谢谢大家！

后　记

2011年夏天，胡泳找我说，能不能抽点空一起为学生上几堂课。一门是本科生的《新媒体与社会》，另一门是研究生的《网络政治学》。虽然我对授课很有兴趣，但正儿八经地上课，还真是第一遭，而且还是北大的讲台，我很忐忑。

思前想后，最后应承下来，不过《网络政治学》我不懂，经协商，学院非常开明，允我自拟题目，研究生的课程就改为《互联网前沿思想》。名为课程，实际上是系列的讲座。

2011年9月3日开第一讲，到12月21日最后一讲，可以说，每次我都如履薄冰，战战兢兢，心里总捏着一把汗，生怕会留给同学们太多的缺憾和谬见，误人子弟可是头一等的罪过啊！

现在回头看，其实遗憾还是不少。主要有三点，一个是我痛感学识浅薄、心有余而力有不逮。虽然本心想在更大的尺度、更广的视野来看互联网，但左冲右突，如野马奔驰，在不同的学科间肆意闯荡，终有浅尝辄止、浮皮潦草之感。另一个是，论域既广，论题也就急速膨胀，总是感觉时间不充足，每堂课虽满满当当，却总显得捉襟见肘。再一个，如徐泓老师中肯点评的那样，实证研究还比较欠缺。互联网日新月异，虽意在思想层面审视之，但如不能落地生根，就缺少很多生动有趣的事例。

2012年、2013年，这两门课的主干内容，在阿里巴巴、腾讯、海航文化等机构内部多次讲过，每次也都会增补一些最新的内容，有一点小的改进，但终究是局部调整，未能全面弥补，迄今令我依然觉得亏欠。

这部书稿是北大新闻与传播学院第一届专业硕士的同学们，不辞辛劳把每堂课的录音精心整理成初稿，才得以成篇。商务印书馆范海燕女士，作为本书的责任编辑和丛书之策划统筹，在编辑体例、结构安排、文字校订等方面，倾注了诸多心血，令人感激不尽。此外，我还想借此一角，向同学们的辛勤劳动表达由衷的感谢，他们的整理工作分工如下：

　　需要说明的是，第九讲的内容其实比较多，分四次课来讲的。大多是一些偏技术的内容，包括网络架构、开发语言、数据挖掘、用户体验，还包括时下大热的数据新闻、APP 开发等。这些内容如果加进来，篇幅势必还会增加，再说市面已有大量此类的精彩文章、图书，参考价值很大，这里就削减了。

　　虽然在过去的近三十年里，我上过无数的讲台，也到大学里做过讲座，但头次登上正式的讲台，开一门课，的确有很大的挑战。这里我要感谢一位课堂上特殊的听者，她就是时任北大新闻与传播学院常务副院长的徐泓教授。徐老师除一次课外，参加了全部的课程包括研讨课。我特别要感谢徐老师的，是她给予我的真诚鼓励和帮助。

　　这里还有一件小事要记。原本与这套"新商务系列"丛书的策划统筹、商务印书馆范海燕女士商定，将最后一章徐老师的即兴发言移到后记文字，考虑再三，还是保留原貌，放在书中。

　　徐泓老师所言，多溢美之词，完全超出我自身的能力和水准。坦率说，我之所以保留这些话语，或可说有两点考虑吧。其一，我将这些话作为自己继续前行的鞭策。互联网思想是一个极其广阔的领域，我只能勉为其难地求索片瓦之得。但我内心对此充满热望，总感觉有太多的线索有待展开，有太多的知识有待学习。我将这些话语铭刻于心，作为前行的动力。

其二，我打小的一个愿望，是成为大学的老师。站在讲台上，与渴望学识的眼神相对视，遨游在知识的海洋，这些都是年轻时，常常涌上心头的场景，念念不舍。原样保留这些文字，最大限度保留授课时的模样，或可作为一点纪念，让我能时常检视自己，以勤补拙，上下求索吧。

课程之后，已逾三年。互联网的这三年又有天翻地覆的变化。越来越多的人卷入到这一波又一波的潮涌之中。对互联网之"思想"的探究，也日益成为人们唇齿之间的话题。这是件好事。我常想，倘若不能从土壤深处探查这奔涌而来的变革力量，我们的未来怕总是笼罩在此起彼伏的阴云之中。

思想的求索向来不是哪一个人、哪一个群体能够"独占"的话语场。互联网是一个千年"大事"。她正在激情满怀地奔向璀璨的明天，也携带着呼啸而来的风潮，搅动着每个人的心扉。她携带着人类文明的辉煌成果，也毫不留情地扬弃着腐朽的旧习、拷问着曾经深植人心的"基本假设"。

在不同的场合，我都说过，我们需要承认自己是"带毒运行"的状态。我们所谓的"毒"，可能源自先贤哲人的断语，也可能来自凡夫俗子的贪欲——但无论是什么，都需要细加端详，再三咀嚼，既不必奢望"纯净水思维"取而代之，也不必畏首畏尾，作茧自缚。借一句时下热火的"生态系统"的话，多样性、不确定性，恐怕还是这个时代孕育新思想的真实土壤。

最后，请允许我将此书稿，奉献给我的家人，也奉献给众多给我鞭策、给我帮助和赐教的师长、同道和友人，也愿以此为起点，在互联网思想求索的路上，走得更实一些、更远一些。

段永朝

2014 年 4 月 28 日